FiNALE Prüfungstraining

Nordrhein-Westfalen
Zentralabitur 2014
Mathematik

Mit Original-Prüfungsaufgaben

Heinz Klaus Strick
Klaus Gerber

westermann

W0371157

FiNALE

Liebe Abiturientin, lieber Abiturient,

das Zentralabitur 2013 hat zum Zeitpunkt der Drucklegung dieses Buches noch nicht stattgefunden. Sobald die Prüfungsaufgaben zur Veröffentlichung freigegeben sind, können sie zusammen mit ausführlichen Lösungen kostenlos im Internet unter **www.finaleonline.de** heruntergeladen werden. Dazu müssen Sie folgendes Codewort eingeben:

MA9OT85

Autoren: Heinz Klaus Strick und Klaus Gerber
sowie Jutta Peters und Sandra Schmitz

Bildquellenverzeichnis: 116 Deichbau, Roger Tidmann/CORBIS; 125 Kugelspeicher, imago/Schöning; 143 Weinkaraffe, Klaus Gerber; 147 Marienkirche Dortmund, wikimedia.commons; 151 Bienenwabe, Hans Reinhard/zefa/CORBIS; 151 Granat Kristall, Mark Schneider/Getty Images; 190 Globus-Grafik 3945 Picture-Alliance GmbH.

© 2013 Bildungshaus Schulbuchverlage
Westermann Schroedel Diesterweg Schöningh Winklers GmbH, Braunschweig
www.westermann.de

Das Werk und seine Teile sind urheberrechtlich geschützt. Jede Nutzung in anderen als den gesetzlich zugelassenen Fällen bedarf der vorherigen schriftlichen Einwilligung des Verlages. Hinweis zu § 52 a UrhG: Weder das Werk noch seine Teile dürfen ohne eine solche Einwilligung gescannt und in ein Netzwerk eingestellt werden. Dies gilt auch für Intranets von Schulen und sonstigen Bildungseinrichtungen.
Auf verschiedenen Seiten dieses Buches befinden sich Verweise (Links) auf Internet-Adressen. Haftungshinweis: Trotz sorgfältiger inhaltlicher Kontrolle wird die Haftung für die Inhalte der externen Seiten ausgeschlossen. Für den Inhalt dieser externen Seiten sind ausschließlich deren Betreiber verantwortlich. Sollten Sie bei dem angegebenen Inhalt des Anbieters dieser Seite auf kostenpflichtige, illegale oder anstößige Inhalte treffen, so bedauern wir dies ausdrücklich und bitten Sie, uns umgehend per E-Mail davon in Kenntnis zu setzen, damit beim Nachdruck der Verweis gelöscht wird.

Druck A [1] / Jahr 2013
Alle Drucke der Serie A sind im Unterricht parallel verwendbar.

Redaktion: Dr. Ulrich Kilian
Kontakt: finale@westermann.de
Herstellung und Umschlaggestaltung: Sandra Grünberg
Zeichnungen: Michael Wojczak
Satz: CMS – Cross Media Solutions GmbH, Würzburg
Druck und Bindung: westermann druck GmbH, Braunschweig

ISBN 978-3-14-**171415**-9

Inhaltsverzeichnis

Original-Prüfungsklausuren 2013: www.finaleonline.de

Arbeiten mit **FiNALE**

Liebe Schülerin, lieber Schüler,

dieses Buch entstand aufgrund der Erfahrungen aus den bisher in Nordrhein-Westfalen durchgeführten Zentralabiturprüfungen unter besonderer Beachtung der Vorgaben für das Fach Mathematik.

Zur gezielten Vorbereitung auf das Abitur 2014 bietet **FiNALE**:

- vielfältige, umfangreiche Aufgabenbeispiele mit ausformulierten Beispiellösungen, die alle Schwerpunkte im Grund- und Leistungskurs berücksichtigen;
- umfangreiche und gut strukturierte Angebote zur systematischen Wiederholung und zeitökonomischen Vertiefung des erforderlichen Basiswissens;
- Original-Prüfungsaufgaben von 2012 mit ausformulierten Lösungen unter Berücksichtigung der unterschiedlichen Varianten in Grund- und Leistungskurs. Das Zentralabitur 2013 hat zum Zeitpunkt der Drucklegung dieses Buches noch nicht stattgefunden. Sobald die Prüfungsaufgaben zur Veröffentlichung freigegeben sind, können sie zusammen mit ausführlichen Lösungen kostenlos im Internet unter **www.finaleonline.de** heruntergeladen werden. Dazu müssen Sie folgendes Codewort eingeben: **MA9OT85.**
  Bei der Auswahl der Original-Abituraufgaben wurde darauf geachtet, dass sich die Vorgaben für die Abiturprüfung 2014 geändert haben.

FiNALE ist so konzipiert, dass bei der Arbeit mit dem Buch eine *individuelle* Vorbereitung möglich ist. Sie können sich schnell einen Überblick über Ihre persönlichen Stärken und Schwächen in den Themenbereichen Analysis, Analytische Geometrie/Lineare Algebra (Matrizenrechnung) oder Stochastik verschaffen und damit die Intensität der Arbeit nach eigenen Bedürfnissen genau dosieren.

Das detaillierte Inhaltsverzeichnis, das übersichtlich zusammengestellte Verzeichnis der für die Abiturprüfung notwendigen Kompetenzen, die alle Kompetenzen abdeckenden Trainingsaufgaben mit den entsprechenden Querverweisen zur Kompetenzübersicht sowie ein Stichwortverzeichnis erleichtern dabei die Orientierung in **FiNALE**.

Die angebotenen Trainingsaufgaben sind im Wesentlichen so konzipiert, dass sie sich ohne Einsatz eines GTR oder CAS-Systems bearbeiten lassen. Falls der Einsatz eines GTR oder CAS-Systems nötig ist, ist dies in den Aufgabenstellungen gekennzeichnet. Diese Teilaufgaben können auch zur gezielten Übung des Einsatzes der Werkzeuge GTR und CAS genutzt werden, falls sie im Unterricht verwendet wurden.

Der systematische Aufbau und die komprimierte Form fördern eine zeitökonomische und effektive Abiturvorbereitung. **FiNALE** empfiehlt sich von daher als sinnvolle Begleitung und Ergänzung des Fachunterrichts.

Wir wünschen Ihnen viel Erfolg!

Tipps zum Umgang mit **FiNALE**

Für die Vorbereitung auf die zentrale Abiturprüfung im Fach Mathematik schlagen wir folgende Arbeitsweisen vor:

Möglichkeit 1:
Um einen Überblick über die verschiedenen Themenbereiche zu erhalten, sollten Sie zunächst die Kompetenzübersicht sowie die Ausführungen in Form des Basiswissens lesen und sich anhand der Beispiele verdeutlichen, welche Anforderungen mit den Kompetenzen zu erfüllen sind. Dabei können Sie gleichermaßen feststellen, welche Prüfungsinhalte Sie bereits gut beherrschen und was Ihnen noch Schwierigkeiten bereitet. Wir empfehlen Ihnen hier, sich zu notieren, welche Themen Sie noch intensiver wiederholen sollten, um damit die Vorbereitung auf die Abiturprüfung zu strukturieren. Wenn Sie hier systematisch vorgehen und sich über Ihre Stärken und Schwächen im Klaren sind, wird die Vorbereitung effizient und zielorientiert sein.

Nach der Entscheidung, in welchem Themenbereich für Sie in der persönlichen Vorbereitung auf das Zentralabitur der größte Handlungsbedarf besteht, können Sie die entsprechenden Kapitel im Basiswissen nochmals intensiv durcharbeiten. Hier werden auch die im Basiswissen von **FiNALE** enthaltenen einfachen Aufgabenbeispiele als Muster hilfreich sein.

Nachdem Sie die Grundlagen wiederholt haben, bieten Ihnen die zugehörigen Trainingsaufgaben mit ihren ausführlichen Lösungen (auch mit Lösungsalternativen) ein umfangreiches Übungsfeld. Sie können für Ihre Vorbereitung besonders geeignete Aufgaben anhand der bei den Aufgabenstellungen notierten Kompetenzen schnell erkennen.

Versuchen Sie zunächst, die Aufgaben selbstständig zu bearbeiten, d.h. erst dann die angebotenen Lösungen einzusehen, wenn es nicht mehr anders geht. Wenn Ihnen die Bearbeitung ohne Blick in den Lösungsteil gelungen ist, sollten Sie dennoch Ihre eigenen Lösungen kontrollieren und mit den abgedruckten Lösungen und weiteren Lösungsvarianten vergleichen.

Treten auch nach der Durchsicht der angebotenen Lösungen Verständnisprobleme auf, dann hilft Ihnen das intensive Durcharbeiten der zugehörigen Stichwörter des Basiswissens sicherlich weiter. – Überhaupt lässt sich das *Basiswissen* wie ein Nachschlagewerk benutzen.

An den Original-Prüfungsaufgaben können Sie dann erproben, wie weit Sie mit Ihrer Vorbereitung bereits gekommen sind.

Möglichkeit 2:
Selbstverständlich können Sie **FiNALE** auch in anderer Reihenfolge nutzen: Wenn Sie unmittelbar mit den Trainingsaufgaben beginnen, werden Sie automatisch durch die Querverweise zu den zugehörigen Kompetenzen und dem entsprechenden Basiswissen hingeführt. Treten Schwierigkeiten bei der Lösung der Aufgaben auf, so können Sie Ihre Lücken genau erkennen und die entsprechenden Inhalte wiederholen. Allerdings erhalten Sie bei der oben beschriebenen Vorgehensweise schneller einen Überblick über Ihre Stärken und Schwächen.

Bei diesen Vorschlägen zur Arbeitsweise mit **FiNALE** handelt es sich natürlich nur um Anregungen, die Sie nach eigenen Vorstellungen variieren können.

Kompetenzübersicht

Analysis

Ich kann …

A	Differenzialrechnung	Seite	–/+
A1	… Potenz- und Exponentialfunktionen ableiten; **LK** zusätzlich: Logarithmusfunktionen ableiten.	14	
A2	… einfache Funktionen mit der Summen- und Faktorregel und zusammengesetzte Funktionen mit der Produkt- und Kettenregel ableiten; **LK** zusätzlich: mit der Quotientenregel ableiten.	14	
A3	… die Tangentensteigung sowie die Gleichung einer Tangente und einer Normale an den Graphen einer Funktion in einem Punkt bestimmen.	16	
A4	… mittlere und momentane Änderungsraten angeben und berechnen.	17	
A5	… Schnittwinkel eines Graphen mit der x-Achse bestimmen.	18	
A6	… bei abschnittsweise definierten Funktionen überprüfen, ob die Übergänge stetig, differenzierbar bzw. ruckfrei sind.	19	
B	**Untersuchung von Funktionsgraphen**	**Seite**	**–/+**
B1	… Graphen auf Symmetrie untersuchen.	21	
B2	… Schnittpunkte des Graphen mit der x-Achse, Schnittpunkte zweier Graphen und Berührpunkte von Graphen berechnen sowie diese im Sachzusammenhang interpretieren.	22	
B3	… Graphen auf Monotonie und auf lokale und absolute Extrempunkte untersuchen und diese im Sachzusammenhang interpretieren.	24	
B4	… Graphen auf ihr Krümmungsverhalten und auf Wende- und Sattelpunkte untersuchen und diese im Sachzusammenhang interpretieren sowie die Wendestelle als Stelle mit extremaler Änderungsrate identifizieren.	26	
B5	… asymptotisches Verhalten bei Exponentialfunktionen untersuchen.	28	
B6	… Funktionenscharen (falls erforderlich mithilfe von Fallunterscheidungen) auf besondere Punkte (Schnittpunkte, Extrem- und Wendepunkte) untersuchen sowie gemeinsame Punkte der Kurvenschar ermitteln; **LK** zusätzlich: Ortslinien von Funktionenscharen bestimmen und die Ergebnisse im im Sachzusammenhang interpretieren.	29	

C	**Mathematische Modellierungen mithilfe der Differenzialrechnung**	**Seite**	–/+
C1	… eine sinnvolle Wahl des Koordinatensystems begründen und den Verlauf eines Graphen im Sachzusammenhang der Aufgabenstellung interpretieren.	33	
C2	… ganzrationale Funktionen mit vorgegebenen Eigenschaften bestimmen (auch in Sachzusammenhängen, z. B. Trassierungen).	34	
C3	… Exponentialfunktionen aus gegebenen Bedingungen bestimmen.	36	
C4	… in Anwendungen ein passendes Modell für das exponentielle, beschränkte oder logistische Wachstum aufstellen, seine Tragfähigkeit untersuchen und Schlussfolgerungen im Sachzusammenhang interpretieren sowie Verdopplungs- und Halbwertszeiten berechnen.	36	
C5	… Extremwertaufgaben mit Nebenbedingungen innermathematisch und in Sachzusammenhängen lösen.	39	
D	**Integralrechnung**	**Seite**	–/+
D1	… Stammfunktionen zu den gängigen Funktionen bestimmen und den Hauptsatz der Differenzial- und Integralrechnung zur Berechnung bestimmter Integrale anwenden.	42	
D2	… Flächeninhalte von Flächenstücken zwischen einem Funktionsgraphen und der x-Achse und Flächeninhalte von Flächenstücken zwischen Funktionsgraphen berechnen.	43	
D3	… Mittelwerte von kontinuierlich veränderten Größen mit der Integralrechnung berechnen.	45	
D4	… in Anwendungen Gesamtänderungen aus gegebenen Änderungsraten mit bestimmten Integralen berechnen.	46	
D5	… nur **LK**: Inhalte ins Unendliche reichender Flächen mit uneigentlichen Integralen und den dabei erforderlichen Grenzwertbetrachtungen ermitteln.	47	
D6	… das Volumen von Rotationskörpern berechnen und die erforderlichen Berandungsfunktionen für reale rotationssymmetrische Körper modellieren.	49	
D7	… nur **LK**: Stammfunktionen mit dem Verfahren der partiellen Integration bzw. der Substitutionsmethode bestimmen und bestimmte Integrale berechnen.	50	

Analytische Geometrie und Matrizen

Ich kann …

E	Vektorrechnung	Seite	–/+
E1	… Verschiebungen durch Vektoren sowie Punkte im Raum durch Ortsvektoren und Vektorketten beschreiben und damit realitätsnahe Situationen mathematisch modellieren.	52	
E2	… das Skalarprodukt zweier Vektoren berechnen und damit entscheiden, ob die Vektoren zueinander orthogonal sind.	52	
E3	… Längen von Strecken im Raum und den Betrag von Vektoren berechnen.	53	
E4	… nur **LK**: die Definition für die lineare (Un-)Abhängigkeit von Vektoren angeben und Vektoren auf lineare (Un-)Abhängigkeit untersuchen.	54	
F	**Geraden und Ebenen im Raum**	**Seite**	**–/+**
F1	… Parameterdarstellungen für Geraden aus zwei gegebenen Punkten ermitteln sowie überprüfen, ob ein Punkt auf einer gegebenen Gerade liegt (Punktprobe) und die Ergebnisse im Sachzusammenhang interpretieren.	55	
F2	… Geraden auf ihre gegenseitige Lage untersuchen und möglicherweise vorhandene Schnittpunkte bestimmen.	55	
F3	… Parameterdarstellungen für Ebenen aus drei gegebenen Punkten ermitteln sowie überprüfen, ob ein Punkt auf einer gegebenen Ebene liegt (Punktprobe) und die Ergebnisse im Sachzusammenhang interpretieren.	57	
F4	… Koordinatengleichungen für Ebenen ermitteln und damit Ebenen anhand ihrer Spurgeraden im Koordinatensystem darstellen.	58	
F5	… Schnittprobleme zwischen Geraden und Ebenen in Sachzusammenhängen (z. B. bei Schattenwürfen) untersuchen.	60	
F6	… Ebenen auf ihre gegenseitige Lage untersuchen und möglicherweise vorhandene Schnittgeraden bestimmen.	62	
F7	… die Koordinaten eines an einer Ebene gespiegelten Punktes bestimmen.	63	
F8	… nur **LK**: die Hesse'sche Normalenform einer Ebenengleichung aufstellen.	64	
F9	… nur **LK**: Geraden- und Ebenenscharen innermathematisch und in Sachzusammenhängen untersuchen.	64	
F10	… lineare Gleichungssysteme systematisch lösen sowie die Gleichungen und die Lösungsmenge geometrisch interpretieren.	67	

G	**Winkel und Abstände, Volumina im Raum**	**Seite**	–/+
G1	… Winkel zwischen zwei Vektoren, Schnittwinkel zwischen zwei Geraden, zwischen zwei Ebenen sowie zwischen einer Gerade und einer Ebene berechnen.	72	
G2	… den Flächeninhalt eines Dreiecks und das Volumen eines Tetraeders nach elementaren Methoden bestimmen.	74	
G3	… nur **LK**: den Abstand eines Punktes von einer Ebene berechnen.	75	
G4	… nur **LK**: den Abstand eines Punktes von einer Geraden berechnen.	77	
G5	… nur **LK**: den Abstand zweier windschiefer Geraden berechnen.	77	
G6	… nur **LK**: das Vektorprodukt zweier Vektoren berechnen und seine Bedeutung angeben sowie mithilfe des Vektorprodukts Normalenvektoren bestimmen und das Vektorprodukt zur Berechnung von Dreiecksflächen und von Spatvolumina verwenden.	78	
H	**Übergangsmatrizen**	**Seite**	–/+
H1	… Produktions-, Entwicklungs- und Zufallsprozesse durch Übergangsdiagramme und Matrizen beschreiben und Zustandsvektoren interpretieren.	80	
H2	… Zustände von Prozessen nach wiederholter Durchführung mithilfe der Matrizenmultiplikation berechnen und deuten, insbesondere bei zyklischen Prozessen.	83	
H3	… den Fixvektor einer Übergangsmatrix (d. h. eine stationäre Verteilung eines Zufallsprozesses) bestimmen und seine Bedeutung im Sachzusammenhang interpretieren.	84	
H4	… den Zustandsvektor eines zurückliegenden Zustands berechnen; **LK** zusätzlich: ggf. mithilfe der Inversen der Übergangsmatrix.	85	
H5	… Koeffizienten in Übergangsmatrizen mit vorgegebenen Eigenschaften im Sachzusammenhang bestimmen.	86	

Stochastik

Ich kann …

I	**Wahrscheinlichkeitsrechnung**	**Seite**	–/+
I1	… mehrstufige Entscheidungsvorgänge mithilfe von Baumdiagrammen veranschaulichen und die Anzahl der Möglichkeiten mithilfe der Grundregel der Kombinatorik bestimmen.	87	
I2	… mehrstufige Zufallsversuche mit Baumdiagrammen beschreiben und Wahrscheinlichkeiten mit den Pfadregeln berechnen (Pfadadditions- / Pfadmultiplikationsregel) sowie die Komplementärregel anwenden.	89	
I3	… Daten aus Vierfeldertafeln als Wahrscheinlichkeiten von zweistufigen Zufallsversuchen interpretieren sowie Vierfeldertafeln zur Umkehrung von Baumdiagrammen nutzen.	90	
I4	… bedingte Wahrscheinlichkeiten mithilfe des Satzes von Bayes bestimmen.	93	
I5	… anhand von Vierfeldertafeln die Unabhängigkeit von Merkmalen nachweisen; **LK** zusätzlich: den Begriff der Unabhängigkeit von Ereignissen erläutern.	93	
J	**Wahrscheinlichkeitsverteilungen**	**Seite**	–/+
J1	… die Häufigkeitsverteilung eines Merkmals bestimmen sowie Mittelwert und Stichprobenstreuung berechnen.	95	
J2	… die Wahrscheinlichkeitsverteilung einer Zufallsgröße bestimmen sowie den Erwartungswert und die Standardabweichung der Zufallsgröße berechnen.	97	
J3	… geeignete Zufallsversuche mithilfe des Binomialmodells beschreiben und Wahrscheinlichkeiten mithilfe der Bernoulli-Formel berechnen und erläutern, unter welchen Bedingungen auch Ziehvorgänge ohne Zurücklegen näherungsweise als Bernoulli-Versuche interpretiert werden können.	99	
J4	… das Auslastungsmodell und das Kugel-Fächer-Modell bei der Berechnung von Wahrscheinlichkeiten anwenden.	101	
J5	… berechnen, wie oft ein Bernoulli-Versuch mindestens durchgeführt werden muss, um mit einer gegebenen Mindestwahrscheinlichkeit mindestens einen Erfolg zu erzielen.	102	
J6	… den Erwartungswert und die Standardabweichung von Binomialverteilungen berechnen und mithilfe der Sigma-Regeln Umgebungen um den Erwartungswert bei vorgegebener Wahrscheinlichkeit der Umgebung bestimmen.	103	
J7	… berechnen, wie oft ein Bernoulli-Versuch mindestens durchgeführt werden muss, um mit einer vorgegebenen Sicherheitswahrscheinlichkeit mindestens k Erfolge zu erzielen.	104	
J8	… nur **LK**: Wahrscheinlichkeiten für binomialverteilte Zufallsgrößen näherungsweise mit den Formeln von Moivre und Laplace berechnen.	105	

J9	… Wahrscheinlichkeitsberechnungen bei normalverteilten Zufallsgrößen durchführen.	106	
K	**Beurteilende Statistik – Testen von Hypothesen**	**Seite**	–/+
K1	… für den Schluss von der Gesamtheit auf die Stichprobe die zu erwartenden absoluten bzw. relativen Häufigkeiten abschätzen und damit die Signifikanz von Aussagen bewerten.	107	
K2	… die Bestimmung eines genügend großen Umfangs einer Stichprobe vornehmen.	108	
K3	… das prinzipielle Vorgehen bei einem zweiseitigen Hypothesentest erläutern sowie zu einem vorgegebenem Niveau eine Entscheidungsregel aufstellen (und damit Annahme- und Verwerfungsbereich bestimmen).	109	
K4	… die Bedeutung der Fehler 1. Art und 2. Art für einen Hypothesentest angeben sowie die Wahrscheinlichkeiten für diese Fehler berechnen.	110	
K5	… nur **LK**: die Operationscharakteristik eines Hypothesentests ermitteln und interpretieren.	111	
K6	… das prinzipielle Vorgehen bei einem einseitigen Hypothesentest erläutern sowie die beiden möglichen Standpunkte beschreiben und zugehörigen Entscheidungsregeln bestimmen.	111	

Basiswissen

A1 Potenz- und Exponentialfunktionen ableiten; LK zusätzlich: Logarithmusfunktionen ableiten.

Für das Ableiten gelten folgende Regeln:

(1) **Potenzregel für reelle Exponenten:**
Ist $f(x) = x^n$, $n \in \mathbb{R}$, dann gilt: $f'(x) = n \cdot x^{n-1}$

Dies gilt nicht nur für natürliche Exponenten, sondern ebenso für negative und gebrochene Exponenten.

(2) Die Ableitung der Exponentialfunktion zur Basis e (EULER'sche Zahl) stimmt mit der Funktion selbst überein: $f(x) = e^x \Rightarrow f'(x) = e^x$

(3)(LK) Die Ableitung der Logarithmusfunktion zur Basis e ist gleich der Kehrwertfunktion:
$f(x) = \ln(x) \Rightarrow f'(x) = \frac{1}{x}$

Beispiele zur Anwendung der Potenzregel:

$$f(x) = x^5 \quad \Rightarrow f'(x) = 5 \cdot x^4$$
$$f(x) = \frac{1}{x} = x^{-1} \quad \Rightarrow f'(x) = (-1) \cdot x^{-2} = -\frac{1}{x^2}$$
$$f(x) = \frac{1}{x^3} = x^{-3} \quad \Rightarrow f'(x) = (-3) \cdot x^{-4} = -\frac{3}{x^4}$$
$$f(x) = \sqrt{x} = x^{\frac{1}{2}} \quad \Rightarrow f'(x) = \frac{1}{2} \cdot x^{-\frac{1}{2}} = \frac{1}{2\sqrt{x}}$$
$$f(x) = \frac{1}{\sqrt[3]{x}} = x^{-\frac{1}{3}} \quad \Rightarrow f'(x) = -\frac{1}{3} \cdot x^{-\frac{4}{3}} = -\frac{1}{3 \cdot \sqrt[3]{x^4}}$$

A2 Einfache Funktionen mit der Summen- und Faktorregel ableiten, zusammengesetzte Funktionen mit der Produkt- und Kettenregel ableiten; LK zusätzlich: mit der Quotientenregel ableiten.

Für das Ableiten von Funktionen gelten folgende Regeln:

(1) **Summen- und Faktorregel (Linearität)**
$f(x) = k_1 \cdot f_1(x) + k_2 \cdot f_2(x) \Rightarrow f'(x) = k_1 \cdot f'_1(x) + k_2 \cdot f'_2(x)$

In Worten: Ein konstanter Faktor bleibt beim Ableiten erhalten. Die Ableitung einer Summe ist gleich der Summe der Ableitungen der Summanden.

(2) **Produktregel**
$f(x) = u(x) \cdot v(x) \Rightarrow f'(x) = u'(x) \cdot v(x) + u(x) \cdot v'(x)$

(3) Für geschachtelte Funktionsterme gilt eine besondere Ableitungsregel, die **Kettenregel:**

$f(x) = g(h(x)) \Rightarrow f'(x) = g'(h(x)) \cdot h'(x)$

Die äußere Funktion g wird abgeleitet und die innere Funktion h wie eine Variable behandelt. Dieser Term wird mit der Ableitung der inneren Funktion multipliziert.

(4) Für Funktionen, deren Funktionsterm als Bruch geschrieben werden kann, gilt die sogenannte **Quotientenregel**:

$$f(x) = \frac{u(x)}{v(x)} \Rightarrow f'(x) = \frac{u'(x) \cdot v(x) - u(x) \cdot v'(x)}{v^2(x)}$$

Statt der Quotientenregel kann man auch Produkt- und Kettenregel anwenden:

$$f(x) = \frac{u(x)}{v(x)} = u(x) \cdot (v(x))^{-1} \Rightarrow f'(x) = u'(x) \cdot (v(x))^{-1} + u(x) \cdot (-1) \cdot (v(x))^{-2} \cdot v'(x)$$
$$= \frac{u'(x)}{v(x)} - \frac{u(x) \cdot v'(x)}{v^2(x)}$$

Beispiele

(1) **Summen- und Faktorregel**

$f(x) = 5 \cdot x^3 + 4 \cdot x^2 \quad \Rightarrow f'(x) = 15 \cdot x^2 + 8 \cdot x$

$f(x) = \frac{3}{x^2} - 6 \cdot \sqrt{x} = 3 \cdot x^{-2} - 6 \cdot x^{\frac{1}{2}} \Rightarrow f'(x) = 3 \cdot (-2) \cdot x^{-3} - 6 \cdot \frac{1}{2} \cdot x^{-\frac{1}{2}} = -\frac{6}{x^3} - \frac{3}{\sqrt{x}}$

$f(x) = \log_2 x = \frac{\ln(x)}{\ln(2)} \Rightarrow f'(x) = \frac{1}{\ln(2)} \cdot \frac{1}{x} = \frac{1}{x \cdot \ln(2)}$

(2) **Folgerung für ganzrationale Funktionen:** Ist eine ganzrationale Funktion f gegeben durch

$f(x) = a_n \cdot x^n + a_{n-1} \cdot x^{n-1} + \ldots + a_2 \cdot x^2 + a_1 \cdot x + a_0$, $n \in \mathbb{N}$, dann gilt:

$f'(x) = n \cdot a_n \cdot x^{n-1} + (n-1) \cdot a_{n-1} \cdot x^{n-2} + \ldots + 2 \cdot a_2 \cdot x + a_1$

(3) **Produktregel**

$f(x) = (2x + 5) \cdot e^x \quad \Rightarrow \quad f'(x) = 2 \cdot e^x + (2x + 5) \cdot e^x = (2x + 7) \cdot e^x$

$f(x) = (x^2 + 3x - 1) \cdot e^x \quad \Rightarrow \quad f'(x) = (2x + 3) \cdot e^x + (x^2 + 3x - 1) \cdot e^x = (x^2 + 5x + 2) \cdot e^x$

(4) **Kettenregel**

$f(x) = e^{-x^2} \quad \Rightarrow \quad f'(x) = e^{-x^2} \cdot (-2x)$

$f(x) = 3^x = e^{x \cdot \ln(3)} \quad \Rightarrow \quad f'(x) = e^{x \cdot \ln(3)} \cdot \ln(3) = 3^x \cdot \ln(3)$

(5) **Produkt- und Kettenregel**

$f(x) = x^3 \cdot e^{-x} \quad \Rightarrow \quad f'(x) = 3x^2 \cdot e^{-x} + x^3 \cdot e^{-x} \cdot (-1) = (3x^2 - x^3) \cdot e^{-x}$

$f(x) = (x^2 + 1)^3 \cdot e^{-0,3x} \quad \Rightarrow$

$f'(x) = 3 \cdot (x^2 + 1)^2 \cdot (2x) \cdot e^{-0,3x} + (x^2 + 1)^3 \cdot e^{-0,3x} \cdot (-0,3) = (x^2 + 1)^2 \cdot e^{-0,3x} \cdot (6x - 0,3 \cdot (x^2 + 1))$

$= (x^2 + 1)^2 \cdot e^{-0,3x} \cdot (-0,3 \cdot x^2 + 6x - 0,3)$

(6) **Quotientenregel**

(1) $f(x) = \frac{x^2 + 2}{3x + 1}$;

Zählerfunktion: $u(x) = x^2 + 2$; $u'(x) = 2x$; Nennerfunktion: $v(x) = 3x + 1$; $v'(x) = 3$

also $f'(x) = \frac{2x \cdot (3x + 1) - (x^2 + 2) \cdot 3}{(3x + 1)^2} = \frac{3x^2 + 2x - 6}{(3x + 1)^2}$

(2) $f(x) = \frac{x^2 + 3}{(4x - 5)^3} = (x^2 + 3) \cdot (4x - 5)^{-3} \Rightarrow$

$f'(x) = (2x) \cdot (4x - 5)^{-3} + (x^2 + 3) \cdot (-3) \cdot (4x - 5)^{-4} \cdot 4 = \frac{2x}{(4x - 5)^3} - \frac{12 \cdot (x^2 + 3)}{(4x - 5)^4}$

$= \frac{2x \cdot (4x - 5) - 12 \cdot (x^2 + 3)}{(4x - 5)^4}$

Nach der o. a. Quotientenregel wäre die Ableitung wie folgt gebildet worden:

$f(x) = \frac{x^2 + 3}{(4x - 5)^3} \Rightarrow$

$f'(x) = \frac{2x \cdot (4x - 5)^3 - 3 \cdot (4x - 5)^2 \cdot 4 \cdot (x^2 + 3)}{(4x - 5)^6}$

$f'(x) = (4x - 5)^2 \cdot \frac{2x \cdot (4x - 5) - 3 \cdot 4 \cdot (x^2 + 3)}{(4x - 5)^6} = \frac{2x \cdot (4x - 5) - 12 \cdot (x^2 + 3)}{(4x - 5)^4}$

A3 Die Tangentensteigung sowie die Gleichung einer Tangente und einer Normale an den Graphen einer Funktion bestimmen.

Eine **Tangente** ist eine Gerade durch den Punkt eines Graphen, deren Steigung mit der des Graphen in diesem Punkt (dem Berührpunkt) übereinstimmt.

Die Gleichung der Geraden g, von der man die Steigung m und einen Punkt $(a|b)$ kennt, bestimmt man mithilfe der Punkt-Steigungsform: $g(x) = m \cdot (x - a) + b$

Die Gleichung einer Tangente t an eine differenzierbare Funktion f im Punkt $(a|f(a))$ wird mithilfe der Ableitung $f'(a)$ bestimmt:

$t(x) = f'(a) \cdot (x - a) + f(a)$

Die **Normale** im Punkt P ist eine Gerade, die den Graphen der Funktion f im Punkt $P(x_0|f(x_0))$ orthogonal schneidet. Dabei ist die Steigung der negative Kehrwert der 1. Ableitung an dieser Stelle, also $m = \frac{-1}{f'(x_0)}$

Beispiele

(1) Bestimmung der Tangente und der Normale des Graphen der Funktion f mit
$f(x) = 0{,}5 \cdot x^3 - x^2 - 1$ an der Stelle $a = 2$:
Es gilt: $f(2) = -1$ und $f'(x) = 1{,}5 \cdot x^2 - 2x$, also
$f'(2) = 2$.
Daher ist $t(x) = 2 \cdot (x - 2) - 1 = 2x - 4 - 1 = 2x - 5$
die Gleichung der Tangente t durch den Punkt $(2|-1)$
und
$n(x) = -\frac{1}{2} \cdot (x - 2) - 1 = -\frac{1}{2}x + 1 - 1 = -\frac{1}{2}x$
die Gleichung der Normalen n durch den Punkt $(2|-1)$.

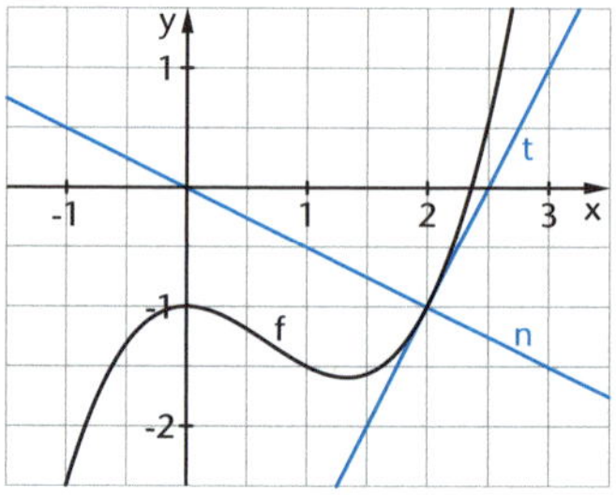

(2) Bestimmung der Tangente und der Normale des Graphen der Funktion f mit
$f(x) = x^2 \cdot e^{-x}$ an der Stelle $a = -0{,}5$:
Es gilt: $f(-0{,}5) \approx 0{,}412$ und
$f'(x) = 2x \cdot e^{-x} + x^2 \cdot e^{-x} \cdot (-1) = (-x^2 + 2x) \cdot e^{-x}$, also
$f'(-0{,}5) \approx -2{,}061$.
Daher ist
$t(x) \approx -2{,}061 \cdot (x + 0{,}5) + 0{,}412 \approx -2{,}061x - 0{,}619$
und
$n(x) \approx 0{,}485 \cdot (x + 0{,}5) + 0{,}412 \approx 0{,}485x + 0{,}655$

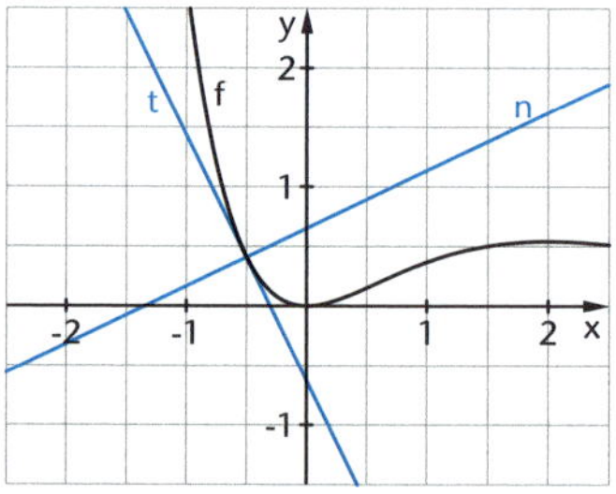

A4 Mittlere und momentane Änderungsraten angeben und berechnen.

Zeichnet man durch zwei Punkte $A(a|f(a))$ und $B(b|f(b))$ des Graphen einer Funktion f eine Gerade (also eine Sekante zum Graphen von f), so ist die Steigung dieser Geraden **die mittlere Änderungsrate der Funktion f im Intervall** [a; b], also:

$$\frac{f(b) - f(a)}{b - a}$$

Die Ableitung einer Funktion an einer Stelle x_0 ist **die momentane Änderungsrate in** x_0 und der Grenzwert des Differenzenquotienten für $x \to x_0$:

$$f'(x_0) = \lim_{x \to x_0} \frac{f(x) - f(x_0)}{x - x_0}$$

Dies kann man auch in der Form $f'(x_0) = \lim_{h \to 0} \frac{f(x_0 + h) - f(x_0)}{h}$ beschreiben.

Beispiel 1 *Mittlere Änderungsrate*

$f(x) = x^3 - x^2 - 4x + 4;\ f(2) = 0;\ f(3) = 10$

Die mittlere Änderungsrate der Funktion im Intervall [2; 3]: $\frac{f(3) - f(2)}{3 - 2} = \frac{10 - 0}{3 - 2} = 10$

Beispiele 2 *Momentane Änderungsrate*

(1) Die momentane Änderungsrate der Funktion f mit $f(x) = x^2$ an der Stelle x_0 berechnet sich wie folgt:
Der Differenzenquotient an einer Stelle x_0 (für $x \neq x_0$) ist

$$\frac{f(x) - f(x_0)}{x - x_0} = \frac{x^2 - x_0^2}{x - x_0} = \frac{(x - x_0) \cdot (x + x_0)}{x - x_0} = x + x_0$$

Daher ist die momentane Änderungsrate von f an der Stelle x_0 gleich

$$f'(x_0) = \lim_{x \to x_0} (x + x_0) = 2x_0$$

(2) Die momentane Änderungsrate der Funktion f mit $f(x) = e^x$ an der Stelle x_0 ist gleich

$$f'(x) = \lim_{h \to 0} \frac{e^{x_0 + h} - e^{x_0}}{h} = \lim_{h \to 0} \frac{e^{x_0} \cdot (e^h - 1)}{h} = e^{x_0} \cdot \lim_{h \to 0} \frac{e^h - 1}{h} = e^{x_0} \cdot 1 = e^{x_0}$$

Hinweis: Dass der Grenzwert von $\lim_{h \to 0} \frac{e^h - 1}{h}$ gleich 1 ist, kann man beispielsweise numerisch zeigen.

(3) In besonderen Anwendungssituationen gilt folgender Zusammenhang zwischen einer Größe und der momentanen Änderungsrate:

Größe	**momentane Änderungsrate**
Weg	Geschwindigkeit
Geschwindigkeit	Beschleunigung
Durchflussmenge eines Stoffes	momentane Durchflussänderung
Bestand	Wachstumsgeschwindigkeit

A5 Schnittwinkel eines Graphen mit der x-Achse bestimmen

Als Schnittwinkel α eines Graphen mit der x-Achse bezeichnet man denjenigen Winkel α, den die Tangente in einer Nullstelle x_0 des Graphen mit der x-Achse bildet.
Aus dem Steigungsdreieck, das durch die Tangente gebildet wird, ergibt sich $\tan(\alpha) = m = f'(x_0)$ und hieraus dann $\alpha = \tan^{-1}(m) = \tan^{-1}(f'(x_0))$.
Da m auch negativ sein kann, definiert man allgemein:
$\alpha = |\tan^{-1}(f'(x_0))|$ als **Schnittwinkel des Graphen von f mit der x-Achse**

Beispiele

(1) Der Graph der Funktion f mit $f(x) = 0{,}25x^3 - 0{,}75x - 0{,}5$ hat eine Nullstelle bei $x_0 = 2$.
Die Steigung des Graphen an dieser Stelle, also die Steigung der Tangente, ist $f'(2) = 2{,}25$
(da $f'(x) = 0{,}75x^2 - 0{,}75$).
Daher ist $\alpha = \tan^{-1}(2{,}25) \approx 66{,}0°$

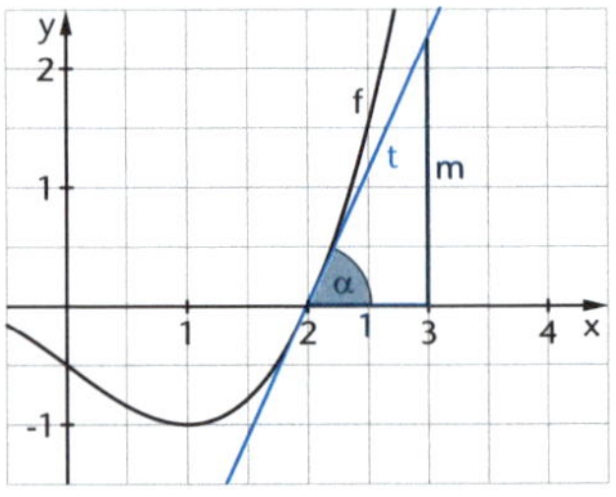

(2) Der Graph der Funktion f mit $f(x) = 2 - e^x$ hat eine Nullstelle bei $x_0 = \ln(2) \approx 0{,}693$.
Die Steigung des Graphen an dieser Stelle, also die Steigung der Tangente, ist $f'(\ln(2)) = -2$ (da $f'(x) = -e^x$).
Daher ist $\alpha = |\tan^{-1}(-2)| \approx 63{,}4°$

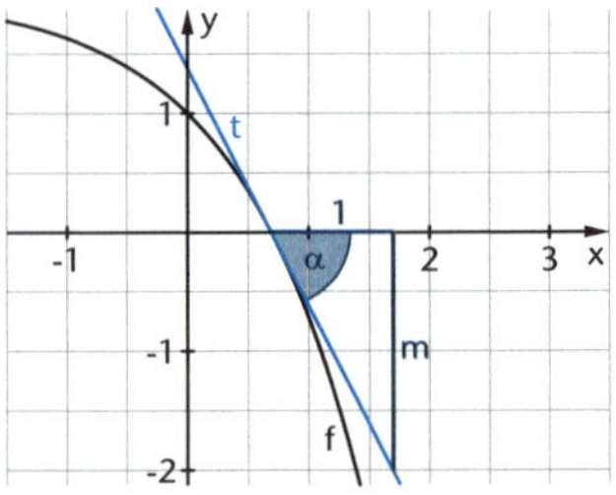

A6 Bei abschnittsweise definierten Funktionen überprüfen können, ob die Übergänge stetig, differenzierbar bzw. ruckfrei sind.

(1) Bei abschnittsweise definierten Funktionen ist der Definitionsbereich unterteilt in aneinander anschließende Intervalle, auf denen die Funktion jeweils durch einen anderen Funktionsterm definiert ist.
Die Übergänge zwischen den verschiedenen Abschnitten können stetig, differenzierbar oder ruckfrei sein.
Eine Funktion f sei für $x < a$ definiert durch den Funktionsterm $f_1(x)$ und für $x \geq a$ durch den Funktionsterm $f_2(x)$. Gilt an dieser Übergangsstelle a zwischen den Definitionsbereichen, dass

- $\lim\limits_{x \to a} f_1(x) = \lim\limits_{x \to a} f_2(x)$, dann ist der Übergang **stetig** (nahtlos), d. h., an der Übergangsstelle stimmen die Funktionswerte überein;
- $\lim\limits_{x \to a} f_1(x) = \lim\limits_{x \to a} f_2(x)$ und $\lim\limits_{x \to a} f_1'(x) = \lim\limits_{x \to a} f_2'(x)$, dann ist der Übergang **differenzierbar** (glatt, knickfrei), d. h., an der Übergangsstelle stimmen die Funktionswerte sowie die (Tangenten-)Steigungen überein;
- $\lim\limits_{x \to a} f_1(x) = \lim\limits_{x \to a} f_2(x)$, $\lim\limits_{x \to a} f_1'(x) = \lim\limits_{x \to a} f_2'(x)$ und $\lim\limits_{x \to a} f_1''(x) = \lim\limits_{x \to a} f_2''(x)$, dann ist der Übergang (krümmungs-)**ruckfrei**: An der Übergangsstelle stimmen die Funktionswerte, die (Tangenten-)Steigungen sowie die Krümmungen der Graphen überein.

(2) Bei der **Interpolation mit kubischen Splines** betrachtet man n Punkte $(a_1 | b_1)$, ..., $(a_n | b_n)$ in einem Koordinatensystem und bestimmt dazu passend eine abschnittsweise definierte Funktion f, deren Funktionsterm sich zusammensetzt aus n – 1 Funktionstermen von ganzrationalen Funktionen 3. Grades mit folgenden Eigenschaften:
An den Stützstellen stimmen die Funktionswerte sowie die Werte der 1. und 2. Ableitung der jeweils definierten Funktionsterme links und rechts überein, d. h., an den n – 2 inneren Übergangsstellen soll der Übergang ruckfrei sein. Außerdem soll für die 2. Ableitung in den beiden äußeren Punkten gelten:
$f''(a_1) = 0$ und $f''(a_n) = 0$.

Beispiel zu (1)

$f_1(x) = -x + 1$ für $x < 1$
$f_2(x) = x^2 - 4x + 2$ für $x \geq 1$

Der Übergang an der Stelle x = 1 ist nicht stetig:
$\lim\limits_{x \to 1} f_1(x) = 0 \neq -1 = f_2(1)$

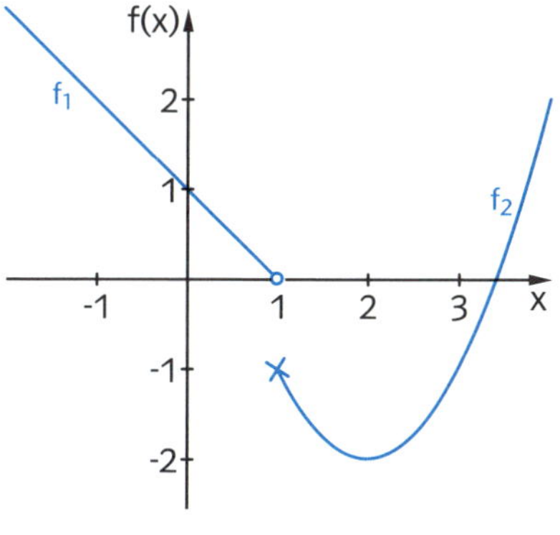

$f_1(x) = -x + 2$ für $x < 1$
$f_2(x) = -x^2 + 4x - 2$ für $x \geq 1$

Der Übergang an der Stelle x = 1 ist nahtlos, aber nicht knickfrei:
$\lim\limits_{x \to 1} f_1(x) = 1 = f_2(1)$
$\lim\limits_{x \to 1} f_1'(x) = -1 \neq +2 = \lim\limits_{x \to 1} f_2'(x)$

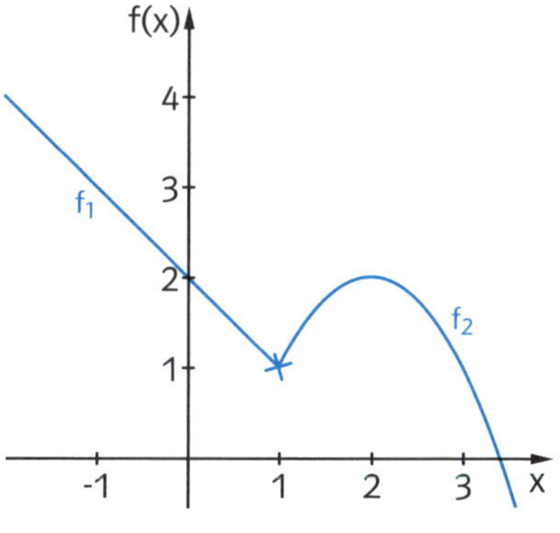

$f_1(x) = x^3$ für $x < 1$
$f_2(x) = -1{,}5\,x^2 + 6\,x - 3{,}5$ für $x \geq 1$

Der Übergang an der Stelle $x = 1$ ist knickfrei, aber nicht ruckfrei:

$\lim\limits_{x \to 1} f_1(x) = 1 = f_2(1)$

$\lim\limits_{x \to 1} f_1'(x) = 3 = \lim\limits_{x \to 1} f_2'(x)$

$\lim\limits_{x \to 1} f_1''(x) = 6 \neq -3 = \lim\limits_{x \to 1} f_2''(x)$

$f_1(x) = \frac{1}{3}x^3 - x$ für $x < 1$

$f_2(x) = x^2 - 2\,x + \frac{1}{3}$ für $x \geq 1$

Der Übergang an der Stelle $x = 1$ ist ruckfrei:

$\lim\limits_{x \to 1} f_1(x) = -\frac{2}{3} = f_2(1)$

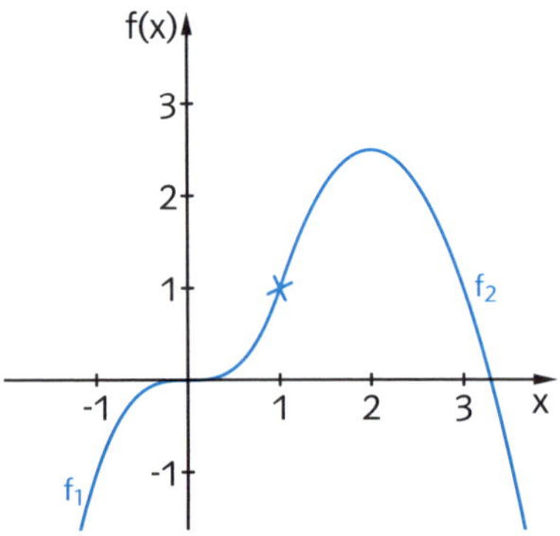

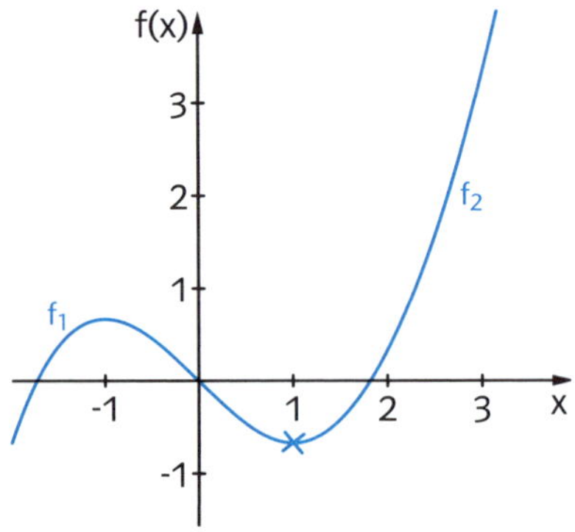

Die Grenzwerte kann man wie folgt bestimmen: Man betrachtet die Funktionsterme einzeln und beachtet dabei nicht die Einschränkung der Definitionsmengen; beispielsweise berechnet man die Ableitungen von $f_1(x) = x^3$, also $f_1'(x) = 3\,x^2$, $f_1''(x) = 6\,x$, und setzt für x den Wert 1 ein, obwohl die Funktion f an der Stelle $x = 1$ anders definiert ist.

Beispiel zu (2)

Gegeben sind die vier Punkte $P_1(0|0)$, $P_2(1|1)$, $P_3(3|2)$, $P_4(8|0)$.

Gesucht sind drei ganzrationale Funktionen $p_1(x) = a_1 x^3 + b_1 x^2 + c_1 x + d_1$, $p_2(x) = a_2 x^3 + b_2 x^2 + c_2 x + d_2$ und $p_3(x) = a_3 x^3 + b_3 x^2 + c_3 x + d_3$ (12 Variablen), welche die folgenden Bedingungen erfüllen:

Da der Graph durch die vier Punkte verlaufen soll, müssen die Koordinaten der Punkte die jeweiligen Funktionsgleichungen erfüllen. Hieraus erhält man sechs Gleichungen:
$p_1(0) = 0$; $p_1(1) = 1$ und $p_2(1) = 1$; $p_2(3) = 2$ und $p_3(3) = 2$; $p_3(8) = 0$.

Für die Ableitungsfunktionen gilt:
$p_i'(x) = 3\,a_i x^2 + 2\,b_i x + c_i$ sowie $p_i''(x) = 6\,a_i x + 2\,b_i$ $(i = 1, 2, 3)$.

Da an den Übergangsstellen die Steigungen übereinstimmen sollen, ergeben sich zwei weitere Gleichungen:
$p_1'(1) = p_2'(1)$; $p_2'(3) = p_3'(3)$.

Da an den Übergangsstellen die Krümmungen übereinstimmen sollen, ergeben sich ebenfalls zwei Gleichungen. Da die Graphen am Anfang bzw. Ende des Splines nicht gekrümmt sein sollen, zwei weitere Gleichungen:
$p_1''(0) = 0$; $p_1''(1) = p_2''(1)$; $p_2''(3) = p_3''(3)$; $p_3''(8) = 0$

Insgesamt erhält man dann ein lineares Gleichungssystem mit 12 Gleichungen und 12 Variablen.

B1 Graphen auf Symmetrie untersuchen.

- *Achsensymmetrie zur y-Achse:*
  Der Graph der Funktion f ist achsensymmetrisch zur y-Achse, wenn für alle x aus dem Definitionsbereich von f gilt:

  $f(-x) = f(x)$

  Für ganzrationale Funktionen f gilt zusätzlich:
  Der Graph von f ist genau dann achsensymmetrisch zur y-Achse, wenn der Funktionsterm f(x) nur Potenzen von x mit geraden Exponenten enthält.

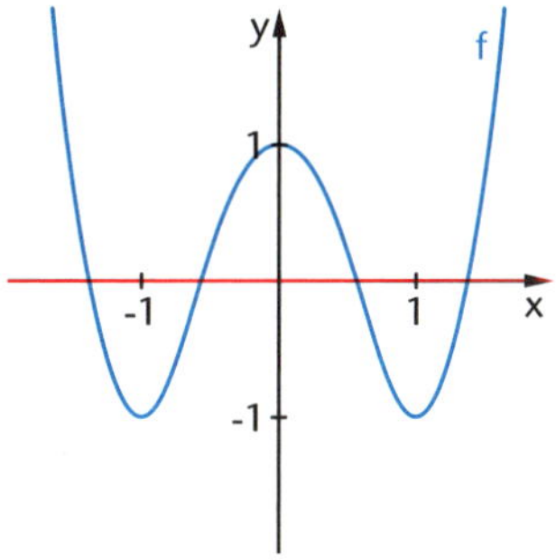

- *Punktsymmetrie zum Ursprung:*
  Der Graph der Funktion f ist punktsymmetrisch zum Ursprung, wenn für alle x aus dem Definitionsbereich von f gilt:

  $f(-x) = -f(x)$

  Für ganzrationale Funktionen f gilt zusätzlich:
  Der Graph von f ist genau dann punktsymmetrisch zum Ursprung, wenn der Funktionsterm f(x) nur Potenzen von x mit ungeraden Exponenten enthält.

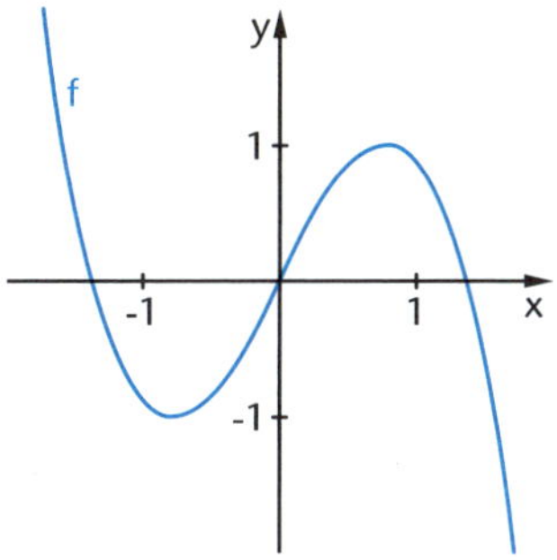

Beispiele

Der Graph der Funktion f mit $f(x) = x^4 - 2x^2 + 1$ ist achsensymmetrisch zur y-Achse, da im Funktionsterm nur gerade Exponenten auftreten. Dabei kann der letzte Summand 1 gedeutet werden als $1 \cdot x^0$ (0 ist eine gerade Zahl!).

Der Graph der Funktion g mit $g(x) = x^3 - 2x$ ist punktsymmetrisch zum Ursprung, da im Funktionsterm nur ungerade Exponenten auftreten.

Der Graph der Funktion h mit $h(x) = x^2 - 2x - 1$ ist weder achsensymmetrisch zur y-Achse noch punktsymmetrisch zum Ursprung, da im Funktionsterm sowohl gerade als auch ungerade Exponenten auftreten.

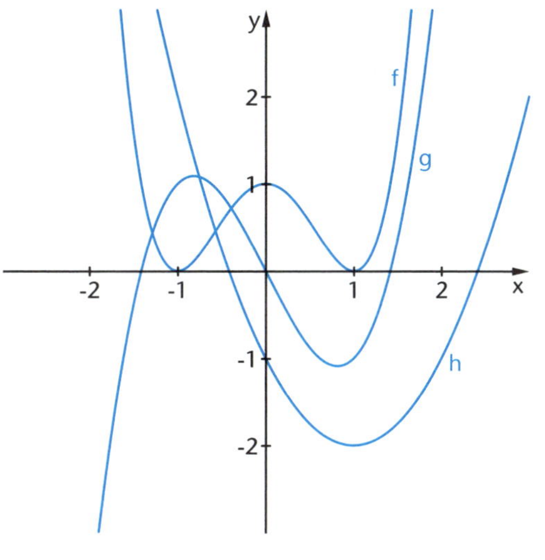

B2 Schnittpunkte des Graphen mit der x-Achse, Schnittpunkte zweier Graphen und Berührpunkte von Graphen berechnen sowie diese im Sachzusammenhang interpretieren.

- *Schnittpunkte mit der x-Achse:*
  Zur Bestimmung der Schnittpunkte des Graphen der Funktion f mit der x-Achse wird der Funktionsterm f(x) gleich null gesetzt und die sich ergebende Gleichung $f(x) = 0$ nach x aufgelöst.
  Als Lösungen der Gleichung erhält man die Nullstellen x_{N_1}, x_{N_2}, x_{N_3}, … der Funktion. Die Schnittpunkte des Graphen mit der x-Achse sind $(x_{N_1}|0)$, $(x_{N_2}|0)$, $(x_{N_3}|0)$, … .

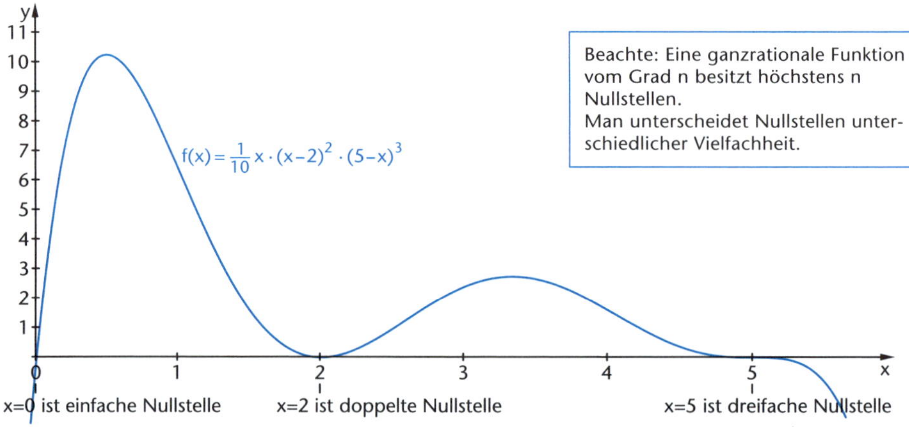

Beachte: Eine ganzrationale Funktion vom Grad n besitzt höchstens n Nullstellen.
Man unterscheidet Nullstellen unterschiedlicher Vielfachheit.

  Falls die Nullstellen algebraisch bestimmt werden sollen, kann eines der folgenden Verfahren bei der Lösung hilfreich sein:
  - Klammere, falls möglich, x (oder sogar x^2, x^3, …) im gesamten Funktionsterm aus.
  - Löse eine quadratische Gleichung mit dem Verfahren der quadratischen Ergänzung, mit der p-/q-Formel oder mit dem Satz von VIETA.
  - Kennt man ganzzahlige Nullstellen, dann kann man den Funktionsterm teilweise mithilfe von Linearfaktoren darstellen und dann einen Koeffizientenvergleich vornehmen.

- *Schnittpunkte zweier Graphen:*
  Sind zwei Funktionen f und g gegeben, dann bestimmt man die Schnittpunkte der Graphen durch Lösen der Gleichung $f(x) = g(x)$.
  Wenn man die Gleichung umformt, sodass auf der linken Seite ein Term steht, und auf der rechten Seite null, dann wird das Problem „Schnittstellen zweier Graphen berechnen" zum Problem „Nullstellen bestimmen", vgl. Lösungsverfahren in Punkt 1. Anschließend darf man nicht vergessen, die y-Koordinaten der Schnittpunkte zu bestimmen, wenn dieses verlangt ist. Dazu setzt man die erhaltenen Schnittstellen (x-Koordinaten) entweder in die Funktionsgleichung von f oder in die von g ein, oder man macht beides zur Kontrolle, denn es muss in beiden Fällen das gleiche Ergebnis herauskommen.
- *Berührpunkte zweier Graphen:*
  Wenn sich die Graphen der Funktionen f und g in einem gemeinsamen Punkt $(x_B|f(x_B))$ nur berühren, dann haben die beiden Graphen nicht nur einen Punkt $(x_B|f(x_B))$ gemeinsam, sondern auch die Tangenten stimmen in diesem gemeinsamen Punkt überein. Es gilt daher $f(x_B) = g(x_B)$ und $f'(x_B) = g'(x_B)$.

Beispiel 1 *Schnittpunkte mit der x-Achse*

- Um die Schnittpunkte des Graphen von f mit $f(x) = -x^3 + 4x^2$ und der x-Achse zu ermitteln, hilft das Ausklammern von $-x^2$:
  $f(x) = 0 \Leftrightarrow -x^3 + 4x^2 = 0 \Leftrightarrow -x^2 \cdot (x - 4) = 0 \Leftrightarrow x = 0 \vee x = 4$
  Dabei ist $x = 0$ eine doppelte und $x = 4$ eine einfache Nullstelle.
  Die Schnittpunkte mit der x-Achse lauten: $(0|0)$ und $(4|0)$.
- Um die Schnittpunkte des Graphen von g mit $g(x) = x^3 - 4x^2 - 4x + 16$ und der x-Achse zu ermitteln, versucht man, die erste Nullstelle zu erraten: $x = 2$. Der Funktionsterm lässt sich dann darstellen in der Form $(x - 2) \cdot (x^2 + ax + b)$. Nach Ausmultiplizieren findet man durch Koeffizientenvergleich: $a = -2$ und $b = -8$.
  Man erhält alle Nullstellen nach Lösen der quadratischen Gleichung:
  $x^2 - 2x - 8 = 0 \Leftrightarrow x = -2 \vee x = 4$
  Also: $g(x) = 0 \Leftrightarrow x^3 - 4x^2 - 4x + 16 = 0 \Leftrightarrow (x - 2) \cdot (x^2 - 2x - 8) = 0$
  $\Leftrightarrow x = 2 \vee x^2 - 2x - 8 = 0 \Leftrightarrow x = 2 \vee x = -2 \vee x = 4$
  Alle Nullstellen sind einfache Nullstellen.
  Die Schnittpunkte mit der x-Achse lauten: $(-2|0)$, $(2|0)$ und $(4|0)$

Beispiel 2 *Schnittpunkte zweier Graphen*

Bestimmen der Schnittpunkte der Graphen von f mit $f(x) = -x^3 + 4x^2$ und g mit $g(x) = x^3 - 4x^2 - 4x + 16$:
Die Vereinfachung von $f(x) = g(x)$ führt zur Gleichung $2x^3 - 8x^2 - 4x + 16 = 0$.
Diese hat die Lösung $x = 4$ (wie man durch Probieren/Einsetzen herausfindet oder ggf. auch aus der Untersuchung der Nullstellen der Funktionen f und g weiß).
Der Funktionsterm lässt sich dann darstellen in der Form $2(x - 4) \cdot (x^2 + ax + b)$.
Durch Koeffizientenvergleich ergibt sich: $a = 0$ und $b = -2$.
Also: $f(x) = g(x) \Leftrightarrow -x^3 + 4x^2 = x^3 - 4x^2 - 4x + 16 \Leftrightarrow 2x^3 - 8x^2 - 4x + 16 = 0$
$\Leftrightarrow 2(x - 4)(x^2 - 2) = 0 \Leftrightarrow x = 4 \vee x = -\sqrt{2} \vee x = \sqrt{2}$
Mit $f(-\sqrt{2}) \approx 10{,}83$, $f(\sqrt{2}) \approx 5{,}17$ und $f(4) = 0$ erhält man die Schnittpunkte der Graphen von f und g: $(-\sqrt{2}|10{,}83)$, $(\sqrt{2}|5{,}17)$ und $(4|0)$

Beispiel 3 *Berührpunkt zweier Graphen*

Als Schnittpunkte der Graphen f mit $f(x) = -x^3 + 4x^2$ und h mit $h(x) = x^2 + 4$ erhält man die Punkte $(2|8)$ und $(-1|5)$.
Da außerdem $f'(2) = h'(2) = 4$, ist der Punkt $(2|8)$ ein Berührpunkt der beiden Graphen.

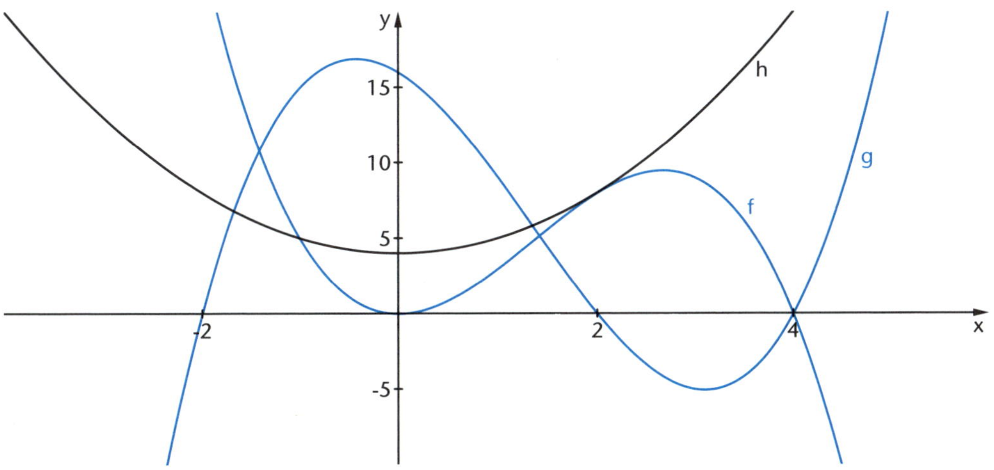

B3 Graphen auf Monotonie und auf lokale und absolute Extrempunkte untersuchen und diese im Sachzusammenhang interpretieren.

Wir betrachten eine auf dem Intervall I differenzierbare Funktion f.

- *Monotonie:*
  Der Graph von f ist auf dem Intervall I …
  … streng monoton steigend genau dann, wenn $f'(x) > 0$ für alle $x \in I$.
  … streng monoton fallend genau dann, wenn $f'(x) < 0$ für alle $x \in I$.

Die Umkehrung dieser Aussage ist nicht richtig. Beispiel: Der Graph von $f(x) = x^3$ ist streng monton steigend auf $\mathbb{R}$, aber es gilt: $f'(0) = 0$.

- *Lokale Extrempunkte:*
  Notwendige Bedingung:
  Wenn f an der inneren Stelle x_0 einen Extremwert hat, so gilt $f'(x_0) = 0$.

  Die Bedingung $f'(x) = 0$ bedeutet anschaulich, dass die Tangente an der Extremstelle parallel zur x-Achse verläuft.

  Hinreichende Bedingung (mit der zweiten Ableitung):
  Falls $f'(x_0) = 0$ und $f''(x_0) > 0$ [$f''(x_0) < 0$], so befindet sich an der Stelle x_0 ein lokales Minimum [Maximum].

  Hinreichende Bedingung (Vorzeichenwechselkriterium):
  Falls $f'(x_0) = 0$ und f' einen Vorzeichenwechsel (VZW) von – nach + [VZW von + nach –] hat, so befindet sich an der Stelle x_0 ein lokales Minimum [Maximum].

- *Absolute Extrempunkte:*
  Vergleicht man alle lokalen Minima [Maxima] und die Funktionswerte an den Rändern des Intervalls I, so ist der kleinste [größte] Wert daraus das absolute Minimum [Maximum].

Bei der Untersuchung von Extremstellen in einem Sachzusammenhang, der mit einer mathematischen Funktion beschrieben wird, können diese im Kontext gedeutet werden.

Beispiel 1 *Bestimmung von Extrempunkten*

Gegeben ist die Funktion f mit

$f(x) = \frac{1}{9}(2x^3 - 15x^2 + 24x + 25)$.

Die Ableitungen sind:

$f'(x) = \frac{1}{9}(6x^2 - 30x + 24) = \frac{2}{3}(x^2 - 5x + 4) = \frac{2}{3}(x - 1)(x - 4)$

und

$f''(x) = \frac{2}{3}(2x - 5)$

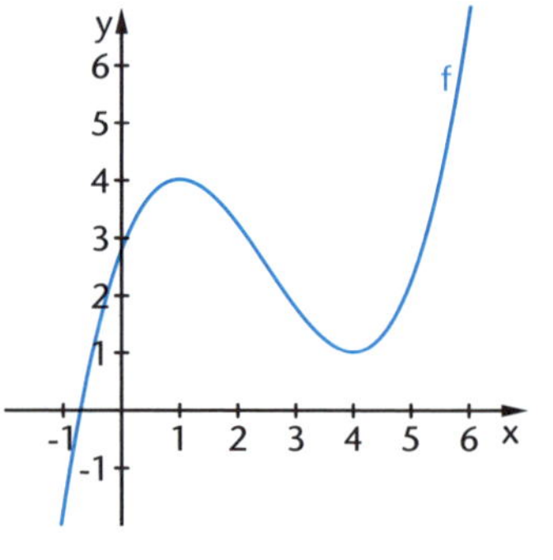

Untersuchung auf Monotonie mit einer Vorzeichentabelle für f':
Zuerst werden die Nullstellen der ersten Ableitung bestimmt:
$f'(x) = 0 \Leftrightarrow x^2 - 5x + 4 = 0 \Leftrightarrow (x - 1)(x - 4) = 0 \Leftrightarrow x = 1 \vee x = 4$
Mit einer Vorzeichentabelle kann das Vorzeichen der ersten Ableitung auf den Teilintervallen zwischen und neben deren Nullstellen bestimmt werden. Dazu bestimmt man jeweils das Vorzeichen aller Linearfaktoren von f' auf den Teilintervallen und erhält daraus leicht das Vorzeichen von f'.

	$x < 1$	$x = 1$	$1 < x < 4$	$x = 4$	$x > 4$
$(x - 1)$	–	0	+		+
$(x - 4)$	–		–	0	+
f'	+	0	–	0	+
		+/–VZW		–/+VZW	

Also ist f streng monoton wachsend für $x < 1$ und für $x > 4$ und streng monoton fallend für $1 < x < 4$.
Mit dem Vorzeichenwechselkriterium folgt bereits aus dieser Tabelle, dass an der Stelle $x = 1$ ein lokales Maximum und an der Stelle $x = 4$ ein lokales Minimum vorliegt.

Untersuchung auf lokale Extrempunkte mit der zweiten Ableitung:
Notwendige Bedingung: $f'(x) = 0 \Leftrightarrow x^2 - 5x + 4 = 0 \Leftrightarrow (x - 1)(x - 4) = 0 \Leftrightarrow x = 1 \vee x = 4$
Hinreichende Bedingung: Da $f'(1) = 0 \wedge f''(1) = -2 < 0$, liegt an der Stelle $x = 1$ ein lokales Maximum vor.
Da $f'(4) = 0 \wedge f''(4) = 2 > 0$, liegt an der Stelle $x = 4$ ein lokales Minimum vor.
Mit $f(1) = 4$ und $f(4) = 1$ erhält man den lokalen Hochpunkt $H(1|4)$ und den lokalen Tiefpunkt $T(4|1)$.

Beispiel 2 *Untersuchung von Extrema in einem Sachzusammenhang*

Eine besondere Silvesterrakete wird senkrecht nach oben abgeschossen und beim Start kurz beschleunigt. Sie schlägt nach 6 Sekunden wieder auf dem Boden auf. Während des freien Fluges kann die Höhe der Rakete über dem Boden näherungsweise durch die Funktion h mit $h(t) = 30t - 5t^2$ beschrieben werden. Dabei wird die Höhe h in Metern und die Zeit t in Sekunden angegeben. Wie hoch fliegt die Rakete?

Gesucht ist also das absolute Maximum der Funktion h auf dem Intervall [0;6]:
Ableitungen: $h'(t) = 30 - 10t$ und $h''(t) = -10$
Notwendige Bedingung: $h'(t) = 0 \Leftrightarrow 30 - 10t = 0 \Leftrightarrow t = 3$
Hinreichende Bedingung: Da $h'(3) = 0 \wedge h''(3) = -10 < 0$, liegt an der Stelle $t = 3$ ein lokales Maximum vor.
Da der Graph von h eine nach unten geöffnete Parabel ist oder durch Vergleich von $h(3) = 45$ mit den Funktionswerten $h(0) = 0$ und $h(6) = 0$ an den Rändern des Intervalls folgt, dass an der Stelle $t = 3$ ein absolutes Maximum vorliegt.

Also fliegt die Rakete 45 m hoch.

Beispiel 3 *Extrempunkte bei Exponentialfunktionen*

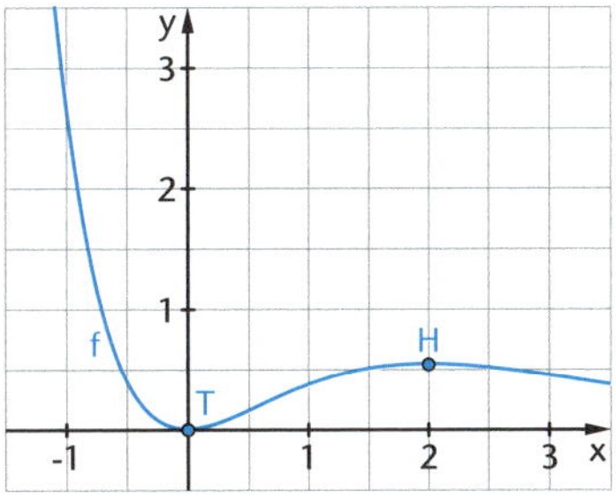

Gegeben ist die Funktion f mit $f(x) = x^2 \cdot e^{-x}$.
Die Ableitungen erhält man durch die Anwendung der Produkt- und Kettenregel:
$f'(x) = 2x \cdot e^{-x} - x^2 \cdot e^{-x} = (2x - x^2) \cdot e^{-x} = x \cdot (2 - x) \cdot e^{-x}$
$f''(x) = (2 - 2x) \cdot e^{-x} - (2x - x^2) \cdot e^{-x} = (x^2 - 4x + 2) \cdot e^{-x}$
Durch die Anwendung der notwendigen Bedingung $f'(x) = 0 \Leftrightarrow x = 0 \vee x = 2$ erhält man zwei Kandidaten für lokale Extremstellen, die nun weiter untersucht werden.
Mit der hinreichenden Bedingung $f'(0) = 0 \wedge f''(0) = 2 > 0$ ist nachgewiesen, dass an der Stelle $x = 0$ ein lokales Minimum vorliegt. Mit $f'(2) = 0 \wedge f''(2) = -2 \cdot e^{-2} < 0$ wird gezeigt, dass an der Stelle $x = 2$ ein lokales Maximum vorliegt. Durch Einsetzen der Extremstellen in die Funktionsgleichung erhält man den lokalen Tiefpunkt $T(0|0)$ und den lokalen Hochpunkt $H(2|4 \cdot e^{-2})$.

B4 Graphen auf ihr Krümmungsverhalten und auf Wende- und Sattelpunkte untersuchen und diese im Sachzusammenhang interpretieren sowie die Wendestelle als Stelle mit extremaler Änderungsrate identifizieren.

Wir betrachten eine Funktion f und ihre Ableitungen.

Der Graph von f heißt auf I linksgekrümmt [rechtsgekrümmt] genau dann, wenn f′ auf I streng monoton steigend [fallend] ist.

- *Kriterium für das Krümmungsverhalten:*
  Wenn $f''(x) > 0$ [$f''(x) < 0$] für alle $x \in I$ gilt, dann ist der Graph von f auf I linksgekrümmt [rechtsgekrümmt].
  Die Umkehrung des Satzes ist nicht richtig. Beispiel: Der Graph von $f(x) = x^4$ ist auf $\mathbb{R}$ linksgekrümmt, aber $f''(0) = 0$.

- *Wendepunkte:*
  Notwendige Bedingung:
  Wenn x_0 eine Wendestelle von f ist, so gilt $f''(x_0) = 0$.

  Wendestellen sind also Extremstellen der ersten Ableitung.

  Hinreichende Bedingung (mit der dritten Ableitung):
  Falls $f''(x_0) = 0$ und $f'''(x_0) \neq 0$, so liegt an der Stelle x_0 eine Wendestelle vor.

  Hinreichende Bedingung (Vorzeichenwechselkriterium):
  Falls $f''(x_0) = 0$ und f'' einen Vorzeichenwechsel (VZW) hat, so liegt an der Stelle x_0 eine Wendestelle vor.

- *Sattelpunkte:*
  Sattelpunkte sind Wendepunkte mit einer zur x-Achse parallelen Tangente.
  Daher gilt die **hinreichende Bedingung**:
  Falls $f'(x_0) = 0$ und $f''(x_0) = 0$ und $f'''(x_0) \neq 0$, so befindet sich an der Stelle x_0 ein Sattelpunkt.

Bei der Untersuchung von Wendestellen in einem Sachzusammenhang, der mit einer mathematischen Funktion beschrieben wird, können diese als Stellen mit maximaler oder minimaler Änderungsrate im Kontext gedeutet werden.

Beispiel 1 *Bestimmung des Krümmungsverhaltens und von Wendepunkten*

Gegeben ist die Funktion f mit $f(x) = \frac{1}{4}x^4 - x^3 + 4x$

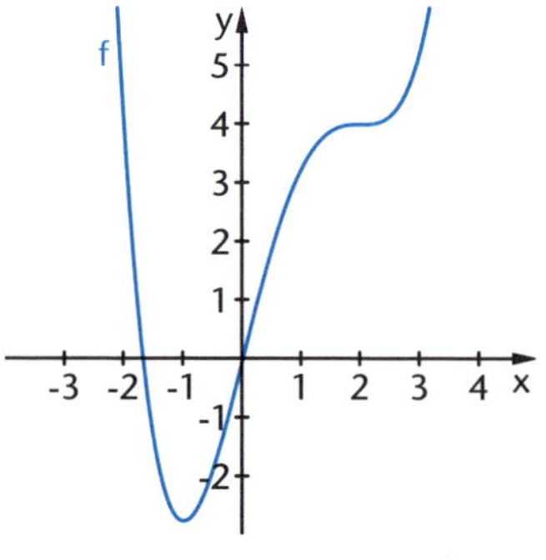

Die Ableitungen sind:
$f'(x) = x^3 - 3x^2 + 4$
$f''(x) = 3x^2 - 6x = 3x(x - 2)$
$f'''(x) = 6x - 6 = 6(x - 1)$

Untersuchung des Krümmungsverhaltens mit einer Vorzeichentabelle für f″:
Zuerst werden die Nullstellen der zweiten Ableitung bestimmt:
$f''(x) = 0 \Leftrightarrow 3x^2 - 6x = 0 \Leftrightarrow 3x(x - 2) = 0 \Leftrightarrow x = 0 \vee x = 2$

Mit einer Vorzeichentabelle kann das Vorzeichen der zweiten Ableitung auf den Teilintervallen zwischen und neben deren Nullstellen bestimmt werden. Dazu bestimmt man jeweils das Vorzeichen aller Linearfaktoren von f″ auf den Teilintervallen und erhält daraus leicht das Vorzeichen von f″. Hier sind also die Linearfaktoren (x) und (x – 2) zu untersuchen:

	$x < 0$	$x = 0$	$0 < x < 2$	$x = 2$	$x > 2$
(x)	–	0	+		+
(x – 2)	–		–	0	+
f″	+	0 +/–VZW	–	0 –/+VZW	+

Also ist der Graph von f für $x < 0$ sowie für $x > 2$ linksgekrümmt und für $0 < x < 2$ rechtsgekrümmt.
Mit dem Vorzeichenwechselkriterium folgt bereits aus dieser Tabelle, dass $x = 0$ und $x = 2$ Wendestellen sind.

Untersuchung auf Wendepunkte mit der dritten Ableitung:
Notwendige Bedingung: $f''(x) = 0 \Leftrightarrow 3x^2 - 6x = 0 \Leftrightarrow 3x(x-2) = 0 \Leftrightarrow x = 0 \vee x = 2$
Hinreichende Bedingung: Da $f''(0) = 0 \wedge f'''(0) = -6 < 0$, ist $x = 0$ eine Wendestelle.
Da $f''(2) = 0 \wedge f'''(2) = 6 > 0$, ist $x = 2$ eine Wendestelle, da zusätzlich $f'(2) = 0$, liegt hier sogar ein Sattelpunkt vor.
Mit $f(0) = 0$ und $f(2) = 4$ erhält man den Wendepunkt $W(0|0)$ und den Sattelpunkt $S(2|4)$.

Beispiel 2 *Untersuchung auf Wendestellen in einem Sachzusammenhang*

Der Temperaturverlauf an einem Frühlingstag kann näherungsweise beschrieben werden durch die Funktion f mit $f(t) = 0{,}00067\,t^4 - 0{,}038\,t^3 + 0{,}6\,t^2 - 1{,}7\,t + 15{,}8$.
Dabei wird die Zeit t in Stunden und die Temperatur f(t) in °C angegeben.
Zu welchem Zeitpunkt ist der Temperaturanstieg am größten gewesen?

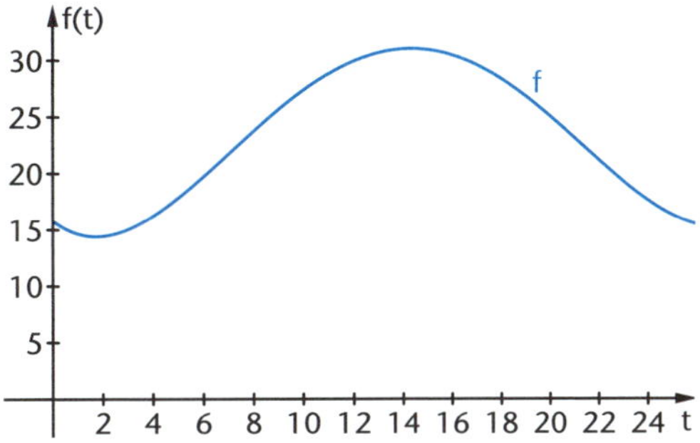

Hier ist nach einer Extremstelle der ersten Ableitung, also nach einer Wendestelle gefragt. Zusätzlich muss die erste Ableitung dort positiv sein, da ein Temperaturanstieg vorliegen soll.

Ableitungen:
$f'(t) = 0{,}00268\,t^3 - 0{,}114\,t^2 + 1{,}2\,t - 1{,}7$
$f''(t) = 0{,}00804\,t^2 - 0{,}228\,t + 1{,}2$
$f'''(t) = 0{,}01608\,t - 0{,}228$

Notwendige Bedingung: $f''(t) = 0 \Leftrightarrow 0{,}00804\,t^2 - 0{,}228\,t + 1{,}2 = 0 \Leftrightarrow$
$t^2 - 28{,}358\,t + 149{,}254 = 0 \Leftrightarrow$
$t \approx 14{,}179 \pm \sqrt{51{,}79} \Leftrightarrow$
$t_1 \approx 7{,}0 \vee t_2 \approx 21{,}4$

Hinreichende Bedingung: Da $f''(t_1) = 0 \wedge f'''(t_1) = -0{,}116 < 0$ ist $t_1 \approx 7{,}0$ eine Wendestelle.
Da $f''(t_2) = 0 \wedge f'''(t_2) = 0{,}116 > 0$ ist $t_2 \approx 21{,}4$ eine Wendestelle.

Weiterhin ist $f'(t_1) \approx 2{,}03$ und $f'(t_2) \approx -1{,}96$.
Der Temperaturanstieg war also um 7 Uhr mit etwa $2{,}03\ \frac{°C}{h}$ am größten.

Beispiel 3 *Wendepunkte bei Exponentialfunktionen*

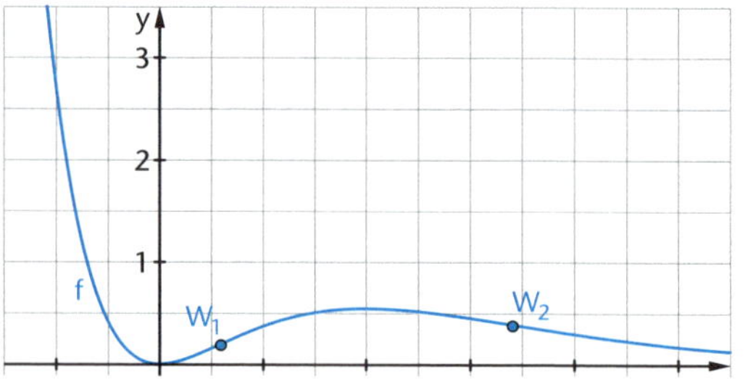

Gegeben ist die Funktion f mit
$f(x) = x^2 \cdot e^{-x}$.
Die Ableitungen erhält man durch die Anwendung der Produkt- und Kettenregel:
$f'(x) = (-x^2 + 2x) \cdot e^{-x}$,
$f''(x) = (x^2 - 4x + 2) \cdot e^{-x}$,
$f'''(x) = (2x - 4) \cdot e^{-x} - (x^2 - 4x + 2) \cdot e^{-x}$
$= (-x^2 + 6x - 6) \cdot e^{-x}$
Durch die Anwendung der notwendigen Bedingung
$f''(x) = 0 \Leftrightarrow (x^2 - 4x + 2) = 0 \Leftrightarrow x = 2 - \sqrt{2} \approx 0{,}59 \vee x = 2 + \sqrt{2} \approx 3{,}41$ erhält man zwei Kandidaten für Wendestellen, die nun weiter untersucht werden.
Mit den hinreichenden Bedingungen $f''(2 - \sqrt{2}) = 0 \wedge f'''(2 - \sqrt{2}) \approx -1{,}57 \neq 0$ und $f''(2 - \sqrt{2}) = 0 \wedge f'''(2 - \sqrt{2}) \approx 0{,}09 \neq 0$ ist nachgewiesen, dass die betrachteten Stellen Wendestellen sind.
Durch Einsetzen der Wendestellen in die Funktionsgleichung erhält man die Wendepunkte $W_1(0{,}59\,|\,0{,}19)$ und $W_2(3{,}41\,|\,0{,}38)$.

B5 Asymptotisches Verhalten bei Exponentialfunktionen untersuchen

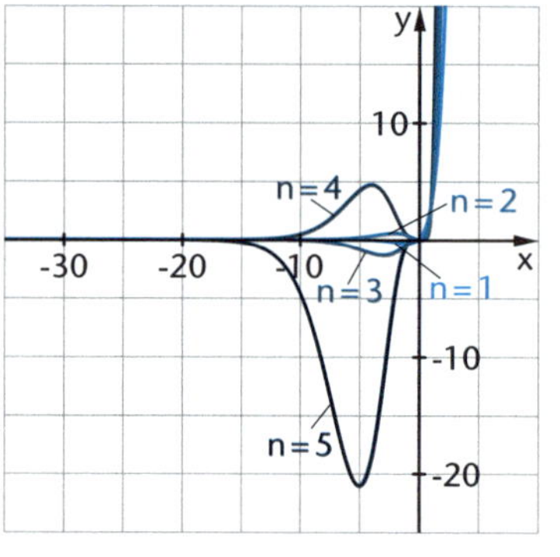

Für die Exponentialfunktion f mit $f(x) = e^x$ gilt:
$\lim\limits_{x \to \infty} e^x = 0$ und $\lim\limits_{x \to +\infty} e^x = +\infty$
Die Annäherung des Graphen von $f(x) = e^x$ an die x-Achse für $x \to -\infty$ erfolgt so stark, dass auch die Multiplikation mit beliebigen Potenzen von x diesen Grenzwert nicht verändert:
$\lim\limits_{x \to -\infty} (x^n \cdot e^x) = 0$ für $n \geq 1$.
Die negative x-Achse ist eine **Asymptote** *) für alle Funktionen vom Typ $x^n \cdot e^x$, $n \in \mathbb{N}$.
Analog gilt: $\lim\limits_{x \to +\infty} e^{-x} = 0$ und $\lim\limits_{x \to -\infty} e^{-x} = +\infty$
sowie $\lim\limits_{x \to +\infty} (x^n \cdot e^{-x}) = 0$

*) Eine Funktion a wird als Asymptotenfunktion einer Funktion f bezeichnet, wenn gilt $\lim\limits_{x \to -\infty} (f(x) - a(x)) = 0$ oder $\lim\limits_{x \to +\infty} (f(x) - a(x)) = 0$.
Dies bedeutet, dass sich der Graph der Funktion f dem Graphen der Asymptotenfunktion a für $x \to +\infty$ oder für $x \to -\infty$ beliebig gut annähert.

Beispiel

Gegeben ist die Funktion f durch
$f(x) = (-x^3 + 2x^2) \cdot e^{-x}$
Ihr Graph nähert sich für $x \to +\infty$ der x-Achse asymptotisch an.
Es gilt: $\lim\limits_{x \to +\infty} f(x) = 0$.

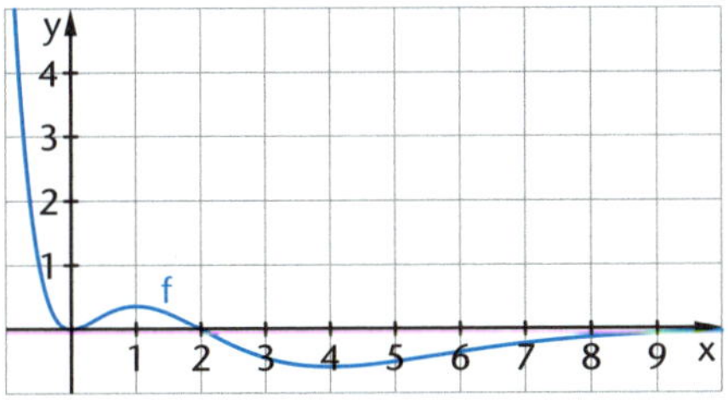

Für $x \to -\infty$ wachsen die Funktionswerte über alle Grenzen. Es gilt: $\lim\limits_{x \to +\infty} f(x) = +\infty$. Zur Begründung des Vorzeichens reicht es aus, das Vorzeichen des Summanden mit dem höchsten Exponenten, hier $-x^3$ zu betrachten. Für $x < 0$ ist $-x^3$ positiv.

B6 Funktionenscharen (falls erforderlich, mithilfe von Fallunterscheidungen) auf besondere Punkte (Schnittpunkte, Extrem- und Wendepunkte) untersuchen sowie gemeinsame Punkte der Kurvenschar ermitteln; LK zusätzlich: Ortslinien von Funktionenscharen bestimmen und die Ergebnisse im Sachzusammenhang interpretieren.

Eine Funktionenschar f_k ergibt sich, wenn der Funktionsterm einen Parameter k enthält, für den man verschiedene Zahlen einsetzen kann. Man erhält dann nicht nur einen, sondern abhängig von der Einsetzung für den Parameter, verschiedene Graphen. Bei der Untersuchung der Funktionenschar wird der Parameter k so behandelt, als stehe er für eine zwar beliebige dann aber als konstant angenommene Zahl.

Zur **Untersuchung einer Funktionenschar auf besondere Punkte** wird analog zu den in B2, B3 und B4 beschriebenen Verfahren vorgegangen. Allerdings können die Ableitungen, die Bedingungen und die Koordinaten der Punkte von dem Parameter k abhängig sein. Weiterhin können auch die Eigenschaften besonderer Punkte z. B. vom Vorzeichen des Parameters abhängen. Dann wird eine Fallunterscheidung erforderlich sein.
Zur **Bestimmung aller gemeinsamen Punkte** der Funktionenschar verwendet man den Ansatz $f_{k_1}(x) = f_{k_2}(x)$ mit der Voraussetzung $k_1 \neq k_2$. Alle Lösungen dieser Gleichung sind die x-Koordinaten der gemeinsamen Punkte.

Ortslinien: Der Graph, auf dem die Extrempunkte [Wendepunkte] aller Funktionen einer Funktionenschar liegen, heißt **Ortslinie** der Extrempunkte [Wendepunkte]. Um die Gleichung einer Ortslinie der Extrempunkte [Wendepunkte] zu ermitteln, bestimmt man zunächst die vom Parameter k abhängigen Koordinaten $E(x_e(k)|y_e(k))$ der Punkte. Dann löst man die Gleichung $x = x_e(k)$ nach k auf und setzt das Ergebnis für k in die Gleichung $y = y_e(k)$ ein.

Beispiel 1 *Untersuchung einer Funktionenschar*

Gegeben ist die Funktionenschar f_k durch
$f_k(x) = -2x^3 + kx$ mit $k \in \mathbb{R}$.

Die Ableitungen sind: $f_k'(x) = -6x^2 + k$, $f_k''(x) = -12x$ und $f_k'''(x) = -12$.
Die Graphen der Schar sind punktsymmetrisch zum Ursprung, da der Funktionsterm nur ungerade Exponenten von x enthält.

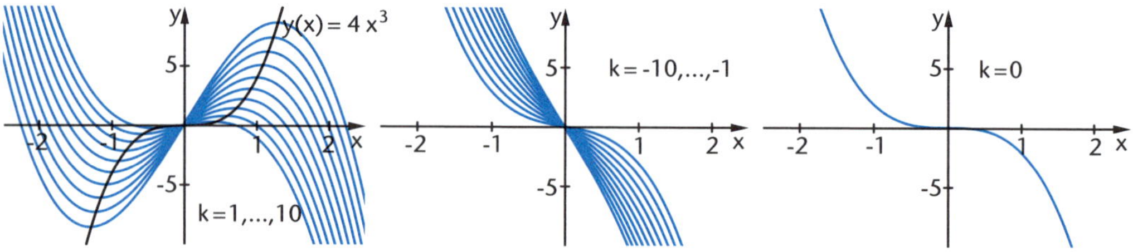

Schnittpunkte mit der x-Achse:
$f_k(x) = 0 \Leftrightarrow -2x^3 + kx = 0 \Leftrightarrow x(-2x^2 + k) = 0 \Leftrightarrow x = 0 \vee x^2 = \frac{k}{2}$
Falls $k > 0$ hat die Gleichung drei Lösungen: $x = 0 \vee x = -\frac{\sqrt{2k}}{2} \vee x = \frac{\sqrt{2k}}{2}$
Die Schnittpunkte sind dann $(0|0)$, $\left(-\frac{\sqrt{2k}}{2}\middle|0\right)$ und $\left(\frac{\sqrt{2k}}{2}\middle|0\right)$.
Falls $k \le 0$, ist nur $(0|0)$ Schnittpunkt mit der x-Achse.

Extrempunkte:
Notwendige Bedingung: $f_k'(x) = 0 \Leftrightarrow -6x^2 + k = 0 \Leftrightarrow x^2 = \frac{k}{6}$
Falls $k > 0$, hat die Gleichung zwei Lösungen: $x = -\frac{\sqrt{6k}}{6} \vee x = \frac{\sqrt{6k}}{6}$
In diesem Fall ergibt die hinreichende Bedingung: $f_k'\left(-\frac{\sqrt{6k}}{6}\right) = 0 \wedge f_k''\left(-\frac{\sqrt{6k}}{6}\right) = 2\sqrt{6k} > 0$

Mit $f_k\left(-\frac{\sqrt{6k}}{6}\right) = -\frac{\sqrt{6k^3}}{9}$ ist daher $T\left(-\frac{\sqrt{6k}}{6}\middle|-\frac{\sqrt{6k^3}}{9}\right)$ ein lokaler Tiefpunkt für $k > 0$.
Aufgrund der Punktsymmetrie zum Ursprung ist $H\left(\frac{\sqrt{6k}}{6}\middle|\frac{\sqrt{6k^3}}{9}\right)$ für $k > 0$ ein lokaler Hochpunkt.
Falls $k = 0$, hat die Gleichung $f_k'(x) = 0$, nur die Lösung $x = 0$. Da auch $f_k''(0) = 0$, ist mit der hinreichenden Bedingung hier noch keine Aussage möglich.
Falls $k < 0$, hat die Gleichung $f_k'(x) = 0$, keine Lösung. In diesem Fall liegen also keine Extrempunkte vor.

Wendepunkte:
Notwendige Bedingung: $f_k''(x) = 0 \Leftrightarrow -12x = 0 \Leftrightarrow x = 0$
Hinreichende Bedingung: $f_k''(0) = 0 \wedge f_k'''(0) = -12 \ne 0$
Also ist $W(0|0)$ ein Wendepunkt für alle k. Falls $k = 0$, ist dies sogar ein Sattelpunkt.

Gemeinsame Punkte aller Graphen der Funktionenschar:
Aus dem Ansatz $f_{k_1}(x) = f_{k_2}(x)$ mit $k_1 \ne k_2$ folgt
$-2x^3 + k_1 x = -2x^3 + k_2 x \Leftrightarrow k_1 x = k_2 x \Leftrightarrow (k_1 - k_2)x = 0$.
Da nach Voraussetzung $k_1 \ne k_2$ ist, bedeutet dies, dass $x = 0$.
Daher ist der Punkt $(0|0)$ der einzige gemeinsame Punkt.

Ortslinie der Extrempunkte:
$x = \frac{\sqrt{6k}}{6} \Rightarrow x^2 = \frac{k}{6} \Rightarrow k = 6x^2 \rightarrow y = \frac{\sqrt{6k^3}}{9}$

Durch Einsetzen von k in die letzte Gleichung erhält man die Gleichung der Ortslinie der Hochpunkte:

$y(x) = \frac{\sqrt{6(6x^2)^3}}{9} = 4x^3$ für $x > 0$

Durch analoges Vorgehen erhält man für $x < 0$ dieselbe Gleichung für die Ortslinie der Tiefpunkte.

Beispiel 2 *Ortslinienbestimmung*

Gesucht ist die Gleichung der Kurve, auf der alle Tiefpunkte der Kurvenschar f_t mit $f_t(x) = x^2 + tx - t$ liegen.

Man findet die Tiefpunkte $T_t\left(-\frac{t}{2}\middle|-\frac{1}{4}t^2 - t\right)$

Aus $x = -\frac{t}{2}$ erhält man $t = -2x$ und setzt diesen Wert in $y = -\frac{1}{4}t^2 - t$ ein:

$y = -\frac{1}{4}(-2x)^2 - (-2x)$

Die gesuchte Ortslinie besitzt die Gleichung $y = -x^2 + 2x$.

Kurvenscharen auf gemeinsame Punkte der Schar untersuchen:
Zeigen Sie, dass alle Kurven zu f_t mit $f_t(x) = x^2 + tx - t$ durch den Punkt $S(1|1)$ gehen.
Der Ansatz lautet: $f_{t_1}(x) = f_{t_2}(x)$, $t_1 \neq t_2$, also

$x^2 + t_1x - t_1 = x^2 + t_2x - t_2 \Leftrightarrow t_1x - t_2x = t_1 - t_2 \Leftrightarrow x = \frac{t_1 - t_2}{t_1 - t_2} \Leftrightarrow x = 1$

Es ist $f_t(1) = 1$. Also verlaufen alle Kurven durch den Punkt $S(1|1)$.

Beispiel 3 *Kurvenschar mit Exponentialfunktionen*

Hat die Kurvenschar mit $f_k(x) = (e^x - k)^2$ gemeinsame Punkte?
Dazu untersuchen wir: Für welche $x \in \mathbb{R}$ gilt: $k_1(x) = k_2(x)$ sofern $k_1 \neq k_2$?
$(e^x - k_1)^2 = (e^x - k_2)^2 \Leftrightarrow e^{2x} - 2k_1e^x + k_1^2 = e^{2x} - 2k_2e^x + k_1^2 \Leftrightarrow 2\cdot(k_1 - k_2)\cdot e^x = k_1^2 - k_2^2$

$\Leftrightarrow e^x = \frac{1}{2}\cdot(k_1 + k_2) \Leftrightarrow x = \ln\left(\frac{1}{2}\cdot(k_1 + k_2)\right)$

Da der gemeinsame Punkt des Graphen von f_k und von $f_{k'}$ von den Werten von k_1 und k_2 abhängt, gibt es keinen gemeinsamen Punkt, der gleichzeitig zu allen Graphen der Schar gehört.

Ortskurve der Wendepunkte
$f_k'(x) = 2\cdot(e^x - k)\cdot e^x = 2e^{2x} - 2ke^x$ (nach Kettenregel)
$f_k''(x) = 4e^{2x} - 2ke^x = 2e^x\cdot[2e^x - k]$
Da $e^x > 0$ für alle $x \in \mathbb{R}$ gilt: $f_k''(x) = 0 \Leftrightarrow 2e^x = k$
Diese Gleichung hat nur für positive Werte von k eine Lösung, nämlich: $x = \ln\left(\frac{k}{2}\right)$

Überprüfung der hinreichenden Bedingung für das Vorliegen eines Wendepunkts:
Es ist:
$f_k'''(x) = 8e^{2x} - 2ke^x = 2e^x\cdot[4e^x - k]$
und $f_k'''\left(\ln\left(\frac{k}{2}\right)\right) = k\cdot[2k - k] = k^2 > 0$

Die Wendepunkte haben die y-Koordinate: $y_w = f_k\left(\ln\left(\frac{k}{2}\right)\right) = \frac{k^2}{4}$

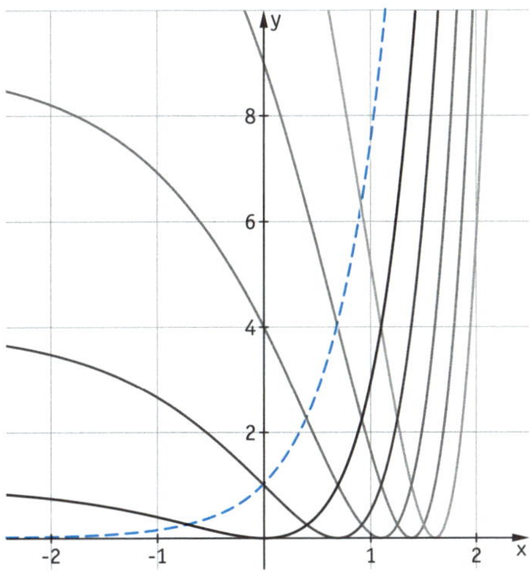

Kurvenschar für k = 1, 2, …, 5
mit Ortslinie der Wendepunkte

Wir lösen $x_w = \ln\left(\frac{k_1}{2}\right)$ nach k_1 auf: $k_1 = 2 \cdot e^{x_w}$

Einsetzen in

$y_w = \frac{k_1^2}{4}$: $y_w = \frac{1}{4} \cdot (2 \cdot e^{x_w})^2 = (e^{x_w})^2 = e^{2x_w}$

Die Wendepunkte liegen auf einer Kurve mit der Gleichung $y = e^{2x}$

Beispiel 4 *Kurvenschar zu einer Logarithmusfunktion*

Wir betrachten die Schar mit $f_k(x) = x + \ln(x^2 + k)$ für $k \in \mathbb{N}$
Die Funktion ist für alle $x \in \mathbb{R}$ definiert, da $x^2 + k > 0$ für $x \in \mathbb{R}$.

Es gilt: $f_k'(x) = 1 + \frac{2x}{x^2 + k}$ und weiter $f_k''(x) = \frac{2 \cdot (x^2 + k) - 2x \cdot 2x}{(x^2 + k)^2} = \frac{2 \cdot (k - x^2)}{(x^2 + k)^2}$

Die Kurven haben Wendepunkte an den Stellen $x_w = -\sqrt{k}$ und $x_w = \sqrt{k}$ (das hinreichende Kriterium kann man überprüfen, indem man die Zahlen $x = -k$, $x = 0$ und $x = k$ einsetzt und damit nachweist, dass die 2. Ableitung einen Vorzeichenwechsel hat).
Die y-Koordinaten der Wendepunkte sind
$f_k(\sqrt{k}) = \sqrt{k} + \ln(2k)$ bzw. $f_k(-\sqrt{k}) = -\sqrt{k} + \ln(2k)$

Aus $k = x_w^2$ erhalten wir durch Einsetzen in
$y_w = x_w + \ln(2x_w^2)$
Die Wendepunkte liegen auf einer Kurve mit der Gleichung $y = x + \ln(2x^2)$ – die Kurve besteht aus zwei Teilgraphen, da die zugehörige Funktion an der Stelle $x = 0$ nicht definiert ist (Polstelle), vgl. Abbildung.

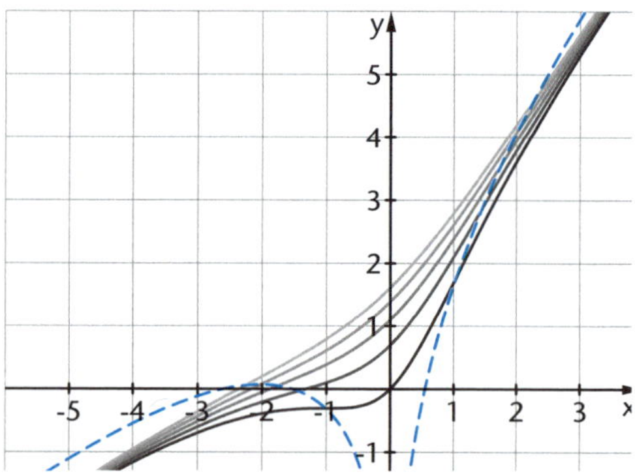

Kurvenschar für k = 1, 2, ..., 5
mit Ortslinie der Wendepunkte

C1 Eine sinnvolle Wahl des Koordinatensystems begründen und den Verlauf eines Graphen im Sachzusammenhang der Aufgabenstellung interpretieren.

Bei der Entwicklung eines mathematischen Modells für einen anschaulichen Zusammenhang kann die Festlegung eines Koordinatensystems erforderlich sein, so dass anschließend der Zusammenhang mit geeigneten Funktionen beschrieben werden kann. Dabei müssen drei Entscheidungen getroffen werden:

1. Lage des Ursprungs $O(0|0)$ des Koordinatensystems
2. Richtung der Achsen
3. Skalierung der Achsen

Wer die Wahl hat, hat die Qual, denn hier gibt es oft verschiedene, mehr oder weniger sinnvolle Lösungen. Die Entscheidungen sollten immer so getroffen werden, dass die funktionale Beschreibung anschließend möglichst einfach wird. Dazu können die folgenden Empfehlungen hilfreich sein:

- Lege den Ursprung des Koordinatensystems in einen wichtigen Punkt und die Achsen entlang oder parallel zu auftretenden Linien.
- Nutze den Ursprung, wenn möglich, als Symmetriezentrum oder die y-Achse als Symmetrieachse.
- Skaliere die Achsen mit kleinen ganzen Zahlen (z. B. 1, 2, 3, … für 100 kg, 200 kg, 300 kg, …).

In einem so festgelegten Koordinatensystem kann dann die mathematische Beschreibung des zu untersuchenden Zusammenhangs erfolgen. Für die Beurteilung der Tragfähigkeit eines solchen mathematischen Modells oder um Schlussfolgerungen für den betrachteten Zusammenhang zu ziehen, kann der Graph einer aufgestellten Funktion im zuvor festgelegten Koordinatensystem dienen.
Dazu können Vergleiche zwischen Realität und Modell oder Konsequenzen anhand

- einzelner Punkte,
- besonderer Punkte, wie Extrem-, Wende- oder Sattelpunkte,
- des Monotonie- oder Krümmungsverhaltens,
- des Fernverhaltens für $x \to +\infty$ oder für $x \to -\infty$,
- von Flächeninhalten z. B. zwischen dem Graphen und den Achsen

betrachtet werden.

Beispiel

Ein Kanuclub möchte für ein neues Clubhaus mit Anlegestelle ein Grundstück an der Wupper erwerben. Der bisherige Eigentümer, ein Landwirt, bietet das Grundstück über einen Makler zu einem Preis von 12 € pro m^2 an. Die Vermessung ergab eine Breite von 460 m. Von der Mitte der geraden Gebietsgrenze beträgt die rechtwinklig gemessene Distanz zum Wasser 50 m.

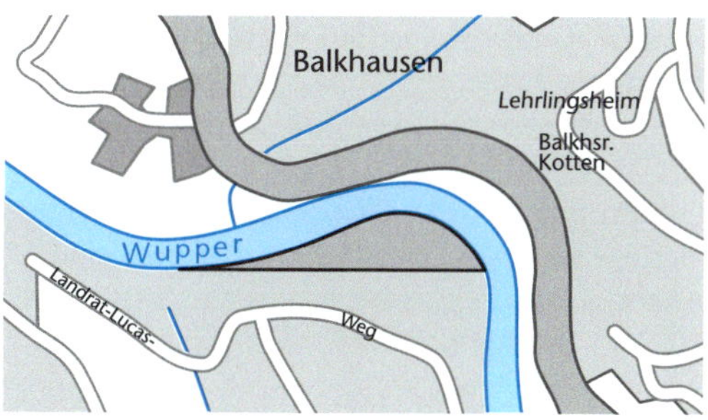

Zur Ermittlung einer Funktion, die den Uferverlauf beschreibt, ist zunächst die Wahl eines geeigneten Koordinatensystems erforderlich. Da keine Symmetrie zu erkennen ist, wird der Ursprung hier an die linke Grenze und die x-Achse entlang der unteren, gerade verlaufenden Grenze des Grundstücks gelegt. Für die Skalierung der Achsen kann man 1 LE für 100 m in der Natur wählen.

Der Verlauf des Graphen einer aus den Vorgaben ermittelten ganzrationalen Funktion stimmt qualitativ gut mit dem in der Karte dargestellten Verlauf des Ufers überein. Mithilfe der Integralrechnung kann daher nun der Flächeninhalt des Grundstücks berechnet werden.

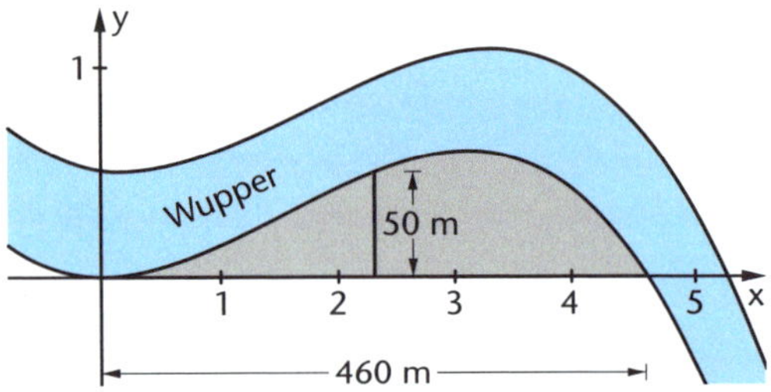

C2 Ganzrationale Funktionen mit vorgegebenen Eigenschaften bestimmen (auch in Sachzusammenhängen, z. B. bei Trassierungen).

Zur Bestimmung einer ganzrationalen Funktion f vom Grad n sind (n + 1) Bedingungen an die gesuchte Funktion erforderlich. Diese können in einer Grafik dargestellt, in einem Text verdeutlicht oder auch schon in Form von Gleichungen formuliert sein.

Vorgehensweise:

1. Setzen Sie an mit einem Funktionsterm, der variable Koeffizienten a, b, c, … enthält. Der Grad der Funktion muss dabei um eins niedriger gewählt werden als die Anzahl der bekannten Bedingungen.
   Falls 5 Bedingungen bekannt sind, lautet der Ansatz: $f(x) = ax^4 + bx^3 + cx^2 + dx + e$
2. Stellen Sie die gegebenen Bedingungen als Gleichungen mit den Termen $f(x)$, $f'(x)$, $f''(x)$, … dar.
3. Notieren Sie daraus ein Gleichungssystem mit n + 1 Gleichungen zur Bestimmung der n + 1 unbekannten Koeffizienten a, b, c, … .
4. Lösen Sie das Gleichungssystem und setzen Sie die gefundene Lösung in den Funktionsterm f(x) ein.
5. Prüfen Sie das Ergebnis auch an eventuell vorliegenden hinreichenden Bedingungen z. B. für Hoch-, Tief- oder Wendepunkte.

Falls bekannt ist, dass der Graph der gesuchten Funktion achsensymmetrisch zur y-Achse [punktsymmetrisch zum Ursprung] ist, enthält der Funktionsterm nur Summanden mit geraden [ungeraden] Potenzen von x. Dies sollte bereits beim Ansatz berücksichtigt werden, da sich dadurch das Gleichungssystem deutlich vereinfacht.

Beispiel 1

Die Punkte $A(0|3)$, $B(2|5)$ und $C(6|-3)$ liegen auf einer quadratischen Parabel.
Zur Bestimmung des Funktionsterms der zugehörigen quadratischen Funktion dient der Ansatz $f(x) = ax^2 + bx + c$ mit $a, b, c \in \mathbb{R}$. Aus den Bedingungen $f(0) = 3$, $f(2) = 5$ und $f(6) = -3$ folgt das Gleichungssystem:

$$\left|\begin{array}{r} c = 3 \\ 4a + 2b + c = 5 \\ 36a + 6b + c = -3 \end{array}\right| \Leftrightarrow \left|\begin{array}{r} c = 3 \\ 4a + 2b = 2 \\ 36a + 6b = -6 \end{array}\right| \Leftrightarrow \left|\begin{array}{l} c = 3 \\ 2a + b = 1 \\ 6a + b = -1 \end{array}\right| \Leftrightarrow \left|\begin{array}{l} c = 3 \\ 2a + b = 1 \\ 4a \quad = -2 \end{array}\right| \Leftrightarrow \left|\begin{array}{r} c = 3 \\ -1 + b = 1 \\ a = -\frac{1}{2} \end{array}\right| \Leftrightarrow \left|\begin{array}{l} c = 3 \\ b = 2 \\ a = -\frac{1}{2} \end{array}\right|$$

Also lautet das Ergebnis $f(x) = -\frac{1}{2}x^2 + 2x + 3$.

Wurde der Funktionsterm wie hier so bestimmt, dass der Graph durch gegebene Punkte verlaufen soll, so bezeichnet man den Term auch als Stützstellenpolynom.

Beispiel 2

Der Graph einer ganzrationalen Funktion 4. Grades soll symmetrisch zur y-Achse sein und diese im Punkt $A(0|-2)$ schneiden. Weiterhin soll $H(2|4)$ ein Hochpunkt sein.
Da sich aus diesen Vorgaben drei Bedingungen ergeben und aufgrund der Symmetrie wird $f(x) = ax^4 + bx^2 + c$ als Ansatz gewählt.
Aus den Bedingungen $f(0) = -2 \wedge f(2) = 4 \wedge f'(2) = 0$ ergibt sich mit $f'(x) = 4ax^3 + 2bx$ das Gleichungssystem:

$$\left|\begin{array}{r} c = -2 \\ 16a + 4b + c = 4 \\ 32a + 4b = 0 \end{array}\right| \Leftrightarrow \left|\begin{array}{r} c = -2 \\ 16a + 4b = 6 \\ 32a + 4b = 0 \end{array}\right| \Leftrightarrow \left|\begin{array}{r} c = -2 \\ 16a + 4b = 6 \\ 16a \quad = -6 \end{array}\right| \Leftrightarrow \left|\begin{array}{r} c = -2 \\ -6 + 4b = 6 \\ a = -\frac{3}{8} \end{array}\right| \Leftrightarrow \left|\begin{array}{l} c = -2 \\ b = 3 \\ a = -\frac{3}{8} \end{array}\right|$$

Also lautet das Ergebnis $f(x) = -\frac{3}{8}x^4 + 3x^2 - 2$.

Da mit $f''(x) = -\frac{9}{2}x^2 + 6$ außerdem auch $f''(2) = -12 < 0$, ist H tatsächlich ein Hochpunkt.

Beispiel 3

Die beiden dargestellten Straßenabschnitte sollen so miteinander verbunden werden, dass sich an den Anschlussstellen keine Knicke ergeben.
Zunächst wird ein geeignetes Koordinatensystem festgelegt. Dabei entspricht 1 Längeneinheit 100 m in der Natur. Da sich aus den Vorgaben vier Bedingungen ergeben, kann eine ganzrationale Funktion dritten Grades als Ansatz gewählt werden:
$f(x) = ax^3 + bx^2 + cx + d$

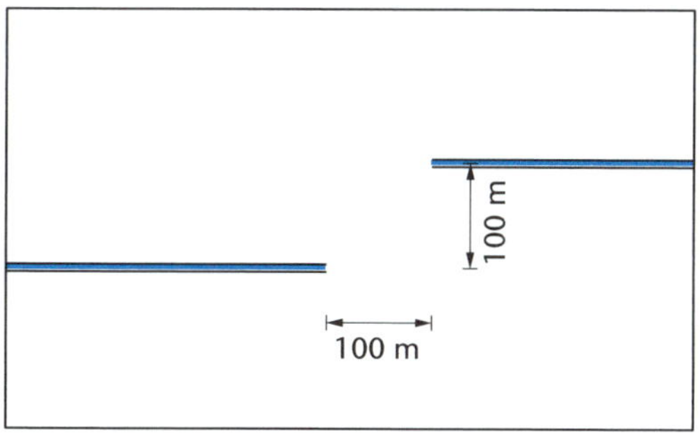

Die Bedingungen $f(0) = 0 \wedge f(1) = 1 \wedge f'(0) = 0 \wedge f'(1) = 0$ führen mit $f'(x) = 3ax^2 + 2bx + c$ zum Gleichungssystem:

$$\left|\begin{array}{r} d = 0 \\ a + b + c + d = 1 \\ c = 0 \\ 3a + 2b + c = 0 \end{array}\right| \Leftrightarrow \left|\begin{array}{r} d = 0 \\ a + b = 1 \\ c = 0 \\ 3a + 2b = 0 \end{array}\right| \Leftrightarrow \left|\begin{array}{r} d = 0 \\ a + b = 1 \\ c = 0 \\ a = -2 \end{array}\right| \Leftrightarrow \left|\begin{array}{l} d = 0 \\ b = 3 \\ c = 0 \\ a = -2 \end{array}\right|$$

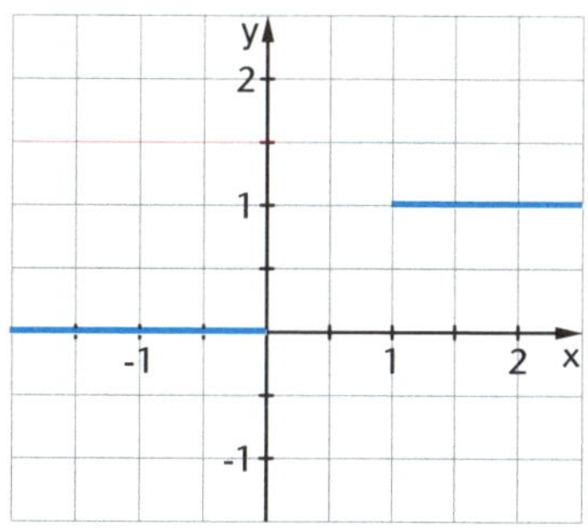

Lösung: $a = -2 \wedge b = 3 \wedge c = d = 0$

Also kann der neue Straßenabschnitt für $0 \leq x \leq 1$ mit $f(x) = -2x^3 + 3x^2$ beschrieben werden.

C3 Exponentialfunktionen aus gegebenen Bedingungen bestimmen.

„Einfache" Exponentialfunktionen, mit deren Hilfe beispielsweise Wachstumsprozesse modelliert werden können, sind vom Typ $f(x) = a \cdot e^{bx}$.
Funktionen dieses Typs sind durch die Angabe von zwei Eigenschaften, z. B. von zwei Punkten, eindeutig bestimmt.

Beispiele

(1) Gesucht ist eine Exponentialfunktion f vom Typ $f(x) = a \cdot e^{bx}$, deren Graph durch die Punkte $(0|3)$ und $(5|2)$ verläuft.
Aus den Koordinaten der Punkte ergeben sich die Bedingungen
(I) $3 = a \cdot e^0 = a \cdot 1 = a$ und (II) $2 = a \cdot e^{5b}$
Einsetzen von $a = 3$ aus (I) in (II) ergibt: $2 = 3 \cdot e^{5b}$
also $\frac{2}{3} = e^{5b} \Leftrightarrow 5b = \ln\left(\frac{2}{3}\right) \Leftrightarrow b = \frac{1}{5} \cdot \ln\left(\frac{2}{3}\right) \approx -0{,}081$
Die Funktion f mit $f(x) = 3 \cdot e^{-0{,}081x}$ erfüllt also die geforderten Bedingungen.

(2) Gesucht ist eine Exponentialfunktion f vom Typ $f(x) = a \cdot e^{bx}$, deren Graph im Punkt $(2|1)$ die Steigung 3 hat.
Wegen $f(x) = a \cdot e^{bx}$ und $f'(x) = a \cdot b \cdot e^{bx}$ ergeben sich die Bedingungen:
(I) $1 = a \cdot e^{2b}$ und (II) $3 = a \cdot b \cdot e^{2b}$
Einsetzen von (I) in (II) ergibt: $3 = a \cdot b \cdot e^{2b} = b \cdot (a \cdot e^{2b}) = b \cdot 1 = b$
also aus (I): $1 = a \cdot e^6 \Leftrightarrow a = e^{-6}$
Die Funktion f mit $f(x) = e^{-6} \cdot e^{3x} = e^{3x-6} = 0{,}002479 \cdot e^{3x}$ erfüllt also die geforderten Bedingungen.

Entsprechend benötigt man für die Bestimmung von Funktionen, mit deren Hilfe beschränkte Wachstumsprozesse modelliert werden können, also Funktionen f vom Typ $f(x) = c - a \cdot e^{bx}$, die Vorgabe von drei Eigenschaften, um die Koeffizienten a, b, c zu berechnen.

C4 In Anwendungen ein passendes Modell für das exponentielle Wachstum aufstellen, seine Tragfähigkeit untersuchen und Schlussfolgerungen im Sachzusammenhang interpretieren sowie Verdopplungs- und Halbwertszeiten berechnen; LK zusätzlich: auch beschränktes oder logistisches Wachstum.

Wachstums- und Abnahmeprozesse lassen sich durch Exponentialfunktionen beschreiben.

Beim **exponentiellen Wachstum** ändert sich der Bestand in gleichen Zeitintervallen immer mit demselben Faktor, d. h. die Änderungsrate ist stets derselbe Anteil des vorhandenen Bestandes.

$B(t) = B(0) \cdot e^{k \cdot t}$ ($B(0)$ ist der Bestand zur Zeit $t = 0$)

Bei einem (positiven) exponentiellen Wachstum heißt die Zeitdauer, in der sich der Bestand verdoppelt, **Verdopplungszeit**.
Bei einem exponentiellen Zerfall heißt die Zeitdauer, in der sich der Bestand halbiert, **Halbwertszeit**.

Der Ansatz zur Berechnung lautet bei der

Verdopplungszeit

$B(t) = 2 \cdot B(0)$

Halbwertszeit

$B(t) = \frac{1}{2} \cdot B(0)$

In der Realität wird es immer eine Grenze für das Wachstum geben, diese wird als Sättigungsgrenze S bezeichnet.
Von einem **beschränkten Wachstum** spricht man, wenn die Änderungsrate stets derselbe Anteil von der Differenz von der Sättigungsgrenze S und dem augenblicklichen Bestand B(t) ist

$B(t) = S + [B(0) - S] \cdot e^{-k \cdot t}$

Beim beschränkten Wachstum ist die Parallele zur x-Achse mit y = S (Sättigungsgrenze) eine Asymptote für die Wachstumsfunktion.

Ein Wachstum heißt **logistisches Wachstum,** wenn die Änderungsrate stets derselbe Anteil von dem Produkt aus B(t) und der Differenz S – B(t) ist. Man kann den augenblicklichen Bestand wie folgt beschreiben

$B(t) = \frac{B(0) \cdot S}{B(0) + [S - B(0)] \cdot e^{-S \cdot k \cdot t}}$

In Formelsammlungen findet man auch die Darstellung

$B(t) = \frac{S}{1 + \left[\frac{S}{B(0)} - 1\right] \cdot e^{-S \cdot k \cdot t}} = \frac{c}{1 + a \cdot e^{-b \cdot t}}$ wobei also $a = \frac{S}{B(0)} - 1$ und $c = S$

Beispiele

(1) Der Luftdruck nimmt mit größer werdendem Abstand zur Erdoberfläche ab, und zwar um 12 % je 1000 m. Zur Zeit ist der Luftdruck auf Meereshöhe 1018 mbar. Welcher Luftdruck herrscht in 6000 m Höhe?

$B(6) = B(0) \cdot 0{,}88^6 = 1018 \cdot 0{,}88^6 \approx 473$ mbar.
Man kann dies auch so notieren: $B(6) = B(0) \cdot e^{6 \cdot \ln(0{,}88)} = 1018 \cdot 0{,}4644 \approx 473$ mbar.

(2) Ein Anfangsbestand B(0) von Bakterien erhöht sich täglich um 10 %. Den Funktionsterm erhält man aus folgenden Bedingungen:
Bakterienbestand nach dem 1. Tag: $B(1) = B(0) \cdot 1{,}1$
nach dem 2. Tag: $B(2) = B(0) \cdot 1{,}1^2$
nach dem n-ten Tag: $B(n) = B(0) \cdot 1{,}1^n$
also: $B(t) = B(0) \cdot 1{,}1^t$ und wegen $k = \ln(1{,}1) \approx 0{,}095$ kann man dies auch wie folgt notieren:
$B(t) = B(0) \cdot e^{\ln(1{,}1) \cdot t} = B(0) \cdot e^{0{,}095t}$

(3) Zu Beginn des Jahres 2000 hatte Indien etwa 1 Milliarde Einwohner. Es wird angenommen, dass das jährliche Bevölkerungswachstum 1,4 % beträgt. In welchem Zeitraum verdoppelt sich die Bevölkerungszahl (sofern die Wachstumsrate gleich bleibt)?

Der Wachstumsprozess kann modelliert werden mithilfe von
$B(t) = 1{,}014^t = e^{\ln(1{,}014)\cdot t} = e^{0{,}0139\cdot t}$,
wobei t die Zeit in Jahren ab dem Jahr 2000 angibt.
Verdopplungszeit aus $B(t) = 1 \cdot e^{\ln(1{,}014)\cdot t} = 2 \cdot B(0)$

Man erhält für die Verdopplungszeit: $t = \frac{\ln(2)}{\ln(1{,}014)} \approx 49{,}9$ Jahre, d. h. nach etwa 50 Jahren wird sich die indische Bevölkerung verdoppelt haben (sofern die Wachstumrate unverändert bleibt).

(4) Wann ist ein Auto mit 30 000 € Neuwert bei einem jährlichen Wertverlust von 20 % nur noch die Hälfte wert?

Der Abnahmeprozess wird modelliert mithilfe von
$B(t) = 30\,000 \cdot 0{,}8^t = 30\,000 \cdot e^{\ln(0{,}8)\cdot t} = 30\,000 \cdot e^{-0{,}223\cdot t}$
(wobei t die Zeit in Jahren nach dem Neukauf angibt)

Ansatz: $B(t) = \frac{1}{2} \cdot B(0) \Leftrightarrow 15\,000 = 30\,000 \cdot e^{\ln(0{,}8)\cdot t} \Leftrightarrow \frac{1}{2} = e^{\ln(0{,}8)\cdot t} \Leftrightarrow t = \frac{\ln\left(\frac{1}{2}\right)}{\ln(0{,}8)} = 3{,}1$

Nach etwas mehr als 3 Jahren besitzt das Fahrzeug nur noch den halben Wert.

(5) In einer Minute kühlt sich eine warme Flüssigkeit um etwa 20 % der Differenz zur Raumtemperatur ab. Die aktuelle Raumtemperatur beträgt 20°.
Nach welcher Zeit ist ein 90 °C heißer Kaffee auf 50 °C abgekühlt?

Es ist $T(t) = 20 + [90 - 20] \cdot 0{,}8^t$, also wegen $\ln(0{,}8) \approx -0{,}223$
$T(t) = 20 + 70 \cdot e^{-0{,}223t}$
Aus $50 = 20 + 70 \cdot e^{-0{,}223t}$ folgt: $\frac{3}{7} = e^{-0{,}223t}$

$\ln\left(\frac{3}{7}\right) = -0{,}223t$ und $t = 3{,}8$ (nach ca. 3,8 min ist der Kaffee auf 50 °C abgekühlt)

(6) Ein Apfelbaum einer bestimmten Sorte bringt bis zu 100 kg Obst. Nach dem Pflanzen eines solchen Baumes beträgt die erste Ernte 10 kg (t = 0), nach dem ersten Jahr (t = 1) 20 kg.

Die Gleichung des Wachstums wird durch folgende Bedingungen festgelegt:
$B(0) = 10;\ B(1) = 20;\ S = 100$

$B(1) = 20 = \frac{10 \cdot 100}{10 + (100 - 10) \cdot e^{-100\cdot k\cdot 1}}$

Der Wert von B (1) liefert einen Schätzwert für den Parameter k. Diesen Schätzwert erhalten wir durch Auflösen nach der Variablen k.

$20 = \frac{1000}{10 + 90 \cdot e^{-100k}} \Rightarrow 200 + 1800\,e^{-100k} = 1000 \Rightarrow e^{-100k} = \frac{4}{9} \Rightarrow k \approx 0{,}008$

$B(t) = \frac{1000}{10 + 90 \cdot e^{-0{,}8t}}$

C5 Extremwertaufgaben mit Nebenbedingungen innermathematisch und in Sachzusammenhängen lösen.

Folgende Schritte sind zu beachten:

- Alle wichtigen Größen sind zu benennen. Für die Größe, für die ein Extremum (Maximum oder Minimum) zu bestimmen ist (sogenannte Extremalgröße), muss eine Gleichung aufgestellt werden. Die durch die Gleichung bestimmte Zielfunktion enthält i. A. noch mehrere Variablen.
- Eine Nebenbedingung wird aufgestellt; diese gibt an, wie die auftretenden Variablen voneinander abhängen. Diese Nebenbedingung wird so in den Funktionsterm der Zielfunktion eingesetzt, dass im Funktionsterm nur noch die eine Variable vorkommt, deren Extremum gesucht wird.
- Von dieser Zielfunktion werden die lokalen Extremstellen und die zugehörigen Funktionswerte bestimmt
- Ist der Definitionsbereich eingeschränkt, müssen auch die Funktionswerte an den Rändern berechnet und mit den Funktionswerten der lokalen Extremstellen verglichen werden.
- Wenn so der Extremwert für die betrachtete Extremalgröße gefunden ist, müssen noch alle im ersten Ansatz aufgetretenen Größen berechnet werden.

Beispiel 1

$P(x_P | y_P)$ sei ein beliebiger Punkt des Graphen der Funktion f mit $f(x) = -\frac{1}{2}x^2 + 2$, der oberhalb der x-Achse liegt.
Die Parallele zur y-Achse durch den Punkt P, die x-Achse und die Gerade, die durch $A(-2|0)$ und P verläuft, bestimmen ein Dreieck. Für welche Lage des Punktes P ist der Flächeninhalt des Dreiecks maximal?

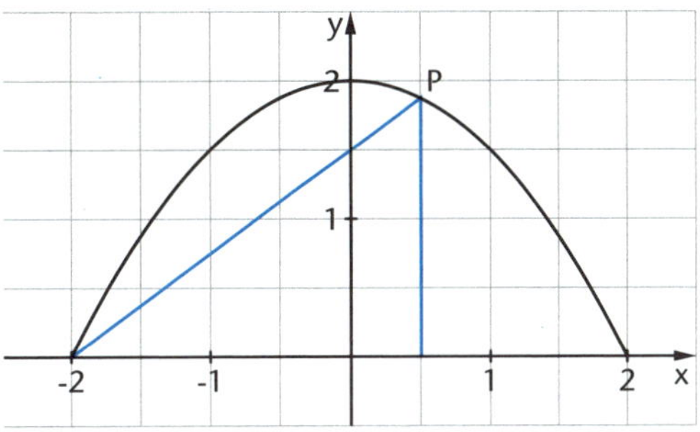

Gesucht ist der maximale Flächeninhalt, deshalb wird ein Funktionsterm zur Berechnung des Flächeninhalts aufgestellt:

$A(x_P, y_P) = \frac{1}{2} \cdot (x_P - (-2)) \cdot y_P = \frac{1}{2} \cdot (x_P + 2) \cdot y_P$

Die Nebenbedingung „P ist Punkt des Graphen" liefert $y_P = -\frac{1}{2}x_P^2 + 2$

Diese Bedingung für y_P wird in den Term der Zielfunktion eingesetzt:

$A(x_P) = \frac{1}{2} \cdot (x_P + 2) \cdot (-\frac{1}{2}x_P^2 + 2) = -\frac{1}{4}x_P^3 - \frac{1}{2}x_P^2 + x_P + 2$

Von dieser Funktion wird das lokale Extremum bestimmt:

$A'(x_P) = -\frac{3}{4}x_P^2 - x_P + 1;\ A'(x_P) = 0 \Leftrightarrow x_P = \frac{2}{3} \vee x_P = -2$

Für $x_P = -2$ liegt der Punkt P auf der x-Achse.

$A''(x_P) = -\frac{3}{2}x_P - 1;\ A''\left(\frac{2}{3}\right) = -2 < 0$

An der Stelle $x_P = \frac{2}{3}$ hat die Zielfunktion ein lokales Maximum. An den Rändern der Definitionsmenge (= Nullstellen der Funktion f) ist der Flächeninhalt des Dreiecks gleich null. Daher ist das Dreieck mit dem größten Flächeninhalt gegeben, wenn $x_P = \frac{2}{3}$ und

$y_P = f\left(\frac{2}{3}\right) = \frac{16}{9}$

Der maximale Flächeninhalt ist: $A\left(\frac{2}{3}\right) = \frac{64}{27}$ FE. $\approx 2{,}37$ FE.

Beispiel 2

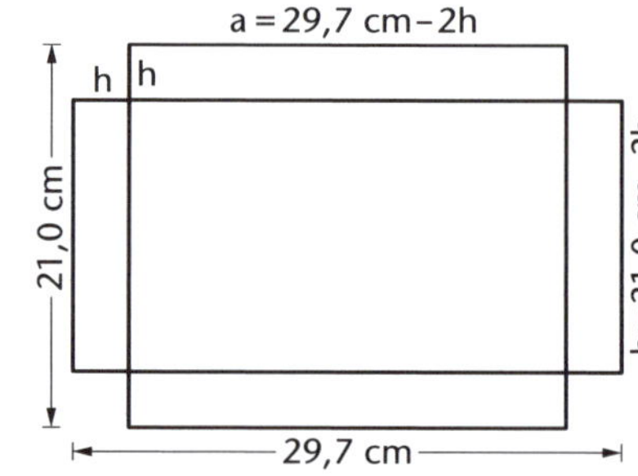

Aus einem DIN-A4-Blatt soll eine offene Schachtel mit möglichst großem Volumen gebastelt werden. (Die Klebefalze können vernachlässigt werden.)

Bezeichnen wir die Länge der offenen Schachtel mit a, die Breite mit b und die Höhe mit h, dann ergibt sich das Volumen gemäß der Formel:
$V(a, b, h) = a \cdot b \cdot h$

Die Schachtel entsteht durch das Aufklappen von rechteckigen Streifen der Höhe h. Aus dem Sachzusammenhang ergibt sich, dass diese Höhe h größer sein muss als null, aber kleiner als die halbe Breite des DIN-A4-Blattes, d. h. $0 \text{ cm} < h < 10{,}5 \text{ cm}$.

Durch die Länge des DIN-A4-Blattes (29,7 cm) wird auch die Länge der Schachtel begrenzt; daher gilt die erste Nebenbedingung: $a = 29{,}7 - 2h$

Durch die Breite des DIN-A4-Blattes (21,0 cm) wird auch die Breite der Schachtel begrenzt; daher gilt die zweite Nebenbedingung: $b = 21{,}0 - 2h$

Wenn wir diese beiden Bedingungen in den o. a. Term V(a, b, h) einsetzen, erhalten wir die Zielfunktion

$V(h) = (29{,}7 - 2h) \cdot (21{,}0 - 2h) \cdot h = 4h^3 - 101{,}4h^2 + 623{,}7h$, wobei $0 < h < 10{,}5$ (s. o.)

Um das Maximum dieser Funktion zu bestimmen, bilden wir die 1. Ableitung:

$V'(h) = 12h^2 - 202{,}8h + 623{,}7$

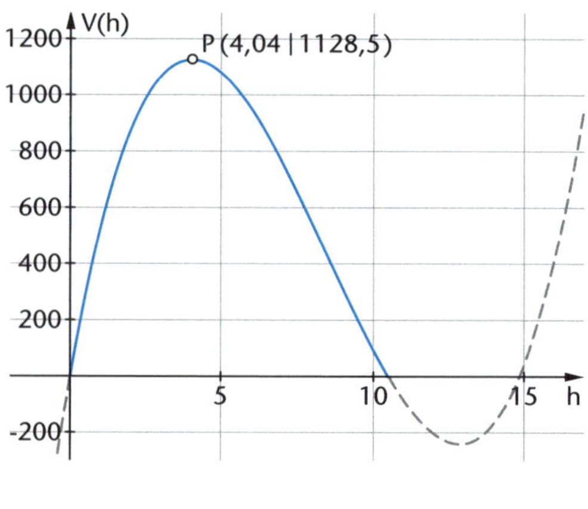

Die quadratische Gleichung $V'(h) = 0$ hat zwei Lösungen:

$h_1 \approx 4{,}04$ und $h_2 \approx 12{,}86$

Die zweite Lösung entfällt im Sachzusammenhang, stellt sich aber auch als Tiefpunkt heraus, wenn man die hinreichenden Kriterien untersucht oder den Graphen insgesamt betrachtet.

Das maximal erreichbare Volumen der offenen Schachtel beträgt

$V(h_{max}) = V(4{,}04) \approx 1128{,}5 \text{ cm}^3$

Beispiel 3

An einer wertvollen Glasscheibe ist ein Stück abgebrochen, das mithilfe einer quadratischen Funktion f mit $f(x) = 45 - 0{,}05 \cdot x^2$ modelliert werden kann. Aus dem Rest kann aber noch ein rechteckiges Flächenstück abgeschnitten werden. Wie muss geschnitten werden, damit dessen Fläche maximal ist?

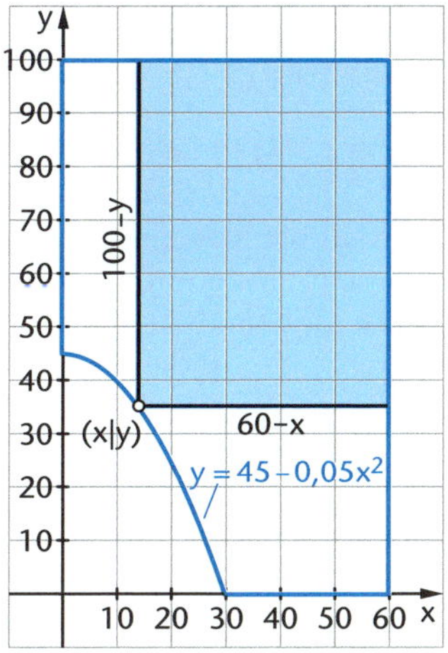

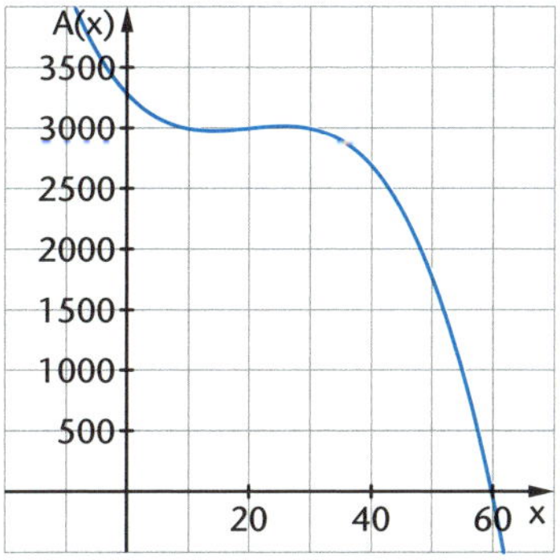

Der Flächeninhalt A des Rechtecks ergibt sich aus
$A(x, y) = (60 - x) \cdot (100 - y)$ und nach Einsetzen der Funktionsgleichung $y = 45 - 0{,}05\,x^2$:
$A(x) = (60 - x) \cdot (55 + 0{,}05\,x^2) = 3300 - 55\,x + 3\,x^2 - 0{,}05\,x^3$
$A'(x) = -55 + 6\,x - 0{,}15\,x^2$; $A''(x) = 6 - 0{,}3\,x$

Notwendige Bedingung:
$A'(x) = 0 \Leftrightarrow x^2 - 40\,x = -\frac{1100}{3} \Leftrightarrow (x - 20)^2 = \frac{100}{3} \Leftrightarrow x \approx 14{,}23 \vee x \approx 25{,}77$

Hinreichende Bedingung:
$A''(14{,}23) > 0$ (lokales Minimum), $A''(25{,}77) < 0$ (lokales Maximum)

Es gilt: $A(25{,}77) \approx 3019$. Die Funktion hat jedoch am Rand einen noch größeren Funktionswert (ein absolutes Maximum): $A(0) = 3300$, d. h. das größte Flächenstück erhält man, wenn man nur den unbeschädigten (oberen) Teil der Glasplatte abtrennt.

D1 Stammfunktionen zu den gängigen Funktionen bestimmen und den Hauptsatz der Differenzial- und Integralrechnung (HDI) zur Berechnung bestimmter Integrale anwenden.

Jede differenzierbare Funktion F mit $F'(x) = f(x)$ für alle $x \in \mathbb{D}_f$ heißt **Stammfunktion** von f.

Der Nachweis hierfür erfolgt, indem man die angegebene Stammfunktion ableitet. Das Bilden von Stammfunktionen ist nicht eindeutig, da die Konstante beim Ableiten wegfällt (vgl. Beispiel). In der folgenden Tabelle kann daher zu jeder angegebenen Stammfunktion auch eine beliebige Konstante addiert werden.

f(x)	c	x^n für $n \neq -1$	$\frac{1}{x}$ $\mathbb{D}_f = \mathbb{R} \setminus \{0\}$	$\sqrt{x}$ $\mathbb{D}_f = \mathbb{R}^+$	e^x	$\ln(x)$	$\sin(x)$	$\cos(x)$
$F(x) = \int f(x)\,dx$	cx	$\frac{1}{n+1} x^{n+1}$	$\ln(\lvert x \rvert)$	$\frac{2}{3} x^{\frac{3}{2}}$	e^x	$x \cdot \ln(x) - x$	$-\cos(x)$	$\sin(x)$

Integralfunktion:
Gegeben sei eine Funktion f in einem Intervall J und $a \in J$. Dann heißt die Funktion I_a mit

$$I_a(x) = \int_a^x f(t)\,dt$$

Integralfunktion von f mit unterer Grenze a. Die Funktion f wird hier auch als *Integrandenfunktion* bezeichnet.

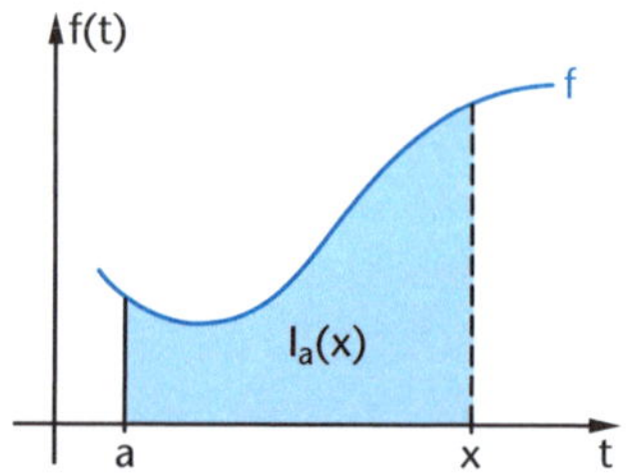

Hauptsatz der Differenzial- und Integralrechnung:
Wenn die Integrandenfunktion f stetig auf dem Intervall J ist, dann ist die Integralfunktion I_a sogar differenzierbar, und es gilt: $I_a'(x) = f(x)$
In Worten: Die Ableitung der Integralfunktion ergibt die Integrandenfunktion.

Man kann also zu jeder stetigen Funktion f eine Stammfunktion angeben – ggf. in der Form als Integralfunktion.

Folgerung aus dem Hauptsatz:
Ist die Funktion f auf einem Intervall J stetig und F eine beliebige Stammfunktion von f, so gilt für alle $a, b \in J$:

$$\int_a^b f(x)\,dx = F(b) - F(a)$$

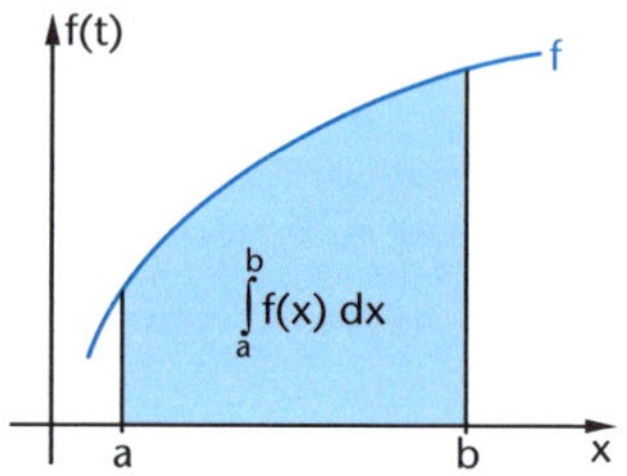

Beispiel *Nachweis einer Stammfunktion*

Zum Nachweis, dass $F(x) = (x-1) \cdot e^x$ eine Stammfunktion für $f(x) = x \cdot e^x$ ist, wird die Ableitung von F gemäß Produktregel gebildet:
$F'(x) = 1 \cdot e^x + (x-1) \cdot e^x = e^x + x \cdot e^x - e^x = x \cdot e^x = f(x)$

Beispiele *Bestimmung von Stammfunktionen*

- Zu $f(x) = 5x^4 - 8x^3 + 3x^2 - 6x + 3$ erhält man eine Stammfunktion mit $F(x) = x^5 - 2x^4 + x^3 - 3x^2 + 3x$. Dabei wird der Exponent von x um eins erhöht und der entsprechende Summand mit dem Kehrwert des neuen Exponenten multipliziert.

- Zu $f(x) = 4 \cdot e^{2x+1}$ erhält man eine Stammfunktion mit $F(x) = 4 \cdot \frac{1}{2} \cdot e^{2x+1} = 2 \cdot e^{2x+1}$. Da beim Ableiten von F mit der inneren Ableitung multipliziert wird, muss hier im Funktionsterm der Stammfunktion der Faktor $\frac{1}{2}$ ergänzt werden.
- Eine Stammfunktion zu $f(x) = \sin\left(\frac{1}{2}x + \pi\right)$ ist $F(x) = -2 \cdot \cos\left(\frac{1}{2}x + \pi\right)$.

Allgemein gilt: Ist F eine Stammfunktion für eine Funktion f, dann ist $\frac{1}{a} \cdot F(ax + b)$ eine Stammfunktion für $f(ax + b)$.

Beispiele *Berechnung bestimmter Integrale*

Zur Berechnung bestimmter Integrale muss zunächst eine Stammfunktion zur Integrandenfunktion bestimmt werden. In diese wird dann zuerst die obere Integrationsgrenze und dann die untere Integrationsgrenze eingesetzt. Der Wert des bestimmten Integrals ist dann die Differenz der beiden Einsetzungen.

(1) $\int_1^2 (3x^2 - 1)\,dx = \left[x^3 - x\right]_1^2 = (2^3 - 2) - (1^3 - 1) = 6$

(2) $\int_{-1}^3 (2x - 1)^2\,dx = \left[\frac{1}{6}(2x - 1)^3\right]_{-1}^3 = 25\frac{1}{3}$

(3) $\int_0^1 (2 - e^{-x})\,dx = \left[2x + e^{-x}\right]_0^1 = (2 + e^{-1}) - (0 + e^{-0}) = 1 + \frac{1}{e}$

Hinweis: Die Stammfunktionen zu Beispiel (2) und (3) wurden durch Ausprobieren gefunden: Dabei überlegt man, wie der Funktionsterm entstanden sein könnte, wenn man die betreffende Ableitungsregel (hier: die Kettenregel) anwendet. In D7 wird das systematische Verfahren erläutert.

D2 Flächeninhalte zwischen einem Funktionsgraphen und der x-Achse und Flächeninhalte zwischen mehreren Funktionsgraphen berechnen.

Ist f in [a;b] stetig und $f(x) \neq 0$ für alle $x \in \,]a; b[$, dann gilt für den Inhalt der Fläche zwischen dem Graphen von f und der x-Achse über dem Intervall [a; b]:

$$A = \left|\int_a^b f(x)\,dx\right|$$

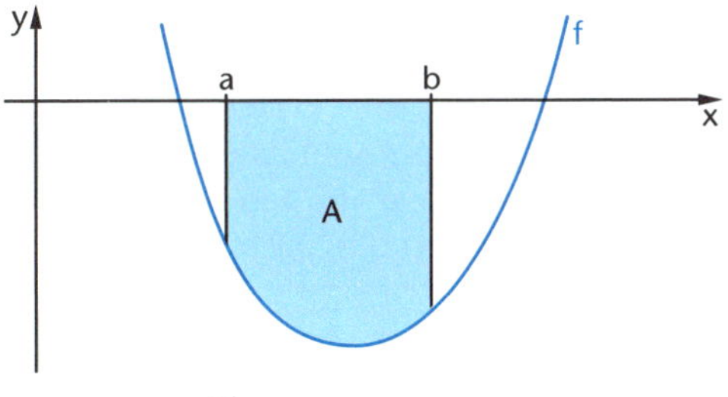

Hat f in [a; b] die Nullstellen $x_1, x_2, \ldots, x_k$ mit $x_1 < x_2 < \ldots < x_k$, dann gilt für den Inhalt der Fläche, welche der Graph von f mit der x-Achse einschließt:

$$A = \left|\int_{x_1}^{x_2} f(x)\,dx\right| + \left|\int_{x_2}^{x_3} f(x)\,dx\right| + \ldots + \left|\int_{x_{k-1}}^{x_k} f(x)\,dx\right|$$

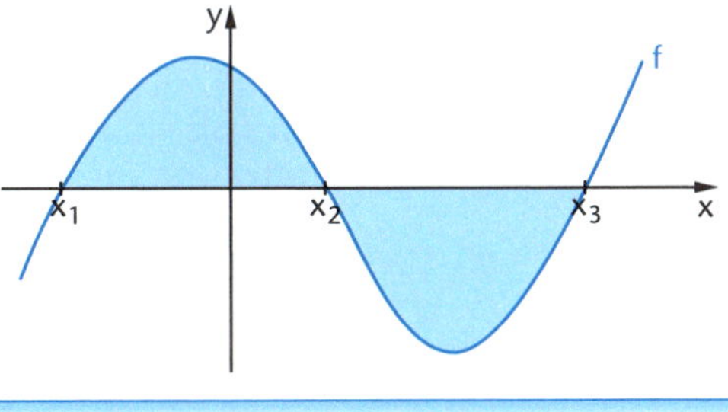

Haben die in [a;b] stetigen Funktionen f und g die Schnittstellen $x_1, x_2, \ldots, x_k$ mit $x_1 < x_2 < \ldots < x_k$, dann gilt für den Inhalt der von den Graphen eingeschlossenen Fläche:

$$A = \left|\int_{x_1}^{x_2}(f(x) - g(x))\,dx\right| + \left|\int_{x_2}^{x_3}(f(x) - g(x))\,dx\right| + \ldots + \left|\int_{x_{k-1}}^{x_k}(f(x) - g(x))\,dx\right|$$

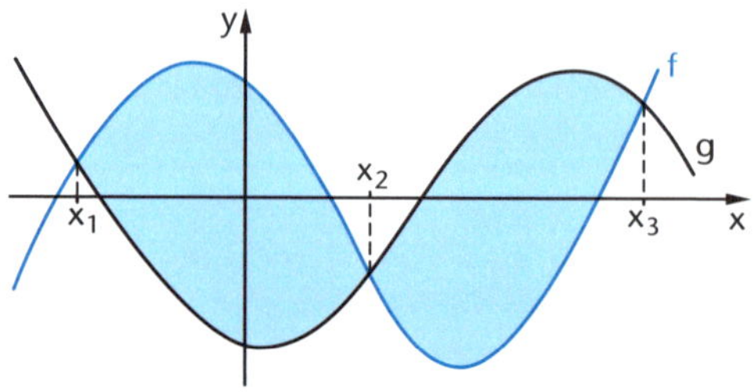

Beispiel *Berechnung des Flächeninhalts in einer Anwendung*

Das abgebildete Grundstück steht zum Verkauf. Es wird an einer Seite durch einen Fluss begrenzt. Zur Ermittlung des Verkaufspreises soll der Flächeninhalt des Grundstücks bestimmt werden.

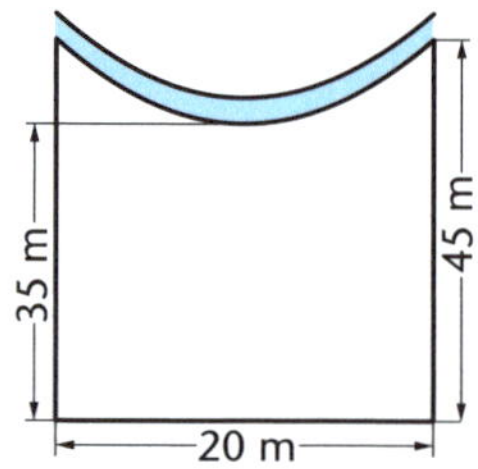

In dem gemäß nebenstehender Abbildung gewählten Koordinatensystem kann das südliche Ufer des Flusses durch eine quadratische Funktion f mit $f(x) = a\,x^2 + 35$ beschrieben werden. Dabei ist die Konstante a durch die Bedingung $f(10) = 45$ zu $a = 0{,}1$ festgelegt.

Für den Flächeninhalt des Grundstücks in m^2 folgt:

$$A = 2 \cdot \int_0^{10}(0{,}1x^2 + 35)\,dx = 2 \cdot \left[\frac{1}{30}x^3 + 35\,x\right]_0^{10} = 766\tfrac{2}{3}$$

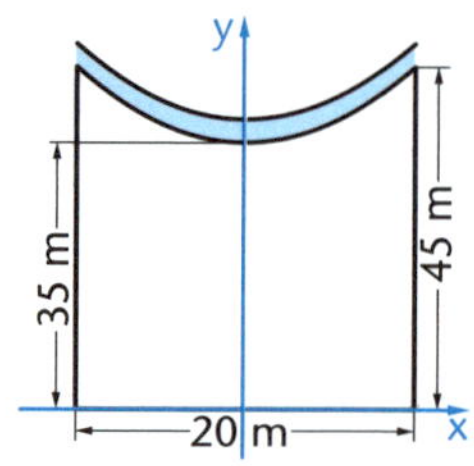

Beispiel *Berechnung des Flächeninhalts eines Flächenstücks, das von einem Graphen und der x-Achse eingeschlossen ist*

Wie groß ist der Flächeninhalt des Flächenstücks, das vom Graphen von f mit $f(x) = (x - 1) \cdot (x - 3) \cdot (x - 6)$ und der x-Achse eingeschlossen wird?

Da der Funktionsterm von f in faktorisierter Form gegeben ist, können die Nullstellen sofort abgelesen werden:

$x_{01} = 1, \quad x_{02} = 3, \quad x_{03} = 6$

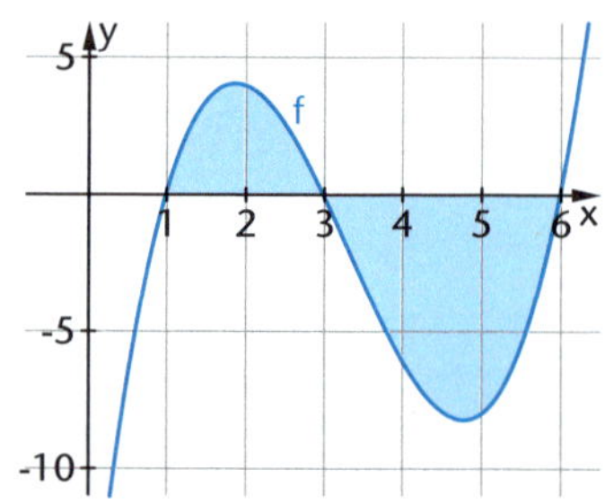

Um den gesuchten Flächeninhalt zu bestimmen, sind hier zwei Integrale zu berechnen. Da Flächeninhalte stets positiv sind, müssen die Beträge der berechneten Integrale addiert werden.

$$A = \left|\int_1^3(x^3 - 10\,x^2 + 27\,x - 18)\,dx\right| + \left|\int_3^6(x^3 - 10\,x^2 + 27\,x - 18)\,dx\right| = \left|5\tfrac{1}{3}\right| + \left|-15\tfrac{3}{4}\right| = 21\tfrac{1}{12}$$

Beispiel *Berechnung des Flächeninhalts eines Flächenstücks, das von zwei Graphen eingeschlossen ist*

Wie groß ist der Flächeninhalt des Flächenstücks, das von den Graphen von f und g mit $f(x) = -x^2 + 2x + 2$ und $g(x) = x^2 - 2$ eingeschlossen wird?
Man berechnet die Schnittstellen der Graphen durch Lösen der Gleichung $f(x) = g(x)$: $x_{S1} = -1$, $x_{S2} = 2$
Für den Flächeninhalt erhält man:

$$A = \left|\int_{-1}^{2}((-x^2 + 2x + 2) - (x^2 - 2))\,dx\right| = \left|\int_{-1}^{2}(-2x^2 + 2x + 4)\,dx\right|$$

$$= \left|\left[-\frac{2}{3}x^3 + x^2 + 4x\right]_{-1}^{2}\right| = |9| = 9$$

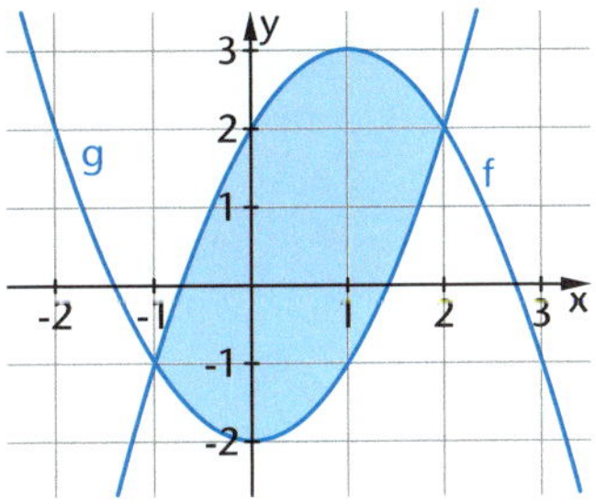

D3 Mittelwerte von kontinuierlich veränderten Größen mit der Integralrechnung berechnen.

Unter dem Mittelwert $\bar{f}$ der Funktionswerte einer stetigen Funktion f über dem Intervall [a;b] versteht man die reelle Zahl

$$\bar{f} = \frac{1}{b-a} \cdot \int_{a}^{b} f(x)\,dx$$

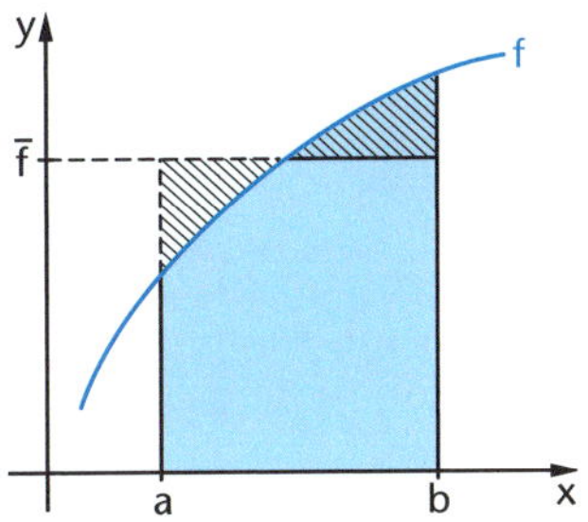

Beispiel

Die Geschwindigkeit eines ICE bei der Ausfahrt aus einem Bahnhof lässt sich in den ersten 6 Minuten mithilfe der Funktion v mit $v(t) = -0{,}0005 \cdot t^2 + 0{,}4 \cdot t$ beschreiben. Dabei wird die Zeit t in Sekunden und die Geschwindigkeit v in Meter pro Sekunde angegeben.
Wie groß ist die mittlere Geschwindigkeit des Zuges in den ersten 6 Minuten der Fahrt?

$$\bar{v} = \frac{1}{360 - 0} \cdot \int_{0}^{360}(-0{,}0005 \cdot t^2 + 0{,}4 \cdot t)\,dt = \frac{1}{360} \cdot \left[-\frac{1}{6000}t^3 + \frac{1}{5}t^2\right]_{0}^{360} = \frac{1}{360} \cdot 18144 = 50{,}4$$

Die mittlere Geschwindigkeit des Zuges beträgt $50{,}4\ \frac{m}{s}$ $\left(\approx 181{,}44\ \frac{km}{h}\right)$.

D4 Gesamtänderungen aus gegebenen Änderungsraten exakt mit bestimmten Integralen berechnen.

Ist eine stetige Funktion v für die momentane Änderungsrate (z. B. Zuflussgeschwindigkeit, Bewegungsgeschwindigkeit,…) einer Größe in Abhängigkeit von der Zeit t gegeben, so wird die Gesamtänderung (z. B. Füllmenge, zurückgelegte Wegstrecke, …) im Zeitintervall $[t_a; t_e]$ mit dem Integral $\int_{t_a}^{t_e} v(t)\,dt$ berechnet.

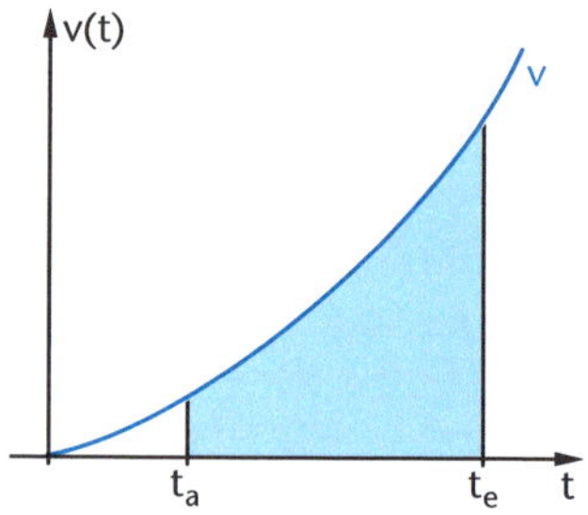

Zu einer gegebenen Messreihe für die momentane Änderungsrate in verschiedenen Zeitpunkten kann oft eine Funktion v durch eine sinnvolle Regression ermittelt werden.

Beispiel *Gegeben ist die Bewegungsgeschwindigkeit*

Die Geschwindigkeit v eines aus der Ruhe von einem Turm fallenden Steins ist gegeben durch $v(t) = 9{,}81 \cdot t$. Dabei wird die Zeit t in Sekunden und die Geschwindigkeit v in Meter pro Sekunde angegeben.

- Beobachtet man, dass der Stein nach einer Falldauer von 3,2 Sekunden auf dem Boden aufschlägt, kann man die Höhe des Turms berechnen, indem man die als momentane Änderungsrate gegebene Geschwindigkeit v(t) über dem Zeitintervall [0; 3,2] integriert:

$$h = \int_0^{3{,}2} 9{,}81 \cdot t\,dt = \left[\frac{9{,}81}{2} t^2\right]_0^{3{,}2} \approx 50{,}23$$ Der Turm hat eine Höhe von etwa 50,23 m.

- Ist andererseits die Fallhöhe mit h = 100 m gegeben, so kann man auch die entsprechende Falldauer berechnen. Diesmal ist der Wert des Integrals bekannt. Zu bestimmen ist die obere Integrationsgrenze t_e.

$$\int_0^{t_e} 9{,}81 \cdot t\,dt = 100 \;\Leftrightarrow\; \left[\frac{9{,}81}{2} t^2\right]_0^{t_e} = 100 \;\Leftrightarrow\; \frac{9{,}81}{2} t_e^2 = 100 \;\Leftrightarrow\; t_e = \sqrt{\frac{200}{9{,}81}} \approx 4{,}5 \vee t_e \approx -4{,}5$$

Hinweis: Die negative Lösung der quadratischen Gleichung entfällt hier im Sachzusammenhang.

Der Stein trifft nach etwa 4,5 Sekunden auf dem Boden auf.

Beispiel *Gegeben ist die Bewegungsgeschwindigkeit*

Die Geschwindigkeit v eines aus der Ruhe von einem Turm fallenden Steins ist gegeben durch $v(t) = 9{,}81 \cdot t$. Dabei wird die Zeit t in Sekunden und die Geschwindigkeit v in Meter pro Sekunde angegeben.

- Beobachtet man, dass der Stein nach einer Falldauer von 3,2 Sekunden auf dem Boden aufschlägt, kann man die Höhe des Turms berechnen, indem man die als momentane Änderungsrate gegebene Geschwindigkeit v(t) über dem Zeitintervall [0; 3,2] integriert:

$$h = \int_0^{3{,}2} 9{,}81 \cdot t\,dt = \left[\frac{9{,}81}{2} t^2\right]_0^{3{,}2} \approx 50{,}23$$ Der Turm hat eine Höhe von etwa 50,23 m.

- Ist andererseits die Fallhöhe mit h = 100 m gegeben, so kann man auch die entsprechende Falldauer berechnen. Diesmal ist der Wert des Integrals bekannt. Zu bestimmen ist die obere Integrationsgrenze t_e.

$$\int_0^{t_e} 9{,}81 \cdot t\,dt = 100 \Leftrightarrow \left[\frac{9{,}81}{2}t^2\right]_0^{t_e} = 100 \Leftrightarrow \frac{9{,}81}{2}t_e^2 = 100 \Leftrightarrow t_e = \sqrt{\frac{200}{9{,}81}} \approx 4{,}5 \vee t_e \approx -4{,}5$$

Hinweis: Die negative Lösung der quadratischen Gleichung entfällt hier im Sachzusammenhang.

Der Stein trifft nach etwa 4,5 Sekunden auf dem Boden auf.

Beispiel *Gegeben ist die Zulaufgeschwindigkeit*

Ein zunächst leeres Getreidesilo wird mit Weizen gefüllt. Die Zulaufgeschwindigkeit ist in den ersten 15 Minuten konstant und beträgt 45 Zentner/min. Dann nimmt sie entsprechend dem Graphen ab, bis nach insgesamt 30 Minuten der Zufluss stoppt.

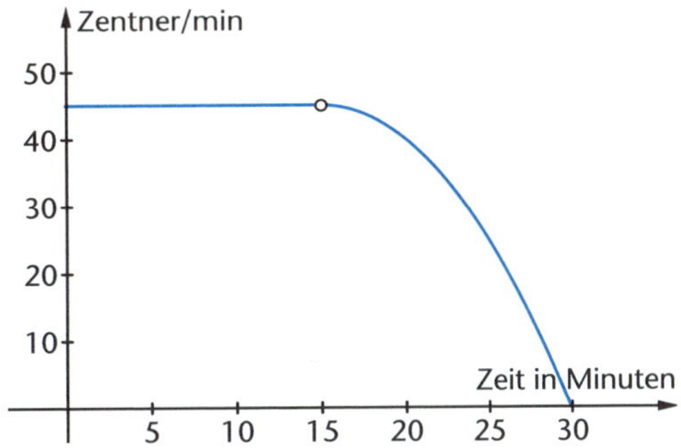

Die Funktion f mit $f(x) = -\frac{1}{5}x^2 + 6x$ beschreibt den Zulauf in der Zeit zwischen der 15. und der 30. Minute, denn der Scheitelpunkt der Parabel liegt im Punkt $S(15\,|\,45)$ und eine Nullstelle bei x = 30.
Um die gesamte Füllmenge des Silos zu bestimmen, bestimmt man den Flächeninhalt des Flächenstücks zwischen Graph und Zeitachse im Intervall [0; 30]:
Im Zeitintervall [0; 15] ist dies ein Rechteck; für das Zeitintervall [15; 30] muss die Integralrechnung angewendet werden:

$$15 \cdot 45 + \int_{15}^{30}\left(-\frac{1}{5}x^2 + 6x\right)dx = 675 + \left[-\frac{1}{15}x^3 + 3x^2\right]_{15}^{30} = 675 + 450 = 1125$$

Insgesamt wurden 1125 Zentner Weizen in das Silo gefüllt.

D5 Nur LK: Inhalte ins Unendliche reichender Flächen mit uneigentlichen Integralen und den dabei erforderlichen Grenzwertbetrachtungen ermitteln.

- **Integration über unbeschränkte Intervalle:**
Falls die Funktion f auf dem Intervall $[a; +\infty[$ stetig ist und der Grenzwert $\lim\limits_{b \to +\infty} \int_a^b f(x)\,dx$ existiert, so heißt dieser Grenzwert das **Uneigentliche Integral** von f über dem Intervall $[a; +\infty[$.
Man notiert dann auch $\int_a^{+\infty} f(x)\,dx$.
(Entsprechend wird $\int_{-\infty}^{b} f(x)\,dx$ definiert.)

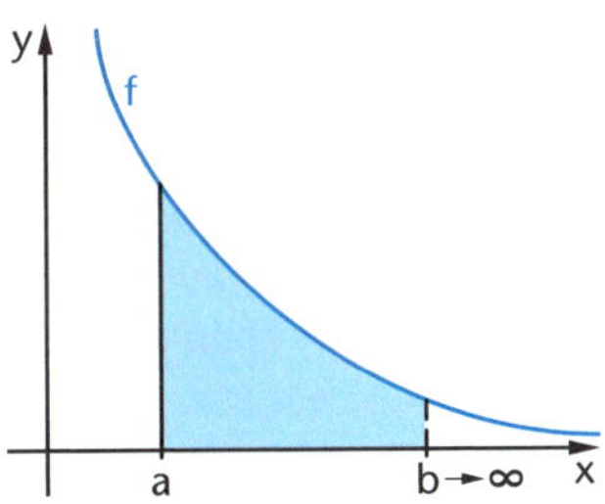

- **Integration über unbeschränkte Funktionen:**
Falls die Funktion f auf dem Intervall]a; b] stetig ist und der Grenzwert $\lim\limits_{z \to a} \int_z^b f(x)\,dx$ existiert, so heißt dieser Grenzwert das Uneigentliche Integral von f über dem Intervall]a; b].
Man notiert dann auch $\int_a^b f(x)\,dx$.
(Entsprechend wird $\lim\limits_{z \to b} \int_a^z f(x)\,dx$ über dem Intervall [a; b[definiert.)

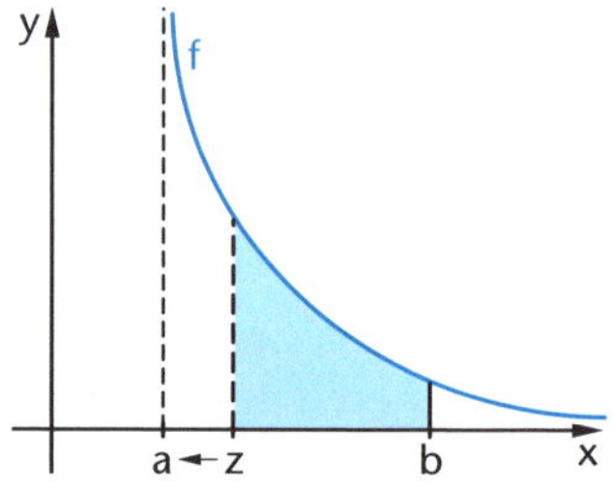

Beispiele *Uneigentliche Integrale*

- Der Graph der Funktion f mit $f(x) = \frac{4}{x^2}$ schließt über dem Intervall [1; +∞[eine Fläche mit dem Flächeninhalt 4 FE ein:

Es gilt: $\int_1^b \frac{4}{x^2}\,dx = \left[-\frac{4}{x}\right]_1^b = 4 - \frac{4}{b}$

Damit existiert der Grenzwert: $\lim\limits_{b \to +\infty} \int_1^b \frac{4}{x^2}\,dx = \lim\limits_{b \to +\infty} \left(4 - \frac{4}{b}\right) = 4$

- Dagegen ist der Flächeninhalt der Fläche zwischen x-Achse und Graph der Funktion f mit $f(x) = \frac{1}{(x-2)^2}$ über dem Intervall]2; 4] nicht endlich:

Es gilt: $\int_a^4 \frac{1}{(x-2)^2}\,dx = \left[-\frac{1}{(x-2)}\right]_a^4 = \frac{1}{a-2} - \frac{1}{2}$

Da der erste Summand für $a \to 2$ über alle Grenzen wächst, existiert das Uneigentliche Integral nicht.

- Der Graph der Funktion f mit $f(x) = x \cdot e^x$ schließt mit der positiven x-Achse einen endlichen Flächeninhalt ein:

$$\int_0^a x \cdot e^x\,dx = [-(x+1) \cdot e^{-x}]_0^a$$
$$= (-(a+1) \cdot e^{-a}) - (-(0+1) \cdot e^{-0})$$
$$= (-(a+1) \cdot e^{-a}) + 1$$

Da die Werte mit der Funktion $e(x) = e^{-x}$ für $x \to \infty$ schneller gegen null gehen als die Werte einer beliebigen ganzrationalen Funktion p(x) wachsen, gilt allgemein: $\lim\limits_{x \to \infty} p(x) \cdot e^{-x} = 0$.

Also folgt $\int_0^\infty x \cdot e^x\,dx = 1$.

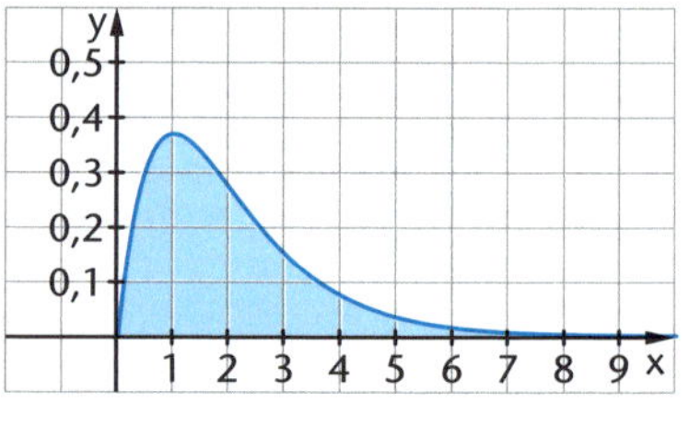

D6 Das Volumen von Rotationskörpern berechnen und die erforderlichen Berandungsfunktionen für reale rotationssymmetrische Körper modellieren.

Rotiert der Graph einer stetigen Berandungsfunktion f mit nicht negativen Funktionswerten über dem Intervall [a;b] um die x-Achse, so entsteht ein Rotationskörper

mit dem Volumen $V = \pi \cdot \int_a^b (f(x))^2 \, dx$.

Beispiel

(1) Das abgebildete Fass hat eine Höhe von 22 cm. Die Dicke der Fasswandung soll vernachlässigt werden. Der Radius beträgt am oberen und unteren Rand 8,1 cm, an der bauchigsten Stelle 8,8 cm. Zur Berechnung des Fassinhaltes legen wir das Fass auf die Seite. Das Koordinatensystem wird so gewählt, dass die x-Achse die Symmetrieachse des Fasses bildet, und dass der Graph der Berandungsfunktion symmetrisch zur y-Achse verläuft.

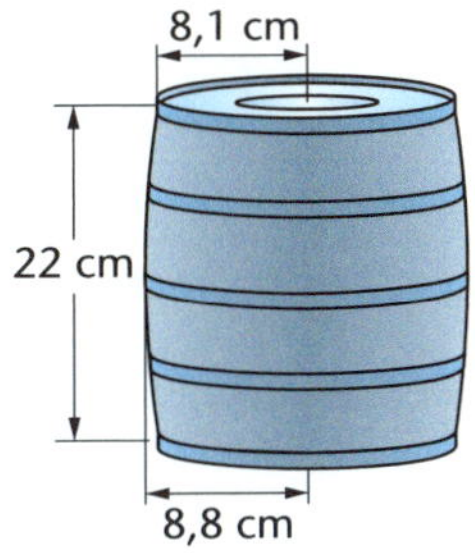

Aus dem Ansatz $f(x) = a x^2 + b$ mit $f(0) = 8{,}8$ und $f(11) = 8{,}1$ folgt $b = 8{,}8$ und $a \cdot 11^2 + 8{,}8 = 8{,}1$.

Die Koeffizienten werden berechnet zu $a = -\frac{7}{1210}$ und $b = \frac{44}{5}$.

Für die Berandungsfunktion gilt damit $f(x) = -\frac{7}{1210}x^2 + \frac{44}{5}$.

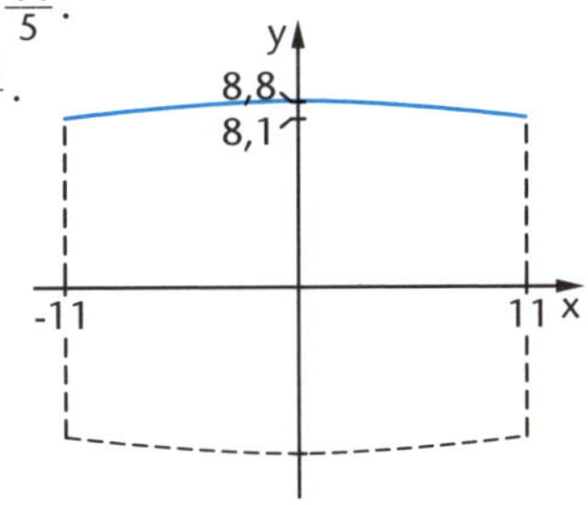

Das Volumen des Fasses kann nun unter Ausnutzung der Symmetrie berechnet werden:

$$V = 2\pi \cdot \int_0^{11} \left(-\frac{7}{1210}x^2 + \frac{44}{5}\right)^2 dx \approx 5075$$

Also beträgt das Volumen des Fasses 5075 ml ≈ 5 ℓ.

(2) Ein Blumenkübel entsteht durch Rotation des Graphen einer Funktion f mit $f(x) = 0{,}1x^3 - x^2 + 2{,}5x + 2$ über dem Intervall [0;6] (1 Einheit = 1 dm).
Bestimmen Sie das Volumen des Gefäßes.

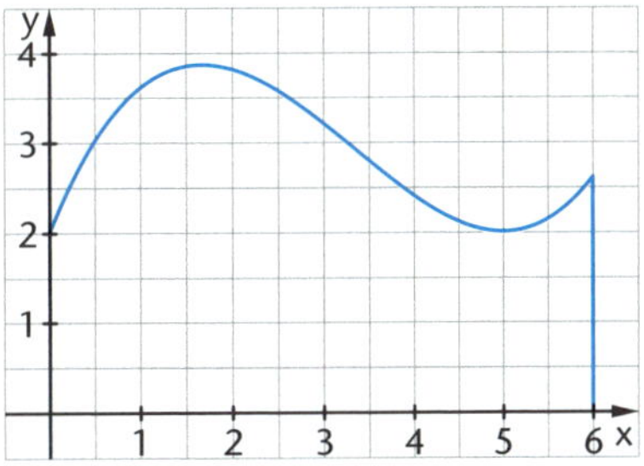

$$V = 2\pi \int_0^6 f^2(x)\,dx =$$

$$\pi \cdot \int_0^6 (0{,}1x^3 - x^2 + 2{,}5x + 2)^2 dx \approx 167 \text{ ℓ}$$

Beispiel *Ins Unendliche reichender Rotationskörper*

Gegeben ist die Funktion f durch $f(x) = \frac{1}{x} - \frac{1}{x^2}$; $x \neq 0$.

Die Fläche zwischen dem Graphen der Funktion f und der x-Achse über dem Intervall [1; ∞[rotiert um die x-Achse.
Hat der entstehende, ins Unendliche reichende Rotationskörper einen endlichen Rauminhalt?

Es gilt:

$$V_b = \pi \int_1^b \left(\frac{1}{x} - \frac{1}{x^2}\right)^2 dx$$

$$= \pi \int_1^b \left(\frac{1}{x^2} - \frac{2}{x^3} + \frac{1}{x^4}\right) dx = \pi \left[-\frac{1}{x} + \frac{1}{x^2} - \frac{1}{3x^3}\right]_1^b$$

$$= \pi\left(\left(-\frac{1}{b} + \frac{1}{b^2} - \frac{1}{3b^3}\right) - \left(-\frac{1}{3}\right)\right)$$

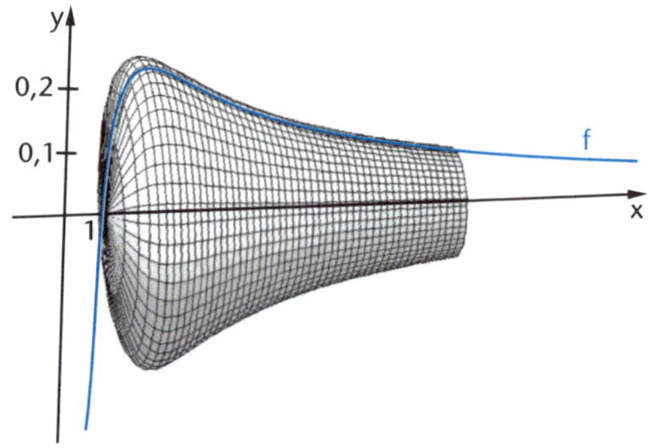

Da der Grenzwert

$$\lim_{b \to +\infty} V_b = \pi \cdot \lim_{b \to +\infty} \left(\left(-\frac{1}{b} + \frac{1}{b^2} - \frac{1}{3b^3}\right) - \left(-\frac{1}{3}\right)\right) = \frac{\pi}{3}$$

existiert, hat der Rotationskörper das Volumen $\frac{\pi}{3}$.

D7 nur LK: Stammfunktionen mit dem Verfahren der partiellen Integration bzw. der Substitutionsmethode bestimmen und bestimmte Integrale berechnen.

- **Partielle Integration:**
  Aus der Produktregel der Differenzialrechnung folgt:

  $$\int_a^b u(x) \cdot v'(x)\, dx = \left[u(x) \cdot v(x)\right]_a^b - \int_a^b u'(x) \cdot v(x)\, dx$$

  Bei der Anwendung der Methode der Partiellen Integration müssen $u(x)$ und $v'(x)$ so gewählt werden, dass das auf der rechten Seite der Gleichung stehende Integral leichter berechnet werden kann.

- **Substitution:**
  Aus der Kettenregel der Differenzialrechnung folgt:

  $$\int_a^b f(g(x)) \cdot g'(x)\, dx = \int_{g(a)}^{g(b)} f(z)\, dz$$

  Um die Substitutionsmethode anwenden zu können, muss im zu berechnenden Integral eine verkettete Funktion und die Ableitung der inneren Funktion als Faktor auftreten.

Beispiele *Partielle Integration*

(1) $\int_0^1 (x-1) \cdot e^x dx = ?$

Mit $u(x) = x - 1$ und $v'(x) = e^x$ erhält man: $u'(x) = 1$ und $v(x) = e^x$, also:

$$\int_0^1 (x-1) \cdot e^x dx = \left[(x-1) \cdot e^x\right]_0^1 - \int_0^1 1 \cdot e^x dx = \left[(x-1) \cdot e^x\right]_0^1 - \left[e^x\right]_0^1 = 1 - (e-1) = 2 - e$$

(2) $\int_0^\infty x^2 \cdot e^{-x} dx = ?$

Mit $u(x) = x^2$ und $v'(x) = e^{-x}$ erhält man: $u'(x) = 2x$ und $v(x) = -e^{-x}$, also:

$$\int_0^\infty x^2 \cdot e^{-x} dx = \left[x^2 \cdot (-e^{-x})\right]_0^\infty - \left(-\int_0^\infty 2x \cdot e^{-x} dx\right) = (0 - 0) + 2 \cdot \int_0^\infty x \cdot e^{-x} dx$$

Erneuter Ansatz für eine partielle Integration: Aus $u(x) = x$ und $v'(x) = e^{-x}$ folgt
$u'(x) = 1$ und $v(x) = -e^{-x}$, also:

$$\int_0^\infty x \cdot e^{-x}\,dx = \left[x \cdot (-e^{-x})\right]_0^\infty - \left(-\int_0^\infty 1 \cdot e^{-x}\,dx\right) = (0 - 0) + \int_0^\infty e^{-x}\,dx = \left[-e^{-x}\right]_0^\infty = 0 - (-1) = 1$$

also insgesamt: $\int_0^\infty x^2 \cdot e^{-x}\,dx = 2 \cdot \int_0^\infty x \cdot e^{-x}\,dx = 2 \cdot 1 = 2$

(3) $\int_a^b \ln(x)\,dx = ?$

Ansatz: $u(x) = \ln(x)$, $v'(x) = 1$, also $u'(x) = \frac{1}{x}$; $v(x) = x$

daher: $u(x) \cdot v(x) = x \cdot \ln(x)$; $u'(x) \cdot v(x) = \frac{1}{x} \cdot x =$

$$\int_a^b \ln(x)\,dx = \int_a^b 1 \cdot \ln(x)\,dx = \left[x \cdot \ln(x)\right]_a^b - \int_a^b 1\,dx = \left[x \cdot \ln(x) - x\right]_a^b$$

(4) $\int_a^b e^x \cos x\,dx = ?$

Ansatz: $u(x) = e^x$; $v'(x) = \cos x$, also $u'(x) = e^x$; $v(x) = \sin x$
daher: $u(x) \cdot v(x) = e^x \cdot \sin x$; $u'(x) \cdot v(x) = e^x \cdot \sin x$

Die Methode der partiellen Integration muss ein zweites Mal angewandt werden:
Ansatz: $u(x) = e^x$; $v'(x) = \sin x$, also $u'(x) = e^x$; $v(x) = -\cos x$
daher: $u(x) \cdot v(x) = -e^x \cdot \cos x$; $u'(x) \cdot v(x) = -e^x \cdot \cos x$

$$\int_a^b e^x \cdot \sin x\,dx = \left[-e^x \cdot \cos x\right]_a^b + \int_a^b e^x \cdot \cos x\,dx$$

Oben eingesetzt: $\int_a^b e^x \cdot \cos x\,dx = \left[e^x \cdot \sin x\right]_a^b + \left[e^x \cdot \cos x\right]_a^b - \int_a^b e^x \cdot \cos x\,dx$, also:

$$2 \cdot \int_a^b e^x \cdot \cos x\,dx = \left[e^x \cdot \sin x\right]_a^b + \left[e^x \cdot \cos x\right]_a^b$$

$$\int_a^b e^x \cdot \cos x\,dx = \frac{1}{2}\left[e^x(\sin x + \cos x)\right]_a^b$$

Beispiel *Substitution*

$$\int_0^2 2x \cdot e^{-x^2}\,dx = ?$$

Mit $g(x) = -x^2$ folgt $g'(x) = -2x$ sowie $g(0) = 0$ und $g(2) = -4$, also:

$$\int_0^2 2x \cdot e^{-x^2}\,dx = -\int_0^2 (-2x) \cdot e^{-x^2}\,dx = \int_0^{-4} -e^z\,dz = 1 - \frac{1}{e^4}$$

E1 Verschiebungen durch Vektoren sowie Punkte im Raum durch Ortsvektoren und Vektorketten beschreiben und damit realitätsnahe Situationen mathematisch modellieren

Vektoren im Raum sind geordnete Zahlentripel, die in Spaltenform notiert werden.

Der Vektor $\vec{u} = \begin{pmatrix} u_1 \\ u_2 \\ u_3 \end{pmatrix}$ kann interpretiert werden als der **Ortsvektor** des Punktes $U(u_1|u_2|u_3)$, als **Pfeil** vom Ursprung $O(0|0|0)$ zum Punkt $U(u_1|u_2|u_3)$ oder auch als eine **Verschiebung** parallel zu diesem Pfeil.

Bei der Addition zweier Vektoren werden zugehörige Pfeile aneinandergesetzt. Es gilt die sogenannte **Dreiecksregel:** $\overrightarrow{XY} + \overrightarrow{YZ} = \overrightarrow{XZ}$ (**Vektorkette** von X über Y nach Z).

Bei der Subtraktion wird der Gegenvektor addiert: Der **Verbindungsvektor** $\overrightarrow{PQ}$ lässt sich schreiben als Differenzvektor der beiden Ortsvektoren:

$$\overrightarrow{PQ} = \overrightarrow{PO} + \overrightarrow{OQ} = \overrightarrow{OQ} + (-\overrightarrow{OP}) = \overrightarrow{OQ} - \overrightarrow{OP} = \vec{q} - \vec{p}$$

Der **Nullvektor** $\vec{o} = \begin{pmatrix} 0 \\ 0 \\ 0 \end{pmatrix}$ lässt sich als eine geschlossene Vektorkette auffassen:

$$\vec{o} = \overrightarrow{OA} + \overrightarrow{AB} + \overrightarrow{BC} + \ldots + \overrightarrow{ZO}$$

Beispiel

Der Verbindungsvektor der Punkte $P(2|-3|5)$ und $Q(4|1|-2)$ ist: $\overrightarrow{PQ} = \begin{pmatrix} 4 \\ 1 \\ -2 \end{pmatrix} - \begin{pmatrix} 2 \\ -3 \\ 5 \end{pmatrix} = \begin{pmatrix} 2 \\ 4 \\ -7 \end{pmatrix}$

E2 Das Skalarprodukt zweier Vektoren berechnen und damit entscheiden, ob die Vektoren zueinander orthogonal sind.

Das Skalarprodukt zweier Vektoren $\vec{u} = \begin{pmatrix} u_1 \\ u_2 \\ u_3 \end{pmatrix}$ und $\vec{v} = \begin{pmatrix} v_1 \\ v_2 \\ v_3 \end{pmatrix}$ ist definiert als die Summe der Produkte der Komponenten der beiden Vektoren, also durch

$$\vec{u} * \vec{v} = \begin{pmatrix} u_1 \\ u_2 \\ u_3 \end{pmatrix} * \begin{pmatrix} v_1 \\ v_2 \\ v_3 \end{pmatrix} = u_1 \cdot v_1 + u_2 \cdot v_2 + u_3 \cdot v_3$$

Die beiden Vektoren spannen einen Winkel φ auf.
Für diesen gilt: $\vec{u} * \vec{v} = |\vec{u}| \cdot |\vec{v}| \cdot \cos(\varphi)$
In Worten: Das Skalarprodukt zweier Vektoren ist gleich dem Produkt aus der Länge des einen Vektors mit der Länge der orthogonalen Projektion des anderen Vektors auf diesen Vektor.

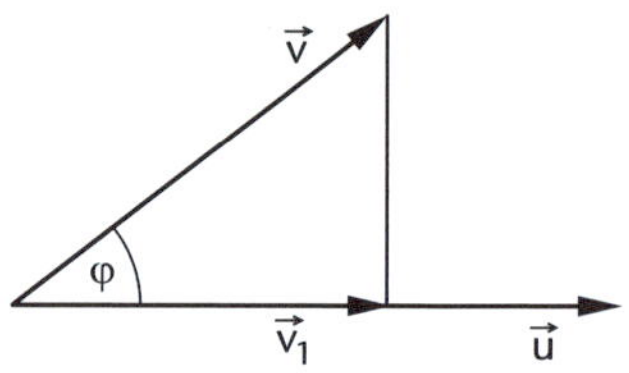

$|\vec{v}_1| = |\vec{v}| \cdot \cos\varphi$

Daher gilt: Das Skalarprodukt zweier gleichgerichteter Vektoren ist gleich dem Produkt der Längen der Vektoren, das Skalarprodukt zweier entgegengerichteter Vektoren gleich dem negativen Produkt ihrer Längen. Und:
Das Skalarprodukt zweier Vektoren ist genau dann gleich null, wenn diese zueinander orthogonal sind.

Hinweis: Das Skalarprodukt zweier Vektoren $\vec{v} * \vec{w}$ (dies ist eine reelle Zahl!) darf nicht verwechselt werden mit dem Vervielfachen eines Vektors $\vec{v}$ mit einer Zahl $s \in \mathbb{R}$, also $s \cdot \vec{v}$ (dies ist ein Vektor). In diesem Buch verwenden wir konsequent die Zeichen * bzw. ·, um den Unterschied zwischen den beiden Vektoroperationen hervorzuheben, auch wenn es manchmal aus Vereinfachungsgründen üblich ist, für beide Operationen dasselbe Zeichen zu verwenden.

Beispiele

(1) Die Vektoren $\vec{u} = \begin{pmatrix} 3 \\ -1 \\ 2 \end{pmatrix}$ und $\vec{v} = \begin{pmatrix} -1 \\ -1 \\ 1 \end{pmatrix}$ sind orthogonal zueinander, denn

$$\begin{pmatrix} 3 \\ -1 \\ 2 \end{pmatrix} * \begin{pmatrix} -1 \\ -1 \\ 1 \end{pmatrix} = 3 \cdot (-1) + (-1) \cdot (-1) + 2 \cdot 1 = -3 + 1 + 2 = 0$$

(2) Jeder Vektor der Form $\vec{n} = \begin{pmatrix} 2a \\ b \\ -a \end{pmatrix}$ ist orthogonal zu $\vec{u} = \begin{pmatrix} 1 \\ 0 \\ 2 \end{pmatrix}$, denn $2a + 0 \cdot b - 2a = 0$.

E3 Längen von Strecken im Raum und den Betrag von Vektoren berechnen

Der **Betrag eines Vektors** $\vec{u} = \begin{pmatrix} u_1 \\ u_2 \\ u_3 \end{pmatrix}$ (oder auch Länge des zugehörigen Pfeils) berechnet sich nach dem Satz des Pythagoras mithilfe von $|\vec{u}| = \sqrt{\vec{u} * \vec{u}} = \sqrt{u_1^2 + u_2^2 + u_3^2}$.

Einen Vektor mit dem Betrag 1 nennt man **Einheitsvektor.**
Zu einem Vektor $\vec{v}$ erhält man den zugehörigen Einheitsvektor $\vec{v_0}$, indem man den Vektor mit dem Faktor $\frac{1}{|\vec{v}|}$ multipliziert: $\vec{v}_0 = \frac{1}{|\vec{v}|} \cdot \vec{v}$

Die **Länge einer Strecke** PQ im Raum ist gleich dem Betrag des zugehörigen Verbindungsvektors der Endpunkte der Strecke:

$$= \sqrt{\overrightarrow{PQ} * \overrightarrow{PQ}} = \sqrt{\begin{pmatrix} q_1 - p_1 \\ q_2 - p_2 \\ q_3 - p_3 \end{pmatrix} * \begin{pmatrix} q_1 - p_1 \\ q_2 - p_2 \\ q_3 - p_3 \end{pmatrix}} = \sqrt{(q_1 - p_1)^2 + (q_2 - p_2)^2 + (q_3 - p_3)^2}$$

Beispiele

(1) Der Betrag des Vektors $\vec{u} = \begin{pmatrix} -2 \\ 0 \\ 3 \end{pmatrix}$ ist $|\vec{u}| = \sqrt{(-2)^2 + 0^2 + 3^2} = \sqrt{4 + 0 + 9} = \sqrt{13}$

Der zum Vektor $\vec{u} = \begin{pmatrix} -2 \\ 0 \\ 3 \end{pmatrix}$ gehörende Einheitsvektor ist $u_0 = \frac{1}{\sqrt{13}} \cdot \begin{pmatrix} -2 \\ 0 \\ 3 \end{pmatrix}$

Die Länge der Strecke PQ mit $P(1|3|-1)$ und $Q(5|-2|0)$ ist
$\overrightarrow{PQ} = \sqrt{(5-1)^2 + (-2-3)^2 + (0-(-1))^2} = \sqrt{16 + 25 + 1} = \sqrt{42}$

(2) Das Tetraeder ABCD mit $A(0|-6|0)$, $B(6\sqrt{3}|0|0)$, $C(0|6|0)$ und $D(2\sqrt{3}|0|4\sqrt{6})$ ist ein reguläres Tetraeder, da alle Seiten gleich lang sind:
$|AB|^2 = 6^2 + 3 \cdot 6^2 = 144$; $|AC|^2 = 12^2 = 144$; $|AD|^2 = 3 \cdot 2^2 + 6^2 + 6 \cdot 4^2 = 144$;
$|BC|^2 = 6^2 + 3 \cdot 6^2 = 144$; $|BD|^2 = 3 \cdot 4^2 + 6 \cdot 4^2 = 144$; $|CD|^2 = 3 \cdot 2^2 + 6^2 + 6 \cdot 4^2 = 144$

E4 Nur LK: Die Definition für die lineare (Un-)Abhängigkeit von Vektoren angeben und Vektoren auf lineare (Un-)Abhängigkeit untersuchen.

Eine Summe von Vielfachen von Vektoren wird als **Linearkombination** der Vektoren bezeichnet. Vektoren heißen **voneinander linear abhängig,** wenn sich wenigstens einer der Vektoren als eine Linearkombination der übrigen darstellen lässt; sie heißen **voneinander linear unabhängig,** wenn keiner der Vektoren als Linearkombination der anderen dargestellt werden kann.
Spezialfälle: Zwei Vektoren $\vec{u} \neq \vec{o}$ und $\vec{v} \neq \vec{o}$ werden auch als **kollinear** bezeichnet, wenn der Vektor $\vec{u}$ als ein Vielfaches des Vektors $\vec{v}$ dargestellt werden kann, d. h., wenn es ein $r \in \mathbb{R}\setminus\{0\}$ gibt, so dass gilt: $\vec{u} = r \cdot \vec{v}$. Drei Vektoren $\vec{u} \neq \vec{o}$, $\vec{v} \neq \vec{o}$ und $\vec{w} \neq \vec{o}$ heißen **komplanar**, wenn Vektor $\vec{u}$ als ein Linearkombination der Vektoren $\vec{v}$ und $\vec{w}$ dargestellt werden kann, d. h., wenn es ein Zahlenpaar $(r, s) \in \mathbb{R} \times \mathbb{R}\setminus\{(0|0)\}$ gibt, so dass gilt: $\vec{u} = r \cdot \vec{v} + s \cdot \vec{w}$.

Beispiele

(1) Spannen drei Vektoren $\vec{u}$, $\vec{v}$, $\vec{w}$ einen Spat auf, dann sind sie voneinander linear unabhängig.

$$\vec{u} = \begin{pmatrix}1\\2\\0\end{pmatrix},\ \vec{v} = \begin{pmatrix}0\\1\\1\end{pmatrix},\ \vec{w} = \begin{pmatrix}1\\0\\2\end{pmatrix}$$

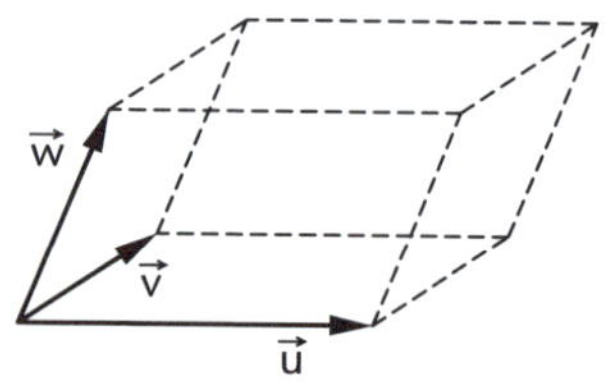

(2) In einem 3-dimensionalen Raum lässt sich jeder Vektor eindeutig als Linearkombination von irgendwelchen drei voneinander linear unabhängigen Vektoren darstellen; diese bilden eine Basis des 3-dimensionalen Raums.

Die Linearkombination für die Darstellung eines Vektors $\vec{x} = \begin{pmatrix}5\\3\\5\end{pmatrix}$ mithilfe der drei (Basis-) Vektoren $\vec{u}$, $\vec{v}$, $\vec{w}$ erhält man durch Lösen des folgenden Gleichungssystems:

$$\left|\begin{matrix}1r + 0s + 1t = 5\\2r + 1s + 0t = 3\\0r + 1s + 2t = 5\end{matrix}\right| \Leftrightarrow \left|\begin{matrix}1r + 0s + 1t = 5\\0r + 1s - 2t = -7\\0r + 1s + 2t = 5\end{matrix}\right| \Leftrightarrow \left|\begin{matrix}1r + 0s + 1t = 5\\0r + 1s - 2t = -7\\0r + 0s + 4t = 12\end{matrix}\right| \Leftrightarrow \left|\begin{matrix}r = 2\\s = -1\\t = 3\end{matrix}\right|$$

$$\text{Probe: } 2 \cdot \vec{u} + (-1) \cdot \vec{v} + 3 \cdot \vec{w} = \begin{pmatrix}2 - 0 + 3\\4 - 1 + 0\\0 - 1 + 6\end{pmatrix} = \begin{pmatrix}5\\3\\5\end{pmatrix}$$

Man kann auch sagen: Bzgl. der Basis $\vec{u}$, $\vec{v}$, $\vec{w}$ hat der Punkt (5|3|5) die Koordinaten (2|−1|3).

(3) Liegt ein Punkt P in einer Ebene $\mathbb{E}$, die durch eine Parameterdarstellung gegeben ist, dann erfüllen seine Koordinaten die Ebenengleichung:

$$\mathbb{E}\colon \vec{x} = \vec{a} + r \cdot \vec{u} + s \cdot \vec{v} = \begin{pmatrix}1\\2\\-1\end{pmatrix} + r \cdot \begin{pmatrix}1\\2\\0\end{pmatrix} + s \cdot \begin{pmatrix}0\\1\\1\end{pmatrix}$$ und P(3|5|−2). Dies bedeutet:

Der Verbindungsvektor des Punktes der Ebene mit dem Aufhängepunkt der Ebene $\vec{p} - \vec{a} = r \cdot \vec{u} + s \cdot \vec{v}$ ist als Linearkombination der Richtungsvektoren darstellbar.
Die sogenannten affinen Koordinaten des Punktes P bzgl. des Ursprungs A und der Richtungsvektoren $\vec{u}$, $\vec{v}$ sind (r|s) = (2|−1), denn es gilt:

$$\vec{p} = \begin{pmatrix}3\\5\\-2\end{pmatrix} = \begin{pmatrix}1\\2\\-1\end{pmatrix} + 2 \cdot \begin{pmatrix}1\\2\\0\end{pmatrix} + (-1) \cdot \begin{pmatrix}0\\1\\1\end{pmatrix}$$

F1 Parameterdarstellungen für Geraden aus zwei gegebenen Punkten ermitteln sowie überprüfen, ob ein Punkt auf einer gegebenen Gerade liegt (Punktprobe) und die Ergebnisse im Sachzusammenhang interpretieren.

Auch im Raum ist eine Gerade g durch zwei Punkte A, B festgelegt. Zu einem Punkt X der Geraden gelangt man so: Vom Ursprung O geht man zu einem der beiden Punkte der Geraden, dann trägt man ein Vielfaches des Verbindungsvektors $\overrightarrow{AB}$ (sogen. *Richtungsvektor* der Geraden) ab.

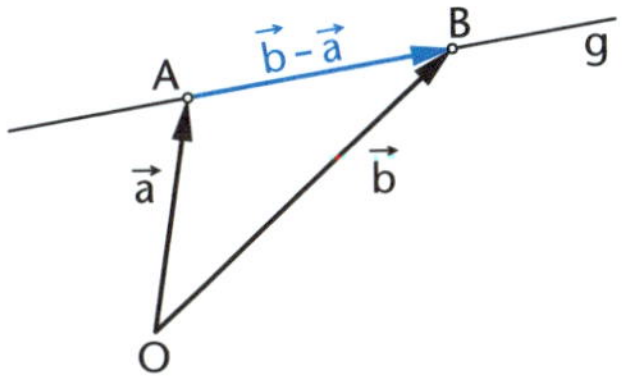

Als Richtungsvektor kann auch irgendein Vielfaches von $\overrightarrow{AB}$, z. B. mit möglichst kleinen ganzzahligen Komponenten verwendet werden.

g: $\vec{x} = \overrightarrow{OX} = \overrightarrow{OA} + r \cdot \overrightarrow{AB} = \vec{a} + r \cdot (\vec{b} - \vec{a})$ oder g: $\vec{x} = \overrightarrow{OX} = \overrightarrow{OB} + s \cdot \overrightarrow{BA} = \vec{b} + s \cdot (\vec{a} - \vec{b})$

Punktprobe: Ein Punkt P liegt genau dann auf einer Geraden g, wenn seine Koordinaten die Parameterdarstellung der Geraden erfüllen, d. h. wenn ein $r \in \mathbb{R}$ (bzw. $s \in \mathbb{R}$) existiert derart, dass alle drei Gleichungen des zugehörigen linearen Gleichungssystems, erfüllt werden.

Beispiel

Gegeben sind die Punkte A(2|3|−1) und B(4|−2|2). Punkte der Geraden g durch A, B können dargestellt werden mithilfe der Parameterdarstellung:

$$g\colon \vec{x} = \overrightarrow{OX} = \begin{pmatrix} 2 \\ 3 \\ -1 \end{pmatrix} + r \cdot \begin{pmatrix} 4-2 \\ -2-3 \\ 2-(-1) \end{pmatrix} = \begin{pmatrix} 2 \\ 3 \\ -1 \end{pmatrix} + r \cdot \begin{pmatrix} 2 \\ -5 \\ 3 \end{pmatrix} = \begin{pmatrix} 2+2r \\ 3-5r \\ -1+3r \end{pmatrix} \text{ oder } g\colon \vec{x} = \overrightarrow{OX} = \begin{pmatrix} 4 \\ -2 \\ 2 \end{pmatrix} + s \cdot \begin{pmatrix} -2 \\ 5 \\ -3 \end{pmatrix}$$

Der Punkt P(0|8|−4) liegt auf der Geraden g, weil das lineare Gleichungssystem mit drei Gleichungen und einer Variablen (eindeutig) lösbar ist:

$$\left| \begin{aligned} 2+2r &= 0 \\ 3-5r &= 8 \\ -1+3r &= -4 \end{aligned} \right| \Leftrightarrow \left| \begin{aligned} 2r &= -2 \\ -5r &= 5 \\ 3r &= -3 \end{aligned} \right| \Leftrightarrow \left| \begin{aligned} r &= -1 \\ r &= -1 \\ r &= -1 \end{aligned} \right|$$

Der Punkt Q(4|−2|5) liegt nicht auf der Geraden g, weil das lineare Gleichungssystem keine Lösung besitzt:

$$\left| \begin{aligned} 2+2r &= 4 \\ 3-5r &= -2 \\ -1+3r &= 5 \end{aligned} \right| \Leftrightarrow \left| \begin{aligned} 2r &= 2 \\ -5r &= -5 \\ 3r &= 6 \end{aligned} \right| \Leftrightarrow \left| \begin{aligned} r &= 1 \\ r &= 1 \\ r &= 2 \end{aligned} \right|$$

F2 Geraden auf ihre gegenseitige Lage untersuchen und möglicherweise vorhandene Schnittpunkte bestimmen.

Zwei Geraden g und h im Raum, die durch eine Parameterdarstellung gegeben sind g: $\vec{x} = \vec{a} + r \cdot \vec{u}$ und h: $\vec{x} = \vec{b} + s \cdot \vec{v}$, sind entweder (1) identisch, (2) liegen zueinander echt parallel, (3) verlaufen zueinander windschief oder (4) haben genau einen Punkt gemeinsam (schneiden sich in genau einem Punkt).

(1) Die beiden Geraden sind identisch, wenn die gegebenen Parameterdarstellungen dieselbe Gerade auf verschiedene Weise darstellen. Dies erkennt man daran, dass die beiden Richtungsvektoren zueinander parallel sind (Vielfache voneinander) und der Aufhängepunkt der einen Geraden auch auf der anderen Geraden liegt.

(2) Die beiden Geraden sind zueinander echt parallel, wenn die beiden Richtungsvektoren zueinander parallel sind (Vielfache voneinander), jedoch der Aufhängepunkt der einen Geraden nicht auf der anderen Geraden liegt.
(3) Die beiden Geraden sind zueinander windschief, wenn die Richtungsvektoren nicht zueinander parallel sind (nicht Vielfache voneinander) und kein Punkt der einen Geraden auf der anderen Geraden liegt.
(4) Die beiden Geraden schneiden sich in genau einem Punkt, wenn dieser Punkt mithilfe der Parameterdarstellungen der beiden Geraden darstellbar ist und die Richtungsvektoren keine Vielfachen voneinander sind.

Vorgehensweise zur Überprüfung der gegenseitigen Lage von Geraden

- Mit einem Blick kann man erkennen, ob die Richtungsvektoren $\vec{u}$, $\vec{v}$ der beiden Geraden Vielfache voneinander sind:
  Wenn dies der Fall ist, sind die beiden Geraden entweder identisch oder zueinander parallel.
  Wenn dies nicht der Fall ist, sind sie zueinander windschief oder haben genau einen Punkt gemeinsam.

- In einem zweiten Schritt überprüft man, ob das Gleichungssystem $\vec{a} + r \cdot \vec{u} = \vec{b} + s \cdot \vec{v}$ mit drei Gleichungen und zwei Variablen r, s eindeutig lösbar ist.
  Wenn dies der Fall ist, dann existiert ein gemeinsamer Punkt (ein Schnittpunkt) oder es existieren unendlich viele gemeinsame Punkte (identische Geraden).
  Wenn dies nicht der Fall ist, dann sind die Geraden zueinander parallel oder zueinander windschief.

Beispiel

Für die Geraden g_1: $\vec{x} = \begin{pmatrix} 1 \\ -2 \\ 2 \end{pmatrix} + r \cdot \begin{pmatrix} 2 \\ 1 \\ -1 \end{pmatrix}$, g_2: $\vec{x} = \begin{pmatrix} 2 \\ -1 \\ 2 \end{pmatrix} + s \cdot \begin{pmatrix} -4 \\ -2 \\ 2 \end{pmatrix}$, g_3: $\vec{x} = \begin{pmatrix} 1 \\ 3 \\ -3 \end{pmatrix} + t \cdot \begin{pmatrix} -1 \\ 2 \\ -2 \end{pmatrix}$,
g_4: $\vec{x} = \begin{pmatrix} 5 \\ 0 \\ 0 \end{pmatrix} + r \cdot \begin{pmatrix} 4 \\ 2 \\ -2 \end{pmatrix}$ gelten folgende Lagebeziehungen:

- Die Geraden g_1: $\vec{x} = \begin{pmatrix} 1 \\ -2 \\ 2 \end{pmatrix} + r \cdot \begin{pmatrix} 2 \\ 1 \\ -1 \end{pmatrix}$ und g_4: $\vec{x} = \begin{pmatrix} 5 \\ 0 \\ 0 \end{pmatrix} + r \cdot \begin{pmatrix} 4 \\ 2 \\ -2 \end{pmatrix}$ sind identisch, denn die Richtungsvektoren sind Vielfache voneinander und die Aufhängepunkte der Geraden lassen sich durch die jeweils andere Parameterdarstellung beschreiben:
  $\begin{pmatrix} 5 \\ 0 \\ 0 \end{pmatrix} = \begin{pmatrix} 1 \\ -2 \\ 2 \end{pmatrix} + 2 \cdot \begin{pmatrix} 2 \\ 1 \\ -1 \end{pmatrix}$ bzw. $\begin{pmatrix} 1 \\ -2 \\ 2 \end{pmatrix} = \begin{pmatrix} 5 \\ 0 \\ 0 \end{pmatrix} + (-1) \cdot \begin{pmatrix} 4 \\ 2 \\ -2 \end{pmatrix}$

- g_1 ist echt parallel zu g_2
  denn die beiden Richtungsvektoren sind Vielfache voneinander: $\begin{pmatrix} -4 \\ -2 \\ 2 \end{pmatrix} = (-2) \cdot \begin{pmatrix} 2 \\ 1 \\ -1 \end{pmatrix}$
  und der Aufhängepunkt von g_1 liegt nicht auf g_2, d. h. das Gleichungssystem
  $\begin{pmatrix} 1 \\ -2 \\ 2 \end{pmatrix} = \begin{pmatrix} 2 \\ -1 \\ 2 \end{pmatrix} + s \cdot \begin{pmatrix} -4 \\ -2 \\ 2 \end{pmatrix}$ hat keine Lösung: $\left| \begin{matrix} 1 = 2 - 4s \\ -2 = -1 - 2s \\ 2 = 2 + 2s \end{matrix} \right| \Leftrightarrow \left| \begin{matrix} -1 = -4s \\ -1 = -2s \\ 0 = s \end{matrix} \right| \Leftrightarrow \left| \begin{matrix} s = \frac{1}{4} \\ s = \frac{1}{2} \\ s = 0 \end{matrix} \right|$
  (umgekehrt könnte man auch prüfen, ob der Aufhängepunkt von g_2 auf g_1 liegt).

- g_2 und g_3 sind nicht parallel zueinander und haben keinen gemeinsamen Punkt, sind also windschief zueinander, denn die Richtungsvektoren sind keine Vielfachen voneinander und das lineare Gleichungssystem mit drei Gleichungen und zwei Variablen hat keine Lösung:

$$\begin{pmatrix}2\\-1\\2\end{pmatrix} + s\cdot\begin{pmatrix}-4\\-2\\2\end{pmatrix} = \begin{pmatrix}1\\3\\-3\end{pmatrix} + t\cdot\begin{pmatrix}-1\\2\\-2\end{pmatrix} \Leftrightarrow \begin{vmatrix}2-4s=1-t\\-1-2s=3+2t\\2+2s=-3-2t\end{vmatrix} \Leftrightarrow \begin{vmatrix}-4s+t=-1\\2s+2t=-4\\2s+2t=-5\end{vmatrix}$$

- g_1 und g_3 sind nicht parallel zueinander und haben (genau) einen Schnittpunkt
Das Gleichungssystem mit drei Gleichungen und zwei Variablen ist eindeutig lösbar:

$$\begin{pmatrix}1\\-2\\2\end{pmatrix} + r\cdot\begin{pmatrix}2\\1\\-1\end{pmatrix} = \begin{pmatrix}1\\3\\-3\end{pmatrix} + t\cdot\begin{pmatrix}-1\\2\\-2\end{pmatrix} \Leftrightarrow \begin{vmatrix}1+2r=1-t\\-2+r=3+2t\\2-r=-3-2t\end{vmatrix} \Leftrightarrow \begin{vmatrix}2r+t=0\\r-2t=5\\-r+2t=-5\end{vmatrix} \Leftrightarrow \begin{vmatrix}r=1\\t=-2\end{vmatrix}$$

Der Schnittpunkt $S(3|-1|1)$ wird bestimmt durch die beiden Parameterdarstellungen:

$$\vec{x} = \begin{pmatrix}1\\-2\\2\end{pmatrix} + 1\cdot\begin{pmatrix}2\\1\\-1\end{pmatrix} = \begin{pmatrix}3\\-1\\1\end{pmatrix} \text{ und } \vec{x} = \begin{pmatrix}1\\3\\-3\end{pmatrix} + (-2)\cdot\begin{pmatrix}-1\\2\\-2\end{pmatrix} = \begin{pmatrix}3\\-1\\1\end{pmatrix}$$

F3 Parameterdarstellungen für Ebenen aus drei gegebenen Punkten ermitteln sowie überprüfen, ob ein Punkt auf einer gegebenen Ebene liegt (Punktprobe) und die Ergebnisse im Sachzusammenhang interpretieren.

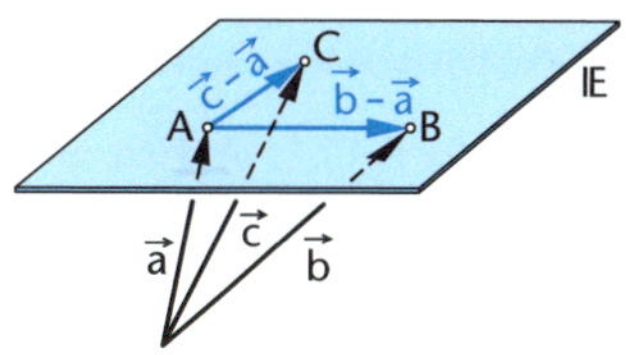

Drei Punkte $A(a_1|a_2|a_3)$, $B(b_1|b_2|b_3)$, $C(c_1|c_2|c_3)$, die nicht auf einer Geraden liegen, bestimmen eindeutig eine Ebene $\mathbb{E}$. Ein Punkt X der Ebene kann beispielsweise dadurch dargestellt werden, dass man irgendeinen der drei Punkte als Auf(hänge)punkt der Ebene wählt und die Verbindungsvektoren zu den beiden anderen Punkten als Richtungsvektoren der Ebene (man sagt: diese spannen die Ebene auf).

$$\mathbb{E}: \vec{x} = \overrightarrow{OA} + r\cdot\overrightarrow{AB} + s\cdot\overrightarrow{AC} = \vec{a} + r\cdot(\vec{b}-\vec{a}) + s\cdot(\vec{c}-\vec{a})$$

Punktprobe: Ein Punkt P liegt genau dann in der durch eine Parameterdarstellung gegebenen Ebene $\mathbb{E}$, wenn seine Koordinaten die Parameterdarstellung erfüllen, d. h. wenn zwei Zahlen $r, s \in \mathbb{R}$ existieren, für die das folgende lineare Gleichungssystem mit drei Gleichungen und zwei Variablen erfüllt ist:

$$\begin{pmatrix}p_1\\p_2\\p_3\end{pmatrix} = \begin{pmatrix}a_1\\a_2\\a_3\end{pmatrix} + r\cdot\begin{pmatrix}b_1-a_1\\b_2-a_2\\b_3-a_3\end{pmatrix} + s\cdot\begin{pmatrix}c_1-a_1\\c_2-a_2\\c_3-a_3\end{pmatrix}$$

Beispiel

Aus den Koordinaten der Punkte $A(2|2|4)$, $B(-1|5|2)$, $C(1|-2|-4)$ kann man beispielsweise die folgende Parameterdarstellung gewinnen:

$$\mathbb{E}: \vec{x} = \begin{pmatrix}2\\2\\4\end{pmatrix} + r\cdot\begin{pmatrix}-1-2\\5-2\\2-4\end{pmatrix} + s\cdot\begin{pmatrix}1-2\\-2-2\\-4-4\end{pmatrix} = \begin{pmatrix}2\\2\\4\end{pmatrix} + r\cdot\begin{pmatrix}-3\\3\\-2\end{pmatrix} + s\cdot\begin{pmatrix}-1\\-4\\-8\end{pmatrix}$$

Der Punkt $P(3|1|-2)$ liegt nicht in der Ebene $\mathbb{E}$, da das Gleichungssystem keine Lösung hat:

$$\begin{pmatrix}3\\1\\-2\end{pmatrix} = \begin{pmatrix}2\\2\\4\end{pmatrix} + r\cdot\begin{pmatrix}-3\\3\\-2\end{pmatrix} + s\cdot\begin{pmatrix}-1\\-4\\-8\end{pmatrix} \Leftrightarrow \begin{vmatrix}3r+s=-1\\3r-4s=-1\\2r+8s=6\end{vmatrix} \Leftrightarrow \begin{vmatrix}r=-\frac{1}{3}\\s=0\\r+4s=3\end{vmatrix}$$

Hinweis: Aus den ersten beiden Gleichungen wurde die Lösung $r = -\frac{1}{3}$ und $s = 0$ gewonnen, die aber nicht die dritte Gleichung erfüllen.

F4 Koordinatengleichungen für Ebenen ermitteln und damit Ebenen anhand ihrer Spurgeraden oder Spurpunkte im Koordinatensystem darstellen

Parameterdarstellungen und Koordinatengleichungen

Eine Ebene im Raum kann beschrieben werden durch eine Parameterdarstellung der Form $\vec{x} = \vec{a} + r \cdot \vec{u} + s \cdot \vec{v}$ oder durch eine Koordinatengleichung $a x_1 + b x_2 + c x_3 = d$.

- Bei den Parameterdarstellungen wird beschrieben, wie man von einem Aufhängepunkt A der Ebene mithilfe einer Linearkombination der beiden Richtungsvektoren $\vec{u}$, $\vec{v}$ der Ebene zu einem Punkt der Ebene kommt.
- An den Koordinatengleichungen kann man unmittelbar ablesen, welche Lage die Ebene im Koordinatensystem hat, d. h. welche Richtung der auf ihr senkrecht stehende Normalenvektor hat, nämlich $\vec{n} = \begin{pmatrix} a \\ b \\ c \end{pmatrix}$, und in welchen Punkten die Ebene ggf. die Koordinatenachsen und die Koordinatenebenen schneidet. Die Koordinatengleichung kann man auch in der Form $\vec{n} * (\vec{x} - \vec{p}) = 0$ oder $\vec{n} * \vec{x} = \vec{n} * \vec{p}$ schreiben, wobei P irgendein Punkt der Ebene ist.
- Punkte der Ebene auf den Koordinatenachsen (Spurpunkte) haben folgende Eigenschaft:
  $(p_1|p_2|p_3) \in$ x-Achse $\Leftrightarrow p_2 = 0 \wedge p_3 = 0 \wedge p_1 = \frac{d}{a}$
  $(p_1|p_2|p_3) \in$ y-Achse $\Leftrightarrow p_1 = 0 \wedge p_3 = 0 \wedge p_2 = \frac{d}{b}$
  $(p_1|p_2|p_3) \in$ z-Achse $\Leftrightarrow p_1 = 0 \wedge p_2 = 0 \wedge p_3 = \frac{d}{c}$

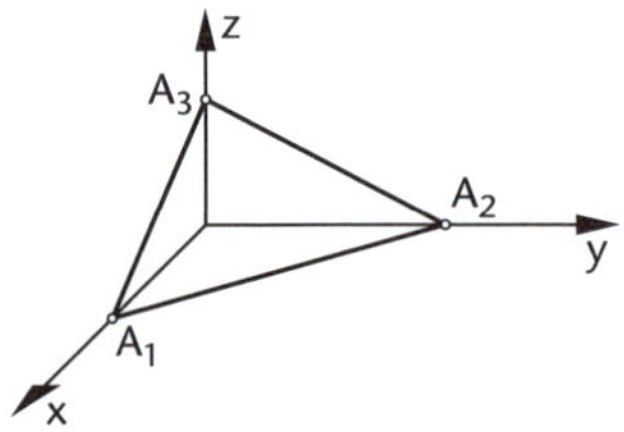

- Geraden in den Koordinatenebenen (Spurgeraden) haben folgende Eigenschaft: Setzt man in einer Koordinatengleichung eine Koordinate gleich null, dann erhält man eine Koordinatengleichung mit zwei Variablen – das ist die Gleichung einer Geraden in der Ebene:
  $a x_1 + b x_2 = d$ ist Koordinatengleichung der Spurgerade in der x-y-Ebene
  $a x_1 + c x_3 = d$ ist Koordinatengleichung der Spurgerade in der x-z-Ebene
  $b x_2 + c x_3 = d$ ist Koordinatengleichung der Spurgerade in der y-z-Ebene
  Mithilfe der Spurpunkte (Spurgeraden) kann man Skizzen der Lage einer Ebene im Koordinatensystem anfertigen.

Koordinatengleichung in eine Parameterdarstellung umwandeln und umgekehrt

Ist eine Ebene durch eine Koordinatengleichung gegeben, dann findet man eine Parameterdarstellung für diese Ebene, indem man

- irgendwelche drei Punkte der Ebene wählt und hieraus eine Parameterdarstellung der Ebene bestimmt oder
- irgendeinen Punkt der Ebene wählt und irgend zwei (nicht zueinander parallele) Vektoren, die orthogonal zum Normalenvektor der Ebene sind.

Ist eine Ebene durch eine Parameterdarstellung gegeben, dann findet man eine Koordinatengleichung für diese Ebene, indem man einen Normalenvektor für die Ebene sucht, also einen Vektor, der orthogonal zu beiden Richtungsvektoren ist (einen solchen findet man durch Lösen eines entsprechenden Gleichungssystems mit zwei Gleichungen und drei Variablen oder mithilfe des Vektorprodukts, vgl. Basiswissen G6) und hiermit den Koeffizienten d der Koordinatengleichung bestimmt, wobei $d = \vec{a} * \vec{n}$.

Beispiele

(1) Gegeben ist eine Ebene $\mathbb{E}$ durch eine Koordinatengleichung $\mathbb{E}: 3x_1 - 4x_2 + 2x_3 = 1$. Um eine Parameterdarstellung für die Ebene $\mathbb{E}$ zu bestimmen, sucht man einen Punkt der Ebene sowie zwei Vektoren, die orthogonal zum Normalenvektor $\vec{n} = \begin{pmatrix} 3 \\ -4 \\ 2 \end{pmatrix}$ sind. Die Koordinaten des Punktes $P(1|1|1)$ erfüllen die Koordinatengleichung der Ebene, denn $3 - 4 + 2 = 1$. Zwei orthogonale Vektoren sind beispielsweise $\vec{u} = \begin{pmatrix} 4 \\ 3 \\ 0 \end{pmatrix}$ und $\vec{v} = \begin{pmatrix} 0 \\ 1 \\ 2 \end{pmatrix}$.
Daher ist $\mathbb{E}: x = \begin{pmatrix} 1 \\ 1 \\ 1 \end{pmatrix} + r \cdot \begin{pmatrix} 4 \\ 3 \\ 0 \end{pmatrix} + s \cdot \begin{pmatrix} 0 \\ 1 \\ 2 \end{pmatrix}$ eine mögliche Parameterdarstellung der Ebene.

(2) Gegeben ist eine Parameterdarstellung einer Ebene $\mathbb{E}: \vec{x} = \begin{pmatrix} 3 \\ 0 \\ 1 \end{pmatrix} + r \cdot \begin{pmatrix} 1 \\ 2 \\ 1 \end{pmatrix} + s \cdot \begin{pmatrix} -1 \\ 1 \\ 2 \end{pmatrix}$

Um eine Koordinatengleichung der Ebene zu bestimmen, sucht man einen Normalenvektor der Ebene. Dessen Komponenten müssen das folgende Gleichungssystem mit zwei Gleichungen und drei Variablen erfüllen:

$$\vec{n} * \begin{pmatrix} 1 \\ 2 \\ 1 \end{pmatrix} = 0 \wedge \vec{n} * \begin{pmatrix} -1 \\ 1 \\ 2 \end{pmatrix} = 0 \Leftrightarrow \left| \begin{array}{r} n_1 + 2n_2 + n_3 = 0 \\ -n_1 + n_2 + 2n_3 = 0 \end{array} \right| \Leftrightarrow \left| \begin{array}{r} n_1 + 2n_2 + n_3 = 0 \\ 3n_2 + 3n_3 = 0 \end{array} \right|$$

$$\Leftrightarrow \left| \begin{array}{r} n_1 + 2n_2 + n_3 = 0 \\ n_2 = -n_3 \end{array} \right| \Leftrightarrow \left| \begin{array}{l} n_1 = n_3 \\ n_2 = -n_3 \end{array} \right|$$

Der Vektor $\vec{n} = \begin{pmatrix} 1 \\ -1 \\ 1 \end{pmatrix}$ ist ein solcher Vektor. Wegen $d = \vec{n} * \vec{a} = \begin{pmatrix} 1 \\ -1 \\ 1 \end{pmatrix} * \begin{pmatrix} 3 \\ 0 \\ 1 \end{pmatrix} = 4$ ist $x_1 - x_2 + x_3 = 4$ eine Koordinatengleichung der Ebene.

(3) Für die Skizze der Ebene, die durch die Parameterdarstellung $\vec{x} = \begin{pmatrix} 3 \\ 0 \\ 1 \end{pmatrix} + r \cdot \begin{pmatrix} 1 \\ 2 \\ 1 \end{pmatrix} + s \cdot \begin{pmatrix} -1 \\ 1 \\ 2 \end{pmatrix}$ gegeben ist, bestimmen wir die Spurpunkte aus dem Gleichungssystem $\left| \begin{array}{l} x_1 = 3 + r - s \\ x_2 = 2r + s \\ x_3 = 1 + r + 2s \end{array} \right|$

Spurpunkt auf der x-Achse: $\left| \begin{array}{r} x_1 = 3 + r - s \\ 2r + s = 0 \\ 1 + r + 2s = 0 \end{array} \right| \Leftrightarrow \left| \begin{array}{r} x_1 = 3 + r - s \\ s = -2r \\ 1 + r - 4r = 0 \end{array} \right| \Leftrightarrow \left| \begin{array}{r} x_1 = 3 + \frac{1}{3} + \frac{2}{3} = 4 \\ s = -\frac{2}{3} \\ r = \frac{1}{3} \end{array} \right|$

also $A_1(4|0|0)$ und analog: $A_2(0|-4|0)$ und $A_3(0|0|4)$
Alternatives Vorgehen: Man bestimmt erst eine Koordinatengleichung (vgl. (2)) und dann die Spurpunkte.
Die Spurgeraden in den Koordinatenebenen haben die Gleichungen:
in der x-y-Ebene: $x_1 - x_2 = 4$; in der x-z-Ebene: $x_1 + x_3 = 4$; in der y-z-Ebene: $-x_2 + x_3 = 4$

(4) Die Ebene mit der Koordinatengleichung $\mathbb{E}: 2x_1 + 3x_2 = 6$ verläuft parallel zur z-Achse (hat also keinen Punkt mit dieser Achse gemeinsam). Sie hat die Spurpunkte $A_1(3|0|0)$ und $A_2(0|2|0)$.

F5 Schnittprobleme zwischen Geraden und Ebenen in Sachzusammenhängen (z. B. bei Schattenwürfen) untersuchen.

Zur Vereinfachung betrachten wir nur den Fall, dass die Ebene $\mathbb{E}$ durch eine Koordinatengleichung gegeben ist; andernfalls wandelt man die Parameterdarstellung der Ebene in eine Koordinatengleichung um, vgl. Basiswissen F4.
Zwischen einer Geraden g und eine Ebene $\mathbb{E}$ können folgende Lagebeziehungen bestehen:
(1) die Gerade g verläuft parallel zu $\mathbb{E}$ oder
(2) die Gerade g verläuft innerhalb der Ebene $\mathbb{E}$ oder
(3) die Gerade g durchstößt die Ebene $\mathbb{E}$ in genau einem Punkt.

Interpretiert man diese Fragestellung als Lösen eines linearen Gleichungssystems, dann bedeuten die drei Fälle: (1) das LGS hat keine Lösung, (2) das LGS hat unendlich viele Lösungen, (3) das LGS hat genau eine Lösung.

Will man nur die Frage klären, welche Lage vorliegt, und ist an dem konkreten Schnittpunkt im Fall (3) nicht interessiert, kann man zunächst prüfen, ob der Normalenvektor der Ebene orthogonal ist zum Richtungsvektor der Geraden. Wenn dies der Fall ist, kommen nur die Fälle (1) und (2) in Frage. Um zu entscheiden, welcher dieser beiden Fälle vorliegt, prüft man noch, ob der Aufhängepunkt der Geraden die Koordinatengleichung der Ebene erfüllt (Punktprobe).

Beispiele

(1) Gegeben ist die Gerade g: $\vec{x} = \begin{pmatrix} 1 \\ -1 \\ -2 \end{pmatrix} + r \cdot \begin{pmatrix} 4 \\ -1 \\ 5 \end{pmatrix}$ und die Ebene $\mathbb{E}$: $4x_1 + x_2 - 3x_3 = 9$

Da das Skalarprodukt des Normalenvektors der Ebene $\vec{n} = \begin{pmatrix} 4 \\ 1 \\ -3 \end{pmatrix}$ mit dem Richtungsvektor der Geraden $\vec{v} = \begin{pmatrix} 4 \\ -1 \\ 5 \end{pmatrix}$ gleich null ist: $\vec{n} * \vec{v} = \begin{pmatrix} 4 \\ 1 \\ -3 \end{pmatrix} * \begin{pmatrix} 4 \\ -1 \\ 5 \end{pmatrix} = 16 - 1 - 15 = 0$

folgt unmittelbar, dass die Gerade entweder parallel zur Ebene oder innerhalb der Ebene verläuft. Dies wird durch die Punktprobe mit dem Aufhängepunkt der Geraden entschieden: $4 \cdot 1 + (-1) - 3 \cdot (-2) = 9$, d. h. die Gerade verläuft innerhalb der Ebene, hat also unendlich viele gemeinsame Punkte mit der Ebene.
Alternativ hätte man das folgende Gleichungssystem mit (eigentlich) vier Gleichungen und vier Variablen lösen können:

$$\left| \begin{array}{r} 4x_1 + x_2 - 3x_3 = 9 \\ x_1 = 1 + 4r \\ x_2 = -1 - r \\ x_3 = -2 + 5r \end{array} \right| \Leftrightarrow \left| \begin{array}{c} 4 \cdot (1 + 4r) + (-1 - r) - 3 \cdot (-2 + 5r) = 9 \\ x_1 = 1 + 4r \\ x_2 = -1 - r \\ x_3 = -2 + 5r \end{array} \right| \Leftrightarrow \left| \begin{array}{c} 9 = 9 \\ x_1 = 1 + 4r \\ x_2 = -1 - r \\ x_3 = -2 + 5r \end{array} \right|$$

$$\Leftrightarrow \left| \begin{array}{l} x_1 = 1 + 4r \\ x_2 = -1 - r \\ x_3 = -2 + 5r \end{array} \right|$$

Man setzt die drei unteren Gleichungen in die obere Gleichung ein und erhält eine wahre Aussage, d. h. die gemeinsamen Punkte von Gerade und Ebene sind genau die Punkte der Geraden.

(2) Die Bodenplatte eines Hauses ist in einem lokalen Koordinatensystem bestimmt durch die Eckpunkte A(3|1|0), B(11|−1|0), C(14|11|0), D(6|13|0). Die Seitenwände sind 6 m hoch; der Dachfirst hat die Eckpunkte E(7|0|10) und F(10|12|10) – Angaben in Metern. An welcher Stelle durchstößt der Kamin das Dach, der im Punkt K(10|2|0) auf die Bodenplatte gesetzt ist?
Die beiden Dachflächen werden aufgespannt durch den Firstvektor $\overrightarrow{EF} = \begin{pmatrix} 3 \\ 12 \\ 0 \end{pmatrix}$ und

durch $\overrightarrow{EA_1} = \begin{pmatrix} 3 \\ 1 \\ 6 \end{pmatrix} - \begin{pmatrix} 7 \\ 0 \\ 10 \end{pmatrix} = \begin{pmatrix} -4 \\ 1 \\ -4 \end{pmatrix}$ bzw. $\overrightarrow{EB_1} = \begin{pmatrix} 11 \\ -1 \\ 6 \end{pmatrix} - \begin{pmatrix} 7 \\ 0 \\ 10 \end{pmatrix} = \begin{pmatrix} 4 \\ -1 \\ -4 \end{pmatrix}$.

Ein Normalenvektor der einen Dachfläche ist $\vec{x} = \begin{pmatrix} 16 \\ -4 \\ -17 \end{pmatrix}$,

ein Normalenvektor der anderen Dachfläche ist $\vec{x} = \begin{pmatrix} 16 \\ -4 \\ 17 \end{pmatrix}$.

Eine Koordinatengleichung der beiden Dachflächen ist (E lässt sich als Aufhängepunkt wählen): $\mathbb{E}_1$: $16x_1 - 4x_2 - 17x_3 = \begin{pmatrix} 16 \\ -4 \\ -17 \end{pmatrix} * \begin{pmatrix} 7 \\ 0 \\ 10 \end{pmatrix} = -58$

bzw. $\mathbb{E}_2$: $16x_1 - 4x_2 + 17x_3 = \begin{pmatrix} 16 \\ -4 \\ 17 \end{pmatrix} * \begin{pmatrix} 7 \\ 0 \\ 10 \end{pmatrix} = 282$.

Der Kamin kann durch die Gerade $\vec{x} = \begin{pmatrix} 10 \\ 2 \\ 0 \end{pmatrix} + r \cdot \begin{pmatrix} 0 \\ 0 \\ 1 \end{pmatrix} = \begin{pmatrix} 10 \\ 2 \\ r \end{pmatrix}$ beschrieben werden.

Nach Lage im Grundriss wird der Kamin aus der „rechten" Dachhälfte heraustreten; man bestimmt also den Schnittpunkt mit der Ebene $\mathbb{E}_2$: $16 \cdot 10 - 4 \cdot 2 + 17 \cdot r = 282$, d.h. $17r = 130$, also $r = 130/17 \approx 7{,}65$.
Der Kamin tritt „im Punkt" K'(10|2|7,65) aus der Dachfläche heraus.

(3) Das Haus aus (2) wirft bei Sonnenschein einen Schatten; zu einem bestimmten Zeitpunkt liegt der Schatten des Firstpunktes E in E'(20|−20|0). Bestimme den Schattenbereich des Hauses.
Sonnenstrahlen verlaufen parallel zum Vektor $\overrightarrow{EE'} = \begin{pmatrix} 20 \\ -20 \\ 0 \end{pmatrix} - \begin{pmatrix} 7 \\ 0 \\ 10 \end{pmatrix} = \begin{pmatrix} 13 \\ -20 \\ -10 \end{pmatrix}$.

Der Sonnenstrahl vom First-Eckpunkt F schneidet in
F'(10 + 13|12 − 20|10 − 10) = (23|−8|0)
Der Sonnenstrahl vom Punkt A_1 (3|1|6) erzeugt eine Gerade mit der Parameterdarstellung:

$\vec{x} = \begin{pmatrix} 3 \\ 1 \\ 6 \end{pmatrix} + r \cdot \begin{pmatrix} 13 \\ -20 \\ -10 \end{pmatrix}$

Diese schneidet die x-y-Ebene, wenn
$6 + r \cdot (-10) = 0$, also wenn $r = 0{,}6$.

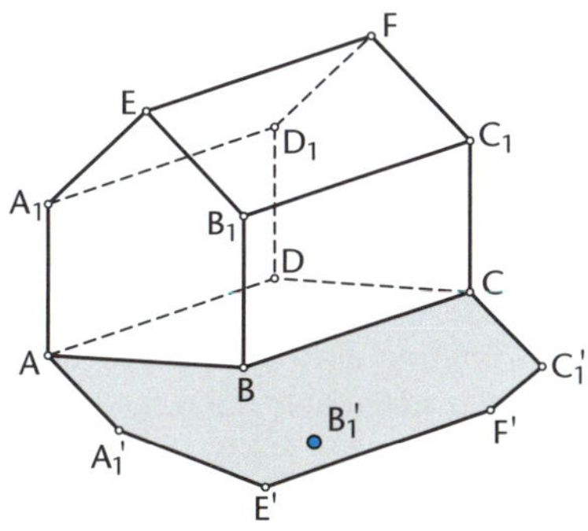

Das Schattenbild von A_1 ist also:
$A_1'(3 + 0{,}6 \cdot 13 | 1 + 0{,}6 \cdot (-20) | 6 + 0{,}6 \cdot (-10)) = (10{,}8|-11|0)$
Analog ergibt sich das Schattenbild von C_1: $C_1'(21{,}8|-1|0)$ bzw. von B_1: $B_1'(18{,}8|-13|0)$; letzteres liegt im Schattenbereich des Hauses (in der Zeichnung durch einen kleinen Kreis markiert).

F6 Ebenen auf ihre gegenseitige Lage untersuchen und möglicherweise vorhandene Schnittgeraden bestimmen.

Zwei Ebenen $\mathbb{E}_1$ und $\mathbb{E}_2$ im Raum sind entweder (1) zueinander parallel oder (2) identisch oder (3) haben eine Schnittgerade gemeinsam.
Wenn die Normalenvektoren der beiden Ebenen Vielfache voneinander sind, liegt Fall (1) oder Fall (2) vor; dann wählt man irgendeinen Punkt der einen Ebene aus und prüft, ob dieser in der anderen Ebene liegt. Falls dies der Fall ist, sind die Ebenen identisch, sonst zueinander parallel.
Wenn die beiden Normalenvektoren nicht Vielfache voneinander sind, muss es eine Schnittgerade geben. Deren Parameterdarstellung erhält man aus dem Gleichungssystem, das sich aus den Darstellungen der beiden Ebenen ergibt:

Aufgabentyp 1: Die beiden Ebenen sind durch Koordinatengleichungen gegeben:

$$\left| \begin{array}{l} a_1 x_1 + b_1 x_2 + c_1 x_3 = d_1 \\ a_2 x_1 + b_2 x_2 + c_2 x_3 = d_2 \end{array} \right|$$

ist ein Gleichungssystem mit zwei Gleichungen und drei Variablen (x_1, x_2, x_3), das entweder keine Lösung hat (Ebenen parallel) oder nach Umformung zu zwei identischen Gleichungen führt (beide Ebenen sind identisch) oder als Lösungsmenge eine Parameterdarstellung mit einem Parameter hat, also die Darstellung einer Geraden.

Aufgabentyp 2: Die eine Ebene ist durch eine Koordinatengleichung gegeben und die andere durch eine Parameterdarstellung:

$$\left| \begin{array}{l} a x_1 + b x_2 + c x_3 = d \\ x_1 = e_1 + r \cdot u_1 + s \cdot v_1 \\ x_2 = e_2 + r \cdot u_2 + s \cdot v_2 \\ x_3 = e_3 + r \cdot u_3 + s \cdot v_3 \end{array} \right|$$

ist eigentlich ein Gleichungssystem mit vier Gleichungen und fünf Variablen (x_1, x_2, x_3, r, s).

Wenn man die drei unteren Gleichungen in die obere Gleichung einsetzt, erhält man entweder eine falsche Aussage (Ebenen zueinander parallel) oder eine wahre Aussage (Ebenen identisch) oder eine Beziehung zwischen r und s. Ersetzt man dann in der Parameterdarstellung der einen Ebene beispielsweise den Parameter s durch einen Term, der die Variable r enthält, bleibt eine Parameterdarstellung von Punkten im Raum mit einem Parameter, also die Darstellung einer Geraden – der Schnittgeraden der beiden Ebenen.

Aufgabentyp 3: Beide Ebenen sind durch eine Parameterdarstellung gegeben: Man wandelt eine Parameterdarstellung in die Koordinatenform um (vgl. Basiswissen F4) und geht dann wie beim Aufgabentyp 2 vor.

Beispiele

(1) Die beiden Ebenen sind durch Koordinatengleichungen gegeben; sie sind offensichtlich weder identisch noch zueinander parallel:

$$\left| \begin{array}{r} x_1 + x_2 - x_3 = 1 \\ 4x_1 - x_2 - x_3 = 3 \end{array} \right| \Leftrightarrow \left| \begin{array}{l} x_1 + x_2 - x_3 = 1 \\ 5x_1 - 2x_3 = 4 \end{array} \right| \Leftrightarrow \left| \begin{array}{c} -2x_1 - 2x_2 + 2x_3 = -2 \\ 5x_1 - 2x_3 = 4 \end{array} \right|$$

$$\Leftrightarrow \left| \begin{array}{l} 3x_1 - 2x_2 = 2 \\ 5x_1 - 2x_3 = 4 \end{array} \right| \Leftrightarrow \left| \begin{array}{l} x_2 = 1{,}5\,x_1 - 1 \\ x_3 = 2{,}5\,x_1 - 2 \end{array} \right|$$

Mit $x_1 = r$ ergibt sich die Schnittgerade: $\vec{x} = \begin{pmatrix} x_1 \\ x_2 \\ x_3 \end{pmatrix} = \begin{pmatrix} r \\ 1{,}5r - 1 \\ 2{,}5r - 2 \end{pmatrix} = \begin{pmatrix} 0 \\ -1 \\ -2 \end{pmatrix} + r \cdot \begin{pmatrix} 1 \\ 1{,}5 \\ 2{,}5 \end{pmatrix}$

(2) Die eine Ebene ist durch eine Koordinatengleichung gegeben und die andere durch eine Parameterdarstellung: $\mathbb{E}_1$: $x_1 + x_2 + x_3 = 5$ und $\mathbb{E}_2$: $\vec{x} = \begin{pmatrix}1\\3\\1\end{pmatrix} + r \cdot \begin{pmatrix}2\\1\\0\end{pmatrix} + s \cdot \begin{pmatrix}1\\-1\\1\end{pmatrix} = \begin{pmatrix}1+2r+s\\2+r-s\\1+s\end{pmatrix}$.

Der Normalenvektor von $\mathbb{E}_1$ ist nicht orthogonal zu den beiden Richtungsvektoren von

$\mathbb{E}_2$: $\begin{pmatrix}1\\1\\1\end{pmatrix} * \begin{pmatrix}2\\1\\0\end{pmatrix} = 3 \wedge \begin{pmatrix}1\\1\\1\end{pmatrix} * \begin{pmatrix}1\\-1\\1\end{pmatrix} = 1$

daher muss eine Schnittgerade vorliegen. Einsetzen der drei Koordinatengleichungen für x_1, x_2, x_3 aus der Parameterdarstellung von $\mathbb{E}_2$ in die Koordinatengleichung von $\mathbb{E}_1$ ergibt: $(1 + 2r + s) + (2 + r - s) + (1 + s) = 5 \Leftrightarrow 4 + 3r + s = 5 \Leftrightarrow s = 1 - 3r$
und Rückeinsetzen in die Parameterdarstellung von $\mathbb{E}_2$ ergibt eine Parameterdarstellung für die Schnittgerade:

$$\vec{x} = \begin{pmatrix}1\\3\\1\end{pmatrix} + r \cdot \begin{pmatrix}2\\1\\0\end{pmatrix} + (-3r) \cdot \begin{pmatrix}1\\-1\\1\end{pmatrix} = \begin{pmatrix}1+2r-3r\\3+r+3r\\1-3r\end{pmatrix} = \begin{pmatrix}1\\3\\1\end{pmatrix} + r \cdot \begin{pmatrix}-1\\4\\-3\end{pmatrix}$$

F7 Die Koordinaten eines an einer Ebene gespiegelten Punktes bestimmen.

Gegeben sei ein Punkt $P(p_1|p_2|p_3)$ und eine Ebene durch eine Koordinatengleichung $\mathbb{E}$: $a x_1 + b x_2 + c x_3 = d$.
Eine Lotgerade l vom Punkt P auf die Ebene kann beschrieben werden durch:

$$l: \vec{x} = \begin{pmatrix}p_1\\p_2\\p_3\end{pmatrix} + r \cdot \begin{pmatrix}a\\b\\c\end{pmatrix}$$

Um den Fußpunkt F des Lotes zu bestimmen, setzt man die Koordinatengleichungen für x_1, x_2, x_3 aus der Parameterdarstellung der Geraden in die Koordinatengleichung der Ebene ein und löst diese Gleichung nach r auf (vgl. Basiswissen G3):

$$a \cdot (p_1 + r \cdot a) + b \cdot (p_2 + r \cdot b) + c \cdot (p_3 + r \cdot c) = d \Leftrightarrow (a \cdot p_1 + b \cdot p_2 + c \cdot p_3) + r \cdot (a^2 + b^2 + c^2) = d$$

$$\Leftrightarrow r = \frac{d - (a p_1 + b p_2 + c p_3)}{a^2 + b^2 + c^2}$$

Setzt man diesen so erhaltenen Wert für r in die Parameterdarstellung der Lotgeraden ein, dann erhält man den Fußpunkt F; setzt man stattdessen den doppelten Wert ein, so erhält man einen Punkt P′, das Bild des an der Ebene $\mathbb{E}$ gespiegelten Punktes P.

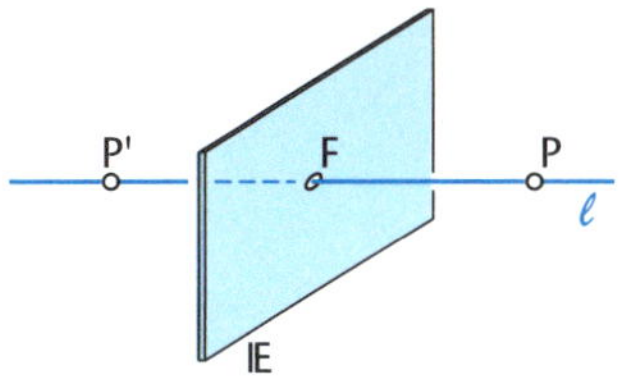

Beispiel

Den Bildpunkt des an der Ebene $\mathbb{E}$: $x_1 + x_2 - x_3 = 6$ gespiegelten Punktes $P(3|-1|2)$ berechnen wir wie folgt.
Aufstellen der Parameterdarstellung der Lotgeraden:

$$l: \vec{x} = \begin{pmatrix}3\\-1\\2\end{pmatrix} + r \cdot \begin{pmatrix}1\\1\\-1\end{pmatrix}.$$

Um den Fußpunkt F zu erhalten:
Einsetzen in die Koordinatengleichung der Ebene: $(3 + r) + (-1 + r) - (2 - r) = 6$
Auflösen nach r: $3r = 6 \Leftrightarrow r = 2$. Setzt man statt $r = 2$ den Wert $r = 4$ in die Parameterdarstellung der Lotgeraden ein, so erhält man: $P'(7|1|-2)$ als Spiegelpunkt.

F8 Nur LK: HESSE'sche Normalenform einer Ebenengleichung aufstellen.

Die HESSE'sche Normalenform ist eine besondere Form einer Koordinatengleichung der Ebene. Formt man die Gleichung $a x_1 + b x_2 + c x_3 = d$ um zu $a x_1 + b x_2 + c x_3 - d = 0$ und dividiert beide Seiten der Gleichung durch die Länge (den Betrag) des Normalenvektors $\vec{n} = \begin{pmatrix} a \\ b \\ c \end{pmatrix}$, dann erhält man die nach dem Mathematiker L. O. HESSE benannte Form:

$$\frac{a x_1 + b x_2 + c x_3 - d}{\sqrt{a^2 + b^2 + c^2}} = 0$$

Diese Form der Ebenengleichung ist nützlich bei der Bestimmung des Abstands eines Punktes von einer Ebene (vgl. Basiswissen G3).

Beispiel

Aus der Ebenengleichung $3 x_1 + 2 x_2 - x_3 = 4$ erhält man nach Umformen die HESSE'sche Normalenform: $\frac{3 x_1 + 2 x_2 - x_3 - 4}{\sqrt{14}} = 0$

F9 Nur LK: Geraden- und Ebenenscharen innermathematisch und in Sachzusammenhängen untersuchen.

Unter einer Geraden- bzw. Ebenenschar versteht man eine Menge verschiedener Geraden bzw. Ebenen, deren Gleichungen sich in mindestens einem Parameter, dem sogenannten Scharparameter, unterscheiden.

Aufgabenstellungen im Zusammenhang mit Scharen bestehen meist darin, die gemeinsamen Eigenschaften der Geraden bzw. Ebenen zu untersuchen.

Die Geraden einer Schar können z. B. alle einen gemeinsamen Punkt besitzen (Geradenbündel) oder in einer gemeinsamen Ebene liegen. Bei einer Parallelenschar haben alle Geraden dieselbe Richtung.

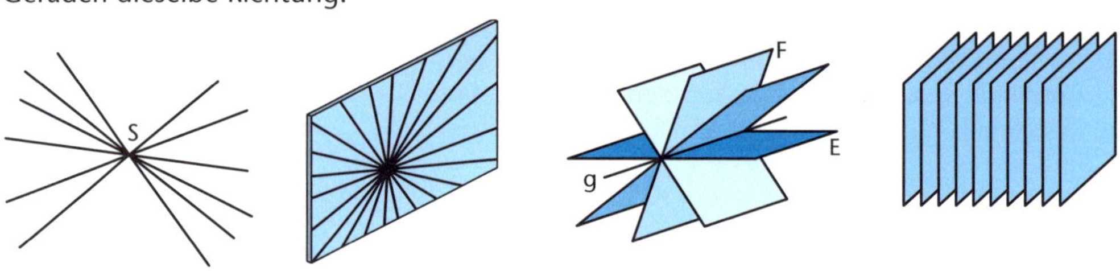

Die Ebenen einer Schar können beispielsweise alle durch einen bestimmten Punkt verlaufen (Ebenenbündel), eine gemeinsame Schnittgerade, auch Trägergerade genannt, haben (Ebenenbüschel), oder parallel zueinander liegen (Parallelenschar).

Beispiele *Geradenscharen*

Gegeben sei die Geradenschar g_a: $\vec{x} = \begin{pmatrix} 0 \\ 2 \\ 0 \end{pmatrix} + r \cdot \begin{pmatrix} -1 \\ 4 - a \\ a \end{pmatrix} = \begin{pmatrix} -r \\ 2 + r \cdot (4 - a) \\ r \cdot a \end{pmatrix}$ mit $a, r \in \mathbb{R}$;

alle Geraden verlaufen durch den Punkt $S(0|2|0)$.

(1) Gezeigt werden soll, dass alle Geraden g_a der Schar in einer gemeinsamen Ebene liegen.
Man wählt zunächst zwei spezielle Geraden der Schar aus, z. B. für a = 0 und a = 4, und bestimmt die Ebene, welche von diesen beiden Geraden aufgespannt wird. Die Richtungsvektoren der Geraden g_0: $\vec{x} = \begin{pmatrix}0\\2\\0\end{pmatrix} + r \cdot \begin{pmatrix}-1\\4\\0\end{pmatrix}$ und g_4: $\vec{x} = \begin{pmatrix}0\\2\\0\end{pmatrix} + s \cdot \begin{pmatrix}-1\\0\\4\end{pmatrix}$ spannen die Ebene E: $\vec{x} = \begin{pmatrix}0\\2\\0\end{pmatrix} + r \cdot \begin{pmatrix}-1\\4\\0\end{pmatrix} + s \cdot \begin{pmatrix}-1\\0\\4\end{pmatrix}$ mit $r, s \in \mathbb{R}$ auf. Da $\vec{n} = \begin{pmatrix}4\\1\\1\end{pmatrix}$ Normalenvektor zu den beiden Richtungsvektoren ist, kann diese Ebene auch durch die Koordinatengleichung E: $4x_1 + x_2 + x_3 = 2$ beschrieben werden.
Um zu zeigen, dass alle Schargeraden g_a in dieser Ebene E enthalten sind, muss man die Komponenten der Parameterdarstellung der Geradenschar $x_1 = -r$, $x_2 = 2 + r \cdot (4 - a)$ und $x_3 = r \cdot a$ in die Koordinatengleichung von E einsetzen:

$$4 \cdot (-r) + 2 + r \cdot (4 - a) + r \cdot a = 2 \Leftrightarrow 0 = 0$$

Dies ist eine allgemeingültige Aussage, d. h. alle Geraden g_a der Schar liegen in der gemeinsamen Ebene E mit E: $4x_1 + x_2 + x_3 = 2$.

(2) Gesucht ist diejenige Gerade g_a aus der Schar, welche durch den Punkt Q(1 | 3 | −5) verläuft.
Die Punktprobe liefert das folgende Gleichungssystem:

$$\left|\begin{array}{r} -r = 1 \\ 2 + (4 - a) \cdot r = 3 \\ a \cdot r = -5 \end{array}\right| \Leftrightarrow \left|\begin{array}{r} r = -1 \\ 2 + (4 - a) \cdot r = 3 \\ a \cdot r = -5 \end{array}\right|$$

Aus der 1. Zeile des Gleichungssystems ergibt sich r = −1. Setzt man dies in die 3. Zeile des Gleichungssystems ein. so erhält man a = 5. Durch Einsetzen überprüft man, ob auch die Gleichung in der 2. Zeile des Gleichungssystems für r = −1 und a = 5 erfüllt ist. Es ergibt sich eine wahre Aussage, d. h. die Gerade g_5 mit der Parameterdarstellung g_5: $\vec{x} = \begin{pmatrix}0\\2\\0\end{pmatrix} + r \cdot \begin{pmatrix}-1\\-1\\5\end{pmatrix}$ mit $r \in \mathbb{R}$ verläuft durch den Punkt Q(1 | 3 | −5).

(3) Gesucht ist diejenige Gerade g_a der Schar, welche die Gerade h: $\vec{x} = \begin{pmatrix}3\\1\\-3\end{pmatrix} + s \cdot \begin{pmatrix}-2\\3\\1\end{pmatrix}$ schneidet.
Zu lösen ist das Gleichungssystem: $\left|\begin{array}{r} -r = 3 - 2 \cdot s \\ 2 + (4 - a) \cdot r = 1 + 3 \cdot s \\ a \cdot r = -3 + s \end{array}\right| \Leftrightarrow \left|\begin{array}{r} -r + 2 \cdot s = 3 \\ (4 - a) \cdot r - 3 \cdot s = -1 \\ a \cdot r - s = -3 \end{array}\right|$

Um die Variable s zu eliminieren, multipliziert man beispielsweise die 3. Zeile des Gleichungssystems mit dem Faktor 2 und addiert diese zur 1. Zeile. Man erhält dann aus der 1. Zeile $r = \frac{-3}{2a - 1}$, durch Einsetzen in die 3. Zeile ergibt sich $s = \frac{-3a}{2a - 1} + 3 = \frac{3a - 3}{2a - 1}$. Setzt man die Ausdrücke für r und s in die 2. Zeile ein, so erhält man die Gleichung $(4 - a) \cdot \frac{-3}{2a - 1} - 3 \cdot \frac{3a - 3}{2a - 1} = -1$. Multiplikation von beiden Seiten mit $(2a - 1)$ ergibt $-3 \cdot (4 - a) - 3 \cdot (3a - 3) = -1 \cdot (2a - 1)$. Hieraus folgt a = −1, d. h. die Gerade g_{-1} mit der Parameterdarstellung g_{-1}: $\vec{x} = \begin{pmatrix}0\\2\\0\end{pmatrix} + r \cdot \begin{pmatrix}-1\\5\\-1\end{pmatrix}$ mit $r \in \mathbb{R}$ schneidet die Gerade h.

Beispiele *Ebenenscharen*

Gegeben sei die Ebenenschar E_a: $x_1 + 2x_2 + \frac{20-a}{2a}x_3 - 20 = 0$, $a \in \mathbb{R}$, $a \neq 0$.

(1) Gezeigt werden soll, dass alle Ebenen E_a der Schar eine Gerade g gemeinsam haben. Zunächst wird die Schnittgerade zweier spezieller Ebenen der Schar bestimmt, z. B. für a = 2 und a = 4. Die Punkte der Schnittgeraden müssen die beiden Koordinatengleichungen erfüllen.

$$\left| \begin{array}{l} x_1 + 2x_2 + 4{,}5x_3 = 20 \\ x_1 + 2x_2 + 2x_3 = 20 \end{array} \right| \Leftrightarrow \left| \begin{array}{r} x_1 + 2x_2 + 4{,}5x_3 = 20 \\ x_3 = 0 \end{array} \right|$$

Setzt man $x_2 = r$, dann ergibt sich die Parameterdarstellung der Schnittgerade:

$$g: \vec{x} = \begin{pmatrix} x_1 \\ x_2 \\ x_3 \end{pmatrix} = \begin{pmatrix} 20 - 2r \\ r \\ 0 \end{pmatrix} = \begin{pmatrix} 20 \\ 0 \\ 0 \end{pmatrix} + r \cdot \begin{pmatrix} -2 \\ 1 \\ 0 \end{pmatrix} \text{ mit } r \in \mathbb{R}$$

Die Punkte dieser Geraden liegen aber in allen Ebenen der Ebenenschar, wie man durch Einsetzen erkennt. Für beliebige $a, r \in \mathbb{R}$ gilt:

$$20 - 2r + 2 \cdot r + \frac{20-a}{2a} \cdot 0 - 20 = 0 \Leftrightarrow 0 = 0 \qquad \text{(allgemeingültige Aussage)}$$

Alle Ebenen E_a haben also die Gerade $g: \vec{x} = \begin{pmatrix} 20 \\ 0 \\ 0 \end{pmatrix} + r \cdot \begin{pmatrix} -2 \\ 1 \\ 0 \end{pmatrix}$ mit $r \in \mathbb{R}$ gemeinsam.

(2) Untersucht werden soll die Lage der Schnittpunkte P_a der Scharebene E_a mit der Geraden $h: \vec{x} = \begin{pmatrix} 6 \\ 2 \\ 0 \end{pmatrix} + t \cdot \begin{pmatrix} 3 \\ 1 \\ 10 \end{pmatrix} = \begin{pmatrix} 6 + 3t \\ 2 + t \\ 10t \end{pmatrix}$ mit $t \in \mathbb{R}$.

Das Einsetzen der Komponenten in die Gleichung der Scharebene E_a liefert

$6 + 3t + 2 \cdot (2 + t) + \frac{20-a}{2a} \cdot 10t - 20 = 0 \Leftrightarrow t = \frac{1}{10} \cdot a$, d. h. die Schnittpunkte $P_a\left(6 + \frac{3a}{10} \middle| 2 + \frac{a}{10} \middle| a\right)$ der Scharebene mit der Geraden h liegen auf einer Geraden, die gegeben ist durch $\vec{x} = \begin{pmatrix} 6 \\ 2 \\ 0 \end{pmatrix} + a \cdot \begin{pmatrix} 0{,}3 \\ 0{,}1 \\ 1 \end{pmatrix}$, $a \in \mathbb{R}$.

(3) Wenn eine Ebenenschar durch eine Parameterdarstellung gegeben ist, dann lassen sich gemeinsame Eigenschaften leicht ablesen:
Tritt der Scharparameter nur in einem der Richtungsvektoren auf, dann liegt ein Ebenenbüschel vor, z. B. hat die Ebenenschar

$E_a: \vec{x} = \begin{pmatrix} 2 \\ 1 \\ -1 \end{pmatrix} + r \cdot \begin{pmatrix} 1 \\ -1 \\ 2 \end{pmatrix} + s \cdot \begin{pmatrix} a \\ 1 \\ 0 \end{pmatrix}$ die Gerade $g: \begin{pmatrix} 2 \\ 1 \\ -1 \end{pmatrix} + r \cdot \begin{pmatrix} 1 \\ -1 \\ 2 \end{pmatrix}$ als gemeinsame Gerade.

Tritt der Scharparameter nur in beiden Richtungsvektoren auf, dann liegt ein Ebenenbündel vor, z. B. hat die Ebenenschar

$E_{a,b}: \vec{x} = \begin{pmatrix} 1 \\ 3 \\ 1 \end{pmatrix} + r \cdot \begin{pmatrix} a \\ 0 \\ -1 \end{pmatrix} + s \cdot \begin{pmatrix} 2 \\ b \\ 1 \end{pmatrix}$ den Punkt P (1 | 3 | 1) gemeinsam.

Im Übrigen ist es stets möglich, zu einer durch eine Parameterdarstellung gegebenen Ebenenschar eine Koordinatengleichung zu bestimmen (vgl. F4).

F10 Lineare Gleichungssysteme systematisch lösen sowie die Gleichungen und die Lösungsmenge geometrisch interpretieren.

Lineare Gleichungssysteme (LGS) **mit n Variablen** bestehen aus zwei oder mehreren linearen Gleichungen, die gleichzeitig erfüllt sein sollen. Sofern eine Lösung existiert oder unendlich viele Lösungen existieren, lassen sich diese wie Punkte $(x_1, x_2, \ldots, x_n)$ im n-dimensionalen Raum notieren.
Ein lineares Gleichungssystem kann man durch **elementare Zeilenumformungen** (EZU) vereinfachen (Gauss'sches Lösungsverfahren). Bei den Umformungen darf man nur dann eine Gleichung weglassen, wenn zwei identische Gleichungen auftreten, oder wenn in einer Zeile eine wahre Aussage (wie beispielsweise 0 = 0) entsteht.
Durch folgende elementare Zeilenumformungen wird die Lösungsmenge eines Gleichungssystems nicht verändert:

- Multiplikation einer Zeile mit einem Faktor (ungleich null)
- Addition des Vielfachen einer Zeile zu einer anderen Zeile
- Vertauschen von Zeilen

Am Übersichtlichsten ist es, wenn man die Gleichungen des Systems in Form einer Tabelle (als **erweiterte Koeffizientenmatrix**) notiert. Ziel der elementaren Zeilenumformungen ist es, im linken Teil der erweiterten Koeffizientenmatrix

- eine **Dreiecksform** (ref = Row Echelon Form) zu erzeugen, so dass man die Lösungen von unten nach oben ablesen bzw. berechnen kann, oder
- eine **Diagonalform** (rref = Reduced Row Echelon Form) herzustellen, aus der sich die Lösungen unmittelbar ergeben.

(1) **Lineare Gleichungssysteme mit *zwei* Variablen** lassen sich geometrisch als Systeme von Geraden in einem 2-dimensionalen Koordinatensystem interpretieren. Bei der gegenseitigen Lage dieser Geraden können verschiedene Fälle auftreten:

(a) Zwei Gleichungen:

- das LGS hat eine eindeutig bestimmte Lösung: Die beiden Geraden schneiden sich in einem Punkt.
- das LGS hat keine Lösung (bei den EZU entsteht in einer Zeile eine falsche Aussage): Die beiden Geraden verlaufen zueinander parallel; es gibt also keine gemeinsamen Punkte.
- das LGS hat unendlich viele Lösungen (bei den EZU entfällt eine Zeile, da zwei identische Zeilen entstehen oder in einer Zeile eine wahre Aussage): Die beiden Geraden sind identisch; es gibt also unendlich viele gemeinsame Punkte.

(b) Drei oder mehr Gleichungen (überbestimmtes Gleichungssystem):

- das LGS hat eine eindeutig bestimmte Lösung (bei den EZU bleiben zwei Gleichungen übrig, aus denen das Lösungspaar abgelesen werden kann): Die Geraden verlaufen alle durch einen Punkt (Geradenbüschel).
- das LGS hat keine Lösung (bei den EZU tritt eine falsche Aussage auf): Die Geraden verlaufen nicht durch einen gemeinsamen Punkt.
- das LGS hat unendlich viele Lösungen (bei den EZU bleibt nur eine Zeile übrig): Die Geraden sind alle identisch.

(2) **Lineare Gleichungssysteme mit *drei* Variablen** lassen sich geometrisch als Systeme von Ebenen in einem 3-dimensionalen Koordinatensystem interpretieren. Bei der gegenseitigen Lage dieser Ebenen können die in F6 und F9 beschriebenen Fälle auftreten.

(a) Zwei Gleichungen (unterbestimmtes Gleichungssystem): Die beiden Ebenen schneiden sich in einer gemeinsamen Gerade oder sind zueinander parallel oder identisch.

(b) Drei Gleichungen: Die drei Ebenen schneiden sich in einem Punkt oder haben unendlich viele Punkte gemeinsam, die auf einer Geraden liegen, oder haben unendlich viele Punkte gemeinsam, weil drei identische Ebenen gegeben sind, oder haben keine gemeinsamen Punkte.

(c) Vier oder mehr Gleichungen (überbestimmtes Gleichungssystem):
- das LGS hat eine eindeutig bestimmte Lösung (bei den EZU bleiben drei Gleichungen übrig, aus denen das Lösungstripel abgelesen werden kann): Die Ebenen verlaufen alle durch einen Punkt (Ebenenbündel).
- das LGS hat unendlich viele Lösungen: Entweder bleiben bei den EZU zwei Gleichungen übrig, die eine Parameterdarstellung der gemeinsamen Gerade bestimmen (Ebenenbüschel), oder bei den EZU bleibt nur eine Gleichung übrig, die eine Parameterdarstellung *einer* Ebene darstellt (d. h. alle Ebenen sind identisch).
- das LGS hat keine Lösung: Bei den EZU tritt eine falsche Aussage auf: Die Ebenen verlaufen nicht durch einen gemeinsamen Punkt.

Beispiele zu (1)

(a) $\left|\begin{matrix} 2x_1 - 3x_2 = 1 \\ 4x_1 + 1x_2 = 9 \end{matrix}\right|$ notieren wir als erweiterte Koeffizientenmatrix in der Form $\left|\begin{matrix} 2 & -3 \\ 4 & 1 \end{matrix}\middle|\begin{matrix} 1 \\ 9 \end{matrix}\right|$.

EZU: Multipliziert man die 1. Zeile mit 0,5, dann entsteht in der Diagonale eine Eins (Normierung der 1. Zeile); multipliziert man die 1. Zeile mit (– 2) und addiert sie zur 2. Zeile, dann entsteht in der 1. Spalte eine Null.

$$\left|\begin{matrix} 2 & -3 \\ 4 & 1 \end{matrix}\middle|\begin{matrix} 1 \\ 9 \end{matrix}\right| \quad \cdot 0{,}5 \quad \cdot(-2) \oplus \quad \Leftrightarrow \quad \left|\begin{matrix} 1 & -1{,}5 \\ 0 & 7 \end{matrix}\middle|\begin{matrix} 0{,}5 \\ 7 \end{matrix}\right|$$

Da die Matrix links Dreiecksgestalt hat, kann man in der unteren Zeile ablesen $7x_2 = 7$, also $x_2 = 1$. Setzt man dies in die 1. Zeile ein, dann ergibt sich: $1 \cdot x_1 - 1{,}5 \cdot 1 = 0{,}5 \Leftrightarrow x_1 = 2$. Die Lösung ist also das Paar $(2\,|\,1)$.

Man kann aber auch die EZU fortsetzen und erhält:

$$\left|\begin{matrix} 1 & -1{,}5 \\ 0 & 7 \end{matrix}\middle|\begin{matrix} 0{,}5 \\ 7 \end{matrix}\right| \quad \oplus \quad \cdot\frac{1}{7} \quad \cdot\frac{3}{14} \quad \Leftrightarrow \quad \left|\begin{matrix} 1 & 0 \\ 0 & 1 \end{matrix}\middle|\begin{matrix} 2 \\ 1 \end{matrix}\right|$$

Aus diesem LGS, bei dem die Matrix links Diagonalgestalt hat, kann man unmittelbar das Lösungspaar $(2\,|\,1)$ ablesen.

Wissenschaftliche Taschenrechner geben dies beispielsweise so aus:

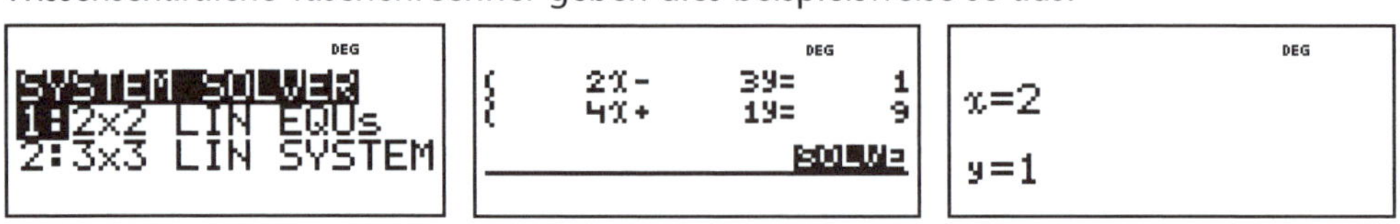

Geometrische Interpretation:
Die beiden Gleichungen bestimmen zwei Geraden im 2-dimensionalen Koordinatensystem mit den Gleichungen
g_1: $x_2 = \frac{2}{3}x_1 - \frac{1}{3}$ und g_2: $x_2 = -4x_1 + 9$

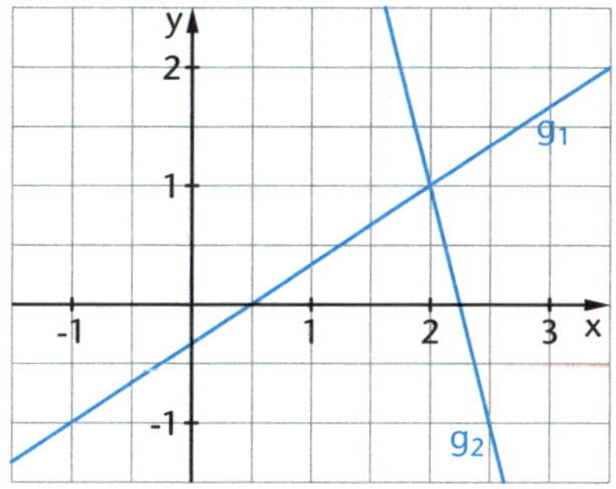

(b) $\left| \begin{array}{rcrcr} 1x_1 & - & 2x_2 & = & -8 \\ 2x_1 & + & 1x_2 & = & -1 \\ -1x_1 & + & 3x_2 & = & 11 \end{array} \right|$

Aus dem überbestimmten Gleichungssystem mit drei Gleichungen und zwei Variablen ergibt sich nach EZU

$$\left| \begin{array}{rr|r} 1 & -2 & -8 \\ 2 & 1 & -1 \\ -1 & 3 & 11 \end{array} \right| \begin{array}{l} \cdot(-2) \\ \oplus \\ \oplus \end{array} \Leftrightarrow \left| \begin{array}{rr|r} 1 & -2 & -8 \\ 0 & 5 & 15 \\ 0 & 1 & 3 \end{array} \right| \begin{array}{l} \oplus \\ \cdot\frac{1}{5} \quad \cdot\frac{2}{5} \\ \cdot\left(-\frac{1}{5}\right) \oplus \end{array} \Leftrightarrow \left| \begin{array}{rr|r} 1 & 0 & -2 \\ 0 & 1 & 3 \\ 0 & 0 & 0 \end{array} \right|$$

Nach drei Schritten erhält man eine Matrix in Diagonalgestalt, aus der sich das Lösungspaar $(-2\,|\,3)$ ablesen lässt, sowie eine Zeile, in der die wahre Aussage $0 = 0$ steht.

Im wissenschaftlichen Taschenrechner müssen solche LGS wie 3×3-Systeme eingegeben werden, wobei in der 3. Spalte Nullen stehen:

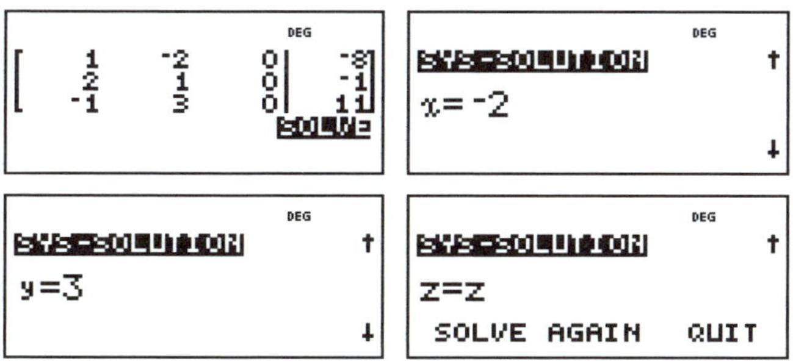

Geometrische Interpretation:
Die drei Gleichungen bestimmen drei Geraden im 2-dimensionalen Koordinatensystem, die durch denselben Punkt verlaufen:

g_1: $x_2 = \frac{1}{2}x_1 + 4$,

g_2: $x_2 = -2x_1 - 1$ und

g_3: $x_2 = \frac{1}{3}x_1 + \frac{11}{3}$

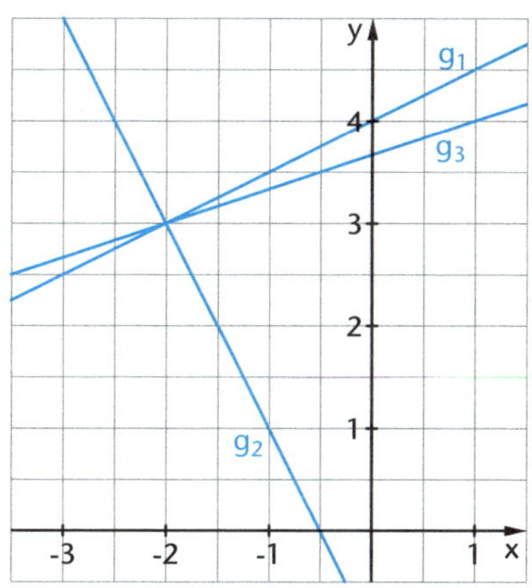

Eine Änderung bei der 3. Gleichung des LGS kann folgende Wirkung haben:
EZU beim LGS führen schließlich zu einem Gleichungssystem, bei dem in der 3. Zeile eine falsche Aussage steht. Daher besitzt dieses LGS keine Lösung.

$$\left|\begin{array}{l} 1x_1 - 2x_2 = -8 \\ 2x_1 + 1x_2 = -1 \\ 1x_1 + 2x_2 = 5 \end{array}\right| \Leftrightarrow \ldots \Leftrightarrow \left|\begin{array}{cc|c} 1 & 0 & -2 \\ 0 & 1 & 3 \\ 0 & 0 & 1 \end{array}\right|$$

Geometrische Interpretation:

Die drei Geraden g_1: $x_2 = \frac{1}{2}x_1 + 4$,

g_2: $x_2 = -2x_1 - 1$ und g_3: $x_2 = -\frac{1}{2}x_1 + \frac{5}{2}$

verlaufen nicht durch einen gemeinsamen Punkt.

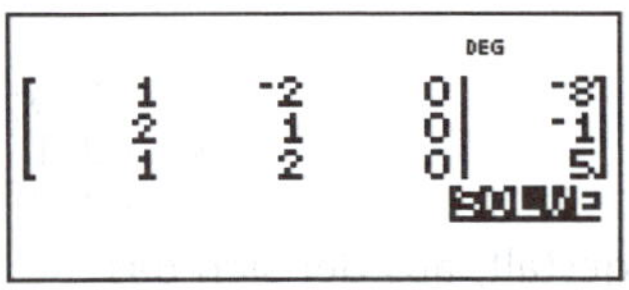

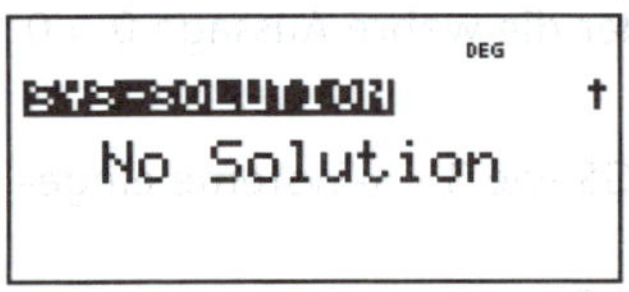

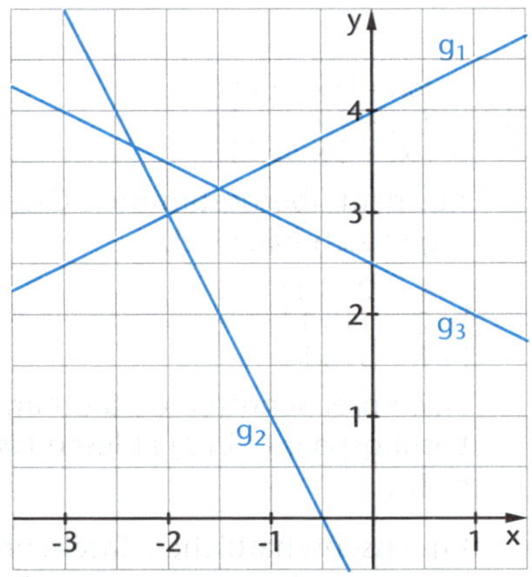

Beispiele zu (2)

(a) $\left|\begin{array}{l} 1x_1 - 3x_2 + 1x_3 = 1 \\ 2x_1 + 0x_2 - 2x_3 = 3 \end{array}\right|$

Das LGS mit zwei Gleichungen und drei Variablen notiert man als erweiterte Koeffizientenmatrix in der Form

$$\left|\begin{array}{ccc|c} 1 & -3 & 1 & 1 \\ 2 & 0 & -2 & 3 \end{array}\right| \begin{array}{l} \cdot(-2) \\ \oplus \end{array} \Leftrightarrow \left|\begin{array}{ccc|c} 1 & -3 & 1 & 1 \\ 0 & 6 & -4 & 1 \end{array}\right| \begin{array}{l} \oplus \\ \cdot\frac{1}{6} \quad \cdot\frac{1}{2} \end{array} \Leftrightarrow \left|\begin{array}{ccc|c} 1 & 0 & -1 & 1{,}5 \\ 0 & 1 & -\frac{2}{3} & \frac{1}{6} \end{array}\right|$$

Im wissenschaftlichen Taschenrechner müssen in der 3. Zeile lauter Nullen eingegeben werden:

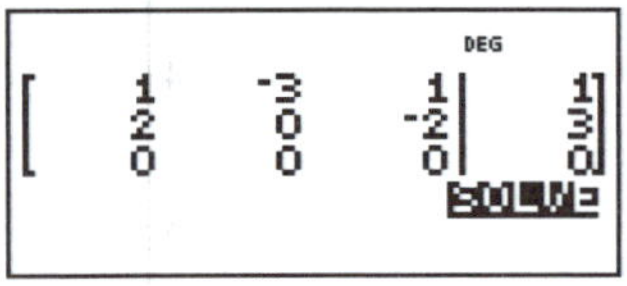

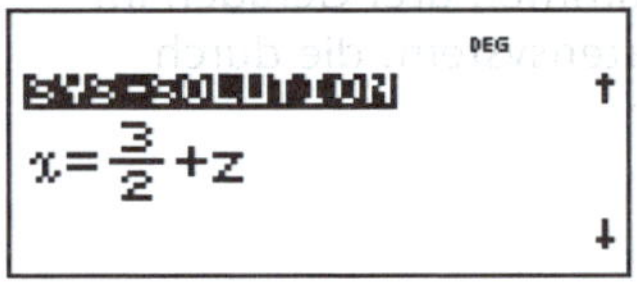

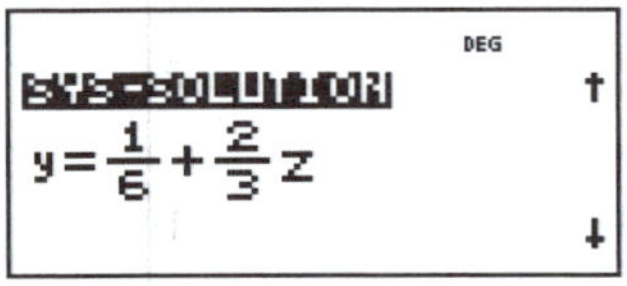

Aus der umgeformten erweiterten Koeffizientenmatrix in Diagonalform liest man eine Parameterdarstellung für die unendlich vielen Lösungstripel ab: $(x_1 | x_2 | x_3)$ mit

$x_1 = 1{,}5 + x_3$ und $x_2 = \frac{1}{6} + \frac{2}{3}x_3$, wobei $x_3 \in \mathbb{R}$ beliebig gewählt werden kann.

Geometrische Interpretation:
Die beiden Gleichungen beschreiben zwei Ebenen im 3-dimensionalen Raum; sie schneiden sich in einer Geraden, die mithilfe einer Parameterdarstellung beschrieben werden kann.

$$\vec{x} = \begin{pmatrix} 1{,}5 \\ \frac{1}{6} \\ 0 \end{pmatrix} + t \cdot \begin{pmatrix} 1 \\ \frac{2}{3} \\ 1 \end{pmatrix}$$

(b) $$\left| \begin{array}{l} 1x_1 - 2x_2 + x_3 = 0 \\ 3x_1 - 1x_2 + 2x_3 = 7 \\ 1x_1 + 2x_2 - x_3 = 2 \end{array} \right|$$

Das LGS mit drei Gleichungen und drei Variablen notiert man als erweiterte Koeffizientenmatrix in der Form

$$\left| \begin{array}{rrr|r} 1 & -2 & 1 & 0 \\ 3 & -1 & 2 & 7 \\ 1 & 2 & -1 & 2 \end{array} \right| \begin{array}{l} \cdot(-3)\ \cdot(-1) \\ \oplus \\ \oplus \end{array} \Leftrightarrow \left| \begin{array}{rrr|r} 1 & -2 & 1 & 0 \\ 0 & 5 & -1 & 7 \\ 0 & 4 & -2 & 2 \end{array} \right| \begin{array}{l} \cdot\frac{1}{5}\ \cdot\frac{2}{5} \oplus\ \cdot\left(-\frac{4}{5}\right) \oplus \end{array}$$

$$\left| \begin{array}{rrr|r} 1 & 0 & 0{,}6 & 2{,}8 \\ 0 & 1 & -0{,}2 & 1{,}4 \\ 0 & 0 & -1{,}2 & -3{,}6 \end{array} \right| \begin{array}{l} \cdot\left(-\frac{5}{6}\right)\ \cdot\frac{1}{2} \oplus\ \cdot\left(-\frac{1}{6}\right) \oplus \end{array} \Leftrightarrow \left| \begin{array}{rrr|r} 1 & 0 & 0 & 1 \\ 0 & 1 & 0 & 2 \\ 0 & 0 & 1 & 3 \end{array} \right|$$

Aus der umgeformten erweiterten Koeffizientenmatrix in Diagonalform liest man das eindeutig bestimmte Lösungstripel ab: (1 | 2 | 3).

Geometrische Interpretation:
Die drei Gleichungen beschreiben drei Ebenen im 3-dimensionalen Raum; sie haben den Punkt (1 | 2 | 3) gemeinsam.

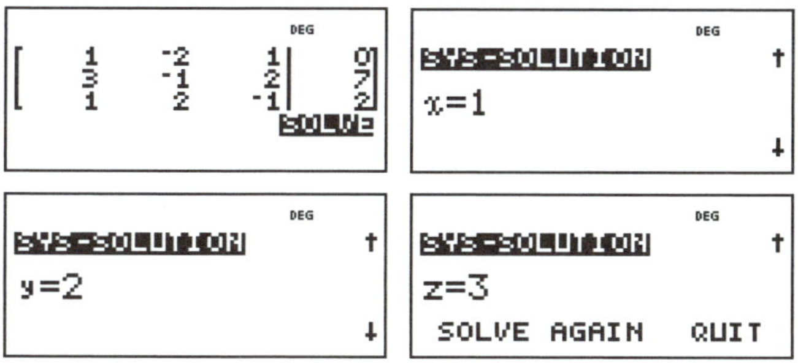

(c) $$\left| \begin{array}{l} 1x_1 + 1x_2 + 2x_3 = 4 \\ 2x_1 - 1x_2 + 1x_3 = 5 \\ 1x_1 - 2x_2 - x_3 = 1 \\ 1x_1 + 3x_2 + 4x_3 = 6 \end{array} \right| \Leftrightarrow \dots \Leftrightarrow \left| \begin{array}{rrr|r} 1 & 0 & 1 & 3 \\ 0 & 1 & 1 & 1 \\ 0 & 0 & 0 & 0 \\ 0 & 0 & 0 & 0 \end{array} \right|$$

Aus der erweiterten Koeffizientenmatrix in Diagonalform liest man eine Parameterdarstellung für die unendlich vielen Lösungstripel ab: $(x_1 | x_2 | x_3)$ mit $x_1 = 3 - x_3$ und $x_2 = 1 - x_3$, wobei $x_3 \in \mathbb{R}$ beliebig gewählt werden kann.

Geometrische Interpretation:
Die vier Gleichungen beschreiben vier Ebenen im 3-dimensionalen Raum; diese schneiden sich in *einer* Geraden, die mithilfe einer Parameterdarstellung beschrieben werden kann.

$$\vec{x} = \begin{pmatrix} 3 \\ 1 \\ 0 \end{pmatrix} + t \cdot \begin{pmatrix} -1 \\ -1 \\ 1 \end{pmatrix}$$

Ein LGS mit 4 Gleichungen kann vom wissenschaftlichen Taschenrechner nicht gelöst werden.

G1 Winkel zwischen zwei Vektoren, Schnittwinkel zwischen zwei Geraden, zwischen zwei Ebenen sowie zwischen einer Gerade und einer Ebene berechnen.

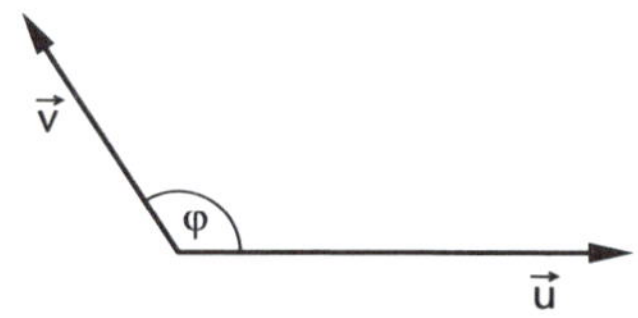

Für das Skalarprodukt zweier Vektoren $\vec{u}$, $\vec{v}$ gilt (vgl. Basiswissen E2): $\vec{u} * \vec{v} = |\vec{u}| \cdot |\vec{v}| \cdot \cos(\varphi)$, wobei φ der von den beiden Vektoren aufgespannte Winkel ist.

Daher lässt sich mithilfe von $\cos(\varphi) = \frac{\vec{u} * \vec{v}}{|\vec{u}| \cdot |\vec{v}|}$ die Größe dieses Richtungsunterschieds φ bestimmen, wobei $0° \leq \varphi \leq 180°$.

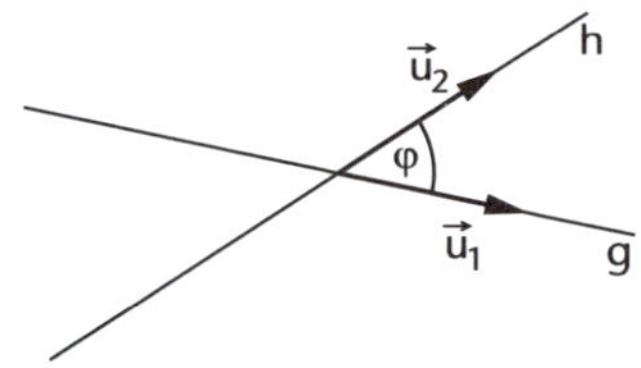

- **Winkel zwischen Geraden:** Da die Richtung von Geraden durch ihre Richtungsvektoren $\vec{u}_1$, $\vec{u}_2$ bestimmt wird, ergibt sich der Winkel zwischen zwei sich schneidenden Geraden durch die Gleichung:

  $$\cos(\varphi) = \frac{|\vec{u}_1 * \vec{u}_2|}{|\vec{u}_1| \cdot |\vec{u}_2|}$$

  wobei $0° \leq \varphi \leq 90°$.

  Durch die Betragsbildung im Zähler wird der kleinere der beiden Winkel zwischen den Geraden ausgewählt.
  Man beachte: Winkel in Vielecken, z. B. in Dreiecken, werden durch die Richtungsunterschiede zwischen Verbindungsvektoren bestimmt – hier sind Winkel über 90° möglich!

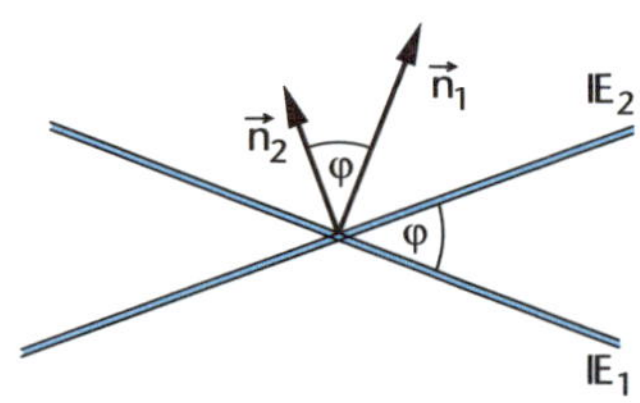

- **Winkel zwischen Ebenen:** Da die Normalenvektoren $\vec{n}_1$, $\vec{n}_2$ der Ebenen orthogonal zu den Ebenen sind, wird der Schnittwinkel zweier Ebenen durch den Winkel zwischen den Normalenvektoren bestimmt:

  $$\cos(\varphi) = \frac{|\vec{n}_1 * \vec{n}_2|}{|\vec{n}_1| \cdot |\vec{n}_2|}$$

  wobei $0° \leq \varphi \leq 90°$.

  Durch die Betragsbildung im Zähler wird der kleinere der beiden Winkel zwischen den Ebenen ausgewählt. Falls eine Ebene durch eine Parameterdarstellung gegeben ist, muss erst eine Koordinatengleichung erstellt werden.

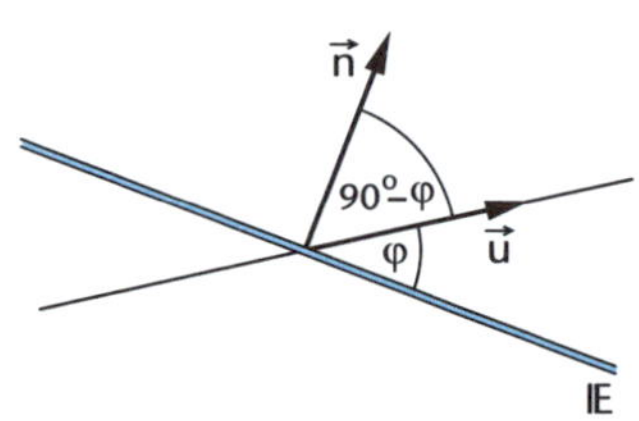

- **Winkel zwischen einer Geraden und einer Ebene:** Der Schnittwinkel und der Winkel, der durch einen Normalenvektor $\vec{n}$ der Ebene sowie den Richtungsvektor $\vec{u}$ der Geraden bestimmt wird, ergänzen sich zu 90°. Daher gilt für den gesuchten Schnittwinkel φ zwischen Gerade und Ebene:

  $$\cos(\varphi') = \frac{|\vec{u} * \vec{n}|}{|\vec{u}| \cdot |\vec{n}|} \text{ und } \varphi = 90° - \varphi'$$

  Wegen $\sin(\varphi) = \sin(90° - \varphi') = \cos(\varphi')$ kann man Schnittwinkel zwischen einer Geraden und einer Ebene auch direkt mithilfe der Umkehrfunktion $\sin^{-1}$ der Sinusfunktion bestimmen:

  $$\sin(\varphi) = \frac{|\vec{u} * \vec{n}|}{|\vec{u}| \cdot |\vec{n}|} \Leftrightarrow \varphi = \sin^{-1}\left(\frac{|\vec{u} * \vec{n}|}{|\vec{u}| \cdot |\vec{n}|}\right)$$

Beispiele

(1) Gegeben ist eine Ebene $\mathbb{E}$ durch eine Koordinatengleichung $\mathbb{E}$: $3x_1 - 4x_2 + 2x_3 = 1$

Wo und unter welchem Winkel schneidet die Gerade g: $\vec{x} = \begin{pmatrix} 1 \\ 1 \\ -1 \end{pmatrix} + r \cdot \begin{pmatrix} 2 \\ -2 \\ 3 \end{pmatrix}$ die Ebene?

Gemeinsame Punkte von Gerade und Ebene müssen das folgende Gleichungssystem erfüllen: $3x_1 - 4x_2 + 2x_3 = 1$ und $\begin{pmatrix} x_1 \\ x_2 \\ x_3 \end{pmatrix} = \begin{pmatrix} 1 \\ 1 \\ -1 \end{pmatrix} + r \cdot \begin{pmatrix} 2 \\ -2 \\ 3 \end{pmatrix} = \begin{pmatrix} 1+2r \\ 1-2r \\ -1+3r \end{pmatrix}$.

Durch Einsetzen der Bedingungen für x_1, x_2, x_3 in die Koordinatengleichung erhalten wir:
$3 \cdot (1+2r) - 4 \cdot (1-2r) + 2 \cdot (-1+3r) = 1$, also $20r = 4$, also $r = 0{,}2$.
Der Schnittpunkt von Gerade und Ebene hat also die Koordinaten $S(1{,}4|0{,}6|-0{,}4)$.
Der Schnittwinkel φ zwischen einer Geraden und einer Ebene ist gleich $90° - \varphi'$, wobei φ' der Winkel zwischen dem Normalenvektor der Ebene $\mathbb{E}$ und dem Richtungsvektor der Geraden ist:

$$\cos(\varphi') = \frac{\left|\begin{pmatrix} 3 \\ -4 \\ 2 \end{pmatrix} * \begin{pmatrix} 2 \\ -2 \\ 3 \end{pmatrix}\right|}{\sqrt{29} \cdot \sqrt{17}} = \frac{|6+8+6|}{\sqrt{29} \cdot \sqrt{17}} = \frac{20}{\sqrt{29 \cdot 17}} \quad \Leftrightarrow \quad \varphi' = \cos^{-1}\left(\frac{20}{\sqrt{29 \cdot 17}}\right) = 25{,}74°$$

Der gesuchte Winkel ist also $\varphi = 64{,}26°$

(2) Die Punkte $A(1|1|-1)$, $B(-3|5|1)$, $C(5|-1|-1)$ und $D(-3|1|-4)$ bestimmen ein (unregelmäßiges) Tetraeder.

- Welche Winkel treten im Dreieck ABC auf?
- Welche der Flächen ABD, BCD, CAD hat gegenüber der Grundfläche ABC die größte Neigung?
- Der Winkel α im Dreieck ABC wird durch die Vektoren $\overrightarrow{AB} = \begin{pmatrix} -4 \\ 4 \\ 2 \end{pmatrix}$, $\overrightarrow{AC} = \begin{pmatrix} 4 \\ -2 \\ 0 \end{pmatrix}$ bestimmt, der Winkel β durch die Vektoren $\overrightarrow{BC} = \begin{pmatrix} 8 \\ -6 \\ -2 \end{pmatrix}$, $\overrightarrow{BA} = \begin{pmatrix} 4 \\ -4 \\ -2 \end{pmatrix}$. Hiermit ergibt sich:

  $\cos(\alpha) = \frac{-24}{6 \cdot \sqrt{20}} \Leftrightarrow \alpha = 153{,}43°$ und $\cos(\beta) = \frac{60}{\sqrt{104} \cdot 6} \Leftrightarrow \beta = 11{,}31°$,
  also $\gamma = 180° - 153{,}43° - 11{,}31° = 15{,}26°$
- Um die Winkel zwischen den Flächen zu bestimmen, berechnen wir jeweils zunächst die Normalenvektoren der einzelnen Ebenen.
- Fläche ABC:
  Gesucht ist ein Normalenvektor zu den Vektoren $\overrightarrow{AB} = \begin{pmatrix} -4 \\ 4 \\ 2 \end{pmatrix}$ und $\overrightarrow{AC} = \begin{pmatrix} 4 \\ -2 \\ 0 \end{pmatrix}$,
  d.h. es muss gelten: $\begin{pmatrix} -4 \\ 4 \\ 2 \end{pmatrix} * \begin{pmatrix} n_1 \\ n_2 \\ n_3 \end{pmatrix} = 0$ und $\begin{pmatrix} -4 \\ 2 \\ 0 \end{pmatrix} * \begin{pmatrix} n_1 \\ n_2 \\ n_3 \end{pmatrix} = 0$
  Ohne lange Rechnung kann man ablesen, dass ein solcher Vektor durch $\vec{n}_a = \begin{pmatrix} 1 \\ 2 \\ -2 \end{pmatrix}$ gegeben ist (erste und zweite Komponente des Vektors bestimmen, dann passende dritte Komponente).
- Fläche ABD:
  Gesucht ist ein Normalenvektor zu den Vektoren $\overrightarrow{AB} = \begin{pmatrix} -4 \\ 4 \\ 2 \end{pmatrix}$ und $\overrightarrow{AD} = \begin{pmatrix} -4 \\ 0 \\ -3 \end{pmatrix}$,
  d.h. es muss gelten: $\begin{pmatrix} -4 \\ 0 \\ -3 \end{pmatrix} * \begin{pmatrix} n_1 \\ n_2 \\ n_3 \end{pmatrix} = 0$ und $\begin{pmatrix} -4 \\ 4 \\ 2 \end{pmatrix} * \begin{pmatrix} n_1 \\ n_2 \\ n_3 \end{pmatrix} = 0$

Ohne lange Rechnung kann man ablesen, dass ein solcher Vektor durch $\vec{n}_a = \begin{pmatrix} 3 \\ 5 \\ -4 \end{pmatrix}$

gegeben ist (erste und dritte Komponente des Vektors bestimmen, dann passende zweite Komponente).

Der gesuchte Winkel ist also gegeben durch

$$\cos(\alpha) = \frac{\left|\begin{pmatrix} 3 \\ 5 \\ -4 \end{pmatrix} * \begin{pmatrix} 1 \\ 2 \\ -2 \end{pmatrix}\right|}{\sqrt{50} \cdot 3} = \frac{21}{\sqrt{50} \cdot 3} \quad \text{also} \quad \alpha = 8{,}13°$$

- Fläche BCD:

$\vec{n}_b = \begin{pmatrix} 11 \\ 20 \\ -16 \end{pmatrix}$ ist ein Normalenvektor zu $\overrightarrow{BC}$, $\overrightarrow{BD} = \begin{pmatrix} 0 \\ -4 \\ -5 \end{pmatrix}$

Der gesuchte Winkel ergibt sich aus

$$\cos(\beta) = \frac{\left|\begin{pmatrix} 11 \\ 20 \\ -16 \end{pmatrix} * \begin{pmatrix} 1 \\ 2 \\ -2 \end{pmatrix}\right|}{\sqrt{777} \cdot 3} = \frac{83}{\sqrt{777} \cdot 3} \quad \text{also} \quad \beta = 7{,}00°$$

- Fläche CAD:

$\vec{n}_c = \begin{pmatrix} 3 \\ 6 \\ -4 \end{pmatrix}$ ist ein Normalenvektor zu $\overrightarrow{CA} = \begin{pmatrix} -4 \\ 2 \\ 0 \end{pmatrix}$ sowie $\overrightarrow{CD} = \begin{pmatrix} -8 \\ 2 \\ -3 \end{pmatrix}$

Der gesuchte Winkel ergibt sich aus

$$\cos(\gamma) = \frac{\left|\begin{pmatrix} 3 \\ 6 \\ -4 \end{pmatrix} * \begin{pmatrix} 1 \\ 2 \\ -2 \end{pmatrix}\right|}{\sqrt{61} \cdot 3} = \frac{23}{\sqrt{61} \cdot 3} \quad \text{also} \quad \gamma = 11{,}00°$$

Die Fläche CAD bildet also den größten Winkel zur Grundfläche.

G2 Den Flächeninhalt eines Dreiecks und das Volumen eines Tetraeders nach elementaren Methoden bestimmen.

- Für den Flächeninhalt eines Dreiecks gilt:

$A = \frac{1}{2} \cdot \text{Grundseite} \cdot \text{Flächenhöhe}$

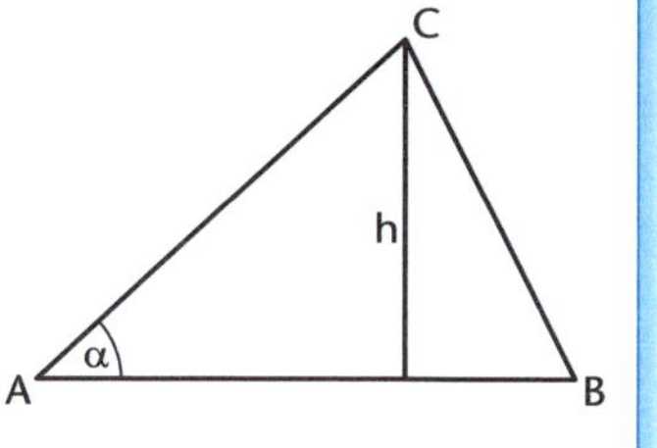

Ein Dreieck ABC wird durch die beiden Vektoren $\overrightarrow{AB}$, $\overrightarrow{AC}$ aufgespannt. Elementargeometrisch kann die Höhe h auf AB beschrieben werden durch

$\sin(\alpha) = \frac{h}{|AC|}$, also $h = |AC| \cdot \sin(\alpha)$.

Für den Kosinus des Winkel α gilt: $\cos(\alpha) = \frac{\overrightarrow{AB} * \overrightarrow{AC}}{|AB| \cdot |AC|}$ (vgl. Basiswissen G1).

Da für beliebige Winkel α gilt: $\sin^2(\alpha) + \cos^2(\alpha) = 1$, also

$$\sin(\alpha) = \sqrt{1 - \cos^2(\alpha)} = \sqrt{1 - \left(\frac{\overrightarrow{AB} * \overrightarrow{AC}}{|AB| \cdot |AC|}\right)^2},$$

kann man den Flächeninhalt des Dreiecks ABC wie folgt berechnen:

$A_{Dreieck} = \frac{1}{2} \cdot |AB| \cdot |AC| \cdot \sin(\alpha)$, also $A_{Dreieck} = \frac{1}{2} \cdot \sqrt{|AB|^2 \cdot |AC|^2 - (\overrightarrow{AB} * \overrightarrow{AC})^2}$

- Für das Volumen einer Pyramide gilt:

  $V = \frac{1}{3} \cdot \text{Grundfläche} \cdot \text{Raumhöhe}$

  Im Falle eines allgemeinen (nicht notwendig regelmäßigen) Tetraeders kann die Grundfläche nach der o. a. Formel berechnet werden. Um die Raumhöhe zu bestimmen, nutzt man die Projektionseigenschaft des Skalarprodukts (vgl. Basiswissen E2):

  Man bestimmt einen beliebigen Vektor $\vec{n}$, der orthogonal zu $\overrightarrow{AB}$ und $\overrightarrow{AC}$ ist; dann ist

  die Länge der Raumhöhe gegeben durch $\frac{|\vec{n} * \overrightarrow{AD}|}{|\vec{n}|}$. Daher gilt:

  $V_{\text{Tetraeder}} = \frac{1}{6} \cdot \frac{|\vec{n} * \overrightarrow{AD}|}{|\vec{n}|} \cdot \sqrt{|AB|^2 \cdot |AC|^2 - (\overrightarrow{AB} * \overrightarrow{AC})^2}$

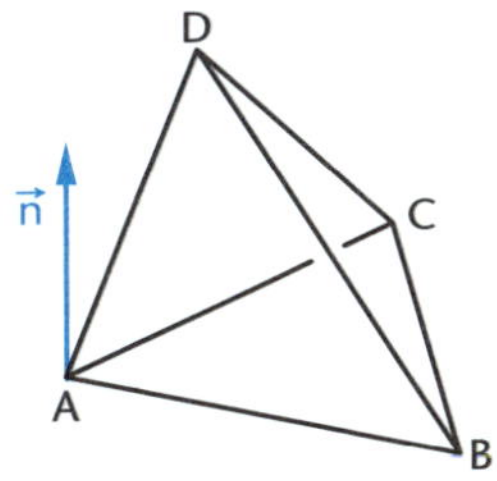

Beispiel

Die Punkte A(1|1|−1), B(−3|5|1), C(5|−1|−1) und D(−3|1|−4) bestimmen ein (unregelmäßiges) Tetraeder. Welches Volumen hat das Tetraeder?

Das Dreieck ABC wird durch die Vektoren $\overrightarrow{AB} = \begin{pmatrix} -4 \\ 4 \\ 2 \end{pmatrix}$, $\overrightarrow{AC} = \begin{pmatrix} 4 \\ -2 \\ 0 \end{pmatrix}$ aufgespannt.

Für den Flächeninhalt gilt daher: $A_{\text{Dreieck}} = \frac{1}{2} \cdot \sqrt{6^2 \cdot \sqrt{20^2} - (-24)^2} = \frac{1}{2} \cdot \sqrt{144} = 6$

Ein Vektor $\vec{n}$, der orthogonal zu $\overrightarrow{AB}$ und $\overrightarrow{AC}$ ist: $\vec{n} = \begin{pmatrix} 1 \\ 2 \\ -2 \end{pmatrix}$, ein Vektor der Länge 3.

Für das Skalarprodukt mit $\overrightarrow{AD}$ gilt: $\vec{n} * \overrightarrow{AD} = \begin{pmatrix} 1 \\ 2 \\ -2 \end{pmatrix} * \begin{pmatrix} -4 \\ 0 \\ -3 \end{pmatrix} = 2$

Daher gilt: $V_{\text{Tetraeder}} = \frac{1}{3} \cdot \frac{2}{3} \cdot 6 = \frac{4}{3}$

G3 Nur LK: Den Abstand eines Punktes von einer Ebene berechnen.

Idee: Um den Abstand eines Punktes P von einer Ebene $\mathbb{E}$ zu berechnen, benötigt man eine Lotgerade von P auf $\mathbb{E}$. Der Schnittpunkt der Lotgerade mit der Ebene ist der Fußpunkt F des Lotes. Der Abstand von P zu $\mathbb{E}$ ist gleich der Länge des Vektors $\overrightarrow{PF}$.

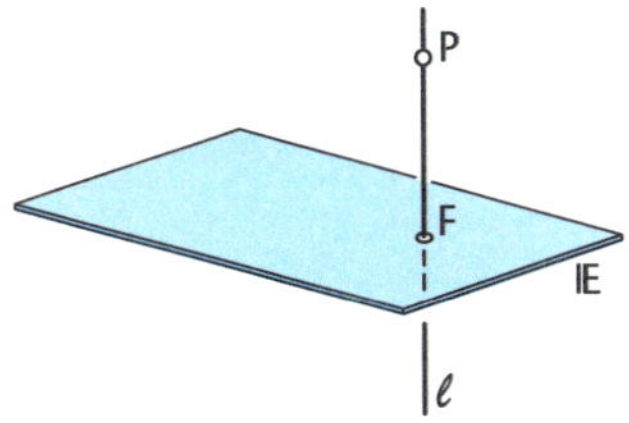

Allgemeine Darstellung der Methode:

Gegeben sind $P(p_1|p_2|p_3)$ und $\mathbb{E}$: $a x_1 + b x_2 + c x_3 = d$,

wobei $\vec{n} = \begin{pmatrix} a \\ b \\ c \end{pmatrix}$ der Normalenvektor der Ebene.

Parameterdarstellung der Lotgeraden l: $\vec{x} = \begin{pmatrix} p_1 \\ p_2 \\ p_2 \end{pmatrix} + r \cdot \begin{pmatrix} a \\ b \\ c \end{pmatrix} = \begin{pmatrix} p_1 + ra \\ p_2 + rb \\ p_3 + rc \end{pmatrix}$

Schnittpunkt von l mit der Ebene $\mathbb{E}$: Damit ein Punkt gleichzeitig zu l und zu $\mathbb{E}$ gehört, muss gelten:

$a \cdot (p_1 + r a) + b \cdot (p_2 + r b) + c \cdot (p_3 + r c) = d \Leftrightarrow (a \cdot p_1 + b \cdot p_2 + c \cdot p_3) + r \cdot (a^2 + b^2 + c^2) = d$

$\Leftrightarrow r \cdot |\vec{n}|^2 = d - \begin{pmatrix} p_1 \\ p_2 \\ p_2 \end{pmatrix} * \begin{pmatrix} a \\ b \\ c \end{pmatrix} \Leftrightarrow r = \frac{1}{|\vec{n}|^2} \cdot (d - (\vec{p} * \vec{n}))$

Wenn man diesen Wert für r in die Parameterdarstellung von l einsetzen würde, hätte man die Koordinaten des Fußpunktes F. Um die Länge der Strecke $\overline{PF}$ zu bestimmen, betrachten wir den zugehörigen Vektor:

$|\overrightarrow{PF}| = \left| \begin{pmatrix} p_1 + r a - p_1 \\ p_2 + r b - p_2 \\ p_3 + r c - p_3 \end{pmatrix} \right| = |r| \cdot \left| \begin{pmatrix} a \\ b \\ c \end{pmatrix} \right| = |r| \cdot |\vec{n}|$

Setzt man nun den oben berechneten Wert des Parameters r ein, dann erhält man die Abstandsformel:

Abstand $(P, \mathbb{E}) = \frac{1}{|\vec{n}|} \cdot |\vec{p} * \vec{n} - d|$

Spezialfall P = O (Ursprung): Abstand $(O, \mathbb{E}) = \frac{|d|}{|\vec{n}|}$

Zusatz: Ist die Ebenengleichung in HESSE'scher Normalenform gegeben (vgl. Basiswissen F8), d. h. in der Form $\mathbb{E}: \frac{1}{|\vec{n}|} \cdot (\vec{x} * \vec{n} - d) = 0$, dann erhält man den Abstand eines Punkt P unmittelbar durch Einsetzen der Koordinaten von P in die Gleichung der Ebene.

Beispiel

Gegeben ist ein Punkt $P(3|1|-2)$ und eine Ebene durch $\mathbb{E}$: $x_1 + 2x_2 - 2x_3 = 1$.
Die Lotgerade l durch P hat die Parameterdarstellung:

$l: \vec{x} = \begin{pmatrix} 3 \\ 1 \\ -2 \end{pmatrix} + r \cdot \begin{pmatrix} 1 \\ 2 \\ -2 \end{pmatrix} = \begin{pmatrix} 3 + r \\ 1 + 2r \\ -2 - 2r \end{pmatrix}.$

Um den Fußpunkt der Lotgeraden mit der Ebene zu bestimmen, werden die in der Parameterdarstellung enthaltenen Koordinatengleichungen in die Koordinatengleichung der Ebene eingesetzt:

$(3 + r) + 2 \cdot (1 + 2r) - 2 \cdot (-2 - 2r) = 1 \Leftrightarrow 9 + 9r = 1 \Leftrightarrow r = -\frac{8}{9}$

Daher hat der Punkt F die Koordinaten $F\left(\frac{19}{9}\middle|-\frac{7}{9}\middle|-\frac{2}{9}\right)$ und die Länge des Vektors

$|\overrightarrow{PF}| = \sqrt{\left(3 - \frac{19}{9}\right)^2 + \left(1 + \frac{7}{9}\right)^2 + \left(-2 + \frac{2}{9}\right)^2} = \sqrt{\frac{64}{81} + \frac{256}{81} + \frac{256}{81}} = \sqrt{\frac{576}{81}} = \frac{24}{9} = \frac{8}{3}$

Bloßes Anwenden der o. a. Abstandsformel ergibt:
Abstand $(P, \mathbb{E}) = \frac{1}{|\vec{n}|} \cdot |p * n - d| = \frac{1}{3} \cdot |9 - 1| = \frac{8}{3}$

oder ggf. vorher Umformung der Koordinatengleichung der Ebene in die HESSE'schen Normalenform: $\mathbb{E}: \frac{1}{|\vec{n}|} \cdot (\vec{x} * \vec{n} - d) = \frac{1}{3} \cdot \left(\begin{pmatrix} x_1 \\ x_2 \\ x_3 \end{pmatrix} * \begin{pmatrix} 1 \\ 2 \\ -2 \end{pmatrix} - 1 \right) = 0$

G4 Nur LK: Den Abstand eines Punktes von einer Geraden berechnen.

Die kürzeste Entfernung eines Punktes P zu einer Geraden g ist durch das Lot vom Punkt auf die Gerade gegeben. Man untersucht also, bei welchem Parameterwert der Verbindungsvektor von P zu einem beliebigen Punkt X der Geraden orthogonal ist zum Richtungsvektor der Geraden, und erhält so den Fußpunkt F des Lotes von P auf g. Die Länge der Strecke PF ist dann der gesuchte Abstand.

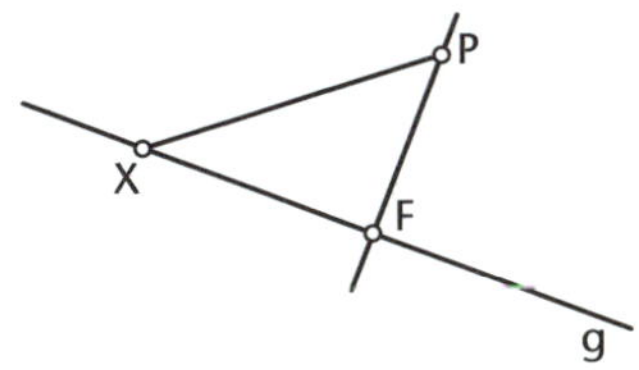

Allgemeine Darstellung der Methode: Gegeben sind $P(p_1|p_2|p_3)$ und g: $\vec{x} = \vec{a} + r \cdot \vec{u}$

Es muss gelten: $(\vec{x} - \vec{p}) * \vec{u} = (\vec{a} - \vec{p} + r \cdot \vec{u}) * \vec{u} = 0 \Leftrightarrow (\vec{a} - \vec{p}) * \vec{u} + r \cdot \vec{u} * \vec{u} = 0$

$$\Leftrightarrow r = \frac{(\vec{p} - \vec{a}) * \vec{u}}{|\vec{u}|^2}$$

Wenn man diesen Wert für r in die Parameterdarstellung von g einsetzen würde, hätte man die Koordinaten des Lotfußpunktes F. Um die Länge der Strecke $\overline{PF}$ zu bestimmen, bestimmt man den zugehörigen Vektor $\overrightarrow{PF} = (\vec{a} - \vec{p}) + r \cdot \vec{u}$ und berechnet dessen Länge.

Beispiel

$P(3|1|1)$, g: $\vec{x} = \begin{pmatrix} 0 \\ -1 \\ 1 \end{pmatrix} + r \cdot \begin{pmatrix} 2 \\ 1 \\ 0 \end{pmatrix}$; $(\vec{p} - \vec{a}) * \vec{u} = \begin{pmatrix} 3-0 \\ 1-(-1) \\ 1-1 \end{pmatrix} * \begin{pmatrix} 2 \\ 1 \\ 0 \end{pmatrix} = 8$; $|\vec{u}|^2 = 5$; $r = 1{,}6$

also $\overrightarrow{PF} = (\vec{a} - \vec{p}) + r \cdot \vec{u} = \begin{pmatrix} -3 \\ -2 \\ 0 \end{pmatrix} + 1{,}6 \cdot \begin{pmatrix} 2 \\ 1 \\ 0 \end{pmatrix} = \begin{pmatrix} 0{,}2 \\ -0{,}4 \\ 0 \end{pmatrix}$, $|PF| = \sqrt{0{,}2} \approx 0{,}447$

G5 Nur LK: Den Abstand zweier windschiefer Geraden berechnen.

Idee: Gesucht ist ein gemeinsames Lot der beiden Geraden. Der Abstand der beiden Geraden ist dann gleich der Entfernung der beiden Fußpunkte dieses Lotes.
Allgemeine Darstellung der Methode: Gegeben sind die beiden Geraden g und h durch: g: $\vec{x} = \vec{a} + r \cdot \vec{u}$ und h: $\vec{x} = \vec{b} + s \cdot \vec{v}$. Gesucht sind Punkte $P \in g$ und $Q \in h$ mit der Eigenschaft: $\overrightarrow{PQ} * \vec{u} = 0$ und $\overrightarrow{PQ} * \vec{v} = 0$

Der Verbindungsvektor der beiden Punkte P und Q lässt sich mithilfe der beiden Parameterdarstellungen beschreiben: $\overrightarrow{PQ} = (\vec{b} + s \cdot \vec{v}) - (\vec{a} + r \cdot \vec{u}) = (\vec{b} - \vec{a}) + s \cdot \vec{v} - r \cdot \vec{u}$
also muss gelten:

$(\vec{b} - \vec{a}) * \vec{u} + s \cdot \vec{v} * \vec{u} - r \cdot \vec{u} * \vec{u} = 0$ und $(\vec{b} - \vec{a}) * \vec{v} + s \cdot \vec{v} * \vec{v} - r \cdot \vec{u} * \vec{v} = 0$

Dies ist ein Gleichungssystem mit zwei Gleichungen und zwei Variablen, mit deren Lösung man die Fußpunkte des Lotes und damit den Abstand der beiden Geraden berechnen kann.

Beispiel

g: $\vec{x} = \begin{pmatrix} 2 \\ 1 \\ 1 \end{pmatrix} + r \cdot \begin{pmatrix} 1 \\ -1 \\ 2 \end{pmatrix}$ und h: $\vec{x} = \begin{pmatrix} 1 \\ 0 \\ 1 \end{pmatrix} + s \cdot \begin{pmatrix} -1 \\ 2 \\ 0 \end{pmatrix}$

Für $\overrightarrow{PQ}$ gilt dann: $\overrightarrow{PQ} = \begin{pmatrix} -1 \\ -1 \\ 0 \end{pmatrix} + s \cdot \begin{pmatrix} -1 \\ 2 \\ 0 \end{pmatrix} - r \cdot \begin{pmatrix} 1 \\ -1 \\ 2 \end{pmatrix}$

Die Orthogonalitätsbedingungen sind:

$$\left(\begin{pmatrix}-1\\-1\\0\end{pmatrix} + s\cdot\begin{pmatrix}-1\\2\\0\end{pmatrix} - r\cdot\begin{pmatrix}1\\-1\\2\end{pmatrix}\right) * \begin{pmatrix}1\\-1\\2\end{pmatrix} = 0 + s\cdot(-3) - r\cdot 6 = 0$$

$$\left[\begin{pmatrix}-1\\-1\\0\end{pmatrix} + s\cdot\begin{pmatrix}-1\\2\\0\end{pmatrix} - r\cdot\begin{pmatrix}1\\-1\\2\end{pmatrix}\right] * \begin{pmatrix}-1\\2\\0\end{pmatrix} = -1 + s\cdot 5 - r\cdot(-3) = 0$$

Das Gleichungssystem $-3s - 6r = 0 \wedge 5s + 3r = 1$ hat die Lösungen $r = -\frac{1}{7} \wedge s = \frac{2}{7}$

$$|\overrightarrow{PQ}| = \left|\begin{pmatrix}-1\\-1\\0\end{pmatrix} + \frac{2}{7}\cdot\begin{pmatrix}-1\\2\\0\end{pmatrix} - \left(-\frac{1}{7}\right)\cdot\begin{pmatrix}1\\-1\\2\end{pmatrix}\right| = \left|\begin{pmatrix}-\frac{8}{7}\\-\frac{4}{7}\\\frac{2}{7}\end{pmatrix}\right| = \sqrt{\frac{84}{49}} = \sqrt{\frac{12}{7}} \approx 1{,}309$$

G6 Nur LK: Das Vektorprodukt zweier Vektoren berechnen und seine Bedeutung angeben sowie mithilfe des Vektorprodukts Normalenvektoren bestimmen und das Vektorprodukt zur Berechnung von Dreiecksflächen und von Spatvolumina verwenden.

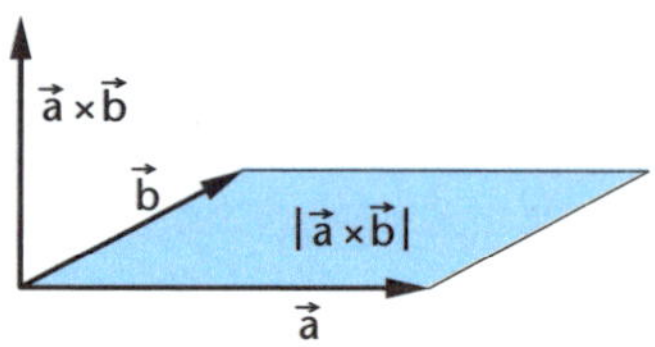

Für zwei Vektoren $\vec{a} = \begin{pmatrix}a_1\\a_2\\a_3\end{pmatrix}$, $\vec{b} = \begin{pmatrix}b_1\\b_2\\b_3\end{pmatrix}$ wird das Vektorprodukt $\vec{a} \times \vec{b}$ wie folgt definiert: $\vec{a} \times \vec{b} = \begin{pmatrix}a_2 b_3 - a_3 b_2\\a_3 b_1 - a_1 b_3\\a_1 b_2 - a_2 b_1\end{pmatrix}$

Das Vektorprodukt $\vec{a} \times \vec{b}$ hat folgende geometrischen Eigenschaften:

(1) $\vec{a} \times \vec{b}$ ist orthogonal zu $\vec{a}$, $\vec{b}$.

(2) Der Betrag des Vektorprodukts gibt den Flächeninhalt des von den Vektoren $\vec{a}$, $\vec{b}$, aufgespannten Parallelogramms an; es gilt nämlich:

$|\vec{a} \times \vec{b}| = |\vec{a}|\cdot|\vec{b}|\cdot\sin(\varphi)$, wobei φ der von $\vec{a}$, $\vec{b}$ aufgespannte Winkel ist.

(3) Folgerung: Für $\vec{a}, \vec{b} \neq \vec{o}$ gilt: $\vec{a} \times \vec{b} = \vec{o} \Leftrightarrow \vec{a}, \vec{b}$ sind Vielfache voneinander.

(4) $\vec{a}$, $\vec{b}$ und $\vec{a} \times \vec{b}$ bilden ein Rechtssystem (wie die x-, y- und z-Achse) und es gilt: $\vec{a} \times \vec{b} = -\vec{b} \times \vec{a}$

(5) Wegen der Eigenschaft: $\vec{a} \times \vec{b}$ ist orthogonal zu $\vec{a}$, $\vec{b}$ (vgl. (1)), kann man mithilfe des Vektorprodukts zu gegebenen Richtungsvektoren der Parameterdarstellung einer Ebene einen Normalenvektor berechnen und damit eine Koordinatengleichung erstellen.

(6) Wegen der Eigenschaft $|\vec{a} \times \vec{b}| = |\vec{a}|\cdot|\vec{b}|\cdot\sin(\varphi)$ gibt der Betrag des Vektorprodukts den Flächeninhalt des von den Vektoren $\vec{a}$, $\vec{b}$ aufgespannten Parallelogramms an.

Für den Flächeninhalt des von den beiden Vektoren aufgespannten Dreiecks gilt daher: $A_{Dreieck} = \frac{1}{2}\cdot|\vec{a} \times \vec{b}|$

(7) Für das Volumen eines von den Vektoren $\vec{a}$, $\vec{b}$, $\vec{c}$, aufgespannten Spats gilt:

$V = \left|(\vec{a} \times \vec{b}) * \vec{c}\right|$

Der Vektor $\vec{a} \times \vec{b}$ steht orthogonal zu der von $\vec{a}$, $\vec{b}$ aufgespannten Grundfläche und sein Betrag ist gleich dem Flächeninhalt der Bodenfläche. Bildet man das Skalarprodukts von $\vec{a} \times \vec{b}$ mit dem Vektor $\vec{c}$, dann gilt: $(\vec{a} \times \vec{b}) * \vec{c} = |\vec{a} \times \vec{b}| \cdot |\vec{c}| \cdot \cos(\varphi)$, wobei φ der Winkel zwischen $\vec{a} \times \vec{b}$ und $\vec{c}$ ist.

Der Betrag von $|\vec{c}| \cdot \cos(\varphi)$ gibt gerade die Länge der Höhe des Spats an (orthogonale Projektion von $\vec{c}$ auf $\vec{a} \times \vec{b}$, vgl. Basiswissen G2).

Beispiele

- Für $\vec{a} = \begin{pmatrix} 1 \\ -2 \\ 1 \end{pmatrix}$, $\vec{b} = \begin{pmatrix} 3 \\ 1 \\ -2 \end{pmatrix}$ ist: $\vec{a} \times \vec{b} = \begin{pmatrix} (-2)\cdot(-2) - 1\cdot 1 \\ 1\cdot 3 - 1\cdot(-2) \\ 1\cdot 1 - (-2)\cdot 3 \end{pmatrix} = \begin{pmatrix} 3 \\ 5 \\ 7 \end{pmatrix}$

- Ein Normalenvektor für $\mathbb{E}$: $\vec{x} = \begin{pmatrix} 1 \\ 1 \\ 2 \end{pmatrix} + r \cdot \begin{pmatrix} 3 \\ 1 \\ 0 \end{pmatrix} + s \cdot \begin{pmatrix} 2 \\ -1 \\ 4 \end{pmatrix}$ ist $\vec{n} = \vec{u} \times \vec{v} = \begin{pmatrix} 3 \\ 1 \\ 0 \end{pmatrix} \times \begin{pmatrix} 2 \\ -1 \\ 4 \end{pmatrix} = \begin{pmatrix} 4 \\ -12 \\ -5 \end{pmatrix}$

- Die Vektoren $\vec{u} = \begin{pmatrix} 3 \\ 1 \\ 0 \end{pmatrix}$ und $\vec{v} = \begin{pmatrix} 2 \\ -1 \\ 4 \end{pmatrix}$ spannen ein Parallelogramm auf,

  dessen Flächeninhalt gleich $|\vec{u} \times \vec{v}| = \left|\begin{pmatrix} 4 \\ -12 \\ -5 \end{pmatrix}\right| = \sqrt{16 + 144 + 25} = \sqrt{185} \approx 13{,}60$ FE.

  Das von $\vec{u}$ und $\vec{v}$ aufgespannte Dreieck hat den Flächeninhalt $A = \frac{1}{2} \cdot |\vec{u} \times \vec{v}| \approx 6{,}80$ FE.

- Die Vektoren $\vec{a} = \begin{pmatrix} 1 \\ -2 \\ 1 \end{pmatrix}$, $\vec{b} = \begin{pmatrix} 3 \\ 1 \\ -2 \end{pmatrix}$ und $\vec{c} = \begin{pmatrix} 2 \\ -1 \\ 1 \end{pmatrix}$ spannen einen Spat auf.

  Für das Volumen des Spats gilt:

  $V = \left|(\vec{a} \times \vec{b}) * \vec{c}\right| = \left|\left(\begin{pmatrix} 1 \\ -2 \\ 1 \end{pmatrix} \times \begin{pmatrix} 3 \\ 1 \\ -2 \end{pmatrix}\right) * \begin{pmatrix} 2 \\ -1 \\ 1 \end{pmatrix}\right| = \left|\begin{pmatrix} 3 \\ 5 \\ 7 \end{pmatrix} * \begin{pmatrix} 2 \\ -1 \\ 1 \end{pmatrix}\right| = |6 - 5 + 7| = 8$ VE

H1 Produktions-, Entwicklungs- und Zufallsprozesse durch Übergangsdiagramme und Matrizen beschreiben und Zustandsvektoren interpretieren.

Produktionsprozesse: Mithilfe von Matrizen lässt sich der Ablauf einer Produktion beschreiben: beispielsweise, wie sich verschiedene Produkte aus Grundelementen (also Erzeugnisse aus Rohstoffen oder Enderzeugnisse aus Zwischenerzeugnissen) oder Produktionsaufträge aus einzelnen Kundenaufträgen zusammensetzen.

Entwicklungsprozesse: Man betrachtet eine Population von Individuen in verschiedenen Entwicklungsstadien, die mit gewissen Überlebenswahrscheinlichkeiten eine nächste Phase der Entwicklung erreichen, sich außerdem in bestimmten Phasen vermehren oder sterben können. In die Matrix gehen sowohl die Überlebenswahrscheinlichkeiten als auch die Reproduktionsrate als Koeffizienten ein.

Zufallsprozesse: Die Zustände eines Systems werden mithilfe von Zustandsvektoren beschrieben. Diese geben an, mit welcher Wahrscheinlichkeit ein bestimmtes Ereignis zu einem bestimmten Zeitpunkt eintritt. Die zugehörigen Ereignisse (Zustände) und die Wahrscheinlichkeit für die Übergänge zwischen den Ereignissen werden grafisch mithilfe eines Übergangsdiagramms beschrieben, algebraisch mithilfe der Übergangsmatrix. Dabei wird die Übergangswahrscheinlichkeit von einem Zustand E_j in einen Zustand E_i in die Zelle a_{ij} der Matrix eingetragen (i-te Zeile, j-te Spalte).
Da die Zustandsvektoren von Zufallsprozessen eine Wahrscheinlichkeitsverteilung beschreiben, ist die Summe der Wahrscheinlichkeiten in einer Spalte der Übergangsmatrix und in jedem Zustandsvektor immer gleich eins.

Die Prozesse werden mithilfe von Matrizen und Auftrags- bzw. Zustandsvektoren beschrieben; für diese ist eine Verknüpfung (Multiplikation) wie folgt definiert:

Das **Produkt Matrix M mal Zustandsvektor $\vec{v}$** ist definiert durch das Skalarprodukt der Zeilenvektoren der Matrix M mit dem Spaltenvektor $\vec{v}$, z. B.

$$M \cdot \vec{v} = \begin{pmatrix} a_{11} & a_{12} & a_{13} \\ a_{21} & a_{22} & a_{23} \\ a_{31} & a_{32} & a_{33} \end{pmatrix} \cdot \begin{pmatrix} v_1 \\ v_2 \\ v_3 \end{pmatrix} = \begin{pmatrix} a_{11} \cdot v_1 + a_{12} \cdot v_2 + a_{13} \cdot v_3 \\ a_{21} \cdot v_1 + a_{22} \cdot v_2 + a_{23} \cdot v_3 \\ a_{31} \cdot v_1 + a_{32} \cdot v_2 + a_{33} \cdot v_3 \end{pmatrix},$$

Das **Produkt $M_1 \cdot M_2$ zweier Matrizen M_1 und M_2** ist definiert durch das Skalarprodukt der Zeilenvektoren von M_1 mit den Spaltenvektoren von M_2, z. B.

$$M_1 \cdot M_2 = \begin{pmatrix} a_{11} & a_{12} & a_{13} \\ a_{21} & a_{22} & a_{23} \\ a_{31} & a_{32} & a_{33} \end{pmatrix} \cdot \begin{pmatrix} b_{11} & b_{12} & b_{13} \\ b_{21} & b_{22} & b_{23} \\ b_{31} & b_{32} & b_{33} \end{pmatrix}$$

$$= \begin{pmatrix} a_{11} \cdot b_{11} + a_{12} \cdot b_{21} + a_{13} \cdot b_{31} & a_{11} \cdot b_{12} + a_{12} \cdot b_{22} + a_{13} \cdot b_{32} & a_{11} \cdot b_{13} + a_{12} \cdot b_{23} + a_{13} \cdot b_{33} \\ a_{21} \cdot b_{11} + a_{22} \cdot b_{21} + a_{23} \cdot b_{31} & a_{21} \cdot b_{12} + a_{22} \cdot b_{22} + a_{23} \cdot b_{32} & a_{21} \cdot b_{13} + a_{22} \cdot b_{23} + a_{23} \cdot b_{33} \\ a_{31} \cdot b_{11} + a_{32} \cdot b_{21} + a_{33} \cdot b_{31} & a_{31} \cdot b_{12} + a_{32} \cdot b_{22} + a_{33} \cdot b_{32} & a_{31} \cdot b_{13} + a_{32} \cdot b_{23} + a_{33} \cdot b_{33} \end{pmatrix}.$$

Beispiel 1 *Produktionsprozess*

Dem nebenstehenden Diagramm können die folgenden Informationen entnommen werden: Zur Herstellung von zwei Endprodukten E_1 und E_2 werden drei Zwischenprodukte Z_1, Z_2 und Z_3 benötigt, die sich wiederum aus drei Rohprodukten R_1, R_2 und R_3 zusammensetzen.

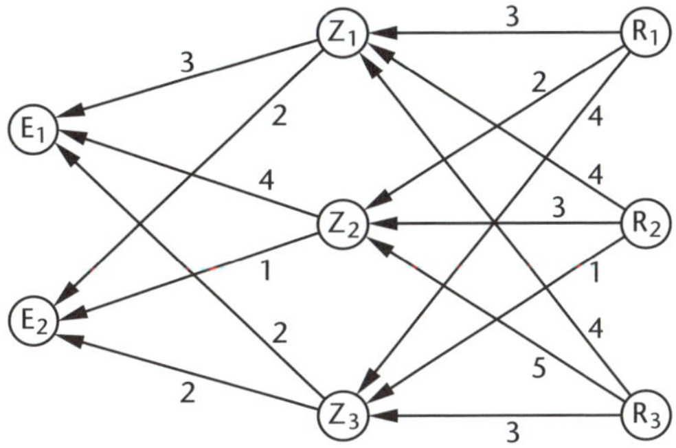

Im Einzelnen gilt: Vom Zwischenprodukt Z_1 benötigt man 3 Einheiten, um eine Einheit des Endprodukts E_1 herzustellen, und 2 Einheiten, um eine Einheit des Endprodukts E_2 herzustellen.

Sollen von den beiden Endprodukten e_1 und e_2 Einheiten hergestellt werden, so sind vom Zwischenprodukt Z_1 insgesamt $z_1 = 3 \cdot e_1 + 2 \cdot e_2$ Einheiten erforderlich.

Entsprechend berechnet sich der Bedarf der Zwischenprodukte Z_2 und Z_3:
$z_2 = 4 \cdot e_1 + 1 \cdot e_2$ und $z_3 = 2 \cdot e_1 + 2 \cdot e_2$

Diese Gleichungen können auch mithilfe der Matrix $B = \begin{pmatrix} 3 & 2 \\ 4 & 1 \\ 2 & 2 \end{pmatrix}$ beschrieben werden.

Dabei stehen die Koeffizienten aus den Gleichungen in den Zeilen der Matrix. Dieser Teil des Produktionsprozesses wird dann beschrieben durch

$\begin{pmatrix} z_1 \\ z_2 \\ z_3 \end{pmatrix} = \begin{pmatrix} 3 & 2 \\ 4 & 1 \\ 2 & 2 \end{pmatrix} \cdot \begin{pmatrix} e_1 \\ e_2 \end{pmatrix}$ oder mit $\vec{z} = \begin{pmatrix} z_1 \\ z_2 \\ z_3 \end{pmatrix}$ und $\vec{e} = \begin{pmatrix} e_1 \\ e_2 \end{pmatrix}$ kurz durch $\vec{z} = B \cdot \vec{e}$

Für jede zu erzielende Anzahl von Endprodukten kann mit diesem Produkt die erforderliche Anzahl der Zwischenprodukte berechnet werden.

Analog erhält man für den ersten Produktionsschritt:

Bedarf der Rohstoffe R_1, R_2 und R_3 für die Zwischenprodukte:
$r_1 = 3 \cdot z_1 + 2 \cdot z_2 + 4 \cdot z_3 \wedge r_2 = 4 \cdot z_1 + 3 \cdot z_2 + 1 \cdot z_3 \wedge r_3 = 4 \cdot z_1 + 5 \cdot z_2 + 3 \cdot z_3$

Diese Gleichungen können mithilfe der Matrix $A = \begin{pmatrix} 3 & 2 & 4 \\ 4 & 3 & 1 \\ 4 & 5 & 3 \end{pmatrix}$ und dem Vektor $\vec{r} = \begin{pmatrix} r_1 \\ r_2 \\ r_3 \end{pmatrix}$

beschrieben werden durch: $\begin{pmatrix} r_1 \\ r_2 \\ r_3 \end{pmatrix} = \begin{pmatrix} 3 & 2 & 4 \\ 4 & 3 & 1 \\ 4 & 5 & 3 \end{pmatrix} \cdot \begin{pmatrix} z_1 \\ z_2 \\ z_3 \end{pmatrix}$ oder kurz durch $\vec{r} = A \cdot \vec{z}$

Den Bedarf an Rohstoffen für einen Auftrag mit $\vec{e} = \begin{pmatrix} e_1 \\ e_2 \end{pmatrix}$ Endprodukten kann man wegen des Assoziativgesetzes der Multiplikation auch in einem Schritt berechnen:
$\vec{r} = A \cdot \vec{z} = A \cdot (B \cdot \vec{e}) = (A \cdot B) \cdot \vec{e}$

Die Produktmatrix ist: $A \cdot B = \begin{pmatrix} 3 & 2 & 4 \\ 4 & 3 & 1 \\ 4 & 5 & 3 \end{pmatrix} \cdot \begin{pmatrix} 3 & 2 \\ 4 & 1 \\ 2 & 2 \end{pmatrix} = \begin{pmatrix} 25 & 16 \\ 26 & 13 \\ 38 & 19 \end{pmatrix}$

Sollen beispielsweise 110 Endprodukte E_1 und 150 Endprodukte E_2 hergestellt werden, so berechnet sich der Rohstoffbedarf wie folgt:

$\vec{r} = \begin{pmatrix} 3 & 2 & 4 \\ 4 & 3 & 1 \\ 4 & 5 & 3 \end{pmatrix} \cdot \left[\begin{pmatrix} 3 & 2 \\ 4 & 1 \\ 2 & 2 \end{pmatrix} \cdot \begin{pmatrix} 110 \\ 150 \end{pmatrix} \right] = \begin{pmatrix} 3 & 2 & 4 \\ 4 & 3 & 1 \\ 4 & 5 & 3 \end{pmatrix} \cdot \begin{pmatrix} 630 \\ 590 \\ 520 \end{pmatrix} = \begin{pmatrix} 5150 \\ 4810 \\ 7030 \end{pmatrix}$ oder $\vec{r} = \begin{pmatrix} 25 & 16 \\ 26 & 13 \\ 38 & 19 \end{pmatrix} \cdot \begin{pmatrix} 110 \\ 150 \end{pmatrix} = \begin{pmatrix} 5150 \\ 4810 \\ 7030 \end{pmatrix}$

Also 5150 Einheiten R_1, 4810 Einheiten R_2 und 7030 Einheiten R_3.

Beispiel 2 *Entwicklungsprozess*

Die Entwicklung einer Population lässt sich durch das folgende Modell beschreiben:
Die Individuen werden maximal 30 Jahre alt. Diese 30 Jahre lassen sich in drei gleich große Phasen von jeweils 10 Jahren beschreiben. Nur 80 % der Individuen der 1. Altersphase (A) erreicht die 2. Altersphase (B), aber 90 % der Individuen der 2. Altersphase die 3. Altersphase (C). Nur in der 2. Phase können sich die weiblichen Individuen vermehren und bringen 2,6 Nachkommen zur Welt, wovon im Mittel die Hälfte weiblich ist. Man betrachte die Entwicklung einer Anfangspopulation von jeweils 1000 weiblichen Individuen in jeder Altersklasse.

Der Prozess kann mithilfe des nebenstehenden Übergangsdiagramms oder durch die zugehörige Matrix beschrieben werden.

	von A	von B	von C
nach A	0	1,3	0
nach B	0,8	0	0
nach C	0	0,9	0

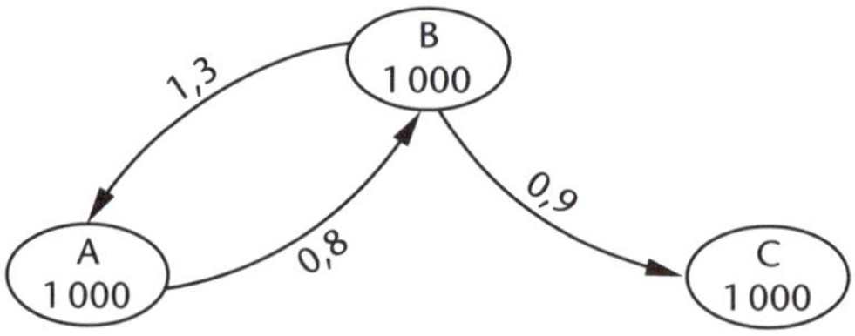

Durch Multiplikation des Anfangsvektors (Startvektors) $\vec{v}_0 = \begin{pmatrix}1000\\1000\\1000\end{pmatrix}$ mit der Matrix $M = \begin{pmatrix}0 & 1,3 & 0\\0,8 & 0 & 0\\0 & 0,9 & 0\end{pmatrix}$ (vgl. Tabelle) erhält man die Verteilung der Population auf die einzelnen Altersklassen nach 10 Jahren: $\vec{v}_1 = M \cdot \vec{v}_0 = \begin{pmatrix}0 & 1,3 & 0\\0,8 & 0 & 0\\0 & 0,9 & 0\end{pmatrix} \cdot \begin{pmatrix}1000\\1000\\1000\end{pmatrix} = \begin{pmatrix}1300\\800\\900\end{pmatrix}$

Analog berechnet man die Zusammensetzung der Population nach 20 oder 30 Jahren durch wiederholte Multiplikation des Zustandsvektors mit der Matrix M:

	$\vec{v}_0$	$\vec{v}_1$	$\vec{v}_2$	$\vec{v}_3$
A	1000	1300	1040	1352
B	1000	800	1040	832
C	1000	900	720	936
Summe	3000	3000	2800	3120

Hieraus lässt sich auch die prozentuale Verteilung auf diese Altersklassen ablesen.

Beispiel 3 *Zufallsprozess*

Das Übergangsdiagramm zeigt die durchschnittlichen täglichen Wechsel von Leihautos zwischen drei Niederlassungen sowie die Anfangsverteilung (Startvektor = Anfangszustand: 10 % in A, 50 % in B, 40 % in C)

Übergangsmatrix: $M = \begin{pmatrix}0,8 & 0,2 & 0,2\\0,1 & 0,6 & 0,1\\0,1 & 0,2 & 0,7\end{pmatrix}$

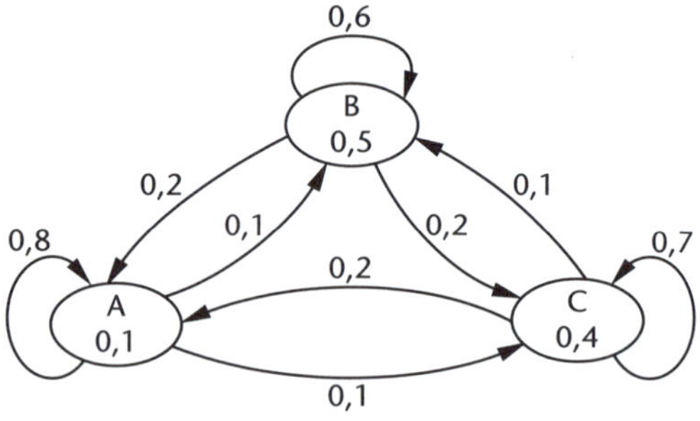

Durch Multiplikation der Übergangsmatrix mit dem Startvektor erhält man die Verteilung der Fahrzeuge nach einem Tag: $\vec{v}_1 = M \cdot \vec{v}_0 = \begin{pmatrix}0,8 & 0,2 & 0,2\\0,1 & 0,6 & 0,1\\0,1 & 0,2 & 0,7\end{pmatrix} \cdot \begin{pmatrix}0,1\\0,5\\0,4\end{pmatrix} = \begin{pmatrix}0,26\\0,35\\0,39\end{pmatrix}$

H2 Zustände von Prozessen nach wiederholter Durchführung mithilfe der Matrizenmultiplikation berechnen und deuten, insbesondere bei zyklischen Prozessen.

Wird ein Prozess durch eine Matrix beschrieben, dann erhält man aus dem Ausgangsvektor durch Multiplizieren den Vektor des zeitlich nachfolgenden Zustands und durch wiederholte Multiplikation mit der Matrix die darauf folgenden Zustände.
Diese kann man direkt auch dadurch berechnen, dass man – gemäß dem Assoziativgesetz – zunächst die entsprechende Matrixpotenz berechnet und diese dann mit dem Ausgangsvektor multipliziert:

$\vec{v}_1 = M \cdot \vec{v}_0,\ \vec{v}_2 = M \cdot \vec{v}_1,\ \vec{v}_3 = M \cdot \vec{v}_2$ usw. oder $\vec{v}_1 = M \cdot \vec{v}_0,\ \vec{v}_2 = M^2 \cdot \vec{v}_0,\ \vec{v}_3 = M^3 \cdot \vec{v}_0\ \ldots$

Gilt für irgendeine Matrixpotenz von M, dass $M^n = E$ (Einheitsmatrix) für $n \in \mathbb{N}$, also $M^{n+1} = M$, dann wird durch die Übergangsmatrix M ein **zyklischer Prozess der Länge n** beschrieben. Dies bedeutet, dass sich die Folge der Zustandsvektoren jeweils nach n Schritten wiederholt.

Beispiel 1 *Schrittweises Berechnen der Zustandsvektoren*

Für den in H1 (Beispiel 2) beschriebenen Entwicklungsprozess berechnen sich die Zustandsvektoren schrittweise oder durch Berechnung einer entsprechenden Matrixpotenz:

$$M = \begin{pmatrix} 0 & 1{,}3 & 0 \\ 0{,}8 & 0 & 0 \\ 0 & 0{,}9 & 0 \end{pmatrix} \qquad \vec{v}_0 = \begin{pmatrix} 1000 \\ 1000 \\ 1000 \end{pmatrix}$$

Dann kann $\vec{v}_3$ auch berechnet werden mithilfe von

$$\vec{v}_3 = M^3 \cdot \vec{v}_0 = \begin{pmatrix} 0 & 1{,}3 & 0 \\ 0{,}8 & 0 & 0 \\ 0 & 0{,}9 & 0 \end{pmatrix}^3 \cdot \begin{pmatrix} 1000 \\ 1000 \\ 1000 \end{pmatrix} = \begin{pmatrix} 0 & 1{,}352 & 0 \\ 0{,}832 & 0 & 0 \\ 0 & 0{,}936 & 0 \end{pmatrix} \cdot \begin{pmatrix} 1000 \\ 1000 \\ 1000 \end{pmatrix} = \begin{pmatrix} 1352 \\ 832 \\ 936 \end{pmatrix}$$

Beispiele 2 *Zyklische Prozesse*

(1) Hat die Übergangsmatrix die Form $M = \begin{pmatrix} 0 & a & 0 \\ 0 & 0 & b \\ c & 0 & 0 \end{pmatrix}$ mit z. B. $a = 1$ und $b = \frac{1}{c}$,

also beispielsweise $M = \begin{pmatrix} 0 & 1 & 0 \\ 0 & 0 & 10 \\ 0{,}1 & 0 & 0 \end{pmatrix}$, dann ergibt sich für die Matrixpotenz M^3:

$$M^3 = \begin{pmatrix} abc & 0 & 0 \\ 0 & abc & 0 \\ 0 & 0 & abc \end{pmatrix} = \begin{pmatrix} 1 & 0 & 0 \\ 0 & 1 & 0 \\ 0 & 0 & 1 \end{pmatrix}$$

Daher gilt weiter: $M^4 = M,\ M^5 = M^2,\ M^6 = M^3 = E,\ M^7 = M$ usw.
Durch die Matrix M wird also ein zyklischer Prozess der Länge 3 beschrieben.

(2) Hat die Übergangsmatrix die Form $M = \begin{pmatrix} 0 & 0 & a \\ 0 & b & 0 \\ c & 0 & 0 \end{pmatrix}$ mit $b = 1$ und $a = \frac{1}{c}$,

also beispielsweise $M = \begin{pmatrix} 0 & 0 & 10 \\ 0 & 1 & 0 \\ 0{,}1 & 0 & 0 \end{pmatrix}$, dann ergibt sich für die Matrixpotenz M^2:

$$M^2 = \begin{pmatrix} ac & 0 & 0 \\ 0 & b^2 & 0 \\ 0 & 0 & ac \end{pmatrix} = \begin{pmatrix} 1 & 0 & 0 \\ 0 & 1 & 0 \\ 0 & 0 & 1 \end{pmatrix}$$

Durch die Matrix M wird also ein zyklischer Prozess der Länge 2 beschrieben.

H3 Den Fixvektor einer Übergangsmatrix (d. h. eine stationäre Verteilung eines Zufallsprozesses) bestimmen und seine Bedeutung im Sachzusammenhang interpretieren.

Der Fixvektor $\vec{v}_F$ einer Übergangsmatrix M ist ein Zustandsvektor, der bei Multiplikation mit der Übergangsmatrix unverändert bleibt; er erfüllt also die Gleichung $\vec{v}_F = M \cdot \vec{v}_F$. Man bezeichnet $\vec{v}_F$ auch als stationäre Verteilung des Zufallsprozesses.

Hinweis: Wenn in der Übergangsmatrix M selbst oder in irgendeiner ihrer Potenzen nur positive Koeffizienten auftreten, dann gilt der **Hauptsatz über Markoff-Ketten**:
Die Folge der Matrixpotenzen von M, also M^1, M^2, M^3, ... konvergiert gegen eine Grenzmatrix M, deren Spalten alle gleich dem Fixvektor $\vec{v}_F$ der Matrix M sind.

Beispiel

Gegeben sei die stochastische Übergangsmatrix aus H1 (Beispiel 3) $M = \begin{pmatrix} 0,8 & 0,2 & 0,2 \\ 0,1 & 0,6 & 0,1 \\ 0,1 & 0,2 & 0,7 \end{pmatrix}$

Der Fixvektor der Übergangsmatrix ergibt sich als Lösung des linearen Gleichungssystems

$$\left| \begin{array}{l} 0,8x + 0,2y + 0,2z = x \\ 0,1x + 0,6y + 0,1z = y \\ 0,1x + 0,2y + 0,7z = z \end{array} \right|$$

Das Gleichungssystem hat unendlich viele Lösungen, da die Gleichungen linear voneinander abhängen. Addiert man beispielsweise die 3. Gleichung zur 2. Gleichung, dann erhält man das Negative der 1. Gleichung:

$$\left| \begin{array}{r} -0,2x + 0,2y + 0,2z = 0 \\ 0,1x - 0,4y + 0,1z = 0 \\ 0,1x + 0,2y - 0,3z = 0 \end{array} \right| \Leftrightarrow \left| \begin{array}{r} -0,2x + 0,2y + 0,2z = 0 \\ 0,2x - 0,2y - 0,2z = 0 \\ 0,1x + 0,2y - 0,3z = 0 \end{array} \right|$$

Aus dem verbleibenden Gleichungssystem mit 2 Gleichungen und 3 Variablen kann man eine Parameterdarstellung aller Lösungen erstellen:

Summe von 2. und 3. Gleichung: $0,3x - 0,5z = 0 \Leftrightarrow x = \frac{5}{3}z$

Das Doppelte der 3. Gleichung zur 1. Gleichung addieren:

$0,6y - 0,4z = 0 \Leftrightarrow y = \frac{2}{3}z$, d. h. alle Lösungen haben die Form $\left(\frac{5}{3}z \middle| \frac{2}{3}z \middle| z\right)$.

Da es sich hier aber um eine stochastische Matrix handelt, gilt zusätzlich auch noch die Gleichung: $x + y + z = 1$, also nach Einsetzen

$x + y + z = 1 \Leftrightarrow \frac{5}{3}z + \frac{2}{3}z + z = 1 \Leftrightarrow z = 0,3$ und damit $x = 0,5$ und $y = 0,2$.

Daher ist $\vec{v}_F = \begin{pmatrix} 0,5 \\ 0,2 \\ 0,3 \end{pmatrix}$ ein Fixvektor.

Er beschreibt eine stationäre Verteilung, in diesem Beispiel der Leihautos auf die Niederlassungen. Liegt diese Verteilung vor, so wird sie sich (im Mittel) nicht mehr verändern. Auf lange Sicht wird sich auch jede andere Ausgangsverteilung der Fahrzeuge dieser stationären Verteilung annähern.

Beispiel zu *Hinweis*: Bereits bei M^{20} sind die Spaltenvektoren gerundet gleich:

$$M^{20} = \begin{pmatrix} 0,50 & 0,50 & 0,50 \\ 0,20 & 0,20 & 0,20 \\ 0,30 & 0,30 & 0,30 \end{pmatrix}$$

H4 Den Zustandsvektor eines zurückliegenden Zustands berechnen; LK zusätzlich: ggf. mithilfe der Inversen der Übergangsmatrix.

Den Vorgang, von einem Zustand des Systems zum nachfolgenden Zustand zu gelangen, kann man umkehren, indem man das zugehörige Gleichungssystem löst oder den gegebenen Zustandsvektor mit der inversen Matrix der Übergangsmatrix multipliziert.

Konkret: Ist eine Übergangsmatrix M und der Zustandsvektor $\vec{v}_n$ gegeben, dann kann man den vorangehenden Zustand $\vec{v}_{n-1}$ berechnen, in dem man

(1) das lineare Gleichungssystem $M \cdot \vec{v}_{n-1} = \vec{v}_n$ löst oder

(2) den Vektor $\vec{v}_n$ mit der Inversen M^{-1} der Matrix M multipliziert, denn nach Assoziativgesetz gilt:
$M^{-1} \cdot \vec{v}_n = M^{-1} \cdot (M \cdot \vec{v}_{n-1}) = (M^{-1} \cdot M) \cdot \vec{v}_{n-1} = E \cdot \vec{v}_{n-1} = \vec{v}_{n-1}$.

Hinweis: Nur quadratische Matrizen sind invertierbar, aber nicht alle quadratischen Matrizen besitzen eine Inverse.

Beispiel

Ist die Übergangsmatrix gegeben durch $M = \begin{pmatrix} 0{,}8 & 0{,}2 & 0{,}2 \\ 0{,}1 & 0{,}6 & 0{,}1 \\ 0{,}1 & 0{,}2 & 0{,}7 \end{pmatrix}$, dann kann man wie folgt zu dem Zustandsvektor $\vec{v} = \begin{pmatrix} 0{,}2 \\ 0{,}3 \\ 0{,}5 \end{pmatrix}$ den Zustandsvektor $\vec{w} = \begin{pmatrix} x \\ y \\ z \end{pmatrix}$ des vorangehenden Zustands berechnen:

(1) Es gilt: $M \cdot \vec{w} = \vec{v}$, also $\begin{pmatrix} 0{,}8 & 0{,}2 & 0{,}2 \\ 0{,}1 & 0{,}6 & 0{,}1 \\ 0{,}1 & 0{,}2 & 0{,}7 \end{pmatrix} \cdot \begin{pmatrix} x \\ y \\ z \end{pmatrix} = \begin{pmatrix} 0{,}2 \\ 0{,}3 \\ 0{,}5 \end{pmatrix}$.

Durch elementare Zeilenumformungen (vgl. F10) erhält man dann die Lösung $x = 0$, $y = 0{,}4$, $z = 0{,}6$, also den Zustandsvektor des vorangehenden Zustands $\vec{w} = \begin{pmatrix} 0 \\ 0{,}4 \\ 0{,}6 \end{pmatrix}$.

(2) Mithilfe eines Rechners bestimmt man die zu M inverse Matrix $M^{-1} = \begin{pmatrix} \frac{4}{3} & -\frac{1}{3} & -\frac{1}{3} \\ -\frac{1}{5} & \frac{9}{5} & -\frac{1}{5} \\ -\frac{2}{15} & -\frac{7}{15} & \frac{23}{15} \end{pmatrix}$

und multipliziert diese mit dem Zustandsvektor – der Ergebnis-Vektor ist der Zustandsvektor des vorherigen Zustands:

$$\begin{pmatrix} \frac{4}{3} & -\frac{1}{3} & -\frac{1}{3} \\ -\frac{1}{5} & \frac{9}{5} & -\frac{1}{5} \\ -\frac{2}{15} & -\frac{7}{15} & \frac{23}{15} \end{pmatrix} \cdot \begin{pmatrix} 0{,}2 \\ 0{,}3 \\ 0{,}5 \end{pmatrix} = \begin{pmatrix} 0 \\ 0{,}4 \\ 0{,}6 \end{pmatrix}$$

Probe: $\begin{pmatrix} 0{,}8 & 0{,}2 & 0{,}2 \\ 0{,}1 & 0{,}6 & 0{,}1 \\ 0{,}1 & 0{,}2 & 0{,}7 \end{pmatrix} \cdot \begin{pmatrix} 0 \\ 0{,}4 \\ 0{,}6 \end{pmatrix} = \begin{pmatrix} 0{,}2 \\ 0{,}3 \\ 0{,}5 \end{pmatrix}$

H5 Koeffizienten in Übergangsmatrizen mit vorgegebenen Eigenschaften im Sachzusammenhang bestimmen.

Die Koeffizienten einer Übergangsmatrix sind durch die Übergangswahrscheinlichkeiten bestimmt.
Wenn das zugehörige Übergangsdiagramm nicht für alle Übergänge Angaben enthält, stattdessen aber andere Bedingungen genannt werden, so führt dies zu einem linearen Gleichungssystem mit den fehlenden Koeffizienten als Variablen.

Beispiel

Auf dem Parkplatz eines großen Supermarkts können die Einkaufswagen an drei verschiedenen Sammelstellen A, B und C abgeholt und wieder untergestellt werden. Dabei bringen die Kunden oft ihre Einkaufswagen an eine andere Sammelstelle zurück als an die, von der sie ihren Wagen abgeholt haben.
Ergänzen Sie die fehlenden Übergangswahrscheinlichkeiten so, dass auf lange Sicht die Einkaufswagen je zu 25 % in A und B und zu 50 % in C stehen.

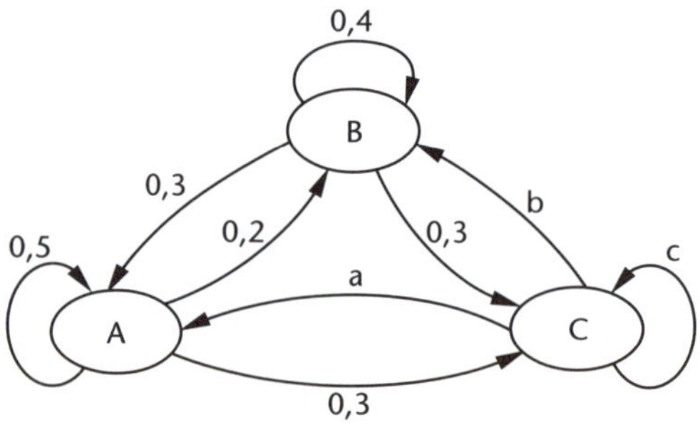

Aus dem Übergangsdiagramm entnehmen wir die Übergangswahrscheinlichkeiten, die wir in die Übergangsmatrix eintragen können: $M = \begin{pmatrix} 0{,}5 & 0{,}3 & a \\ 0{,}2 & 0{,}4 & b \\ 0{,}3 & 0{,}3 & c \end{pmatrix}$

Gesucht sind die Übergangswahrscheinlichkeiten (Koeffizienten) a, b, c derart, dass der stationäre Zustand durch den Fixvektor $\vec{v} = \begin{pmatrix} 0{,}25 \\ 0{,}25 \\ 0{,}5 \end{pmatrix}$ beschrieben wird, d. h. die Gleichung $\begin{pmatrix} 0{,}5 & 0{,}3 & a \\ 0{,}2 & 0{,}4 & b \\ 0{,}3 & 0{,}3 & c \end{pmatrix} \cdot \begin{pmatrix} 0{,}25 \\ 0{,}25 \\ 0{,}5 \end{pmatrix} = \begin{pmatrix} 0{,}25 \\ 0{,}25 \\ 0{,}5 \end{pmatrix}$ erfüllt ist.

Damit ergibt sich das Gleichungssystem:

$$\left| \begin{aligned} 0{,}125 + 0{,}075 + 0{,}5a &= 0{,}25 \\ 0{,}05 + 0{,}1 + 0{,}5b &= 0{,}25 \\ 0{,}075 + 0{,}075 + 0{,}5c &= 0{,}5 \end{aligned} \right| \Leftrightarrow \left| \begin{aligned} 0{,}5a &= 0{,}05 \\ 0{,}5b &= 0{,}1 \\ 0{,}5c &= 0{,}35 \end{aligned} \right| \Leftrightarrow \left| \begin{aligned} a &= 0{,}1 \\ b &= 0{,}2 \\ c &= 0{,}7 \end{aligned} \right|$$

Zu beachten ist, dass die Summe der Koeffizienten der Spalte einer Übergangsmatrix (als Summe der Wahrscheinlichkeiten von Übergängen von einem Zustand) stets 1 ergibt, d. h. es muss gelten: $a + b + c = 1$.

I1 Mehrstufige Entscheidungsvorgänge mithilfe von Baumdiagrammen veranschaulichen und die Anzahl der Möglichkeiten mithilfe der Grundregel der Kombinatorik bestimmen.

(1) Die **Grundregel der Kombinatorik** besagt: Besteht ein Zufallsversuch aus k Stufen und ist die Anzahl der möglichen Ergebnisse auf den einzelnen Stufen gleich m_1, m_2, …, m_k, dann hat der Zufallsversuch ingesamt $m_1 \cdot m_2 \cdot \ldots \cdot m_k$ verschiedene mögliche Ergebnisse.
Diese Grundregel kann man mithilfe von Baumdiagrammen veranschaulichen.

(2) Die Grundregel der Kombinatorik lässt sich bei der Untersuchung von Ziehvorgängen anwenden:
Beim k-fachen Ziehen aus einer Urne mit n unterscheidbaren Kugeln sind folgende Fälle zu unterscheiden:
- Beim Ziehen mit Zurücklegen (mit Wiederholung) gibt es n^k verschiedene Möglichkeiten.
- Beim Ziehen ohne Zurücklegen (ohne Wiederholung) gibt es $n \cdot (n-1) \cdot \ldots \cdot (n-k+1)$ verschiedene Möglichkeiten.
- Beim Ziehen mit einem Griff gibt es $\binom{n}{k} = \frac{n \cdot (n-1) \cdot \ldots \cdot (n-k+1)}{k \cdot (k-1) \cdot \ldots \cdot 1} = \frac{n!}{k! \cdot (n-k)!}$ verschiedene Möglichkeiten.*)

Sonderfall beim Ziehen ohne Zurücklegen: Für das vollständige Leeren einer Urne mit n Kugeln gibt es n! Möglichkeiten; hierdurch werden die n Kugeln in eine Reihenfolge gebracht.

Konsequenz: Es gibt n! Möglichkeiten, n Dinge anzuordnen.

(3) Für Stichprobennahmen ergibt sich aus (2):
Nimmt man in einer Gesamtheit vom Umfang n eine Stichprobe vom Umfang k, so sind $\binom{n}{k} = \frac{n \cdot (n-1) \cdot \ldots \cdot (n-k+1)}{k \cdot (k-1) \cdot \ldots \cdot 1}$ verschiedene Stichproben dieser Art möglich.
Bei Stichprobennahmen handelt es sich um einen Ziehvorgang ohne Zurücklegen (vergleiche Zähler des Bruchs), bei dem aber die Reihenfolge der Ziehung keine Rolle spielt (vergleiche Nenner des Bruchs); daher könnte die Ziehung auch mit einem Griff erfolgen.
Die natürlichen Zahlen $\binom{n}{k}$ werden auch als **Binomialkoeffizienten** bezeichnet.

*)Für das Produkt aufeinander folgender natürlicher Zahlen $n \cdot (n-1) \cdot \ldots \cdot 3 \cdot 2 \cdot 1$ schreibt man kurz: n! (n Fakultät) – Sonderfälle: 0! = 1, 1! = 1

Beispiele

(1) Stehen auf einer Speisekarte drei verschiedene Vorspeisen, vier verschiedene Hauptgerichte und zwei Desserts, dann kann man insgesamt $3 \cdot 4 \cdot 2 = 24$ verschiedene Essen zusammenstellen, darstellbar durch ein Baumdiagramm mit drei Verzweigungen auf der 1. Stufe, vier auf der 2. Stufe, zwei auf der 3. Stufe.

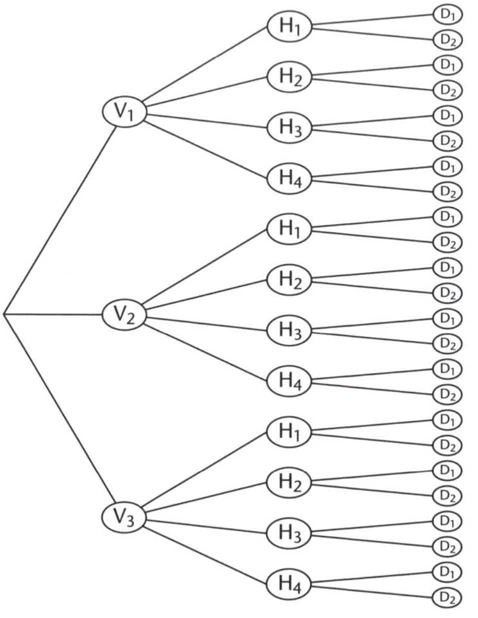

(2) In einer Klasse mit 30 Schülern/innen kann man fünf Freikarten auf verschiedene Arten verteilen:
- Man wählt 5 Schüler/innen mithilfe eines Glücksrads aus (Ziehen mit Wiederholung): 30^5 Möglichkeiten.
- Man wählt 5 Schüler/innen durch einzelnes Ziehen von Namenszetteln aus (Ziehen ohne Wiederholung): $30 \cdot 29 \cdot 28 \cdot 27 \cdot 26$ Möglichkeiten.
- Man zieht fünf Namenszettel auf einmal: $\binom{30}{5} = \frac{30 \cdot 29 \cdot 28 \cdot 27 \cdot 26}{5 \cdot 4 \cdot 3 \cdot 2 \cdot 1}$ Möglichkeiten.

(3) Beim Lottospiel *6 aus 49* kreuzt man 6 Zahlen an – hierfür gibt es $\binom{49}{6} = 13\,983\,816$ Möglichkeiten.

(4) Anwendung von (3)
Die Wahrscheinlichkeit, vier Zahlen richtig getippt zu haben, berechnet sich zu $\frac{\binom{6}{4}\binom{43}{2}}{\binom{49}{6}} = \frac{13545}{13\,983\,816}$, denn es gibt 6 Gewinnzahlen, von denen 4 auf dem Tippzettel vorkommen, und 43 Nicht-Gewinnzahlen, von denen 2 auf dem Tippzettel vorkommen.

12 Mehrstufige Zufallsversuche mit Baumdiagrammen beschreiben und Wahrscheinlichkeiten mit den Pfadregeln berechnen (Pfadadditions-/Pfadmultiplikationsregel) sowie die Komplementärregel anwenden.

Darstellung durch Baumdiagramme: Mehrstufige Zufallsversuche lassen sich mithilfe eines Baumdiagramms darstellen. Zu jedem der möglichen Ergebnisse des Zufallsexperiments gehört ein Pfad im Baumdiagramm. Zeichnet man ein vollständiges Baumdiagramm, dann ist eine Kontrolle möglich: Die Summe der Wahrscheinlichkeiten nach einer Verzweigung ist gleich 1.

Pfadmultiplikationsregel: Die Wahrscheinlichkeit eines Pfades ist gleich dem Produkt der Wahrscheinlichkeiten längs dieses Pfades.

Pfadadditionsregel: Gehören zu einem Ereignis mehrere Pfade, dann ist die Wahrscheinlichkeit dieses Ereignisses gleich der Summe der Wahrscheinlichkeiten der zugehörigen Pfade.

Komplementärregel: Kennt man die Wahrscheinlichkeit eines Ereignisses E, dann kennt man auch die Wahrscheinlichkeit des Gegenereignisses $\overline{E}$; diese ergänzen sich nämlich zu 1: $P(\overline{E}) = 1 - P(E)$

Beispiel 1 *Pfadmultiplikations- und Pfadadditionsregel*

Bei der Kontrolle von Keramikgefäßen werden drei Eigenschaften überprüft, die erfahrungsgemäß mit den Wahrscheinlichkeiten 0,9 bzw. 0,95 bzw. 0,85 erfüllt sind. Nur Gefäße, die alle drei Kontrollen bestehen, sind 1. Wahl; fällt eine der Kontrollen negativ aus, ist das Produkt 2. Wahl. Mit welcher Wahrscheinlichkeit sind die produzierten Gefäße 1. bzw. 2. Wahl oder Ausschuss?

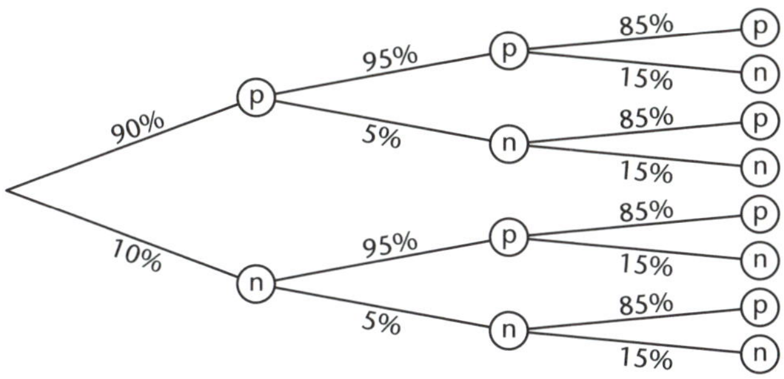

Ergebnis	Wahrscheinlichkeit	
ppp	72,68 %	← 1.Wahl
ppn	12,83 %	← 2. Wahl
pnp	3,83 %	← 2. Wahl
pnn	0,68 %	← Ausschuss
npp	8,08 %	← 2. Wahl
npn	1,43 %	← Ausschuss
nnp	0,43 %	← Ausschuss
nnn	0,08 %	← Ausschuss

$P(1.\ \text{Wahl}) = P(ppp) = 0{,}7268$

$P(2.\ \text{Wahl}) = P(ppn) + P(pnp) + P(npp) = 0{,}1283 + 0{,}0383 + 0{,}0808 = 0{,}2474$

$P(\text{Ausschuss}) = P(pnn) + P(npn) + P(nnp) + P(nnn) = 0{,}0068 + 0{,}0143 + 0{,}0043 + 0{,}0008 = 0{,}0262$

Das Baumdiagramm kann vereinfacht werden, denn nach zwei negativen Kontrollergebnissen braucht man nicht weiter zu testen – der restliche Teilbaum könnte entfallen. Oder man beschränkt sich in der Darstellung nur auf die Pfade, die zu den Ereignissen „1. Wahl“ bzw. „2. Wahl“ gehören, und bestimmt die Wahrscheinlichkeit für das Ereignis „Ausschussware“ mithilfe der Komplementärregel.

Beispiele 2 *Komplementärregel*

Man wendet die Komplementärregel an, wenn es einfacher ist, die Wahrscheinlichkeit des Gegenereignisses zu bestimmen (vgl. oben). Dies ist auch oft der Fall, wenn in der Aufgabenstellung das Wort „mindestens" verwendet wird.

(1) Klassisches Geburtstagsproblem: Wie groß ist die Wahrscheinlichkeit, dass unter k zufällig ausgewählten Personen mindestens zwei sind, die am gleichen Tag Geburtstag haben?
Es ist leichter und weniger aufwändig, das Gegenereignis zum gesuchten Ereignis zu betrachten: „die k zufällig ausgewählten Personen haben lauter verschiedene Geburtstage".

$P(\text{2 Personen haben lauter verschiedene Geburtstage}) = \frac{364}{365} = \frac{365 \cdot 364}{365^2}$

$P(\text{3 Personen haben lauter verschiedene Geburtstage}) = \frac{365 \cdot 364 \cdot 363}{365^3}$

$P(\text{4 Personen haben lauter verschiedene Geburtstage}) = \frac{365 \cdot 364 \cdot 363 \cdot 362}{365^4}$

usw.

$P(\text{k Personen haben lauter verschiedene Geburtstage}) = \frac{365 \cdot 364 \cdot \ldots \cdot (366 - k)}{365^k}$

$P(\text{Mindestens zwei Personen mit gleichem Geburtstag}) = 1 - \frac{365 \cdot 364 \cdot \ldots \cdot (366 - k)}{365^k}$

(2) Da die Ereignisse „Mindestens ein Erfolg" und „Lauter Misserfolge" bei einem n-stufigen Bernoulli-Versuch Gegenereignisse voneinander sind, ergänzen sich die Wahrscheinlichkeiten zu 1:
$P(X = 0) = q^n$ und $P(X \geq 1) = 1 - P(X = 0) = 1 - q^n$

I3 Daten aus Vierfeldertafeln als Wahrscheinlichkeiten von zweistufigen Zufallsversuchen interpretieren sowie Vierfeldertafeln zur Umkehrung von Baumdiagrammen nutzen.

In einer Vierfeldertafel wird erfasst, mit welchen relativen oder absoluten Häufigkeiten zwei Merkmalsausprägungen zweier Merkmale und auch deren Kombination auftreten.

Die Daten aus der Vierfeldertafel lassen sich auf zwei Arten in einem zweistufigen Baumdiagramm wiedergeben (auf der 1. Stufe wird das eine, auf der 2. Stufe das andere Merkmal betrachtet).
Umgekehrt lassen sich die Daten aus einem Baumdiagramm in eine Vierfeldertafel übertragen und daraus das andere („umgekehrte") Baumdiagramm entwickeln.

Beispiel 1

Im Jahr 2009 waren in Deutschland durchschnittlich ca. 34,203 Mio. Personen erwerbstätig, davon 16,199 Mio. Frauen. Von diesen hatten 7,412 Mio. eine Teilzeitbeschäftigung, insgesamt gab es 9,076 Mio. teilzeitbeschäftigte Personen.
Diese Daten kann man in eine Vierfeldertafel eintragen und fehlende Daten ergänzen (Tabelle links). Die Daten der Vierfeldertafel mit absoluten Häufigkeiten kann man auch als Vierfeldertafel mit relativen Häufigkeiten (rechts) notieren.

	Männer	Frauen	gesamt
Vollzeit	16,340	8,787	25,127
Teilzeit	1,664	7,412	9,076
gesamt	18,004	16,199	34,203

	Männer	Frauen	gesamt
Vollzeit	47,8 %	25,7 %	73,5 %
Teilzeit	4,9 %	21,7 %	26,5 %
gesamt	52,6 %	47,4 %	100,0 %

(Achtung: Bei den Prozentangaben sind rundungsbedingte Abweichungen möglich!)

Man kann diese Daten auch hierarchisch in Form eines Organigramms darstellen. Hier sind zwei Anordnungen möglich, je nachdem, welches Merkmal man als erstes betrachtet:

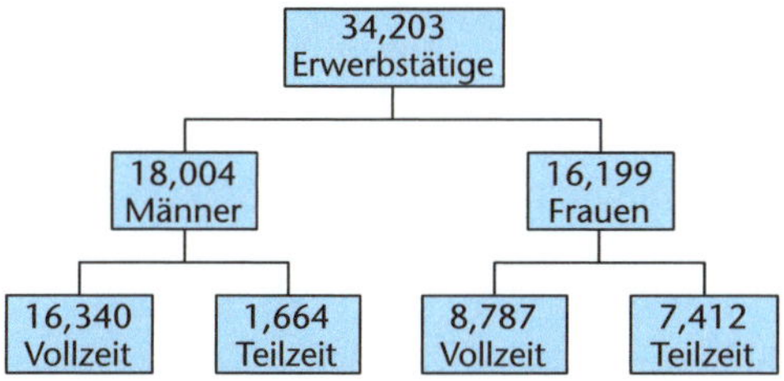

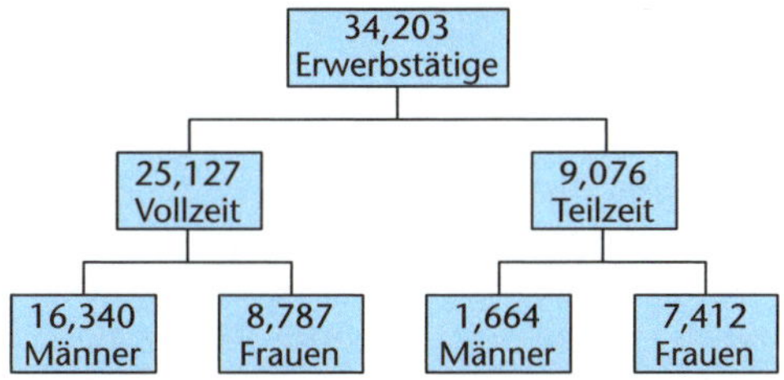

Die statistischen Daten lassen sich im Sinne eines Zufallsversuchs deuten: Aus der Gesamtheit aller Erwerbstätigen wird eine Person zufällig ausgewählt. Die Organigramme werden damit zu Baumdiagrammen. Die Wahrscheinlichkeiten auf der ersten Stufe der Baumdiagramme entsprechen den Summenfeldern der Vierfeldertafel von oben, beim Baumdiagramm links sind es die Summenfelder der Spalten, beim Baumdiagramm rechts die der Zeilen. Die am Ende der Pfade stehenden Pfad-Wahrscheinlichkeiten sind gerade die Daten aus den inneren Feldern der Vierfeldertafel.

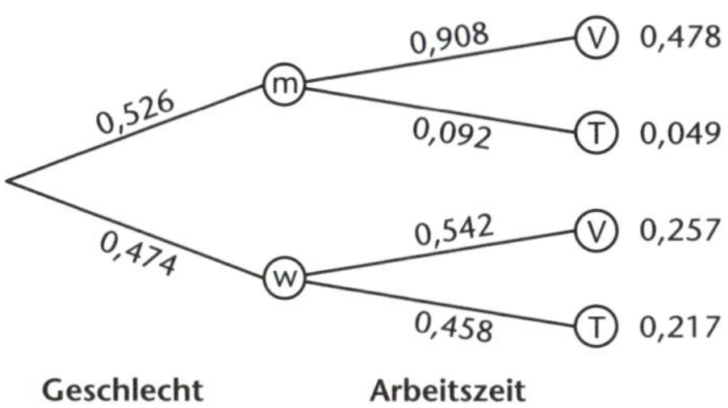

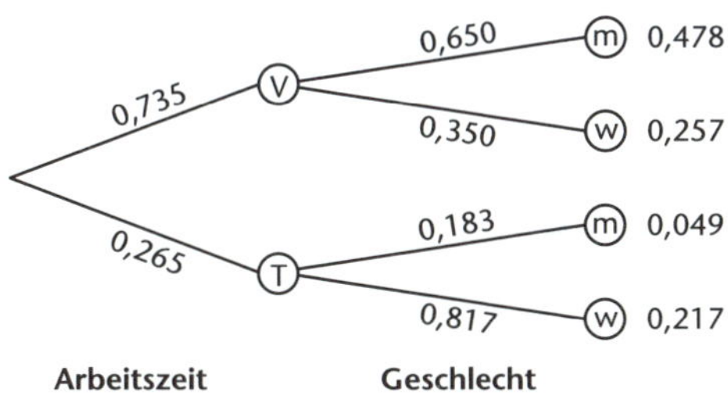

Zu den Baumdiagrammen lassen sich kurze Zeitungsartikel verfassen, die alle wesentlichen Daten enthalten, aber wegen der unterschiedlichen Reihenfolge unterschiedliche Akzente setzen:

- 52,6 % der Erwerbstätigen in Deutschland sind Männer; von diesen üben 90,8 % eine Vollzeittätigkeit aus. Von den erwerbstätigen Frauen haben nur 54,2 % einen Vollzeitjob.
- 73,5 % der Erwerbstätigen in Deutschland haben einen Vollzeitjob; von diesen sind 65,0 % Männer. Teilzeitjobs sind überwiegend Frauensache: In 81,7 % der Teilzeitstellen sind Frauen beschäftigt.

Beispiel 2

Bei Infektionskrankheiten ist es wichtig, dass man schnell die Art der Krankheit erkennt, damit man sie bekämpfen kann. Hierzu führt man Schnelltests durch, die allerdings Mängel haben: Manchmal wird eine Krankheit angezeigt, obwohl sie nicht vorliegt; gelegentlich wird eine Krankheit nicht angezeigt, obwohl sie vorhanden ist.

Bei der Diagnostik sind die Empfindlichkeit (Sensitivität) des Tests, vor allem aber die Zuverlässigkeit positiver Testergebnisse (Spezifität) von besonderer Bedeutung. Sind die mit den Tests verbundenen Werte der Sensitivität bzw. Spezifität ungünstig und tritt die Krankheit vergleichsweise selten auf, dann ist auch die Wahrscheinlichkeit gering, dass eine Person, bei der ein Test positiv ausfällt, tatsächlich infiziert ist.

Man kann heute davon ausgehen, dass etwa 0,1 % der Bevölkerung Deutschlands HIV-infiziert ist.

Die vorliegenden Testverfahren zum Nachweis der Infektion haben mittlerweile eine hohe Sicherheit (Sensitivität): bei 99,9 % der tatsächlich Infizierten erfolgt positive Testreaktion; nur bei 0,3 % der nicht-infizierten Testpersonen wird irrtümlich eine Infektion angezeigt (Spezifität 99,7%).
Die Informationen lassen sich unmittelbar in ein Baumdiagramm übertragen (links):
1. Stufe: Infektion liegt vor – ja/nein, 2. Stufe: Testreaktion – positiv/negativ.
Die aus den Angaben berechneten Pfadwahrscheinlichkeiten kann man in die inneren Felder der Vierfeldertafel eintragen (rechts).

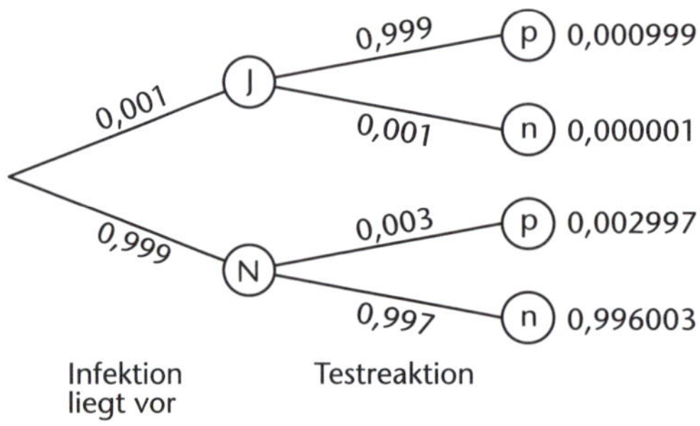

	Test positiv	Test negativ	gesamt
Infektion liegt vor	0,0999 %	0,0001 %	0,1 %
Infektion liegt nicht vor	0,2997 %	99,6003 %	99,9 %
gesamt	0,3996 %	99,6004 %	100,0 %

Von der Vierfeldertafel kommt man zum umgekehrten Baumdiagramm, indem man die Gesamtwahrscheinlichkeiten für einen positiven oder einen negativen Test aus der letzten Zeile der Vierfeldertafel entnimmt und diese auf der ersten Stufe des umgekehrten Baumdiagramms einträgt.
Die vier Pfad-Wahrscheinlichkeiten dieses Baumdiagramms können unverändert aus den inneren Feldern der Vierfeldertafel übernommen werden.

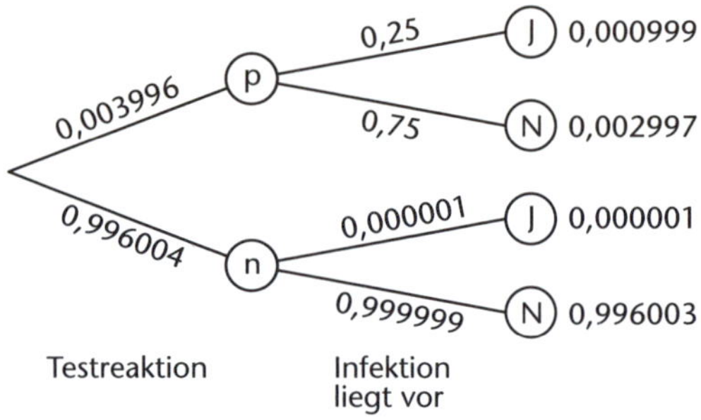

Nun können die noch fehlenden bedingten Wahrscheinlichkeiten für die unterschiedlichen Testreaktionen mithilfe der Pfadmultiplikationsregel durch Division der Pfad-Wahrscheinlichkeiten durch die Wahrscheinlichkeiten der ersten Stufe berechnet werden.

Zu den Informationen des umgekehrten Baumdiagramms kann man folgenden Text schreiben:
Führt man den HIV-Test mit zufällig ausgewählten Personen durch, dann wird in ungefähr 0,4% der Fälle eine positive Testreaktion zu beobachten sein. Die Wahrscheinlichkeit, dass eine Person mit positivem Testergebnis tatsächlich HIV-infiziert ist, beträgt allerdings nur ca. 25 %.
In 99,6 % der Fälle wird die Testreaktion negativ sein. Personen mit negativem Testergebnis sind nur mit vernachlässigbar geringer Wahrscheinlichkeit dennoch HIV-infiziert.

14 Bedingte Wahrscheinlichkeiten mithilfe des Satzes von Bayes bestimmen.

Ist A ein Ereignis, das von Interesse ist, und B eine Bedingung unter der man das Ereignis A betrachtet, dann berechnet sich die bedingte Wahrscheinlichkeit $P_B(A)$ für A unter der Bedingung B gemäß Pfadmultiplikationsregel als: $P_B(A) = \frac{P(A \cap B)}{P(B)}$

Der Satz von Bayes gibt an, wie man – ohne den Zwischenschritt einer Vierfeldertafel – die im Nenner stehende Wahrscheinlichkeit von P (B) unmittelbar berechnen kann:

$P(B) = P(A \cap B) + P(\overline{A} \cap B) = P(A) \cdot P_A(B) + P(\overline{A}) \cdot P_{\overline{A}}(B)$, also

$$P_B(A) = \frac{P(A \cap B)}{P(B)} = \frac{P(A) \cdot P_A(B)}{P(A) \cdot P_A(B) + P(\overline{A}) \cdot P_{\overline{A}}(B)}$$

Beispiel 1 *aus* 13 :

m = männlich, w = weiblich, V = vollzeitbeschäftigt

$$P_V(m) = \frac{P(V \cap m)}{P(V)} = \frac{P(V \cap m)}{P(m) \cdot P_m(V) + P(w) \cdot P_w(V)} = \frac{0{,}478}{0{,}478 + 0{,}257} = 0{,}650$$

Beispiel 2 *aus* 13 :

p = Testreaktion positiv, J = Infektion liegt vor, N = Infektion liegt nicht vor

$$P_p(J) = \frac{P(p \cap J)}{P(p)} = \frac{P(p \cap J)}{P(J) \cdot P_J(p) + P(N) \cdot P_N(p)} = \frac{0{,}000999}{0{,}000999 + 0{,}002997} = 0{,}250$$

15 Anhand von Vierfeldertafeln die Unabhängigkeit von Merkmalen nachweisen; LK zusätzlich: den Begriff der Unabhängigkeit von Ereignissen erläutern.

Der Begriff der **stochastischen Unabhängigkeit von Ereignissen** ist zunächst ein rein formaler Begriff:
Wenn zwischen zwei Ereignissen E1 und E2 die Beziehung **$P(E1 \cap E2) = P(E1) \cdot P(E2)$** gilt, dann sind E1 und E2 voneinander stochastisch unabhängig.
Werden die beiden Ereignisse E1 und E2 auf zwei Stufen eines Baumdiagramms betrachtet (wobei also das Ereignis $E1 \cap E2$ einen Pfad im Baumdiagramm darstellt), dann gilt die Multiplikationsregel:
$P(E1 \cap E2) = P(E1) \cdot P_{E1}(E2)$ oder
$P(E1 \cap E2) = P(E2) \cdot P_{E2}(E1)$ bei umgekehrter Anordnung der Stufen.
Aus der Beziehung $P(E1 \cap E2) = P(E1) \cdot P(E2)$ folgt dann
$P_{E1}(E2) = P(E2)$ bzw. $P_{E2}(E1) = P(E1)$,
was inhaltlich bedeutet: E2 hängt nicht von E1 ab und E1 hängt nicht von E2 ab.
In der Darstellung eines Vorgangs mithilfe von Baumdiagrammen bedeutet dies: Wenn auf der 2. Stufe der beiden möglichen Baumdiagramme gleiche Teilbäume auftreten, dann sind die betrachteten Merkmale (und zugehörigen Ereignisse) **voneinander unabhängig**, sonst **voneinander abhängig**.
Für die Darstellung mithilfe einer Vierfeldertafel gilt: Stehen die Wahrscheinlichkeiten in den Spalten oder in den Zeilen der Vierfeldertafel im gleichen Zahlenverhältnis, dann sind die zugehörigen Merkmale voneinander unabhängig, sonst voneinander abhängig.

Beispiel

Bei einem Bürgerentscheid über den Bebauungsplan einer Gemeinde konnten sich die Bürger zwischen den Alternativen A und B entscheiden. Die Zusammensetzung der Stimmen zeigen, dass das Abstimmungsverhalten **unabhängig** vom Geschlecht, aber **abhängig** vom Alter war.

- das Abstimmungsverhalten war unabhängig vom Geschlecht:

  Die Zahlen in den Zeilen und Spalten der Vierfeldertafel stehen im gleichen Zahlenverhältnis, beispielsweise:
  $22:33 = 18:27 = 40:60 = 2:3$
  $22:18 = 33:27 = 55:45 = 11:9$
  Die Teilbäume der 2. Stufe der Baumdiagramme stimmen überein.

		Abstimmungs-alternativen A	Abstimmungs-alternativen B	gesamt
Geschlecht	weiblich	22 %	33 %	55 %
	männlich	18 %	27 %	45 %
gesamt		40 %	60 %	100 %

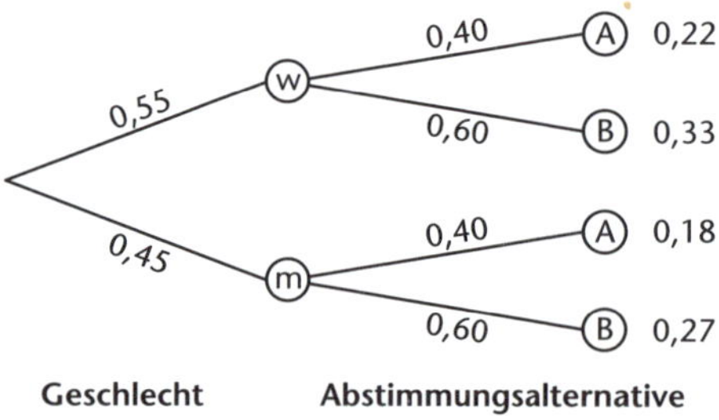

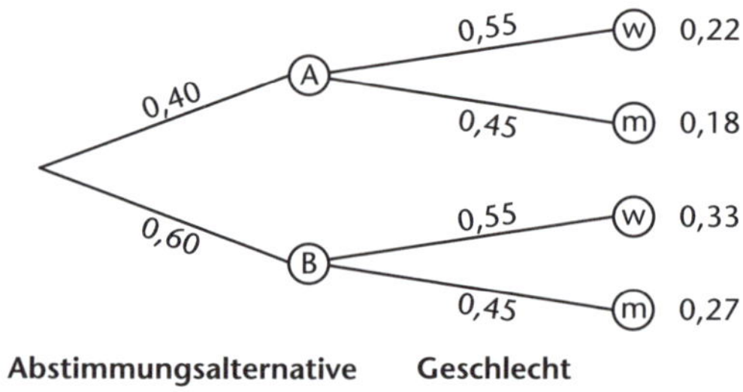

- das Abstimmungsverhalten war abhängig vom Alter:

  Die Zahlen in den Zeilen und Spalten der Vierfeldertafel stehen nicht im gleichen Zahlenverhältnis, beispielsweise:
  $16:30 \neq 24:30 \neq 40:60$
  $16:24 \neq 30:30 \neq 46:54$
  Die Teilbäume der 2. Stufe der Baumdiagramme stimmen nicht überein.

		Abstimmungs-alternativen A	Abstimmungs-alternativen B	gesamt
Alter	bis 40 J.	16 %	30 %	46 %
	über 40 J.	24 %	30 %	54 %
gesamt		40 %	60 %	100 %

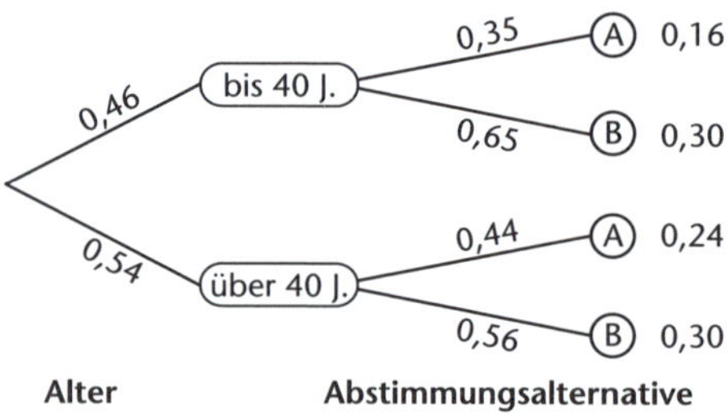

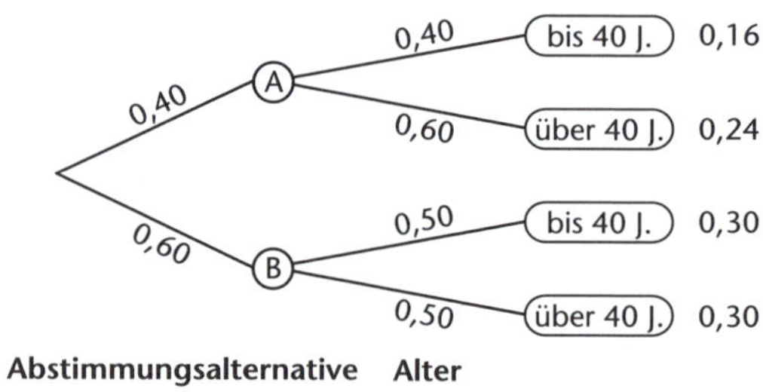

J1 Die Häufigkeitsverteilung eines Merkmals bestimmen sowie Mittelwert und Stichprobenstreuung berechnen.

(1) **Häufigkeitsverteilung**

Bei Erhebungen erfasst man, mit welchen **absoluten** oder **relativen Häufigkeiten** die verschiedenen möglichen **Ausprägungen** eines **Merkmals** auftreten. Eine Tabelle, in der jeder Ausprägung eines betrachteten Merkmals die relative Häufigkeit zugeordnet wird und in der die Summe der relativen Häufigkeiten 1 beträgt, wird als **Häufigkeitsverteilung** dieses Merkmals bezeichnet.

(2) **Arithmetisches Mittel**

Die Häufigkeitsverteilung eines quantitativen Merkmals, also eines Merkmals, dessen Ausprägungen Zahlen sind, lässt sich durch Lage- und Streumaße charakterisieren:

Das **arithmetische Mittel** $\overline{x}$ von m Merkmalswerten $x_1, x_2, x_3, \ldots, x_m$, erhält man, indem man die m Zahlen addiert und die Summe durch m teilt:

$$\overline{x} = \frac{1}{m} \cdot (x_1 + x_2 + x_3 + \ldots + x_m)$$

Wenn die verschiedenen Merkmalswerte nicht nur einmal, sondern mit den absoluten Häufigkeiten $H(x_1), H(x_2), H(x_3), \ldots, H(x_m)$ auftreten, dann berechnet man zunächst die Gesamtzahl der Werte $n = H(x_1) + H(x_2) + H(x_3) + \ldots + H(x_m)$ und hiermit dann das arithmetische Mittel:

$$\overline{x} = \frac{1}{n} \cdot [H(x_1) \cdot x_1 + H(x_2) \cdot x_2 + H(x_3) \cdot x_3 + \ldots + H(x_m) \cdot x_m]$$

Sind statt der absoluten Häufigkeiten $H(x_1), H(x_2), H(x_3), \ldots, H(x_m)$ die relativen Häufigkeiten $h(x_1), h(x_2), h(x_3), \ldots, h(x_m)$ gegeben, dann berechnet sich das **arithmetische Mittel $\overline{x}$ der Häufigkeitsverteilung** nach der Formel

$$\overline{x} = h(x_1) \cdot x_1 + h(x_2) \cdot x_2 + h(x_3) \cdot x_3 + \ldots + h(x_m) \cdot x_m$$

(3) **Streuung**

Man bezeichnet $\overline{x}$ auch als **gewichtetes Mittel** der Merkmalswerte $x_1, x_2, x_3, \ldots, x_m$. Die Streuung der Werte einer Stichprobe kann am einfachsten beschrieben werden durch die **Spannweite**, das ist die Differenz zwischen dem größten und kleinsten Wert einer Stichprobe; jedoch ist dieses Streumaß nicht robust: Ausreißerwerte haben unmittelbar Einfluss darauf, wie groß die Spannweite einer Datenmenge ist.

Die mittlere quadratische Abweichung der Daten einer Stichprobe vom Mittelwert $\overline{x}$ wird auch als **empirische Varianz $\overline{s}^2$** bezeichnet:

Für m einzelne Daten ist: $\overline{s}^2 = \frac{1}{m} \cdot [(x_1 - \overline{x})^2 + (x_2 - \overline{x})^2 + (x_3 - \overline{x})^2 + \ldots + (x_m - \overline{x})^2]$

Für eine Häufigkeitsverteilung mit relativen Häufigkeiten $h(x_1), h(x_2), h(x_3), \ldots, h(x_m)$ gilt entsprechend:

$$\overline{s}^2 = (x_1 - \overline{x})^2 \cdot h(x_1) + (x_2 - \overline{x})^2 \cdot h(x_2) + (x_3 - \overline{x})^2 \cdot h(x_3) + \ldots + (x_m - \overline{x})^2 \cdot h(x_m)$$

Die Wurzel $\bar{s}$ aus der empirischen Varianz wird als **empirische Standardabweichung** oder auch als **Stichprobenstreuung** bezeichnet.

Den Term für $\bar{s}^2$ kann man umformen und erhält eine vereinfachte Berechnungsformel:

$\bar{s}^2 = [x_1^2 \cdot h(x_1) + x_2^2 \cdot h(x_2) + x_3^2 \cdot h(x_3) + \ldots + x_m^2 \cdot h(x_m)] - \bar{x}^2$

Beispiele

(1) In einem Kurs wurde erfasst, wie viele Schüler/innen Geschwister haben:

Anzahl k der Geschwister	0	1	2	3
absolute Häufigkeit H (k) der Schüler/innen mit k Geschwistern	11	9	4	1

Insgesamt sind in der Häufigkeitverteilung mit absoluten Häufigkeiten $n = 11 + 9 + 4 + 1 = 25$ Daten erfasst; das arithmetische Mittel ist daher

$\bar{x} = \frac{1}{25} \cdot (11 \cdot 0 + 9 \cdot 1 + 4 \cdot 2 + 1 \cdot 3) = \frac{20}{25} = 0{,}8.$

Im Mittel haben die Schüler/innen des Kurses also 0,8 Geschwister.

(2) In einer großen Stichprobe wurde die Anzahl der nicht-volljährigen Kinder in Haushalten erfasst:

Anzahl k der Kinder	0	1	2	3	4	5
relative Häufigkeit h (k) der Familien mit k Kindern	48,3 %	21,2 %	21,3 %	6,9 %	1,8 %	0,6 %

Wäre dies beispielsweise eine Stichprobe vom Umfang n = 1000 gewesen, dann hätte man das arithmetische Mittel wie in (1) berechnen können:

$\bar{x} = \frac{1}{1000} \cdot (483 \cdot 0 + 211 \cdot 1 + 213 \cdot 2 + 69 \cdot 3 + 18 \cdot 4 + 6 \cdot 5) = \frac{946}{1000} = 0{,}946$

Den Bruch zur Berechnung von $\bar{x}$ kann man auch wie folgt schreiben:

$\bar{x} = \frac{483}{1000} \cdot 0 + \frac{211}{1000} \cdot 1 + \frac{213}{1000} \cdot 2 + \frac{69}{1000} \cdot 3 + \frac{18}{1000} \cdot 4 + \frac{6}{1000} \cdot 5$

$= 0{,}483 \cdot 0 + 0{,}211 \cdot 1 + 0{,}213 + 2 \cdot 0{,}069 + 3 + 0{,}018 \cdot 4 + 0{,}006 \cdot 5 = 0{,}946$

Im Mittel sind in den erfassten Haushalten 0,946 Kinder.
Die empirische Varianz ist hier:

$\bar{s}^2 = (0 - 0{,}946)^2 \cdot 0{,}483 + (1 - 0{,}946)^2 \cdot 0{,}211 + (2 - 0{,}946)^2 \cdot 0{,}213$
$+ (3 - 0{,}946)^2 \cdot 0{,}069 + (4 \cdot 0{,}946)^2 \cdot 0{,}018 + (5 - 0{,}946)^2 \cdot 0{,}0006$
$= (0^2 \cdot 0{,}483 + 1^2 \cdot 0{,}211 + 2^2 \cdot 0{,}213 + 3^2 \cdot 0{,}069 + 4^2 \cdot 0{,}018 + 5^2 \cdot 0{,}006) - 0{,}946^2$
$\approx 1{,}227$

Die empirische Standardabweichung (Stichprobenstreuung) beträgt $\bar{s} = \sqrt{1{,}227} \approx 1{,}108$.

J2 Die Wahrscheinlichkeitsverteilung einer Zufallsgröße bestimmen sowie den Erwartungswert und die Standardabweichung der Zufallsgröße berechnen.

Zufallsgrößen sind Funktionen, die jedem Ergebnis eines Zufallsversuchs eine Zahl zuordnen.

Eine Liste mit den möglichen Werten der Zufallsgröße und den dazu gehörenden Wahrscheinlichkeiten wird als **Wahrscheinlichkeitsverteilung** bezeichnet.

Wahrscheinlichkeitsverteilungen werden durch Abzählen der zugehörigen Ergebnisse in der Ergebnismenge bestimmt oder aufgrund von einheitlichen Strukturen mithilfe eines Terms berechnet (vgl. Beispiele).

Der **Erwartungswert einer Zufallsgröße** ist der Mittelwert der Wahrscheinlichkeitsverteilung der Zufallsgröße, d. h. das gewichtete Mittel der Werte, welche die Zufallsgröße annehmen kann.

$$E(X) = \mu = a_1 \cdot P(X = a_1) + a_2 \cdot P(X = a_2) + \ldots + a_m \cdot P(X = a_m) = \sum_{i=1}^{m} a_i \cdot P(X = a_i)$$

Die Berechnung erfolgt mithilfe der um eine Spalte erweiterten Tabelle der Verteilung, in der das Produkt $a_i \cdot P(X = a_i)$ eingetragen wird.

Für einzelne Verteilungen gibt es Formeln, mit deren Hilfe der Erwartungswert direkt berechnet werden kann, z. B. bei der Binomialverteilung gilt: $\mu = n \cdot p$, wobei n die Anzahl der Stufen und p die Erfolgswahrscheinlichkeit des BERNOULLI-Versuchs ist.

Die **Varianz einer Zufallsgröße** ist die mittlere quadratische Abweichung der Werte der Zufallsgröße vom Erwartungswert der Zufallsgröße:

$$V(X) = \sigma^2 = (a_1 - \mu)^2 \cdot P(X = a_1) + (a_2 - \mu)^2 \cdot P(X = a_2) + \ldots + (a_m - \mu)^2 \cdot P(X = a_m)$$

$$= \sum_{i=1}^{m} (a_i - \mu)^2 \cdot P(X = a_i)$$

dabei ist σ die Standardabweichung der Zufallsgröße.

Die Varianz kann nach Definition berechnet werden (eine weitere Spalte mit $(a_i - \mu)^2 \cdot P(X = a_i)$ ergänzen) oder mithilfe einer durch Anwendung der binomischen Formel vereinfachten Darstellung (eine weitere Spalte mit $a_i^2 \cdot P(X = a_i)$ ergänzen):

$$V(X) = \sigma^2 = [a_1^2 \cdot P(X = a_1) + a_2^2 \cdot P(X = a_2) + \ldots + a_m^2 \cdot P(X = a_m)] - \mu^2 = \left(\sum_{i=1}^{m} a_i^2 \cdot P(X = a_i)\right) - \mu^2$$

Für einzelne Verteilungen gibt es Formeln, mit deren Hilfe die Varianz direkt berechnet werden kann, z. B. bei der Binomialverteilung gilt $\sigma^2 = n \cdot p \cdot (1 - p)$, wobei n die Anzahl der Stufen und p die Erfolgswahrscheinlichkeit des BERNOULLI-Versuchs ist.

Beispiel 1

Die Verteilung der Zufallsgröße
X: *Augensumme beim doppelten Hexaederwurf*
erhält man durch Abzählen der Ergebnisse, welche die Augensumme 2, 3, 4, …, 12 ergeben.

(1|1)	(1|2)	(1|3)	(1|4)	(1|5)	(1|6)
(2|1)	(2|2)	(2|3)	(2|4)	(2|5)	(2|6)
(3|1)	(3|2)	(3|3)	(3|4)	(3|5)	(3|6)
(4|1)	(4|2)	(4|3)	(4|4)	(4|5)	(4|6)
(5|1)	(5|2)	(5|3)	(5|4)	(5|5)	(5|6)
(6|1)	(6|2)	(6|3)	(6|4)	(6|5)	(6|6)

k	zugehörige Ergebnisse	P (X = k)	k · P (X = k)	$(k-7)^2 \cdot P(X=k)$
2	(1|1)	1/36	2/36	25/36
3	(1|2), (2|1)	2/36	6/36	32/36
4	(1|3), (2|2), (3|1)	3/36	12/36	27/36
5	(1|4), (2|3), (3|2), (4|1)	4/36	20/36	16/36
6	(1|5), (2|4), (3|3), (4|2), (5|1)	5/36	30/36	5/36
7	(1|6), (2|5), (3|4), (4|3), (5|2), (6|1)	6/36	42/36	0
8	(2|6), (3|5), (4|4), (5|3), (6|2)	5/36	40/36	5/36
9	(3|6), (4|5), (5|4), (6|3)	4/36	36/36	16/36
10	(4|6), (5|5), (6|4)	3/36	30/36	27/36
11	(5|6), (6|5)	2/36	22/36	32/36
12	(6|6)	1/36	12/36	25/36
	Summe	**1**	**E (X) = 7**	**V (X) = 35/6**

Beispiel 2

In einer Urne sind drei rote und zwei grüne Kugeln. Nacheinander werden Kugeln ohne Zurücklegen gezogen. Die Verteilung der Zufallsgröße X: *Anzahl der notwendigen Ziehungen, bis zwei grüne Kugeln gezogen sind* lässt sich mithilfe eines Baumdiagramms bestimmen.

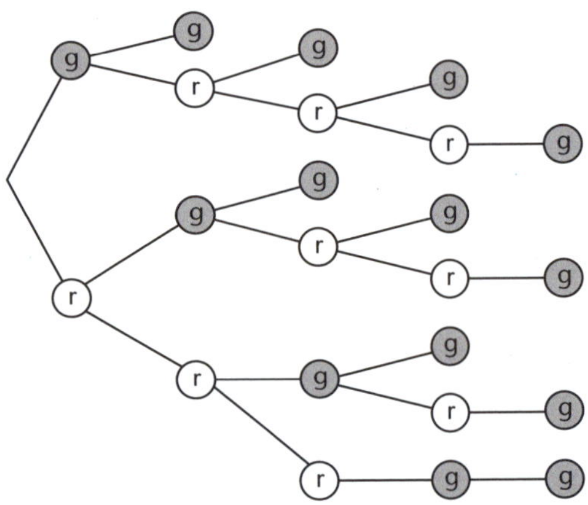

$$P(X=2) = \frac{2 \cdot 1}{5 \cdot 4} = \frac{1}{10}$$

$$P(X=3) = 2 \cdot \frac{3 \cdot 2 \cdot 1}{5 \cdot 4 \cdot 3} = \frac{1}{5}$$

$$P(X=4) = 3 \cdot \frac{3 \cdot 2 \cdot 2 \cdot 1}{5 \cdot 4 \cdot 3 \cdot 2} = \frac{3}{10}$$

$$P(X=5) = 4 \cdot \frac{3 \cdot 2 \cdot 1 \cdot 2 \cdot 1}{5 \cdot 4 \cdot 3 \cdot 2 \cdot 1} = \frac{2}{5}$$

Für den Erwartungswert und die Varianz ergibt sich:

k	P (X = k)	k · P (X = k)	$(k-4)^2 \cdot P(X=k)$
2	0,1	0,2	0,4
3	0,2	0,6	0,2
4	0,3	1,2	0
5	0,4	2,0	0,4
Summe	**1**	**E (X) = 4**	**V (X) = 1**

E (X) = 4 bedeutet: Im Mittel benötigt man 4 Ziehungen, bis zwei grüne Kugeln gezogen sind.

Beispiel 3

Ein Glücksspiel wird als **fair** bezeichnet, wenn der Erwartungswert der Auszahlung gleich dem Spieleinsatz ist.

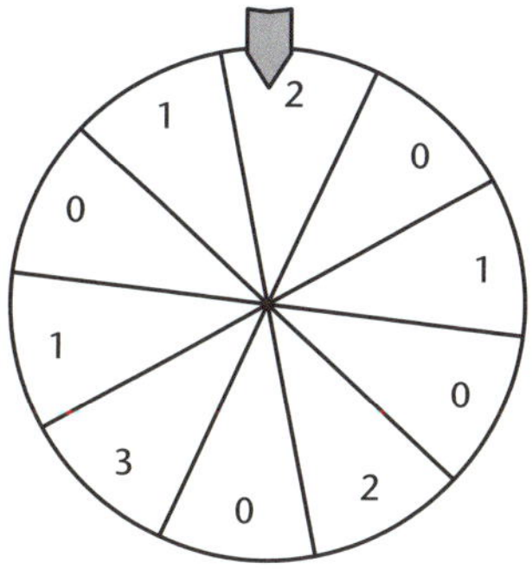

Bei dem Glücksrad rechts wird der in dem Sektor stehende Betrag in Euro ausgezahlt, wenn der Zeiger auf diesem Sektor stehen bleibt. Der Erwartungswert der Zufallsgröße X: *Auszahlung in Euro* berechnet sich wie folgt:

$E(X) = \frac{4}{10} \cdot 0 + \frac{3}{10} \cdot 1 + \frac{2}{10} \cdot 2 + \frac{1}{10} \cdot 3 = 1,$

d. h., das Spiel ist fair, wenn der Spieleinsatz 1 Euro beträgt.

J3 Geeignete Zufallsversuche mithilfe des Binomialmodells beschreiben und Wahrscheinlichkeiten mithilfe der BERNOULLI-Formel berechnen und erläutern, unter welchen Bedingungen auch Ziehvorgänge ohne Zurücklegen näherungsweise als BERNOULLI-Versuche interpretiert werden können.

Ein n-stufiger **BERNOULLI-Versuch** ist ein n-stufiger Zufallsversuch, bei dem man sich nur dafür interessiert, ob ein bestimmtes Ergebnis (= „Erfolg") eintritt oder nicht („Misserfolg"). Während der Versuchsdurchführungen ändert sich die Wahrscheinlichkeit für das interessierende Ergebnis nicht (Erfolgswahrscheinlichkeit p bzw. Misserfolgswahrscheinlichkeit $q = 1 - p$ des BERNOULLI-Versuchs).
Die Zufallsgröße X zählt, wie oft der Erfolg eintritt (X: *Anzahl der Erfolge*).

Ein n-stufiger BERNOULLI-Versuch kann 0 Erfolge, 1 Erfolg, ..., n Erfolge haben. Würde man das zugehörige Baumdiagramm zeichnen, dann hätte dieses 2^n Verzweigungen.

Zum Ereignis $X = k$ gehören $\binom{n}{k}$ Pfade, denn es gibt $\binom{n}{k}$ Möglichkeiten,

aus den n Stufen k auszuwählen, auf denen ein Erfolg stattfindet. Jeder Pfad mit k Erfolgen und $n - k$ Misserfolgen hat nach Pfadmultiplikationsregel die Wahrscheinlichkeit $p^k \cdot (1 - p)^{n-k}$.

Daher gilt die **BERNOULLI-Formel:** Die Wahrscheinlichkeit für k Erfolge berechnet sich mithilfe von $P(X = k) = \binom{n}{k} \cdot p^k \cdot (1 - p)^{n-k}$.

Die Wahrscheinlichkeitsverteilung der Zufallsgröße X heißt **Binomialverteilung**.
Man kann die Wahrscheinlichkeit für k Erfolge beim n-stufigen BERNOULLI-Versuch auch iterativ berechnen:

$P(X = 0) = P(\text{lauter Misserfolge}) = q^n$

$P(X = k) = \frac{n - k + 1}{k} \cdot \frac{p}{q} \cdot P(X = k - 1)$ für $k = 1, 2, \ldots, n$

Ziehen mit und ohne Zurücklegen: Beim mehrfachen Ziehen aus einer Urne ohne Zurücklegen verändert sich der Inhalt der Urne bei jeder Ziehung. Die Wahrscheinlichkeiten für bestimmte Ziehungsergebnisse lassen sich mithilfe der **hypergeometrischen** Verteilung berechnen.
Ist jedoch das Verhältnis des Umfangs der Gesamtheit (Inhalt der Urne) zum Umfang der Stichprobe groß, dann können Wahrscheinlichkeiten in guter Näherung mit einem Binomialansatz berechnet werden.

Beispiele *Bernoulli-Versuche*

(1) Beim Hexaederwurf kann man „Augenzahl 6“ als *Erfolg* und die übrigen Augenzahlen als *Misserfolg* interpretieren. Erfolgswahrscheinlichkeit ist dann $p = \frac{1}{6}$, Misserfolgswahrscheinlichkeit $q = 1 - p = \frac{5}{6}$.

(2) In Deutschland ist die Wahrscheinlichkeit für die Geburt eines Mädchen 48,6 %, die eines Jungen 51,4 %. Die Zuordnung der Begriffe „Erfolg“, „Misserfolg“ ist willkürlich.

(3) Für den 6-stufigen Bernoulli-Versuch mit p = 0,2 ergibt sich:

$P(X = 0) = 0{,}8^6 = 0{,}262$

$P(X = 1) = \binom{6}{1} \cdot 0{,}2^1 \cdot 0{,}8^5 = 0{,}393$ oder iterativ: $P(X = 1) = \frac{6}{1} \cdot \frac{0{,}2}{0{,}8} \cdot P(X = 0) = 0{,}393$

$P(X = 2) = \binom{6}{2} \cdot 0{,}2^2 \cdot 0{,}8^4 = 0{,}246$ oder iterativ: $P(X = 2) = \frac{5}{2} \cdot \frac{0{,}2}{0{,}8} \cdot P(X = 1) = 0{,}246$

$P(X = 3) = \binom{6}{3} \cdot 0{,}2^3 \cdot 0{,}8^3 = 0{,}082$ oder iterativ: $P(X = 3) = \frac{4}{3} \cdot \frac{0{,}2}{0{,}8} \cdot P(X = 2) = 0{,}082$

$P(X = 4) = \binom{6}{4} \cdot 0{,}2^4 \cdot 0{,}8^2 = 0{,}015$ oder iterativ: $P(X = 4) = \frac{3}{4} \cdot \frac{0{,}2}{0{,}8} \cdot P(X = 3) = 0{,}015$

$P(X = 5) = \binom{6}{5} \cdot 0{,}2^5 \cdot 0{,}8^1 = 0{,}0015$ oder iterativ: $P(X = 5) = \frac{2}{5} \cdot \frac{0{,}2}{0{,}8} \cdot P(X = 4) = 0{,}0015$

$P(X = 6) = 0{,}2^6 = 0{,}00006$ oder iterativ: $P(X = 6) = \frac{1}{6} \cdot \frac{0{,}2}{0{,}8} \cdot P(X = 5) = 0{,}00006$

Beispiel *Ziehen mit bzw. ohne Zurücklegen*

Aus einer Urne mit 6 roten und 4 grünen Kugeln werden drei Kugeln ohne Zurücklegen gezogen.
Betrachtet man die **hypergeometrisch** verteilte Zufallsgröße X: *Anzahl der roten Kugeln in der Stichprobe*, dann ist:

$P(X = k) = \frac{\binom{6}{k} \cdot \binom{4}{3-k}}{\binom{10}{3}}$ für k = 0, 1, 2, 3

Betrachtet man dagegen das dreifache Ziehen einer Kugel aus einer Urne mit 60 roten und 40 grünen Kugeln, dann kann näherungsweise auch mit

$P(X = k) = \binom{3}{k} \cdot 0{,}6^k \cdot 0{,}4^{3-k}$

gerechnet werden.

Vergleich der Wahrscheinlichkeiten:

k	Binomialansatz	Hypergeometrischer Ansatz
0	0,0640	0,0611
1	0,2880	0,2894
2	0,4320	0,4378
3	0,2160	0,2116

J4 Das Auslastungsmodell und das Kugel-Fächer-Modell bei der Berechnung von Wahrscheinlichkeiten anwenden.

Bei der vereinfachten **Modellierung der Auslastung** von Maschinen vernachlässigt man die Tatsache, dass diese Maschinen oft ohne Unterbrechung über einen längeren Zeitraum benutzt werden.
Man betrachtet vereinfacht einen beliebigen Zeitpunkt und prüft für jeden Mitarbeiter, ob er die Maschine benötigt oder nicht. Die Erfolgswahrscheinlichkeit ergibt sich aus der durchschnittlichen Benutzungsdauer pro Mitarbeiter.

Beim **Kugel-Fächer-Modell** werden n Kugeln zufällig auf f Fächer verteilt. Eine der klassischen Fragestellungen lautet:
Mit welcher Wahrscheinlichkeit ist ein beliebiges Fach leer? Mit welcher Wahrscheinlichkeit enthält ein beliebiges Fach mindestens eine Kugel? (Rosinenproblem)
Die Modellierung besteht darin, dass man ein bestimmtes Fach betrachtet und für jede der n Kugeln entscheidet, ob die Kugel in dieses Fach fällt (Erfolg mit Wahrscheinlichkeit $p = \frac{1}{f}$) oder nicht (Misserfolg). Der Zufallsversuch ist daher n-stufig.

Die Wahrscheinlichkeitsberechnung nach dem Binomialansatz lautet:
$P(X = k) = \binom{n}{k} \cdot \left(\frac{1}{f}\right)^k \cdot \left(1 - \frac{1}{f}\right)^{n-k}$
Konkret interessiert, ob das betrachtete Fach leer bleibt: $P(X = 0) = \left(1 - \frac{1}{f}\right)^n$
oder mindestens eine Kugel enthält: $P(X \geq 1) = 1 - \left(1 - \frac{1}{f}\right)^n$

Beispiel *Auslastungsmodell*

Bestimmte Büromaschinen werden von 10 Mitarbeitern für ungefähr 10 Minuten pro Stunde benötigt. Mit welcher Wahrscheinlichkeit genügen zwei (drei) Maschinen?

Binomialansatz für die Zufallsgröße
X: *Anzahl der zu einem beliebigen Zeitpunkt benötigten Maschinen*; $n = 10$; $p = \frac{10}{60} = \frac{1}{6}$

$P(X = 0) = 0{,}162$; $P(X = 1) = 0{,}323$; $P(X = 2) = 0{,}291$; $P(X = 3) = 0{,}155$
und weiter: $P(X \leq 2) = 0{,}775$; $P(X \leq 3) = 0{,}930$

d. h. mit einer Wahrscheinlichkeit von 22,5 % reichen zwei Büromaschinen nicht aus; mit einer Wahrscheinlichkeit von 7 % kann es sogar vorkommen, dass mehr als drei Maschinen gleichzeitig benötigt werden.

Beispiel *Rosinenproblem*

400 Rosinen werden in den Teig von 100 Rosinenbrötchen eingeknetet.

Aus dem Binomialansatz mit Zufallsgröße X: *Anzahl der in einem bestimmten (beliebigen) Brötchen enthaltenen Rosinen*; $n = 400$; $p = \frac{1}{100}$ ergibt sich:

$P(X = 0) = 0{,}99^{400} = 0{,}018 \approx 2\,\%$

Folgerung: Mit einer Wahrscheinlichkeit von 98,2 % enthält ein beliebig ausgewähltes Brötchen mindestens eine Rosine.
Mithilfe der **Häufigkeitsinterpretation** kann man sich eine bessere Vorstellung verschaffen: Bezogen auf die 100 Brötchen bedeutet dies: ungefähr 2 Brötchen enthalten keine Rosine, 98 Brötchen enthalten mindestens eine Rosine.

J5 Berechnen, wie oft ein Bernoulli-Versuch mindestens durchgeführt werden muss, um mit einer gegebenen Mindestwahrscheinlichkeit mindestens einen Erfolg zu erzielen.

Gegeben ist ein n-stufiger Bernoulli-Versuch mit Erfolgswahrscheinlichkeit p.
Die Zufallsgröße ist X: *Anzahl der Erfolge.*
Die Wahrscheinlichkeit für mindestens einen Erfolg wird mithilfe der Komplementärregel berechnet: Man betrachtet das Gegenereignis (lauter Misserfolge im n-stufigen Bernoulli-Versuch).
Die Wahrscheinlichkeit für lauter Misserfolge ist: $P(X = 0) = q^n$
Für die Wahrscheinlichkeit für mindestens einen Erfolg $P(X \geq 1) = 1 - q^n$ muss die Bedingung $P(X \geq 1) \geq M$ erfüllt sein.
Aus der Gleichung $1 - q^n \geq M$ bestimmt man die gesuchte Anzahl n durch Probieren oder Logarithmieren.

Beispiel

Wie oft muss ein Ikosaeder mindestens geworfen werden, damit mit einer Wahrscheinlichkeit von mindestens M = 90 % mindestens einmal Augenzahl 1 gefallen sein wird?

Hier ist $p = \frac{1}{20} = 0{,}05$; also $q = 0{,}95$.

P(lauter Misserfolge) = P(n Würfe ohne Augenzahl 1) = $0{,}95^n$
Gesucht ist also die Anzahl n, sodass $P(X \geq 1) = 1 - 0{,}95^n \geq 0{,}90$
Aus der Ungleichung $0{,}95^n \leq 0{,}10$ erhält man $n \geq 45$

Methode 1: Logarithmieren der Ungleichung (Basis des Logarithmus beliebig)

$$0{,}95^n \leq 0{,}10 \Leftrightarrow n \cdot \log(0{,}95) \leq \log(0{,}1) \Leftrightarrow n \geq \frac{\log(0{,}1)}{\log(0{,}95)} \approx 44{,}89$$

Hinweis: Bei der Division durch log(0,95) – dies ist eine negative Zahl – kehrt sich das Ungleichheitszeichen um (sogenanntes Inversionsgesetz).

Methode 2: Man sucht in der Wertetabelle der Funktion f mit $f(x) = 0{,}95^x$ denjenigen Wert von x, für den sich $f(x) \approx 0{,}1$ ergibt. Beim GTR beispielsweise lassen sich die Funktionswerte mithilfe der TABLE-Funktionen ablesen; hierbei wählt man ΔTBL = 1 und findet so diejenige natürliche Zahl x, von der ab die Bedingung erfüllt ist:

x	$0{,}95^x$
...	...
43	0,1102
44	0,1047
45	0,0994
46	0,0945
...	...

J6 Den Erwartungswert und die Standardabweichung von Binomialverteilungen berechnen und mithilfe der Sigma-Regeln Umgebungen um den Erwartungswert bei vorgegebener Wahrscheinlichkeit der Umgebung bestimmen.

Erwartungswert und Standardabweichung von Binomialverteilungen

Für Binomialverteilungen ist der Erwartungswert $E(X) = \mu = n \cdot p$

Dies ist plausibel, denn das Produkt $n \cdot p$ entspricht genau der Häufigkeitsinterpretation der Wahrscheinlichkeit p in einem n-stufigen Zufallsversuch. Das Maximum einer Binomialverteilung liegt in der Nähe von $\mu = n \cdot p$.
Die Varianz wird nach der Formel $V(X) = \sigma^2 = n \cdot p \cdot (1 - p) = n \cdot p \cdot q$ berechnet.

Sigma-Regeln

Falls $\sigma > 3$ (LAPLACE-Bedingung), dann gilt für symmetrische Umgebungen des Erwartungswerts von Binomialverteilungen bei großem Stichprobenumfang:
$P(\mu - 1{,}64\sigma \le X \le \mu + 1{,}64\sigma) \approx 90\,\%$
$P(\mu - 1{,}96\sigma \le X \le \mu + 1{,}96\sigma) \approx 95\,\%$
$P(\mu - 2{,}58\sigma \le X \le \mu + 2{,}58\sigma) \approx 99\,\%$
Die Sigma-Regeln geben nur Näherungswerte für die Wahrscheinlichkeiten der Umgebungen an. Bei der Anwendung der Sigma-Regeln im Rahmen der Beurteilenden Statistik (vgl. hierzu auch Basiswissen K1 ff. und K3 ff.) rundet man daher meistens „zur sicheren Seite" (d. h. nach außen), damit die vorgegebene Intervall-Wahrscheinlichkeit „sicher" erfüllt ist (oder man bestimmt das ungefähre Intervall nach den Sigma-Regeln, berechnet dann die exakte Wahrscheinlichkeit für das Intervall und korrigiert danach die Intervallgrenzen, falls dies erforderlich ist).

Beispiel *Berechnung von Erwartungswert und Varianz*

(1) $n = 120$; $p = \frac{1}{6}$: $\mu = 120 \cdot \frac{1}{6} = 20$, d. h. im Mittel ist bei 120 Hexaederwürfen 20-mal Augenzahl 6 zu erwarten.

Für die Varianz gilt: $V(X) = \sigma^2 = 120 \cdot \frac{1}{6} \cdot \frac{5}{6} = \frac{50}{3}$, die Standardabweichung ist $\sigma \approx 4{,}08$.

(2) $n = 100$; $p = 0{,}5$: $\mu = 100 \cdot 0{,}5 = 50$, d. h. im Mittel ist bei 100 Münzwürfen 50-mal Wappen zu erwarten.

Für die Varianz gilt: $V(X) = \sigma^2 = 100 \cdot 0{,}5 \cdot 0{,}5 = 25$, die Standardabweichung ist $\sigma = 5$.

Beispiel *Berechnung von Sigma-Umgebungen*

$n = 100$; $p = 0{,}5$; $\mu = 50$; $\sigma = 5$

$P(\mu - 1{,}64\sigma \le X \le \mu + 1{,}64\sigma) \approx 90\,\%$:
$P(50 - 1{,}64 \cdot 5 \le X \le 50 + 1{,}64 \cdot 5)$
$\approx P(42 \le X \le 58) = 0{,}911$

$P(\mu - 1{,}96\sigma \le X \le \mu + 1{,}96\sigma) \approx 95\,\%$:
$P(50 - 1{,}96 \cdot 5 \le X \le 50 + 1{,}96 \cdot 5)$
$\approx P(41 \le X \le 59) = 0{,}943$

$P(\mu - 2{,}58\sigma \le X \le \mu + 2{,}58\sigma) \approx 99\,\%$:
$P(50 - 2{,}58 \cdot 5 \le X \le 50 + 2{,}58 \cdot 5)$
$\approx P(38 \le X \le 62) = 0{,}988$

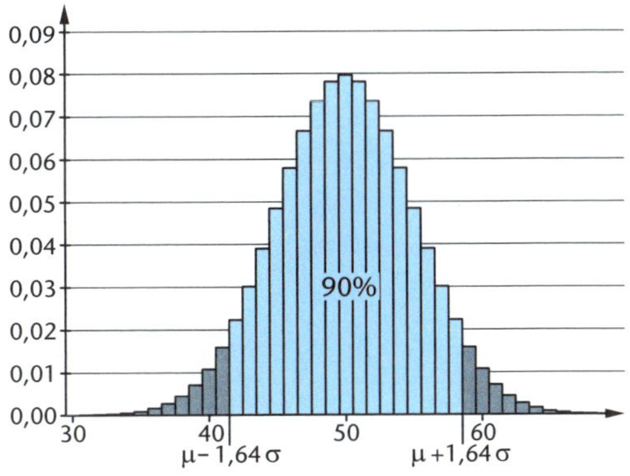

J7 Berechnen, wie oft ein BERNOULLI-Versuch mindestens durchgeführt werden muss, um mit einer vorgegebenen Sicherheitswahrscheinlichkeit mindestens k Erfolge zu erzielen.

Gegeben ist ein n-stufiger BERNOULLI-Versuch mit Erfolgswahrscheinlichkeit p.
Die Zufallsgröße ist X: *Anzahl der Erfolge.*

In besonderen Fällen kann die Wahrscheinlichkeit für *mindestens k Erfolge* mithilfe der Sigma-Regeln abgeschätzt werden.

Ergebnisse
- oberhalb von $\mu - 1{,}28\,\sigma$ haben eine Wahrscheinlichkeit von 90 %,
- oberhalb von $\mu - 1{,}64\,\sigma$ haben eine Wahrscheinlichkeit von 95 %,
- oberhalb von $\mu - 2{,}33\,\sigma$ haben eine Wahrscheinlichkeit von 99 %.

Wenn die Sicherheitswahrscheinlichkeiten von 90 %, 95% bzw. 99 % und eine Mindestanzahl k von Erfolgen vorgegeben sind, kann man den hierfür notwendigen Stichprobenumfang n hieraus berechnen.

Analog ist eine Aufgabenstellung zu behandeln, bei der zu einer vorgegebenen Sicherheitswahrscheinlichkeit höchstens k Erfolge erzielt werden sollen.

Beispiel

Für eine Erhebung werden 500 Personen benötigt; jedoch werden erfahrungsgemäß nur 75 % der ausgewählten Personen angetroffen. Wie viele Personen müssen ausgewählt werden, damit man mit einer Wahrscheinlichkeit von 95 % mindestens 500 Personen für die Stichprobe hat.

Betrachtet wird hier die Zufallsgröße X: *Anzahl der Personen, die für die Erhebung tatsächlich zur Verfügung stehen*, und es gilt: $p = 0{,}75$. Dann ist ein Stichprobenumfang n gesucht derart, dass nur in 5 % der Fälle weniger als 500 Erfolge eintreten.

Diese Bedingung ist erfüllt, wenn gilt: $\mu - 1{,}64\,\sigma \geq 500$

Dies ist eine Ungleichung mit der Variablen n, die algebraisch gelöst werden kann:

$$\mu - 1{,}64\,\sigma \geq 500 \Leftrightarrow 0{,}75\,n - 1{,}64 \cdot \sqrt{n \cdot 0{,}75 \cdot 0{,}25} \geq 500 \Leftrightarrow n - \frac{1{,}64}{0{,}75} \cdot \sqrt{0{,}75 \cdot 0{,}25} \cdot \sqrt{n} \geq \frac{500}{0{,}75}$$

$$\Leftrightarrow n - 0{,}947 \cdot \sqrt{n} \geq 666{,}67 \Leftrightarrow (\sqrt{n} - 0{,}473)^2 \geq 666{,}98 \Leftrightarrow \sqrt{n} \geq 26{,}297$$

$$\Leftrightarrow n \geq 691{,}5 \Leftrightarrow n \geq 692$$

oder mithilfe des GTR:
Man suche in der Wertetabelle der Funktion f mit
$y = 0{,}75\,x - 1{,}64 \cdot \sqrt{x \cdot 0{,}75 \cdot 0{,}25}$
denjenigen Mindestwert für n, sodass $f(x) \geq 500$.

x	y
...	...
690	498,85
691	499,58
692	500,32
693	501,06
...	...

J8 Nur LK: Wahrscheinlichkeiten für binomialverteilte Zufallsgrößen näherungsweise mithilfe der Formeln von MOIVRE und LAPLACE berechnen.

Lokale Näherungsformel von MOIVRE und LAPLACE

Da für $\sigma > 3$ die Histogramme von Binomialverteilungen durch den Graphen der GAUSS'schen Dichtefunktion approximiert werden können, gilt:

$P(X = k) \approx \frac{1}{\sigma} \cdot \varphi\left(\frac{k-\mu}{\sigma}\right)$

Integrale Näherungsformeln von MOIVRE und LAPLACE

Mithilfe von $\Phi(z) = \int_{-\infty}^{z} \varphi(x)\,dx$, der Integralfunktion zur GAUSS'schen Dichtefunktion, können Wahrscheinlichkeiten für Intervalle näherungsweise durch Flächenbestimmung ermittelt werden:

$P(X \leq k) \approx \Phi\left(\frac{k + 0{,}5 - \mu}{\sigma}\right)$ und $P(a \leq X \leq b) \approx \Phi\left(\frac{b + 0{,}5 - \mu}{\sigma}\right) - \Phi\left(\frac{a - 0{,}5 - \mu}{\sigma}\right)$

Beispiel 1 *Anwendung der Lokalen Näherungsformel*

$n = 100;\ p = 0{,}5;\ \mu = 50;\ \sigma = 5$

näherungsweise:

$P(X = 50) \approx \frac{1}{5} \cdot \varphi(0) \approx 0{,}0798$

exakt:

$P(X = 50) = 0{,}0796$

Beispiel 2 *Anwendung der Integralen Näherungsformel*

$n = 100;\ p = 0{,}5;\ \mu = 50;\ \sigma = 5$

näherungsweise:

$P(45 \leq X \leq 55) \approx \Phi\left(\frac{55{,}5 - 50}{5}\right) - \Phi\left(\frac{44{,}5 - 50}{5}\right)$

$\approx \Phi(1{,}1) - \Phi(-1{,}1) \approx 0{,}7286$

exakt:

$P(45 \leq X \leq 55) = 0{,}7287$

Die Fläche eines Balkens im Histogramm:

$P(X = 50) \approx \Phi\left(\frac{50{,}5 - 50}{5}\right) - \Phi\left(\frac{49{,}5 - 50}{5}\right)$

$\approx \Phi(0{,}1) - \Phi(-0{,}1) \approx 0{,}0796$

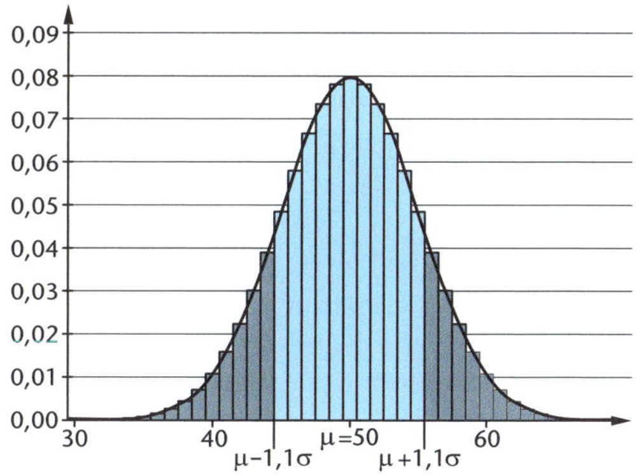

J9 Nur LK: Wahrscheinlichkeitsberechnungen bei normalverteilten Zufallsgrößen durchführen.

Eine Funktion f heißt Dichtefunktion einer stetigen Zufallsgröße X, wenn folgende Eigenschaften erfüllt sind:

(1) Für alle $x \in \mathbb{R}$ gilt: $f(x) \geq 0$ (2) $P(a \leq X \leq b) = \int_a^b f(x)\,dx$ (3) $\int_{-\infty}^{+\infty} f(x)\,dx = 1$

Eine stetige Zufallsgröße X heißt **normalverteilt** mit den Parametern μ und σ, wenn ihre zugehörige Dichtefunktion $\varphi_{\mu,\sigma}$ gegeben ist durch

$\varphi_{\mu,\sigma}(x) = \frac{1}{\sigma \cdot \sqrt{2\pi}} \cdot \exp\left(-\frac{1}{2} \cdot \left(\frac{x-\mu}{\sigma}\right)^2\right)$.

Die Dichtefunktion für den Sonderfall $\mu = 0$ und $\sigma = 1$ wird auch als Gauss'sche Dichtefunktion φ oder Dichtefunktion der Standard-Normalverteilung bezeichnet; sie ist definiert durch $\varphi(x) = \frac{1}{\sqrt{2\pi}} \cdot e^{-\frac{x^2}{2}}$.

Wahrscheinlichkeitsberechnungen können mithilfe der zugehörigen Integralfunktion der oberen Grenze, der Gauss'schen Integralfunktion $\Phi_{\mu,\sigma}$, durchgeführt werden. Im Falle $\mu = 0$, $\sigma = 1$ schreibt man kurz nur Φ, vgl. auch den Sonderfall der Formeln von Moivre und Laplace J8. Es gilt

$$P(a \leq X \leq b) = \int_a^b \varphi_{\mu,\sigma}(x)\,dx = \int_{-\infty}^b \varphi_{\mu,\sigma}(x)\,dx - \int_{-\infty}^a \varphi_{\mu,\sigma}(x)\,dx$$
$$= \Phi_{\mu,\sigma}(b) - \Phi_{\mu,\sigma}(a) = \Phi\left(\frac{b-\mu}{\sigma}\right) - \Phi\left(\frac{a-\mu}{\sigma}\right).$$

Im Falle von klassierten Daten stehen die Randwerte a, b jeweils für eine Klasse; dann sollte bei der Berechnung von Wahrscheinlichkeiten die Klassenbreite berücksichtigt werden.

Da die Dichtefunktion der Normalverteilung nicht elementar integrierbar ist, müssen die Funktionswerte der Integralfunktion aus Tabellen abgelesen werden.

Beispiel

Im Rahmen eines Mikrozensus ergab sich für die Körpergröße von 18- bis 20-jährigen Frauen ein Mittelwert von 1,68 m bei einer Standardabweichung von 6,5 cm. Die Körpergröße kann näherungsweise als normalverteilt angesehen werden.

Mit welcher Wahrscheinlichkeit ist eine zufällig ausgewählte Frau dieser Altersgruppe größer als 1,63 m?

$$P(X > 163) = 1 - P(X \leq 163) \approx 1 - \Phi_{168;6,5}(163) = 1 - \Phi\left(\frac{163-168}{6,5}\right) \approx 1 - \Phi(-0,77) \approx 78\,\%$$

Wenn aus der Aufgabenstellung klar wird, dass die Angabe der Körperlänge sich auf Klassen der Breite 1 cm bezieht, dann ist es angemessener, die Klassenbreite zu berücksichtigen: Jemand, der größer ist als 1,63 cm, hat eine Körperlänge, die oberhalb der Klasse [162,5; 163,5[liegt, also

$$P(X > 163) = P(X > 163{,}5) = 1 - P(X \leq 163{,}5) \approx 1 - \Phi\left(\frac{163{,}5-168}{6,5}\right) \approx \Phi(-0,69) \approx 76\,\%$$

Entsprechend würde der Anteil der Frauen, deren Körpergröße mindestens 1,60 m und höchstens 1,70 m beträgt, unter Berücksichtigung der halben Klassenbreite wie folgt berechnet:

$$P(160\text{ cm} \leq X \leq 170\text{ cm}) \approx \Phi\left(\frac{170{,}5-168}{6,5}\right) - \Phi\left(\frac{159{,}5-168}{6,5}\right) \approx \Phi(0,38) - \Phi(-1,31)$$
$$= 0{,}6480 - 0{,}0951 \approx 0{,}553$$

K1 Für den Schluss von der Gesamtheit auf die Stichprobe die zu erwartenden absoluten bzw. relativen Häufigkeiten abschätzen und damit die Signifikanz von Aussagen bewerten.

Beim **„Schluss von der Gesamtheit auf die Stichprobe"** ist der Anteil in der Gesamtheit (d. h. die Erfolgswahrscheinlichkeit für einen auszuführenden BERNOULLI-Versuch) bekannt. Es soll eine Prognose gemacht werden, welche Ergebnisse in der Stichprobe (d. h. bei wiederholter Durchführung des Zufallsversuchs) auftreten werden.

Hierzu werden für die Schätzung absoluter Häufigkeiten die Sigma-Regeln verwendet (vgl. Basiswissen J6) bzw. für die Schätzung relativer Häufigkeiten die

Regeln für $\frac{\sigma}{n}$-Umgebungen von p: $P(p - 1{,}64\frac{\sigma}{n} \le \frac{X}{n} \le p + 1{,}64\frac{\sigma}{n}) \approx 90\,\%$

$P(p - 1{,}96\frac{\sigma}{n} \le \frac{X}{n} \le p + 1{,}96\frac{\sigma}{n}) \approx 95\,\%$

$P(p - 2{,}58\frac{\sigma}{n} \le \frac{X}{n} \le p + 2{,}58\frac{\sigma}{n}) \approx 99\,\%$

Stichprobenergebnisse (relative oder absolute Häufigkeiten), die innerhalb der 95 %-Umgebung von p bzw. μ liegen, werden als **„verträglich mit p"** bezeichnet, die außerhalb der 95 %-Umgebung liegenden als **signifikant abweichend.**
Die Komplementärwahrscheinlichkeit zur **Sicherheitswahrscheinlichkeit** (beispielsweise 95 %) wird als **Signifikanzniveau** (also 5 %) bezeichnet.

Hinweis: Beim Aufgabentyp **Schluss von der Stichprobe auf die Gesamtheit** sucht man zu einem gegebenen Stichprobenergebnis alle Erfolgswahrscheinlichkeiten p, für die das Stichprobenergebnis **mit p verträglich** ist.

Beispiel *Schätzung absoluter Häufigkeiten*

$n = 500;\ p = 0{,}5;\ \mu = n \cdot p = 250;\ \sigma = \sqrt{n \cdot p \cdot (1 - p)} \approx 11{,}18$ (500facher Münzwurf)

Punktschätzung: Wir erwarten, dass ca. 250-mal Wappen auftritt.

Intervallschätzung: In 90 % der Versuchsdurchführungen (d. h. von 500fachen Münzwürfen) wird das Ergebnis zwischen $\mu - 1{,}64\sigma$ und $\mu + 1{,}64\sigma$ liegen, also im Intervall [232; 268], mit einer Wahrscheinlichkeit von ca. 95 % zwischen $\mu - 1{,}96\sigma$ und $\mu + 1{,}96\sigma$, also im Intervall [228; 272], und mit einer Wahrscheinlichkeit von ca. 99% zwischen $\mu - 2{,}58\sigma$ und $\mu + 2{,}58\sigma$, also im Intervall [221; 279].

Hinweis: Die Intervalle wurden zunächst näherungsweise nach den Sigma-Regeln bestimmt, teilweise jedoch nach Berechnung der exakten Wahrscheinlichkeiten korrigiert (nach außen „gerundet", vgl. J6).

Signifikante Abweichung: Wenn in 500 Münzwürfen weniger als 228-mal Wappen oder mehr als 272-mal Wappen auftritt, dann ist dieses ein signifikant abweichendes Ergebnis.

Beispiel *Schätzung relativer Häufigkeiten*

Bei der Bundestagswahl 2009 erreichte die CDU/CSU einen Anteil von p = 33,8 % der gültigen Zweitstimmen.

Punktschätzung: Wenn man am Tag nach der Wahl eine Zufallsstichprobe vom Umfang n = 800 unter den Teilnehmern der Wahl durchgeführt hätte, dann hätten wir erwarten können, dass auch in der Stichprobe der Anteil der CDU/CSU-Wähler $\frac{X}{n} = 0{,}338$ ist.

Intervallschätzung: Für n = 800 und p = 0,338 ist $\frac{\sigma}{n} = \sqrt{\frac{0{,}338 \cdot 0{,}662}{800}} \approx 0{,}0167$
also $1{,}64\frac{\sigma}{n} \approx 0{,}0274 \approx 2{,}7\,\%$ bzw. $1{,}96\frac{\sigma}{n} \approx 0{,}0328 \approx 3{,}3\,\%$.

In 90 % der Versuchsdurchführungen (Stichproben vom Umfang n = 800) wird der Anteil in der Stichprobe zwischen $p - 1{,}64\frac{\sigma}{n}$ und $p + 1{,}64\frac{\sigma}{n}$ liegen, also im Intervall [31,1 %; 36,5 %], mit einer Wahrscheinlichkeit von ca. 95 % zwischen $p - 1{,}96\frac{\sigma}{n}$ und $p + 1{,}96\frac{\sigma}{n}$, also im Intervall [30,5 %; 37,1 %].

Signifikante Abweichung: Wenn in der Stichprobe weniger als 30,5 % oder mehr als 37,1 % der Befragten angegeben hätten, dass sie CDU/CSU gewählt haben, wäre dies ein vom Wahlergebnis signifikant abweichendes Ergebnis gewesen.

K2 Die Bestimmung eines genügend großen Umfangs einer Stichprobe vornehmen.

Zu vorgegebenem n kann man den Radius der $1{,}96\frac{\sigma}{n}$-Umgebung von p berechnen, also den maximalen Abstand, den das Stichprobenergebnis (relative Häufigkeit) vom zugrunde liegenden p in 95 % der Fälle hat:

$P\left(\left|\frac{X}{n} - p\right| \leq 1{,}96\frac{\sigma}{n}\right) \approx 0{,}95$

Gibt man andererseits einen maximalen Abstand d vor (*Genauigkeit*), dann kann man aus der Ungleichung $1{,}96\frac{\sigma}{n} \leq d$ den notwendigen Umfang der Stichprobe berechnen, der mit einer Wahrscheinlichkeit von 95 % zu einem Stichprobenergebnis führt, das die vorgegebene Bedingung erfüllt.

Allgemein führt die Ungleichung $1{,}96 \cdot \sqrt{\frac{p \cdot (1-p)}{n}} \leq d$ nach Umformung zu
$n \geq 1{,}96^2 \cdot \frac{p \cdot (1-p)}{d^2}$.

Wenn man statt der Sicherheitswahrscheinlichkeit 95 % eine andere wählt, muss entsprechend (gemäß Sigma-Regeln) das Vielfache von $\frac{\sigma}{n}$ verändert werden.

Beispiel

Der Anteil der Haushalte mit einer bestimmten Ausstattung soll auf 5 Prozentpunkte genau geschätzt werden, d. h. der Stichprobenumfang n ist so zu wählen, dass in 95 % der Fälle der Radius der Umgebung $1{,}96\frac{\sigma}{n}$ die maximale Abweichung von 5 Prozentpunkten nicht überschreitet: $1{,}96\frac{\sigma}{n} \leq 0{,}05$

Ist nichts über p bekannt, muss man mit dem ungünstigsten Wert, nämlich p = 0,5 rechnen.
Dann ist: $1{,}96 \cdot \sqrt{\frac{0{,}5 \cdot 0{,}5}{n}} \leq 0{,}05 \Leftrightarrow 1{,}96^2 \cdot \frac{0{,}5 \cdot 0{,}5}{n} \leq 0{,}05^2 \Leftrightarrow 1{,}96^2 \cdot \frac{0{,}5 \cdot 0{,}5}{0{,}05^2} \leq n \Leftrightarrow n \geq 384{,}2$

Durch Quadrieren und Auflösen nach n erhält man n ≥ 385, d. h. ein Stichprobenumfang von mindestens 385 sollte gewählt werden.

Falls man Informationen über den Anteil der Haushalte hat, z. B. dass der Anteil ungefähr 20 % beträgt, dann verringert sich der für die Erhebung notwendige Stichprobenumfang:

$n \geq 1{,}96^2 \cdot \frac{0{,}2 \cdot 0{,}8}{0{,}05^2} \approx 245{,}9$, also n ≥ 246.

Hinweis: Wenn der Anteil auf 4 [3, 2, 1] Prozentpunkte genau geschätzt werden soll, ergibt sich analog ein Mindest-Stichprobenumfang von n = 601 [1068, 2401, 9604].

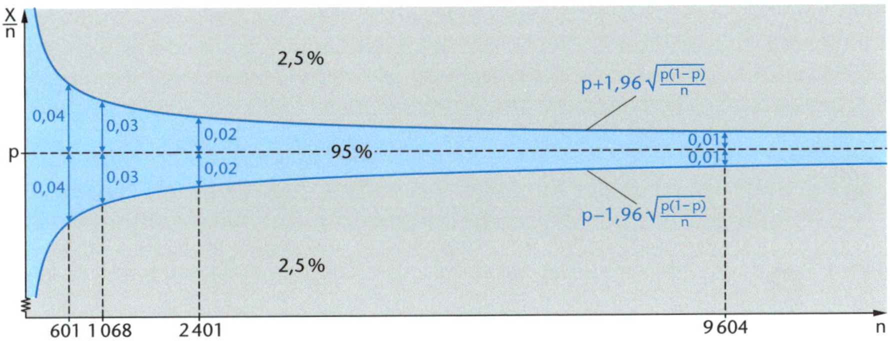

K3 Das prinzipielle Vorgehen bei einem zweiseitigen Hypothesentest erläutern sowie zu einem vorgegebenem Niveau eine Entscheidungsregel aufstellen (und damit Annahme- und Verwerfungsbereich bestimmen).

Man hat eine Hypothese über den Anteil in der Gesamtheit (d. h. man glaubt, die Erfolgswahrscheinlichkeit p zu kennen); dann bestimmt man einen Bereich (eine symmetrische Umgebung um den Erwartungswert), in dem das Ergebnis der Stichprobe mit hoher Wahrscheinlichkeit liegen wird.

Die Wahrscheinlichkeit, mit der das Ergebnis dann nicht in diesen Bereich fallen wird, bezeichnet man als **Signifikanzniveau**.

Wenn diese Prognose zutrifft, werden wir an unserem Ansatz nicht zweifeln (das Ergebnis liegt im so genannten **Annahmebereich** der Hypothese) – man sagt auch:

Das Ergebnis ist verträglich mit dem hypothetischen Wert von p.

Wenn das Ergebnis außerhalb der Umgebung des Erwartungswerts liegt (also im so genannten **Verwerfungsbereich**), wird man die Hypothese verwerfen – man sagt auch:

Das Ergebnis weicht signifikant ab.

Beispiel *Zweiseitiger Hypothesentest*

Hypothese: Eine gegebene Münze ist eine LAPLACE-Münze (d. h. dem Zufallsversuch liegt $p = 0{,}5$ zugrunde).
Die zu testende Hypothese wird mit H_0 bezeichnet.
H_0: $p = 0{,}5$
Die **Gegenhypothese** lautet dann:
Die Münze ist gezinkt: H_1: $p \neq 0{,}5$

Zur Überprüfung der Hypothese wird die Münze 500-mal geworfen.

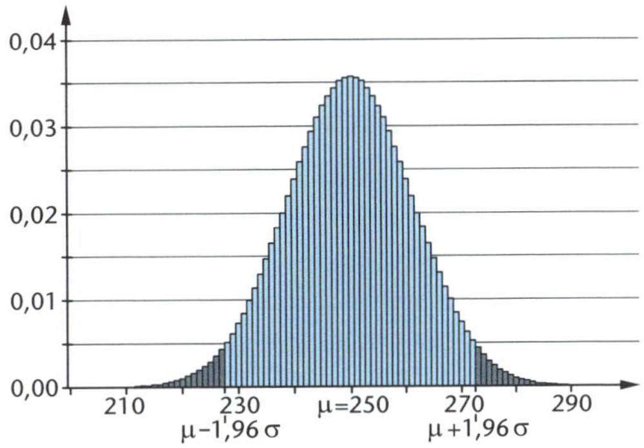

Punktschätzung: Wir erwarten, dass ca. 250-mal Wappen auftritt.

Intervallschätzung: Gemäß den Sigma-Regeln (vgl. J6) wird die Anzahl der Wappen mit einer Wahrscheinlichkeit von **ungefähr** 95 % im Intervall zwischen $\mu - 1{,}96\sigma$ und $\mu + 1{,}96\sigma$ liegen, also im Intervall [228; 272] (Annahmebereich der Hypothese).

Wenn dies nicht der Fall ist, zweifeln wir an der Richtigkeit des Ansatzes (nämlich, dass es sich um eine LAPLACE-Münze handelt). Wir befolgen damit die **Entscheidungsregel:** *Verwirf die Hypothese p = 0,5, falls das Ergebnis im Verwerfungsbereich der Hypothese liegt, d. h. wenn weniger als 228- oder mehr als 272-mal Wappen fällt.*

K4 Die Bedeutung der Fehler 1. Art und 2. Art für einen Hypothesentest angeben; die Wahrscheinlichkeiten für diese Fehler berechnen.

Ein **Fehler 1. Art** tritt ein, wenn das Ergebnis außerhalb des Annahmebereichs liegt, dem Zufallsversuch aber dennoch das hypothetische p zugrunde liegt.

Die Wahrscheinlichkeit α für einen Fehler 1. Art wird durch das Signifikanzniveau bestimmt. Ist beispielsweise das Signifikanzniveau durch $\alpha \leq 5\,\%$ vorgegeben und verfährt man so (d. h. nach diesem Schema), dann kommt es mit einer Wahrscheinlichkeit von höchstens 5 % vor, dass die Hypothese irrtümlich verworfen wird, obwohl sie wahr ist, denn mit einer Wahrscheinlichkeit von höchstens 5 % kommt es zufällig zu Ergebnissen des Zufallsversuchs, die außerhalb des angegebenen Intervalls liegen.

Ein **Fehler 2. Art** tritt ein, wenn das Ergebnis im Annahmebereich liegt, dem Zufallsversuch jedoch ein anderes p als das hypothetische zugrunde liegt.

Die Wahrscheinlichkeit β für einen Fehler 2. Art kann man nur berechnen, wenn die tatsächliche Erfolgswahrscheinlichkeit bekannt ist.

Beispiel

$n = 500;\ p = 0{,}5;\ \mu = n \cdot p = 250;\ \sigma = \sqrt{n \cdot p \cdot (1-p)} \approx 11{,}18;\ \alpha = 5\,\%$

Entscheidungsregel: Verwirf die Hypothese p = 0,5, falls weniger als 228-mal oder mehr als 272-mal Wappen fällt.

Fehler 1. Art: Verfährt man nach dem Schema der Entscheidungsregel, kommt es mit einer Wahrscheinlichkeit von ca. 5 % vor, dass die Münze irrtümlich für eine Nicht-LAPLACE-Münze gehalten wird, denn mit einer Wahrscheinlichkeit von ca. 5 % kommt es zufällig zu Ergebnissen des Zufallsversuchs, die außerhalb des angegebenen Intervalls liegen, obwohl p = 0,5 wahr ist.

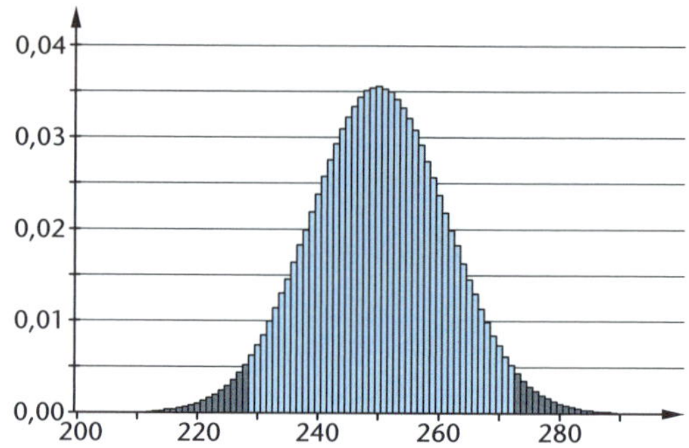

Die Wahrscheinlichkeit α für einen Fehler 1. Art ist nach Vorgabe des Signifikanzniveaus höchstens gleich 5 %. Eine genaue Rechnung, die sich auf die o. a. Entscheidungsregel bezieht, ergibt hier:
$P(X < 228) + P(X > 272) = 0{,}044$

Fehler 2. Art: Falls es sich um eine manipulierte Münze handelt, könnte es trotzdem vorkommen, dass dies nicht erkannt wird (nämlich dann, wenn das Ergebnis im Annahmebereich der Hypothese liegt) – das wäre dann ein Fehler 2. Art.

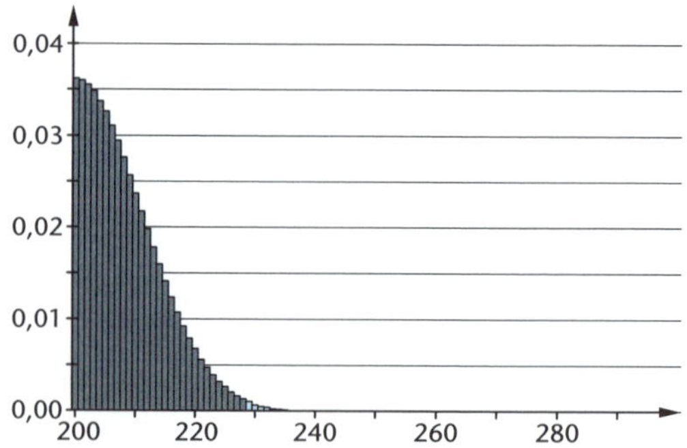

Angenommen, die tatsächliche Erfolgswahrscheinlichkeit wäre $p = 0{,}4$, dann können zufällig Ergebnisse im Annahmebereich der Hypothese liegen, also im Intervall [228; 272].

Die Wahrscheinlichkeit für einen Fehler 2. Art ist im Falle $p = 0{,}4$ gleich
$\beta = P_{p=0{,}4}(228 \le X \le 272)$
$= \text{binomcdf}(500,\ 0.4,\ 272) - \text{binomcdf}(500,\ 0.4,\ 227) = 0{,}006 = 0{,}6\,\%$

K5 Nur LK: Die Operationscharakteristik eines Hypothesentests ermitteln und interpretieren.

Gegeben ist eine Hypothese $p = p_0$. Die Funktion, die jeder Erfolgswahrscheinlichkeit $p \neq p_0$ die Wahrscheinlichkeit β für einen Fehler 2. Art zuordnet, heißt **Operationscharakteristik.**

Beispiel

Hypothese $p_0 = 0{,}5$ (Laplace-Münze); $n = 500$;
Annahmebereich auf dem 95 %-Niveau: $228 \le X \le 272$

Die Funktion f mit $f(x) = \text{binomcdf}\,(500,x,272) - \text{binomcdf}(500,x,227)$ ist die Operationscharakteristik des Tests.

Die Wahrscheinlichkeit, dass ein Fehler 2. Art eintritt, ist beispielsweise für $p = 0{,}45$:

$\beta = f(0{,}45) = P_{p=0{,}45}(228 \le X \le 272)$
$= \text{binomcdf}(500,0.45,272)$
$- \text{binomcdf}(500,0.45,227)$
$\approx 0{,}411$
wie man auch am Graphen ablesen kann.

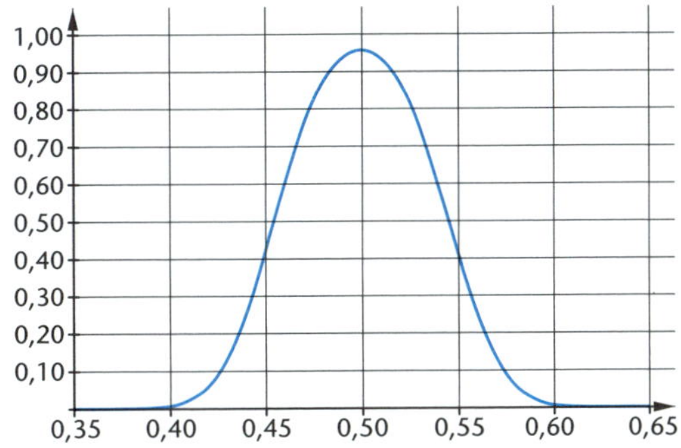

K6 Das prinzipielle Vorgehen bei einem einseitigen Hypothesentest erläutern sowie die beiden möglichen Standpunkte beschreiben und zugehörigen Entscheidungsregeln bestimmen.

Prinzipielles Vorgehen

Beim einseitigen Hypothesentest wird nicht gefragt, ob ein Stichprobenergebnis vom Erwartungswert nach oben *oder* nach unten signifikant abweicht, also betrachtet man nicht die Alternativen $p = p_0$ gegen $p \neq p_0$, sondern stellt als Alternativen gegeneinander:

$p > p_0$ gegen $p \le p_0$ oder $p \ge p_0$ gegen $p < p_0$ oder
$p < p_0$ gegen $p \ge p_0$ oder $p \le p_0$ gegen $p > p_0$

Standpunkte

Man bezieht den Standpunkt von *einer* der Hypothesen. Von diesem geht man nur ab, wenn in der Kontroll-Stichprobe extreme Ergebnisse auftreten. Was *extrem* ist, wird durch die (vorgegebene) Wahrscheinlichkeit α für einen Fehler 1. Art festgelegt.

Grundsätzlich können zu einem Sachverhalt zwei gegensätzliche Standpunkte eingenommen werden, die zu unterschiedlichen Hypothesen gehören und somit zu unterschiedlichen Entscheidungsregeln führen. Wenn man einen Standpunkt hat, der den eigenen Interessen entspricht, ist das Vorgehen klar. Wenn man unbedingt eine bestimmte Hypothese „statistisch beweisen" will, geht man vom logischen Gegenteil dieser Hypothese aus und testet diese.

Beispiel 1

Verlernen Jugendliche die ursprünglich angeborene Linkshändigkeit? Von 6- bis 10-jährigen Kindern weiß man, dass etwa 11 % bevorzugt die linke Hand benutzen.

1. möglicher Standpunkt: $p < 0{,}11$ – man geht davon aus, dass der Anteil abgenommen hat; von diesem Standpunkt lässt man sich nur abbringen, wenn in der Kontrollstichprobe *extrem große* Anteile von Linkshändern vorkommen.
2. möglicher Standpunkt: $p \geq 0{,}11$ – man geht davon aus, dass der Anteil gleich geblieben oder sogar größer geworden ist; von diesem Standpunkt lässt man sich nur abbringen, wenn in der Kontrollstichprobe *extrem kleine* Anteile von Linkshändern vorkommen.

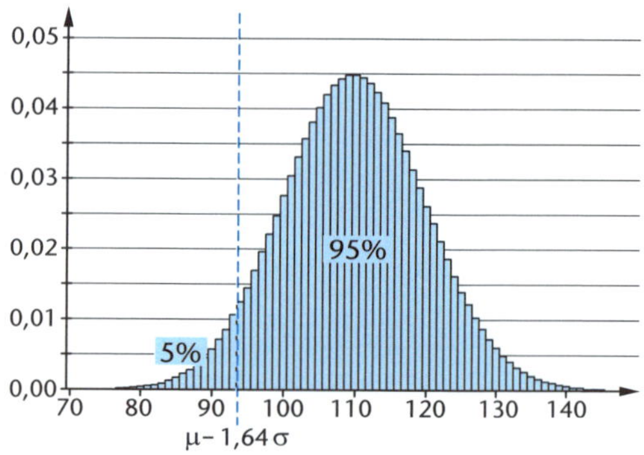

Für $p < 0{,}11$ hat der Bereich oberhalb von $\mu + 1{,}64\,\sigma$ eine Wahrscheinlichkeit von höchstens 5 %.
Für $p \geq 0{,}11$ hat der Bereich unterhalb von $\mu - 1{,}64\,\sigma$ eine Wahrscheinlichkeit von höchstens 5 %.

Bei einem Stichprobenumfang von $n = 1000$ und $p = 0{,}11$ ist $\mu = 110$ und $1{,}64\,\sigma \approx 16{,}2$.
Bezogen auf die Hypothese $p < 0{,}11$ werden also Ergebnisse oberhalb von $\mu + 1{,}64\,\sigma = 126{,}2$ als extrem angesehen, bezogen auf die Hypothese $p \geq 0{,}11$ entsprechend Ergebnisse unterhalb von $\mu - 1{,}64\,\sigma = 93{,}8$.

Die Entscheidungsregeln lauten daher:
Verwirf die Hypothese $p < 0{,}11$, falls in der Stichprobe mehr als 126 Jugendliche sind, die bevorzugt ihre linke Hand benutzen. bzw.
Verwirf die Hypothese $p \geq 0{,}11$, falls in der Stichprobe weniger als 94 Jugendliche sind, die bevorzugt ihre linke Hand benutzen.

Beispiel 2

Ein Arzneimittelhersteller wirbt für ein neues Medikament mit dem Hinweis, dass es eine bessere Heilungschance hat als die bisher auf dem Markt befindlichen; deren Heilungschance ist 60 %.

Zum Testen der Behauptung des Herstellers nimmt man einen *skeptischen Standpunkt* ein, d. h. man testet die Hypothese $p \leq 0{,}6$ (das neue Medikament ist *höchstens* so gut wie die bisherigen).

Von seinem skeptischen Standpunkt lässt man sich nur abbringen, wenn in einer Kontrollstichprobe signifikante Abweichungen nach oben eintreten, also z. B. das Ergebnis oberhalb von $\mu + 1{,}64\,\sigma$ liegt (Wahrscheinlichkeit für einen Fehler 1. Art: $\alpha = 5\,\%$) oder sogar oberhalb von $\mu + 2{,}33\,\sigma$ (Wahrscheinlichkeit für einen Fehler 1. Art: $\alpha = 1\,\%$)

Hinweis:

$P(X > \mu + 1{,}28\,\sigma) \approx 10\,\%$	$P(X < \mu - 1{,}28\,\sigma) \approx 10\,\%$
$P(X > \mu + 1{,}64\,\sigma) \approx 5\,\%$	$P(X < \mu - 1{,}64\,\sigma) \approx 5\,\%$
$P(X > \mu + 2{,}33\,\sigma) \approx 1\,\%$	$P(X < \mu - 2{,}33\,\sigma) \approx 1\,\%$

Aufgaben zum Trainieren

Aufgabe 1 *Deichbau*

Ein Deich ist ein Schutzwall gegen das Meer mit einer steilen Böschung zur Landseite und einer flacheren Böschung an der Seeseite, so dass die auflaufenden Wellen ihre Kraft verlieren.

Ältere Deiche an der Nordseeküste haben ein Deichprofil, dessen Form auf einem bestimmten Deichabschnitt näherungsweise dem Graphen der Funktion f_t entspricht mit

$f_t(x) = \frac{1}{3t} x (x - 3t)^2;\ t \geq 1$

und einem geeigneten Definitionsbereich. Dabei beschreibt die negative x-Achse im Koordinatensystem den Verlauf des Lands hinter dem Deich, die positive x-Achse die Deichsohle und die Meeresoberfläche.

Der abgebildete Graph zeigt das Deichprofil für t = 2.

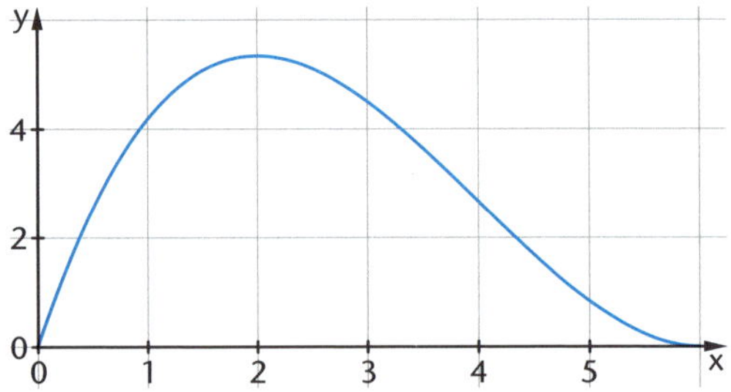

a) Bestimmen Sie allgemein für die durch die Graphen von f_t beschriebenen Deichprofile Lage und Höhe der Deichkrone (= Maximum) und die Breite der Deiche in der Ebene. B2 B3

b) Bestimmen Sie von den Profilen denjenigen Deich, dessen Höhe mit der Breite übereinstimmt. B6

c) Das Innere der Deiche besteht aus Sand, der mit einer Schicht aus Kleie abgedeckt ist. Der Querschnitt dieser Schichten wird durch die Graphen der Funktionen f_t und $0{,}8 \cdot f_t$ und die x-Achse begrenzt.

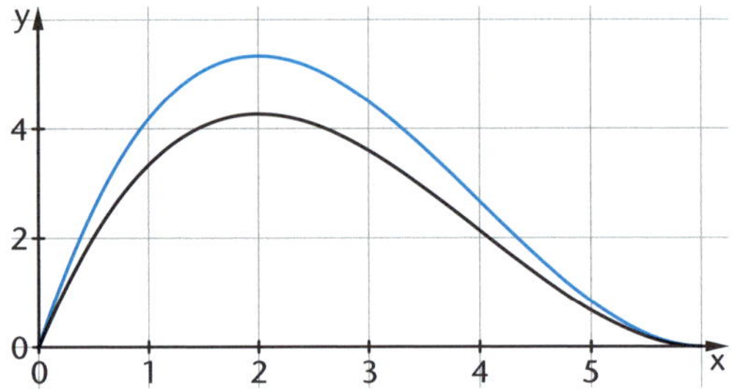

(1) Berechnen Sie für beliebiges t den Flächeninhalt der Querschnittsfläche des Deichs, die durch die Graphen von f_t sowie die x-Achse begrenzt wird. D2

(2) Begründen Sie, warum der Anteil an Sand für diese Querschnittsfläche nicht vom Parameter t abhängt.

d) Von der Deichkrone aus soll ein unterirdisch verlaufendes, gerades Entwässerungsrohr bis zum Punkt O(0|0) verlegt werden.

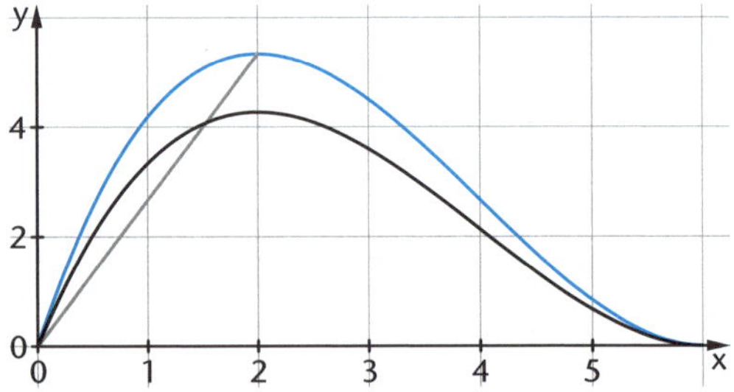

(1) Bestimmen Sie die Länge dieses Rohrs sowie die Länge der Strecke, für die das Rohr innerhalb der Sandschicht verläuft. B2

(2) Bestimmen Sie die Stelle auf dem Deich, an der der senkrecht zur Meeresoberfläche gemessene Abstand zum Rohr am größten ist. C5

e) Zur Festigung des Deichs soll an der Meeresseite die obere Schicht durch Basaltsteine ersetzt werden. Im Rahmen dieser Baumaßnahme soll das Deichprofil so verändert werden, dass zur Meerseite hin eine nicht gekrümmte Ebene entsteht. Der bis zum Wendepunkt rechtsgekrümmte Graph soll nicht in eine Linkskrümmung übergehen, sondern tangential fortgesetzt werden. Bestimmen Sie für beliebiges t, $t \geq 1$, die Gleichung dieser Tangente sowie die Stelle, an der das neue Profil die Meeresoberfläche (Normalnull) schneidet. A3 B2 B4

Lösung:

a) $f_t(x) = \frac{1}{3t} \cdot x \cdot (x - 3t)^2 = \frac{1}{3t} \cdot x^3 - 2x^2 + 3tx$

Ableitungen: $f_t'(x) = \frac{1}{t}x^2 - 4x + 3t$ und $f_t''(x) = \frac{2}{t}x - 4$

Um die Lage und Höhe der Deichkrone zu bestimmen, untersuchen wir die Graphen auf Extrempunkte.

Notwendige Bedingung:

$f_t'(x) = 0 \Leftrightarrow x^2 - 4tx + 3t^2 = 0 \Leftrightarrow (x - t)(x - 3t) = 0 \Leftrightarrow x = t \vee x = 3t$

Überprüfung der hinreichenden Bedingung:

Da $f_t'(t) = 0$ und $f_t''(t) = -2 < 0$, liegt an der Stelle $x = t$ ein lokales Maximum vor.

Die Höhe der Deichkrone ist $f_t(t) = \frac{1}{3t} \cdot t \cdot (t - 3t)^2 = \frac{1}{3} \cdot (-2t)^2 = \frac{4}{3}t^2$.

Für $x = 3t$ erhält man: $f_t''(3t) = 2 > 0$ – hier liegt ein lokales Minimum der Funktion vor.

Die Breite der Deiche ergibt sich aus den Schnittpunkten der Graphen mit der x-Achse:

$f_t(x) = 0 \Leftrightarrow \frac{1}{3t}x(x - 3t)^2 = 0 \Leftrightarrow x = 0 \vee x = 3t$

Die Breite der Deiche (bezogen auf die Ebene) ist $3t$.

b) Damit die Höhe und die Breite übereinstimmen, muss der Abstand der Nullstellen mit dem Funktionswert des Maximums übereinstimmen:

$3t = \frac{4}{3}t^2 \Leftrightarrow t = \frac{9}{4} \quad (t \neq 0)$

c) (1) Um die Querschnittsfläche des Deichs zu bestimmen, muss die Funktion f_t zwischen ihren beiden Nullstellen ($x = 0$ und $x = 3t$) integriert werden:

$$A(t) = \int_0^{3t} f_t(x)\,dx = \left[\frac{1}{12t}x^4 - \frac{2}{3}x^3 + \frac{3}{2}tx^2\right]_0^{3t} = \frac{27}{4}t^3 - 18t^3 + \frac{27}{2}t^3 = \frac{9}{4}t^3$$

(2) Da die Profilkurve des inneren Sand-Deiches sich durch Multiplikation mit dem konstanten Faktor 0,8 aus der Profilkurve des Deiches ergibt, hat die Sandfläche 80 % Anteil an der gesamten Querschnittsfläche (Linearität des Integrals).

d) Die Verbindungsgerade vom lokalen Maximum in $\left(t\middle|\frac{4}{3}t^2\right)$ zum Koordinatenursprung hat die Steigung $m = \frac{\frac{4}{3}t^2}{t} = \frac{4}{3}t$, die Gerade demnach die Gleichung $g_t(x) = \frac{4}{3}t \cdot x$.

(1) Die Länge des Rohrs berechnet sich nach dem Satz von PYTHAGORAS $l_1 = \sqrt{t^2 + \frac{16}{9}t^4}$

Gesucht ist außerdem der Schnittpunkt der Geraden $g_t(x)$ mit der Profilkurve des Sand-Deiches:

$0{,}8 \cdot \left(\frac{1}{3t}x^3 - 2x^2 + 3tx\right) = \frac{4}{3}tx \Leftrightarrow \frac{4}{15t}x^3 - \frac{8}{5}x^2 + \frac{12}{5}tx = \frac{4}{3}tx \Leftrightarrow$

$\frac{4}{15t}x^3 - \frac{8}{5}x^2 + \frac{16}{15}tx = 0 \Leftrightarrow x \cdot \left(\frac{4}{15t}x^2 - \frac{8}{5}x + \frac{16}{15}t\right) = 0 \Leftrightarrow$

$x = 0 \vee x^2 - 6tx + 4t^2 = 0 \Leftrightarrow x = 0 \vee (x - 3t)^2 = 5t^2 \Leftrightarrow$

$x = 0 \vee x = (3 + \sqrt{5}) \cdot t \approx 5{,}24 \cdot t \vee x = (3 - \sqrt{5}) \cdot t \approx 0{,}764 \cdot t$

Die hier in Frage kommende Schnittstelle ist $x \approx 0{,}764\,t$ (da sie im Intervall $[0; t]$ liegen muss).

Die zugehörige y-Koordinate berechnen wir am einfachsten mithilfe der Geradengleichung: $g_t(0{,}764\,t) \approx 1{,}019\,t^2$

Die Länge des Rohrs, das im Sand liegt, ist demnach:
$l_2 = \sqrt{(0{,}764\,t)^2 + (1{,}019\,t^2)^2} \approx \sqrt{0{,}584\,t^2 + 1{,}038\,t^4}$

(2) Gesucht ist das Maximum der Differenzfunktion $d_t(x) = f_t(x) - g_t(x)$ auf dem Intervall $[0; t]$:

$d_t(x) = f_t(x) - g_t(x) = \frac{1}{3t} \cdot x^3 - 2x^2 + 3tx - \frac{4}{3}tx = \frac{1}{3t} \cdot x^3 - 2x^2 + \frac{5}{3}tx$

Ableitungen: $d_t'(x) = \frac{1}{t} \cdot x^2 - 4x + \frac{5}{3}t$ und $d_t''(x) = \frac{2}{t} \cdot x - 4$

Notwendige Bedingung:

$d_t'(x) = \frac{1}{t} \cdot x^2 - 4x + \frac{5}{3}t = 0$

$\Leftrightarrow x^2 - 4tx + \frac{5}{3}t^2 = 0$

$\Leftrightarrow x^2 - 4tx + (2t)^2 = \frac{7}{3}t^2$

also $x = \left(2 + \sqrt{\frac{7}{3}}\right) \cdot t \approx 3{,}53\,t \vee$

$x = \left(2 - \sqrt{\frac{7}{3}}\right) \cdot t \approx 0{,}47\,t$

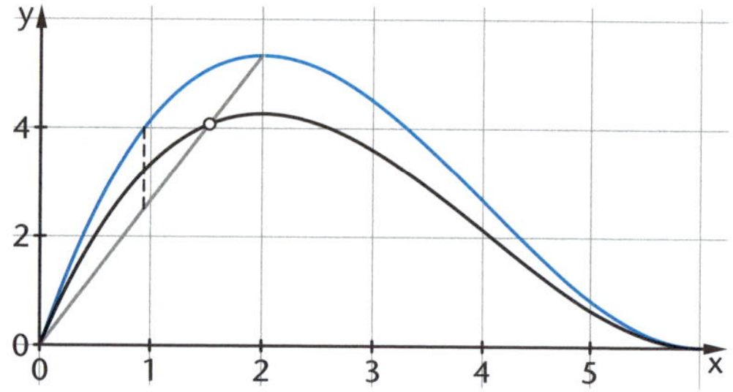

Da zusätzlich $d_t''(0{,}47\,t) < 0$, liegt an der Stelle $x \approx 0{,}47\,t$ ein lokales Maximum vor.

e) Bestimmung des Wendepunkts des Graphen

Notwendige Bedingung: $f_t''(x) = \frac{2}{t}x - 4 = 0$, d.h. $x = 2t$

Da die 3. Ableitung $f_t'''(x) = \frac{2}{t}$ konstant ist, ist auch die hinreichende Bedingung für das Vorliegen eines Wendepunkts erfüllt.

Es gilt: $f_t = (2t) = \frac{1}{3t} \cdot 2t \cdot (2t - 3t)^2 = \frac{2}{3}t^2$ und $f_t'(2t) = \frac{1}{t} \cdot (2t)^2 - 4 \cdot 2t + 3t = -t$

Die Gleichung der Wendetangente w lautet daher:

$w(x) = (-t) \cdot (x - 2t) + \frac{2}{3}t^2 = -t \cdot x + \frac{8}{3}t^2$

Die Wendetangente schneidet die x-Achse (Meereshöhe, Normalnull) für $x = \frac{8}{3}t$.

Aufgabe 2 *Trassierung*

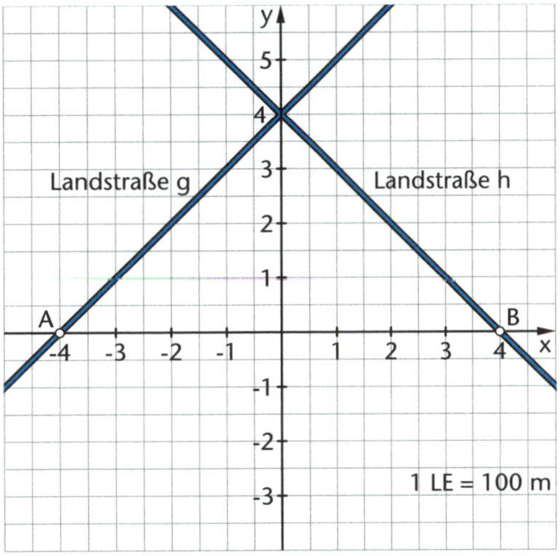

An der Kreuzung zweier Landstraßen ist das Verkehrsaufkommen sehr hoch und die Unfallgefahr groß.
Zur Entlastung der Kreuzung sollen die Straßen durch eine sinnvolle Trassenführung für Rechtsabbieger miteinander verbunden werden. Diese sollen die Möglichkeit erhalten, bei A die Landstraße g zu verlassen und über die Trasse in B auf die Landstraße h aufzufahren.

a) Bauingenieure einer Trassenbaugesellschaft erhalten den Auftrag, eine Funktion f zu finden, welche eine geeignete Trasse modelliert.
Grundlegend für die Trassierung ist, dass sich die gesuchte Übergangsstraße (1) *nahtlos* und (2) *knickfrei* an die Landstraßen anschließen muss. Mathematisch bedeutet dies, dass der Graph der Trassenfunktion f den Graphen der Landstraße g im Punkt A sowie den Graphen der Landstraße h im Punkt B berühren muss.
Zudem müssen die Fahrzeuge an den Anknüpfungspunkten der Trasse möglichst (3) *ruckfrei* von der einen zur anderen Straße wechseln können. Dies ist erfüllt, wenn in den Berührpunkten auch die Krümmung der Graphen übereinstimmt, welche durch die zweite Ableitungsfunktion angegeben wird.
Stellen Sie die Bedingungen dar, welche eine Funktion f für die vorliegende Trassierung erfüllen sollte. A6 C2 C3
Hinweise: Zur Lösung des vorliegenden Trassierungsproblems lassen sich Symmetrieeigenschaften ausnutzen. Geben Sie daher an, welche Voraussetzung die Funktion f erfüllen muss und schränken Sie die Bedingungen ein. Beachten Sie auch, dass die Trasse südlich (also in der Abbildung unterhalb) der Kreuzung verlaufen soll. Nennen Sie auch die hierzu gehörenden Bedingungen.

b) Begründen Sie, dass es keine ganzrationale Funktion zweiten Grades geben kann, welche alle gewünschten Bedingungen erfüllt.
Ermitteln Sie das Gleichungssystem, welches die Koeffizienten einer ganzrationalen Funktion f vierten Grades mit $f(x) = a x^4 + b x^2 + c$ erfüllen müssen.
(Die Koeffizienten sollen nicht bestimmt werden.) C2

c) Zur Planung der Übergangsstraße wird ein Ausschuss eingerichtet. Jemand schlägt vor, eine Trasse zu bauen, welche durch eine Exponentialfunktion f_1 der Form $f_1(x) = a e^{b \cdot x^2} + c$; $a, b \neq 0$ mathematisch beschrieben werden kann.
Bestimmen Sie die Parameter a, b und c der Funktion f_1, so dass ein nahtloses, knick- und ruckfreies Auf- und Abfahren der Verkehrsteilnehmer über die Trasse möglich ist. [Kontrollangabe: $f_1(x) = 4\left(e^{-\frac{1}{32}x^2 + \frac{1}{2}} - 1\right)$]
Prüfen Sie die Lage der Trasse bezüglich der Kreuzung. C3

d) Von der Trassenbaugesellschaft wird die Funktion f_2 für die Modellierung der Trasse vorgeschlagen:

$$f_2(x) = -0{,}2757\left(e^{0{,}5x} + e^{-0{,}5x}\right) + 2{,}075$$

Zeigen Sie, dass auch f_2 als Modellierung in Frage kommt mit der Einschränkung, dass die Ruckfreiheit nur bedingt gewährleistet ist. A2 A6

e) Das Gebiet, welches von den Landstraßen und der Trasse eingeschlossen wird, kann nicht mehr landwirtschaftlich genutzt werden; pro Quadratmeter Fläche entstehen hohe Kosten.
Die Planungsgruppe vergleicht den Flächenbedarf der beiden durch f_1 und f_2 gegebenen Alternativen. Für Modell 1 wird ein Bedarf von 28 580 m² berechnet. Modell 2 erfordert eine k-fach so große Fläche.
Bestimmen Sie den Faktor k (Rundung auf eine Dezimalstelle). D1 D2 A2

Entscheiden Sie, welche Funktion zur Modellierung der Trasse ausgewählt werden soll.

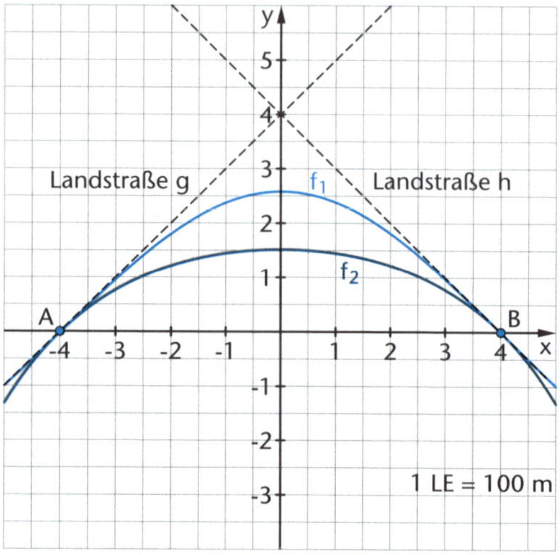

Lösung:

a) Die Landstraßen werden modelliert durch die linearen Funktionen g und h mit $g(x) = x + 4$ und $h(x) = -x + 4$.
Eine Modellierungsfunktion f sollte die folgenden Bedingungen erfüllen:
A ist Berührpunkt der Graphen von f und g und B ist Berührpunkt von f und h.
(1) nahtlos: $f(-4) = g(-4) \wedge f(4) = h(4) \Leftrightarrow f(-4) = 0 \wedge f(4) = 0$
(2) knickfrei: $f'(-4) = g'(-4) \wedge f'(4) = h'(4) \Leftrightarrow f'(-4) = 1 \wedge f'(4) = -1$
Zusätzlich soll das Krümmungsverhalten der Graphen an den Berührstellen übereinstimmen. Die Krümmung einer Gerade ist in allen Punkten gleich null.
(3) ruckfrei: $f''(-4) = g''(-4) = 0 \wedge f''(4) = h''(4) = 0$
Das vorliegende Trassierungsproblem ist achsensymmetrisch, gesucht wird also eine achsensymmetrische Funktion f. Es genügt daher, die Bedingungen im Punkt B zu betrachten, d. h. es muss gelten:
(1) $f(4) = 0$ (2) $f'(4) = -1$ (3) $f''(4) = 0$
Zu beachten ist auch $f(0) < 4$, da die Trasse südlich der Kreuzung verlaufen soll.

b) Der Graph der ganzrationalen Funktion zweiten Grades muss achsensymmetrisch zur y-Achse sein, der Funktionsterm kann also nur Summanden mit geraden Potenzen von x enthalten:
Ansatz: $f(x) = ax^2 + b$ mit $f'(x) = 2ax$ und $f''(x) = 2a$.
(1) $16a + b = 0$ (2) $8a = -1$ (3) $2a = 0$
Die Gleichungen (2) und (3) stehen zueinander im Widerspruch.

Es existiert also keine ganz-rationale Funktion zweiten Grades, welche alle drei Bedingungen erfüllt.

Aufgrund der Achsensymmetrie lässt sich für die gesuchte ganzrationale Funktion vierten Grades die Funktionsgleichung $f(x) = ax^4 + bx^2 + c$ aufstellen.
Die erste und zweite Ableitung lauten: $f'(x) = 4ax^3 + 2bx$ und $f''(x) = 12ax^2 + 2b$

Aus den Bedingungen (1), (2) und (3) ergibt sich das Gleichungssystem
(1) $256a + 16b + c = 0$
(2) $256a + 8b = -1$
(3) $192a + 2b = 0$

c) Gesucht ist eine Funktion f_1 der Form $f_1(x) = a\,e^{b \cdot x^2} + c$; a, b ≠ 0.
Der Graph der Funktion ist achsensymmetrisch, denn es gilt
$f_1(-x) = a\,e^{b \cdot (-x)^2} + c = a\,e^{b \cdot x^2} + c = f_1(x)$ für alle $x \in \mathbb{D}_{f_1}$.
Durch Anwendung der Kettenregel erhält man die erste Ableitungsfunktion, mithilfe der Produkt- und Kettenregel die zweite Ableitungsfunktion:
$f_1'(x) = 2abx\,e^{b \cdot x^2}$
$f_1''(x) = 2ab\,e^{b \cdot x^2} + 2abx \cdot 2bx\,e^{b \cdot x^2} = 2ab(1 + 2bx^2)\,e^{b \cdot x^2}$

Die Bedingungen (1) $f(4) = 0$, (2) $f'(4) = -1$ und (3) $f''(4) = 0$ führen zu dem Gleichungssystem
(1) $a \cdot e^{16 \cdot b} + c = 0$
(2) $8 \cdot a \cdot b \cdot e^{16 \cdot b} = -1$
(3) $2 \cdot a \cdot b \cdot (1 + 32 \cdot b) \cdot e^{16 \cdot b} = 0$

Aus (3) folgt: $2 \cdot a \cdot b \cdot (1 + 32 \cdot b) \cdot e^{16 \cdot b} = 0 \Leftrightarrow 1 + 32 \cdot b = 0 \Leftrightarrow b = -\frac{1}{32}$
da $a, b \neq 0 \wedge e^{16 \cdot b} \neq 0$
Durch Einsetzen von $b = -\frac{1}{32}$ in (2) ergibt sich $8 \cdot a \cdot \left(-\frac{1}{32}\right) \cdot e^{-16 \cdot \frac{1}{32}} = -1 \Leftrightarrow a = 4 \cdot e^{\frac{1}{2}}$
Setzt man $a = 4 \cdot e^{\frac{1}{2}}$ und $b = -\frac{1}{32}$ in (1) ein, so erhält man $4 \cdot e^{\frac{1}{2}} \cdot e^{-16 \cdot \frac{1}{32}} + c = 0 \Leftrightarrow c = -4$.

Für die Funktion f_1 ergibt sich $f_1(x) = 4 \cdot e^{\frac{1}{2}} \cdot e^{-\frac{1}{32} \cdot x^2} - 4 = 4 \cdot \left(e^{-\frac{1}{32} \cdot x^2 + \frac{1}{2}} - 1\right)$.

Es ist $f_1(0) = 4 \cdot e^{\frac{1}{2}} - 4 \approx 2{,}6 < 4$. Die Trasse verläuft etwa 140 m südlich des Kreuzungspunktes.

d) Der Graph der Funktion f_2 mit $f_2(x) = -0{,}2757 \cdot (e^{0{,}5 \cdot x} + e^{-0{,}5 \cdot x}) + 2{,}075$ ist achsensymmetrisch, denn es gilt für alle $x \in D_{f_2}$
$f_2(-x) = -0{,}2757 \cdot (e^{0{,}5 \cdot (-x)} + e^{-0{,}5 \cdot (-x)}) + 2{,}075 = -0{,}2757 \cdot (e^{-0{,}5 \cdot x} + e^{0{,}5 \cdot x}) + 2{,}075 = f_2(x)$
Das Maximum liegt unterhalb des Schnittpunktes der beiden Geraden, denn es ist
$f_2(0) = -0{,}2757 \cdot (e^0 + e^0) + 2{,}075 \approx 1{,}52 < 4$.
Zur Überprüfung des Verhaltens an den Übergangspunkten werden zunächst die Ableitungen gebildet:
$f_2'(x) = -0{,}2757 \cdot (0{,}5 \cdot e^{0{,}5 \cdot x} - 0{,}5 \cdot e^{-0{,}5 \cdot x}) = -0{,}13785 \cdot (e^{0{,}5 \cdot x} - e^{-0{,}5 \cdot x})$
$f_2''(x) = -0{,}13785 \cdot (0{,}5 \cdot e^{0{,}5 \cdot x} + 0{,}5 \cdot e^{-0{,}5 \cdot x}) = -0{,}068925 \cdot (e^{0{,}5 \cdot x} + e^{-0{,}5 \cdot x})$

Es ist $f_2(4) = -0{,}2757 \cdot (e^2 + e^{-2}) + 2{,}075 \approx 0 \wedge f_2'(4) = -0{,}13785 \cdot (e^2 - e^{-2}) \approx -1$.
Die Trassierung mittels der Funktion f_2 ermöglicht einen nahtlosen und knickfreien Übergang.
Der Übergang ist nicht völlig ruckfrei, da die Krümmung $f_2''(4) \approx -0{,}52 \neq 0$ ist.

e) Zunächst wird die von den beiden Geraden und der x-Achse eingeschlossene Dreiecksfläche berechnet.
Die Länge der Grundseite des Dreiecks beträgt 8 LE (Längeneinheiten), die Länge der Dreieckshöhe 4 LE.

$A_D = \frac{1}{2} \cdot 8\text{ LE} \cdot 4\text{ LE} = 16\text{ FE}$ (Flächeneinheiten).

In der Realität entspricht eine Längeneinheit einer Länge von 100 m, daher beträgt der Inhalt des dreieckförmigen Flächenstücks 160 000 m².
Die Fläche, welche der Graph von f_2 mit der x-Achse einschließt, kann unter Ausnutzung der Achsensymmetrie durch Integration bestimmt werden:

$$A_{f_2} = 2 \cdot \int_0^4 f_2(x)\,dx = 2 \cdot \int_0^4 (-0{,}2757 \cdot (e^{0{,}5 \cdot x} + e^{-0{,}5 \cdot x}) + 2{,}075)\,dx$$
$$= 2 \cdot \left[-0{,}2757 \cdot (2 \cdot e^{0{,}5 \cdot x} - 2 \cdot e^{-0{,}5 \cdot x}) + 2{,}075 \cdot x\right]_0^4 \approx 8{,}6\text{ FE}$$

Dies entspricht in der Realität einer Größe von 86 000 m². Der Flächenbedarf für die Trassierung mittels f_2 beträgt demnach A = 160 000 m² – 86 000 m² = 74 000 m².
Alternativ kann auch die Fläche zwischen den Funktionsgraphen von h und f_2 betrachtet werden:

$$A = 2 \cdot \int_0^4 (h(x) - f_2(x))\,dx = 2 \cdot \int_0^4 (-x + 0{,}2757 \cdot (e^{0{,}5 \cdot x} + e^{-0{,}5 \cdot x}) + 1{,}925)\,dx$$

$$= 2 \cdot \left[-\frac{1}{2}x^2 + 0{,}2757 \cdot (2 \cdot e^{0{,}5 \cdot x} - 2 \cdot e^{-0{,}5 \cdot x}) + 1{,}925 \cdot x\right]_0^4 \approx 7{,}4\ \text{FE} = 74\,000\ \text{m}^2$$

Mit k = 74 000 m² : 28 580 m² ≈ 2,6 ist der Flächenbedarf für das Trassierungsmodell 2 also etwa 2,6-fach höher als bei Modell 1.
Die Funktion f_1 ist für die Modellierung der Trassierung zu empfehlen. Der zugehörige Graph verläuft achsensymmetrisch unterhalb des Schnittpunktes der Geraden g und h. Das Verhalten an den Übergangspunkten entspricht genau den geforderten Bedingungen.

Aufgabe 3 *mp3-Player*

Die Elektronikfirma stellt einen mp3-Player her.
In der nebenstehenden Abbildung ist die Anzahl der täglich verkauften mp3-Player im Verlauf eines Jahres dargestellt.
Zur Vereinfachung der Modellierung wird im Folgenden mit einem Jahr mit 360 Tagen und einer konstanten Monatslänge von 30 Tagen gerechnet.

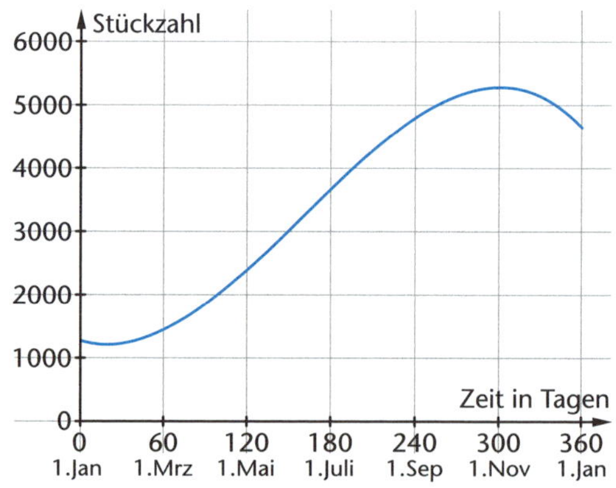

a) Entnehmen Sie die in diesem Aufgabenteil benötigten Informationen der Abbildung.

   (1) Bestimmen Sie, wie viele mp3-Player ungefähr am 1. März verkauft wurden.
   (2) Bestimmen Sie die mittlere tägliche Zunahme der Anzahl der täglich verkauften mp3-Player für den Zeitraum vom 1. März bis zum 1. Mai.
   (3) Ermitteln Sie, wie groß die momentane tägliche Zunahme der Anzahl der verkauften mp3-Player am 1. März war. A4

b) Anhand einiger Unternehmensdaten soll ein mathematisches Modell für die Anzahl der täglich verkauften mp3-Player erstellt werden:

   - Am 1. Januar (t = 0) wurden 1280 und am 1. September (t = 240) wurden 4800 mp3-Player verkauft.
   - Am 20. Januar (t = 20) wurden die wenigsten mp3-Player verkauft.
   - Die momentane Zunahme der verkauften mp3-Player betrug am 1. Mai (t = 120) $20\,\frac{\text{Stück}}{\text{Tag}}$.

   (1) Stellen Sie anhand dieser Daten ein Gleichungssystem zur Bestimmung einer geeigneten ganzrationalen Funktion 3. Grades auf. C2
   (2) Zeigen Sie, dass folgende Funktion f diese Bedingungen erfüllt:

$$f(t) = -\frac{10}{30^3}t^3 + \frac{40}{15^2}t^2 - \frac{20}{3}t + 1280$$

c) Nun sei durch $f(t) = -\frac{10}{30^3}t^3 + \frac{40}{15^2}t^2 - \frac{20}{3}t + 1280$ eine Funktion zur Beschreibung der pro Tag verkauften mp3-Player gegeben. Dabei wird die Zeit t in Tagen und die Anzahl f(t) in Stück angegeben.

(1) Untersuchen Sie rechnerisch, wie viele mp3-Player nach diesem Modell maximal pro Tag verkauft wurden. Geben Sie an, wann dies der Fall war. B3

(2) Untersuchen Sie rechnerisch, wann die Zunahme der täglich verkauften mp3-Player am größten war. B4

(3) Berechnen Sie, wie viele mp3-Player im ganzen Jahr verkauft wurden. D4

d) **(LK)** Für das folgende Geschäftsjahr mit $360 \leq t \leq 720$ nimmt die Unternehmensleitung an, dass die Verkaufszahlen exponentiell abnehmen werden. Zur Untersuchung von Prognosen wird dazu die Funktion g mit $g(t) = a \cdot e^{-b \cdot t}$ $(a > 0,\ b > 0)$ so bestimmt, dass die Graphen von f und g an der Stelle $t = 360$ ohne Sprung und ohne Knick aneinander anschließen.

(1) Bestimmen Sie die Koeffizienten a und b, so dass die obige Bedingung erfüllt ist. C3

(2) Berechnen Sie die mittlere Anzahl der in diesem Jahr täglich verkauften mp3-Player. D3

Lösung:

a) (1) Am 1. März wurden ungefähr 1400 mp3-Player verkauft.

(2) Die mittlere tägliche Zunahme für den Zeitraum vom 1. März bis zum 1. Mai beträgt etwa $\frac{2400 - 1400}{60} = \frac{50}{3}$.

(3) Die momentane tägliche Zunahme am 1. März kann als Tangentensteigung einer in die Grafik eingezeichneten Tangente abgelesen werden.

Sie beträgt ungefähr $10{,}7\ \frac{\text{Stück}}{\text{Tag}}$.

b) Ansatz: $f(x) = ax^3 + bx^2 + cx + d$
Folgende Bedingungen müssen erfüllt sein:
$f(0) = 1280 \wedge f(240) = 4800 \wedge f'(20) = 0 \wedge f'(120) = 20$

(1) Das Gleichungssystem lautet:

$$\left| \begin{array}{r} d = 1280 \\ 240^3 a + 240^2 b + 240 c + d = 4800 \\ 3 \cdot 20^2 a + 2 \cdot 20 b + c = 0 \\ 3 \cdot 120^2 a + 2 \cdot 120 b + c = 20 \end{array} \right|$$

(2) Mit der gegebenen Funktion und ihrer Ableitung $f'(t) = -\frac{1}{900}t^2 + \frac{16}{45}t - \frac{20}{3}$ bestätigt man die genannten Bedingungen.

c) $f'(t) = -\frac{1}{900}t^2 + \frac{16}{45}t - \frac{20}{3}$; $f''(t) = -\frac{1}{450}t + \frac{16}{45}$; $f'''(t) = -\frac{1}{450}$

(1) Zu bestimmen ist ein absolutes Extremum. Die notwendige Bedingung ergibt:

$f'(t) = 0 \Leftrightarrow -\frac{1}{900}t^2 + \frac{16}{45}t - \frac{20}{3} = 0 \Leftrightarrow t^2 - 320t + 6000 = 0 \Leftrightarrow t = 20 \vee t = 300$

Da an der Stelle $t = 20$ ein lokales Minimum vorliegt, kommt hier nur $t = 300$ in Frage.

Mit der hinreichenden Bedingung $f'(300) = 0 \wedge f''(300) = -\frac{14}{45} < 0$ ergibt sich ein lokales Maximum bei $t = 300$. Durch den Vergleich von $f(300) = 5280$ mit den Funktionswerten an den Rändern des betrachteten Intervalls $f(0) = 1280$ und $f(360) = 4640$ ergibt sich hier auch ein absolutes Maximum.
Mit 5280 Stück wurden also am 1. November die meisten mp3-Player verkauft.

(2) Gesucht ist eine Extremstelle der ersten Ableitung, also eine Wendestelle, an der zusätzlich eine positive Steigung vorliegen soll. Die notwendige Bedingung ergibt

$f''(t) = 0 \Leftrightarrow \frac{1}{450}t = \frac{16}{45} \Leftrightarrow t = 160$. Aus der hinreichenden Bedingung

$f''(160) = 0 \wedge f'''(160) = -\frac{1}{450} \neq 0$ folgt, dass $t = 160$ eine Wendestelle ist.

Da außerdem auch $f'(160) = 21\frac{7}{9} > 0$, war die Zunahme für $t = 160$, also am 10. Juni maximal.

(3) Zur Berechnung der Gesamtzahl der verkauften mp3-Player wird folgendes Integral

berechnet: $n = \int_0^{360} f(t)\,dt = \left[-\frac{1}{10\,800}t^4 + \frac{8}{135}t^3 - \frac{10}{3}t^2 + 1280\,t\right]_0^{360}$

$= -1\,555\,200 + 2\,764\,800 - 432\,000 + 460\,800$

$= 1\,238\,400$

d) (1) Die Bedingungen

$g(360) = f(360) \wedge g'(360) = f'(360)$

führen zum Gleichungssystem

$a\,e^{-360\cdot b} = 4640 \wedge -b\cdot a\,e^{-360\cdot b} = -\frac{68}{3}$.

Einsetzen von 4640 für $a\,e^{-360\cdot b}$ in der zweiten Gleichung ergibt $b = \frac{17}{3480}$.

Daraus folgt mit der ersten Gleichung $a = 4640\cdot e^{\frac{51}{29}}$.

Also lautet die Funktionsgleichung:

$g(t) = 4640\,e^{\frac{51}{29}}\cdot e^{-\frac{17}{3480}\cdot t}$

$\approx 26\,932{,}5\cdot e^{-0{,}004885\,t}$

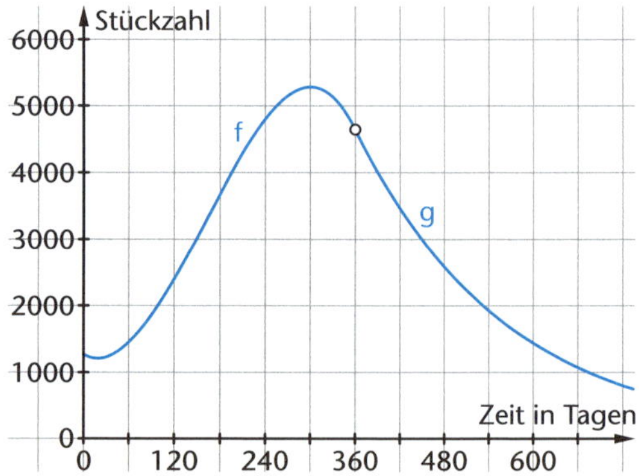

(2) Berechnung des Mittelwertes M durch Integration:

$M = \frac{1}{360}\int_{360}^{720} g(t)\,dt = \frac{1}{360}\left[-\frac{a}{b}e^{-b\cdot t}\right]_{360}^{720} \approx \frac{1}{360}\cdot 786\,195 \approx 2184$

Die mittlere Anzahl der täglich verkauften mp3-Player beträgt also 2184 Stück.

Aufgabe 4 *Ein Kugelgasbehälter*

Der abgebildete kugelförmige Körper kann mit Flüssiggas befüllt werden. Flüssiggas kann natürlich nur entnommen werden, wenn der Kugelgasbehälter nicht leer ist. Die Zulaufgeschwindigkeit v(t) des Flüssiggases ist durch eine ganzrationale Funktion 3. Grades gegeben. Die Zulaufgeschwindigkeit wird in $\frac{m^3}{h}$, die Zeit t in Stunden angegeben.
Betrachtet wird das Zeitintervall [0 h; 5 h]. Zum Zeitpunkt t = 0 h befinden sich 42 m^3 Flüssiggas im Behälter.

a) Die Zulaufgeschwindigkeit ist zum Zeitpunkt t = 1 h maximal und beträgt dabei 22 $\frac{m^3}{h}$. Sie ist im Zeitpunkt t = 4 h minimal und beträgt dann $-32\,\frac{m^3}{h}$.
Bestimmen Sie mit diesen Angaben den Funktionsterm für die Zulaufgeschwindigkeit. **C2**

Für alle weiteren Aufgabenteile sei die Zulaufgeschwindigkeit gegeben durch $v(t) = 4t^3 - 30t^2 + 48t$.

b) Die Abbildung zeigt den Graphen für die Zulaufgeschwindigkeit im Intervall [0; 5]. Beschreiben Sie den in der Abbildung dargestellten Vorgang.
Geben Sie ohne Berechnung eine begründete Entscheidung an, ob nach 5 Stunden mehr oder weniger als 42 m^3 Flüssiggas im Behälter sind. **D2**
Bestimmen Sie rechnerisch, zu welchen Zeitpunkten Flüssiggas weder zu- noch abfließt. **B2**

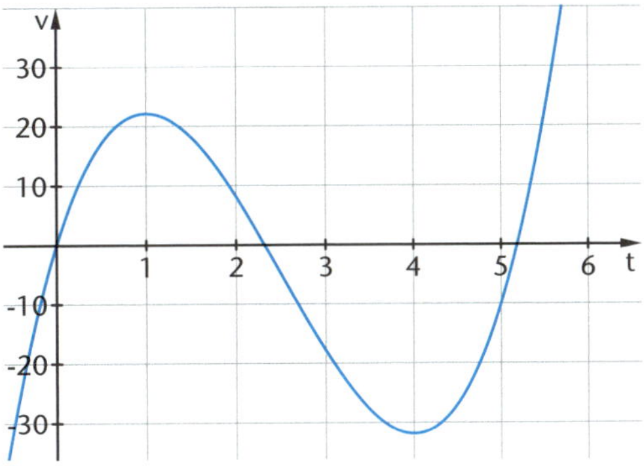

c) Bestimmen Sie den Zeitpunkt, in dem die Zuflussrate am stärksten abnimmt. Welche Ablaufgeschwindigkeit liegt dann vor? **B4**

d) (1) Berechnen Sie, wie viel Gas sich nach 2 h in dem Gasbehälter befindet?
(2) Berechnen Sie, zu welchen Zeitpunkten sich wieder die Ausgangsmenge von 42 m^3 Gas im Behälter befindet. **D4**

e) **(LK)** Die Form des kugelförmigen Gasbehälters entsteht durch die Rotation des Graphen der Funktion $h(x) = \sqrt{9 - x^2}$ zwischen ihren Nullstellen um die x-Achse. Alle Längen werden dabei in Meter angegeben.

(1) Berechnen Sie das Volumen des Gasbehälters.

(2) **(CAS)** Welche Füllhöhe hat der Behälter, wenn 42 m^3 Flüssiggas eingefüllt ist? **D7**

Lösung:

a) Ansatz mit einer ganzrationalen Funktion 3. Grades:
$v(t) = a t^3 + b t^2 + c t + d$ mit $v'(t) = 3 a t^2 + 2 b t + c$.

Aus den Informationen im Text ergeben sich die folgenden Bedingungen:
Die Zulaufgeschwindigkeit zum Zeitpunkt $t = 1$
– beträgt 22 m^3/h: $v(1) = 22$
– ist maximal: $v'(1) = 0$ (*notwendige Bedingung*)
Die Zulaufgeschwindigkeit zum Zeitpunkt $t = 4$
– beträgt –32 m^3/h: $v(4) = -32$
– ist minimal: $v'(4) = 0$ (*notwendige Bedingung*)

Setzt man diese in die Gleichungen für v(t) bzw. v'(t) ein, so ergibt sich ein lineares Gleichungssystem mit zugehöriger erweiterter Koeffizientenmatrix:

$$\left|\begin{array}{l} a + b + c + d = 22 \\ 3a + 2b + c = 0 \\ 64a + 16b + 4c + d = -32 \\ 48a + 8b + c = 0 \end{array}\right| \Leftrightarrow \left|\begin{array}{cccc|c} 1 & 1 & 1 & 1 & 22 \\ 3 & 2 & 1 & 0 & 0 \\ 64 & 16 & 4 & 1 & -32 \\ 48 & 8 & 1 & 0 & 0 \end{array}\right|$$

Bei der Lösung des Gleichungssystems mithilfe linearer Zeilenumformungen erhält man folgende Zwischenschritte

$$\left|\begin{array}{cccc|c} 1 & 1 & 1 & 1 & 22 \\ 0 & -1 & -2 & -3 & -66 \\ 0 & -48 & -60 & -63 & -1440 \\ 0 & -40 & -47 & -48 & -1056 \end{array}\right| \Leftrightarrow \left|\begin{array}{cccc|c} 1 & 1 & 1 & 1 & 22 \\ 0 & 1 & 2 & 3 & -66 \\ 0 & 0 & 36 & 81 & 1728 \\ 0 & 0 & 33 & 72 & 1584 \end{array}\right| \Leftrightarrow$$

$$\left|\begin{array}{cccc|c} 1 & 1 & 1 & 1 & 22 \\ 0 & 1 & 2 & 3 & 66 \\ 0 & 0 & 1 & 2{,}25 & 48 \\ 0 & 0 & 0 & -2{,}25 & 0 \end{array}\right| \Leftrightarrow \left|\begin{array}{cccc|c} 1 & 1 & 1 & 1 & 22 \\ 0 & 1 & 2 & 3 & 66 \\ 0 & 0 & 1 & 2{,}25 & 48 \\ 0 & 0 & 0 & 1 & 0 \end{array}\right|$$

Aus der Matrix in Dreiecksform kann man von unten nach oben die Lösungen ablesen:
$d = 0$,
$c + 2{,}25 \cdot 0 = 48$, also $c = 48$,
$b + 2 \cdot 48 + 3 \cdot 0 = 66$, also $b = -30$,
$a + 1 \cdot (-30) + 1 \cdot 48 + 1 \cdot 0 = 22$, also $a = 4$.

Damit lautet die Funktionsgleichung der Zulaufgeschwindigkeit:
$v(t) = 4t^3 - 30t^2 + 48t$

Kontrolle, ob diese so ermittelte Funktion tatsächlich die Bedingungen erfüllt:
Es gilt: $v'(t) = 12t^2 - 60t + 48 = 12 \cdot (t^2 - 5t + 4) = 12 \cdot (t - 1) \cdot (t - 4)$, also
$v'(t) = 0 \Leftrightarrow t = 1 \vee t = 4$.

Überprüfung, ob die hinreichenden Bedingungen erfüllt sind:
Da $v''(t) = 24t - 60$ liegt mit $v''(1) = -36 < 0$ für $t = 1$ ein lokales Maximum und mit $v''(4) = 36 > 0$ für $t = 4$ ein lokales Minimum vor.

b) Zunächst läuft Flüssiggas in den zu Beginn bereits mit 42 m^3 gefüllten Tank ein. Die Zuflussgeschwindigkeit nimmt in der ersten Stunde immer weiter zu. Danach verringert sich die Zuflussgeschwindigkeit wieder (es wird aber weiter Flüssiggas eingefüllt), bis sie nach etwa 2,3 h gleich null ist. In diesem Moment fließt nichts ein oder aus. Anschließend wird die Zuflussgeschwindigkeit sogar negativ, was bedeutet, dass Flüssiggas aus dem Tank entnommen wird.
Man erkennt eindeutig, dass über dem Intervall [0; 5] der Flächeninhalt der Fläche unterhalb der x-Achse größer ist als der Flächeninhalt der Fläche oberhalb der x-Achse.

Daher wird dem Tank insgesamt mehr entnommen als zugeführt wird und er wird nach 5 h weniger als 42 m³ Flüssiggas enthalten.

Es ergeben sich die Nullstellen: $t_1 = 0$; $t_2 = \frac{15}{4} - \frac{\sqrt{33}}{4} \approx 2{,}31$; $t_3 = \frac{15}{4} + \frac{\sqrt{33}}{4} \approx 5{,}19$

Im Zeitintervall $[0;\ t_2]$ fließt Gas zu; im Zeitintervall $[t_2;\ 5]$ fließt Gas aus.
Die Nullstelle t_3 liegt außerhalb des betrachteten 5-stündigen Zeitintervalls.

c) $v'(t) = 12t^2 - 60t + 48$; $v''(t) = 24t - 60$; $v'''(t) = 24$
Gesucht ist eine Extremstelle der ersten Ableitung, also eine Wendestelle, an der zusätzlich eine negative Steigung vorliegen soll.
Die notwendige Bedingung ergibt $v''(t) = 0 \Leftrightarrow 24t = 60 \Leftrightarrow t = 2{,}5$.
Aus der hinreichenden Bedingung $v''(2{,}5) = 0 \wedge v'''(2{,}5) = 24 \neq 0$ folgt, dass $t = 2{,}5$ eine Wendestelle ist.
Da außerdem auch $v'(2{,}5) = -27 < 0$, war die Abnahme nach 2,5 Stunden am größten.

Da weiterhin $v(2{,}5) = -5$, fließen zu diesem Zeitpunkt $5\,\frac{m^3}{h}$ aus dem Behälter heraus.

d) (1) Bei der Berechnung der Füllmenge nach 2 Stunden mithilfe der Integralrechnung ist zu beachten, dass der Behälter bereits mit 42 m³ gefüllt war.

$$\int_0^2 v(t)\,dt + 42 = \left[t^4 - 10t^3 + 24t^2\right]_0^2 + 42 = 32 + 42 = 74$$

Nach 2 Stunden befinden sich also 74 m³ Gas im Behälter.

(2) Soll sich im Behälter wieder die Ausgangsmenge von 42 m³ befinden, so muss die Bilanzsumme aus Zu- und Abfluss gerade wieder null ergeben.

Der Ansatz $\int_0^d v(t)\,dt = 0$ mit $d > 0$ führt zu der Gleichung:

$$d^4 - 10d^3 + 24d^2 = 0 \Leftrightarrow d^2(d^2 - 10d + 24) = 0 \Leftrightarrow d^2(d-4)(d-6) = 0$$

Diese hat die Lösungen $d = 0 \vee d = 4 \vee d = 6$.
Im betrachteten Zeitintervall befindet sich also nach 4 Stunden sowie zusätzlich nach 6 Stunden wieder die Ausgangsmenge im Behälter.

e) **(LK)** Der kugelförmige Behälter hat den Radius r = 3 m. Er kann als Rotationskörper betrachtet werden.

(1) $$V_{ges} = \pi\int_{-3}^{3}(9 - x^2)\,dx = 2\pi\int_0^3(9 - x^2)\,dx = 2\pi\left[9x - \tfrac{1}{3}x^3\right]_0^3 = 36\pi \approx 113{,}1$$

Das gesamte Volumen des Behälters beträgt etwa 113,1 m³.

(2) **(CAS)** Die Füllung kann als sich in einer Kugelkappe der Höhe h befindlich betrachtet werden. Zur Bestimmung der Füllhöhe h dient der Ansatz

$$\pi\int_{3-h}^{3}(9 - x^2)\,dx = 42.$$

Durch Integration folgt die äquivalente Gleichung

$$\frac{\pi}{3}\cdot h^2(9 - h) = 42$$

mit den numerisch bestimmten Lösungen
$h_1 \approx -1{,}92$; $h_2 \approx 2{,}48$; $h_3 \approx 8{,}44$.
Da nur h_2 im Intervall $[0;\ 3]$ liegt, beträgt die gesuchte Füllhöhe ungefähr 2,48 m.

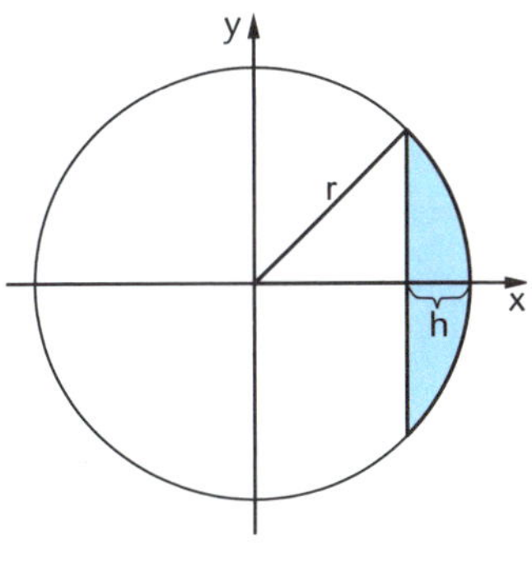

Aufgabe 5 *Arzneimittel-Konzentration*

Bei einer intramuskulären Injektion hängt die messbare Konzentration f_k (in mg pro Liter) des injizierten Medikaments im Blut u. a. von der Zeit x (Angaben in Stunden) seit der Injektion ab. Sie ist außerdem abhängig von zahlreichen weiteren Faktoren (z. B. der unterschiedlichen Konstitution des Menschen) und lässt sich durch Änderungen der physikalisch-chemischen Zusammensetzung beeinflussen (Parameter k).

Für f_k gilt: $f_k(x) = x \cdot e^{-k \cdot x + k} = e^k \cdot x \cdot e^{-k \cdot x}$; $x \geq 0$; $k > 0$

a) Bestimmen Sie den Zeitpunkt, zu dem die maximale Arzneimittelkonzentration im Blut erreicht ist. Berechnen Sie die maximale Arzneimittelkonzentration allgemein und für den Parameterwert k = 2. **B3**

b) Untersuchen Sie, zu welchem Zeitpunkt die Geschwindigkeit, mit der sich die Arzneimittelkonzentration ändert, extremal ist.
Bestimmen Sie die maximale Änderungsgeschwindigkeit allgemein und für k = 2.
Untersuchen Sie das Verhalten der Funktion f_k für $x \to \infty$. Interpretieren Sie das Ergebnis im Hinblick auf den langfristigen Abbau des Medikaments. **B6** **B5**

c) Die Abbildung zeigt die Graphen von f_k für k = 1 bis k = 4.
Beschreiben Sie den Verlauf der Graphen im Sachzusammenhang. Untersuchen Sie, welche Aussagen sich hinsichtlich des Einflusses von k machen lassen. (Beachten Sie auch Ihre Ergebnisse von a) und b)). **B3** **B5**

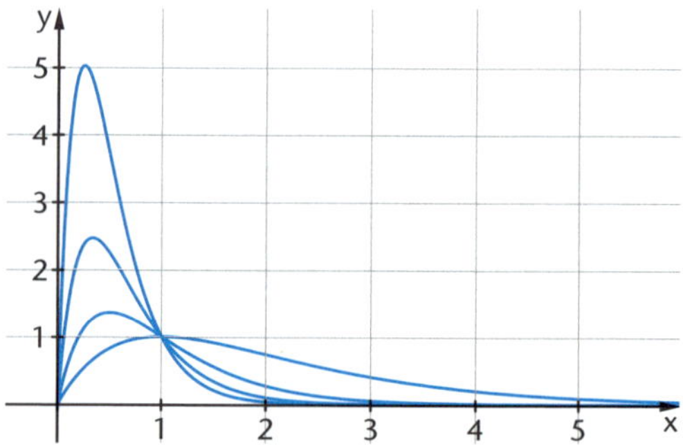

d) Zeigen Sie, dass es genau einen Zeitpunkt x > 0 gibt, bei dem die Arzneimittelkonzentration für alle verschiedenen Zusammensetzungen (d. h. die verschiedenen möglichen Parameterwerte) gleich ist und geben Sie diese Konzentration an. **B6**

e) Weisen Sie nach, dass die Funktion F_k mit $F_k(x) = -\frac{e^k}{k^2} \cdot (kx + 1) \cdot e^{-k \cdot x}$ eine Stammfunktion von f_k ist. **D1** **A2**
(LK) Bestimmen Sie in Abhängigkeit von k die mittlere Wirkstoffkonzentration m(k) in den ersten k Stunden nach der Einnahme des Medikaments. Berechnen Sie auch den konkreten Wert für k = 2. **D3**

f) Für den Parameterwert k = 2 soll für x > 12 der zeitliche Verlauf der Arzneimittelkonzentration durch die Tangente an den Graphen von f_2 im Punkt $(12|f_2(12))$ beschrieben werden.
Berechnen Sie für diese Modellierung den Zeitpunkt, an dem das Medikament im Blut vollständig abgebaut ist. **A3**

Lösung:

a) Ableitungen:

$f_k'(x) = 1 \cdot e^{-k\cdot x+k} + x \cdot (-k) \cdot e^{-k\cdot x+k}$
$= (1 - k\cdot x) \cdot e^{-k\cdot x+k}$
$f_k''(x) = -k \cdot e^{-k\cdot x+k} + (1 - k\cdot x) \cdot (-k) \cdot e^{-k\cdot x+k} = -k \cdot e^{-k\cdot x+k} + (-k + k^2 x) \cdot e^{-k\cdot x+k}$
$= (k^2 x - 2k) \cdot e^{-k\cdot x+k}$

Notwendige Bedingung:

$f_k'(x) = 0 \Leftrightarrow 1 - k\cdot x = 0 \Leftrightarrow x = \frac{1}{k}$

Aus dem hinreichenden Kriterium $f'\left(\frac{1}{k}\right) = 0 \wedge f_k''\left(\frac{1}{k}\right) = \left(k^2 \cdot \frac{1}{k} - 2k\right) \cdot e^{-k\cdot\frac{1}{k}+k} = -k \cdot e^{-1+k} < 0$

folgt, dass ein lokales Maximum nach $\frac{1}{k}$ Stunden vorliegt.

Der Funktionswert an dieser Stelle ist: $f_k\left(\frac{1}{k}\right) = \frac{1}{k} \cdot e^{-k\cdot\frac{1}{k}+k} = \frac{1}{k} \cdot e^{k-1}$

Für k = 2 gilt konkret: $f_2\left(\frac{1}{2}\right) = \frac{1}{2} e^{-2\cdot\frac{1}{2}+2} = \frac{1}{2} e \approx 1{,}359$

Für k = 2 ist die Konzentration nach $\frac{1}{2}$ h maximal, sie beträgt dann 1,359 mg/l.

b) Die Geschwindigkeit $f_k'(x) = (1 - k\cdot x) \cdot e^{-k\cdot x+k}$
wird extremal, wenn $f_k''(x) = (k^2 \cdot x - 2k) \cdot e^{-k\cdot x+k} = 0$
$\Leftrightarrow \quad k^2 \cdot x - 2k = 0$
$\Leftrightarrow \quad k^2 \cdot x = 2k$
$\Leftrightarrow \quad x = \frac{2}{k}$

Für $x < \frac{2}{k}$ ist $f_k''(x) < 0$ und für $x > \frac{2}{k}$ ist $f_k''(x) > 0$.

Also liegt bei $x = \frac{2}{k}$ ein Vorzeichenwechsel von „–" nach „+" vor, d. h. die Arzneimittelkonzentration nimmt zum Zeitpunkt $x = \frac{2}{k}$ am stärksten ab.

Die Änderungsgeschwindigkeit an der Stelle $x = \frac{2}{k}$ beträgt:

$f_k'\left(\frac{2}{k}\right) = \left(1 - k \cdot \frac{2}{k}\right) \cdot e^{-k\cdot\frac{2}{k}+k} = (-1) \cdot e^{k-2}$

Für k = 2 gilt: $f_2'\left(\frac{2}{2}\right) = f_2'(1) = (1 - 2\cdot 1) \cdot e^{-2\cdot 1+2} = (-1) \cdot e^0 = -1$

Für k = 2 beträgt also die Änderungsrate: $-1 \frac{mg}{l\cdot h}$

Die Veränderung der Konzentration und der langfristige Abbau des Medikaments werden beschrieben durch:

$\lim\limits_{x\to\infty} (x \cdot e^{-k\cdot x+k}) = \lim\limits_{x\to\infty} \frac{x \cdot e^k}{e^{k\cdot x}} = 0$

Auf lange Sicht geht die Konzentration gegen null.

$\lim\limits_{x\to\infty} [(1 - k\cdot x) \cdot e^{-k\cdot x+k}] = \lim\limits_{x\to\infty} \frac{(1 - k\cdot x)\cdot e^k}{e^{k\cdot x}} = 0$

Die Änderungsrate der Konzentration geht gegen null, d. h. die Konzentration des injizierten Medikaments ändert sich immer langsamer.

c) Aus der Entwicklung der Graphen für wachsende Parameterwerte von k lesen wir ab: Je größer k, desto früher tritt die maximale Konzentration ein (das Maximum liegt bei $t = \frac{1}{k}$) und desto höher ist sie (im Term $\frac{1}{k} \cdot e^{k-1}$ wächst e^{k-1} schneller als der Nenner k). Je größer k, desto früher und schneller verläuft der Abbau; die Abnahmegeschwindigkeit ist am größten zum Zeitpunkt $t = \frac{2}{k}$ und hat die Geschwindigkeit $(-1) \cdot e^{k-2}$.

d) Aufgrund der abgebildeten Graphen vermuten wir, dass alle Graphen – außer dem Ursprung – der nicht zu beachten ist, vgl. Aufgabenstellung – den Punkt (1|1) gemeinsam haben. Die folgende Rechnung zeigt unter der Annahme $k_1 \neq k_2$, dass dies tatsächlich der einzige gemeinsame Punkt ist.

$f_{k_1}(x) = f_{k_2}(x) \Leftrightarrow x \cdot e^{-k_1 \cdot x + k_1} = x \cdot e^{-k_2 \cdot x + k_2} \Leftrightarrow x \cdot (e^{-k_1 \cdot x + k_1} - e^{-k_2 \cdot x + k_2}) = 0$

$\Leftrightarrow x = 0 \vee e^{-k_1 \cdot x + k_1} - e^{-k_2 \cdot x + k_2} = 0 \Leftrightarrow x = 0 \vee -k_1 x + k_1 = -k_2 x + k_2$

$\Leftrightarrow x = 0 \vee x(-k_1 + k_2) = -k_1 + k_2 \Leftrightarrow x = 0 \vee x = 1$

Alle Zusammensetzungen haben zum Zeitpunkt x = 1 h die Konzentration 1 mg/l gemeinsam.

e) Durch Ableiten der Funktion F_k mithilfe der Produkt- und der Kettenregel bestätigt man die Stammfunktion

$F_k'(x) = -\frac{e^k}{k^2} \cdot (-k) \cdot e^{-k \cdot x} \cdot (kx + 1) - \frac{e^k}{k^2} \cdot e^{-k \cdot x} \cdot k = \frac{e^k}{k} \cdot e^{-k \cdot x} \cdot (kx + 1 - 1) = e^k \cdot x \cdot e^{-k \cdot x}$

Die mittlere Wirkstoffkonzentration in den ersten k Stunden ist

$m(k) = \frac{1}{k} \cdot \int_0^k f_k(x)\,dx = \frac{1}{k} \cdot \left[-\frac{e^k}{k^2} \cdot (kx + 1) \cdot e^{-k \cdot x}\right]_0^k = -\frac{e^k}{k^3} \cdot [(k^2 + 1) \cdot e^{-k^2} - 1]$

Für k = 2 ergibt sich:

$m(2) = -\frac{e^2}{2^3} \cdot [(2^2 + 1) \cdot e^{-2^2} - 1] = \frac{e^2}{8} \cdot (1 - 5 \cdot e^{-4}) \approx 0{,}839$ mg/l

f) Die Steigung der Tangente an den Graphen von f_2 im Punkt $P(12|12e^{-22})$ ist
$m = f_2'(12) = (1 - 2 \cdot 12) \cdot e^{-2 \cdot 12 + 2} = -23e^{-22}$.
Durch Einsetzen der Koordinaten in die entsprechende Tangentengleichung
$t(x) = f'(12) \cdot (x - 12) + f(12)$ erhalten wir :
$t(x) = -23e^{-22} \cdot (x - 12) + 12 \cdot e^{-22} = -23e^{-22} \cdot x + 288 \cdot e^{-22}$

Die Nullstelle erhält man aus $-23e^{-22} \cdot x + 288 \cdot e^{-22} = 0 \Leftrightarrow x = \frac{288}{23} \approx 12{,}5$.

Nach etwa 12,5 Stunden ist das Medikament abgebaut.

Aufgabe 6 *Ein neues Logo für die Firma SyncLog*

Für ihre Werbung und ihre Korrespondenz möchte die Firma SyncLog ein neues Logo verwenden. Dazu hat ein Grafiker bereits eine Vorlage entwickelt.

Zur weiteren Bearbeitung wird dieser Entwurf der mathematischen Abteilung vorgelegt. Der die Abbildung unterteilende geschwungene Graph soll punktsymmetrisch zum Mittelpunkt des Logos sein, jeweils genau einen Hoch- und einen Tiefpunkt aufweisen und sich an den Rändern einer in der Skizze nicht enthaltenen waagerechten Linie anschmiegen.

a) Zeigen Sie, dass der Graph der Funktion f mit $f(x) = 2 \cdot \sqrt{e} \cdot x \cdot e^{-0,5 \cdot x^2}$ die gewünschten Eigenschaften aufweist. Untersuchen Sie dazu die Symmetrie-Eigenschaft des Graphen, die Lage der Extrem- und Wendepunkte sowie das Verhalten am Rande des Definitionsbereichs $ID_f = \mathbb{R}$.
Skizzieren Sie mithilfe der so bestimmten Punkte den Graphen der Funktion im Intervall $[-3; +3]$. **B2 B3 B5**

Betrachten Sie nun allgemein die Graphen der Funktionenschar $f_{a,b}$ mit $f_{a,b}(x) = a \cdot x \cdot e^{-b \cdot x^2}$, wobei $a, b \in \mathbb{R}^+$.

b) Zeigen Sie, dass alle Graphen der Funktionenschar $f_{a,b}$ die von der Geschäftsleitung gewünschten Eigenschaften aufweisen.
Weisen Sie nach, dass die Hochpunkte bestimmt sind durch $H\left(\frac{1}{\sqrt{2b}} \middle| \frac{a}{\sqrt{2be}}\right)$. **B3**

c) Untersuchen Sie, wie sich die Lage der Extrempunkte der Funktionenschar verändert, wenn man die Werte der Parameter a bzw. b vergrößert oder verkleinert. **B3 B6**

d) Aus ästhetischen Gründen soll das rechteckige Logo mit der Breite 16 LE und der Höhe 9 LE entwickelt werden. (Damit es später beliebig vergrößert und verkleinert werden kann, sind hier keine Angaben in cm vorgegeben.) **C3**

(1) Weiterhin soll der Hochpunkt so liegen, dass seine x-Koordinate x_H das Intervall $[0; 8]$ im Verhältnis des *Goldenen Schnitts* unterteilt.

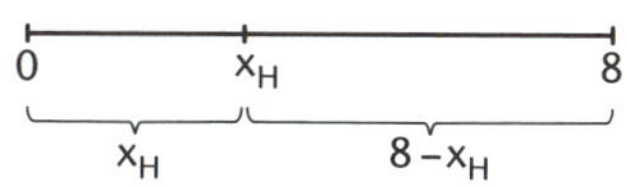

Dies ist der Fall, wenn $\frac{x_H}{8 - x_H} = \frac{8 - x_H}{8}$.

Zeigen Sie, dass dann für die x-Koordinate x_H gilt: $x_H \approx 3,056$.

(2) Bestimmen Sie mit dem Ergebnis aus Teilaufgabe (1) den Wert aus b so, dass das gewünschte Teilverhältnis erzielt wird.

(3) Schließlich soll der Graph den oberen Rand des vorgegebenen Rechtecks berühren. Bestimmen Sie den hierzu benötigten Wert von a.
[Hinweis: Hier können alle Größen auf drei Dezimalstellen gerundet werden.]

e) **(LK)** Das Logo soll in geeigneter Größe am Firmengebäude angebracht werden. Dabei wird der erste Buchstabe „S" des Schriftzuges entlang des Graphen der Funktion g mit $g(x) = 2,438 \cdot x \cdot e^{-0,054 \cdot x^2}$ (also $g = f_{a,b}$ mit $a = 2,438$ und $b = 0,054$) aus Metall ausgeführt. Das Metallstück soll dabei die beiden nicht im Ursprung des Koordinatensystems liegenden Wendepunkte verbinden und in diesen befestigt werden. **B4**
Berechnen Sie den Abstand der Befestigungen und den Winkel, den die dazwischen liegende Verbindungsstrecke mit der Horizontalen einschließt.

f) Das in der zugrundeliegenden Skizze des Grafikers schraffierte Flächenstück soll auf zu erstellenden Anstecknadeln versilbert werden.

(1) **(GK)** Weisen Sie nach, dass die Funktion $F_{a,b}$ mit $F_{a,b}(x) = -\frac{a}{2b} \cdot e^{-b \cdot x^2}$ eine Stammfunktion für die Funktion $f_{a,b}$ ist. D1

(2) **(LK)** Bestimmen Sie rechnerisch eine Stammfunktion zur Funktion $f_{a,b}$. D7

(3) Berechnen Sie den Flächeninhalt dieses Flächenstücks für den Graphen der Funktion g. D2

Lösung:

a) Es gilt: $f(-x) = 2\sqrt{e} \cdot (-x) \cdot e^{-0,5 \cdot (-x)^2} = -2\sqrt{e} \cdot x \cdot e^{-0,5 \cdot x^2} = -f(x)$.
Daher ist der zugehörige Graph punktsymmetrisch zum Ursprung.

Man erhält die benötigten Ableitungen durch Anwendung der Produkt- und Kettenregel:
$f'(x) = 2\sqrt{e} \cdot e^{-0,5 \cdot x^2} + 2\sqrt{e} \cdot x \cdot (-x) \cdot e^{-0,5 \cdot x^2} = 2\sqrt{e} \cdot (1 - x^2) \cdot e^{-0,5 \cdot x^2}$
$f''(x) = (-2\sqrt{e} \cdot 2x) \cdot e^{-0,5 \cdot x^2} + 2\sqrt{e} \cdot (1 - x^2) \cdot (-x) \cdot e^{-0,5 \cdot x^2} = 2\sqrt{e} \cdot x \cdot (x^2 - 3) \cdot e^{-0,5 \cdot x^2}$

Notwendige Bedingung für Extremstellen:
$f'(x) = 0 \Leftrightarrow 1 - x^2 = 0 \Leftrightarrow x^2 = 1 \Leftrightarrow x = -1 \vee x = 1$.

Hinreichende Bedingung für Extremstellen:
$f'(-1) = 0 \wedge f''(-1) = -2\sqrt{e} \cdot (-2) \cdot e^{-0,5} = 4\sqrt{e} \cdot \frac{1}{\sqrt{e}} = 4 > 0$;

also liegt an der Stelle $x_T = -1$ ein lokaler Tiefpunkt vor.

$f'(1) = 0 \wedge f''(1) = 2\sqrt{e} \cdot (-2) \cdot e^{-0,5} = -4\sqrt{e} \cdot \frac{1}{\sqrt{e}} = -4 < 0$;

also liegt an der Stelle $x_H = 1$ ein lokaler Hochpunkt vor.
Weitere Extrempunkte können nicht auftreten.

Berechnung der y-Koordinaten zu den Extrempunkten:

$f(-1) = 2\sqrt{e} \cdot (-1) \cdot e^{-0,5} = -2\sqrt{e} \cdot \frac{1}{\sqrt{e}} = -2 \Rightarrow T(-1\,|\,-2)$ ist der Tiefpunkt.

$f(1) = 2\sqrt{e} \cdot (1) \cdot e^{-0,5} = 2\sqrt{e} \cdot \frac{1}{\sqrt{e}} = 2 \Rightarrow H(1\,|\,2)$ ist der Hochpunkt.

Notwendige Bedingung für Wendestellen:
$f''(x) = 0 \Leftrightarrow x = 0 \vee x = -\sqrt{3} \vee x = \sqrt{3}$.

Hinreichende Bedingung für Wendestellen: Vorzeichenwechsel bei der 2. Ableitung.
Es gilt: $f''(-2) < 0$; $f''(-1) > 0$; $f''(+1) < 0$; $f''(+2) > 0$, also liegt bei $x = -\sqrt{3}$ und bei $x = +\sqrt{3}$ ein Vorzeichenwechsel von – nach + vor (Übergang von einer Rechts- zu einer Linkskrümmung), und an der Stelle $x = 0$ ein Vorzeichenwechsel von + nach – (Übergang von einer Links- zu einer Rechtskrümmung).

Mit den zugehörigen Funktionswerten erhält man die Wendepunkte:
$W_1(-\sqrt{3}\,|\,-1,274)$; $W_2(0\,|\,0)$; $W_1(\sqrt{3}\,|\,1,274)$.

Für das Verhalten an den Rändern ergeben sich folgende Grenzwerte:

$\lim\limits_{x \to +\infty} f(x) = \lim\limits_{x \to +\infty} (2\sqrt{e} \cdot x \cdot e^{-0,5 \cdot x^2}) = 0$

$\lim\limits_{x \to -\infty} f(x) = \lim\limits_{x \to -\infty} (2\sqrt{e} \cdot x \cdot e^{-0,5 \cdot x^2}) = 0$

Der Graph schmiegt sich also an die x-Achse asymptotisch an. Die lokalen Extrempunkte sind daher ebenfalls absolute Extrempunkte. Damit sind die geforderten Bedingungen erfüllt.

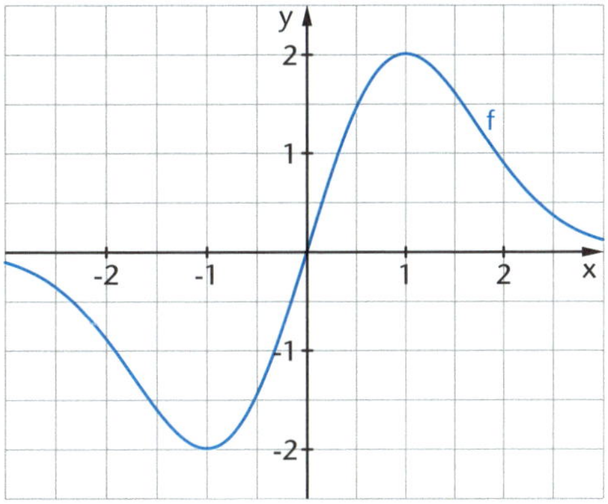

b) Zu zeigen ist, dass die Graphen der Funktionenschar $f_{a,b}$ punktsymmetrisch zum Ursprung des Koordinatensystems sind, jeweils genau einen Hoch- und einen Tiefpunkt aufweisen und sich an den Rändern der x-Achse asymptotisch annähern.

Es gilt: $f_{a,b}(-x) = -a \cdot x \cdot e^{-b \cdot x^2} = -f_{a,b}(x)$.
Daher sind die zugehörigen Graphen punktsymmetrisch zum Ursprung.

Man erhält die benötigten Ableitungen durch Anwendung der Produkt- und Kettenregel:

$f'_{a,b}(x) = a \cdot e^{-b \cdot x^2} + a\,x \cdot (-2\,b\,x) \cdot e^{-b \cdot x^2} = (a - 2\,a\,b\,x^2) \cdot e^{-b \cdot x^2}$

$f''_{a,b}(x) = (-4\,a\,b\,x) \cdot e^{-b \cdot x^2} + (a - 2\,a\,b\,x^2) \cdot (-2\,b\,x) \cdot e^{-b \cdot x^2} = (4\,a\,b^2\,x^3 - 6\,a\,b\,x) \cdot e^{-b \cdot x^2}$

Notwendige Bedingung für Extremstellen:

$f'_{a,b}(x) = 0 \Leftrightarrow a - 2\,a\,b\,x^2 = 0 \Leftrightarrow 1 - 2\,b\,x^2 = 0$ (da $a \neq 0$ nach Voraussetzung)

$\Leftrightarrow 2\,b\,x^2 = 1 \Leftrightarrow x = -\frac{1}{\sqrt{2b}} \vee x = \frac{1}{\sqrt{2b}}$.

Hinreichende Bedingung für Extremstellen:

$$f'_{a,b}\left(-\frac{1}{\sqrt{2b}}\right) = 0 \wedge f''_{a,b}\left(-\frac{1}{\sqrt{2b}}\right) = \left(4\,a\,b^2 \cdot \left(-\frac{1}{2b\sqrt{2b}}\right) - 6\,a\,b \cdot \left(-\frac{1}{\sqrt{2b}}\right)\right) \cdot e^{-b \cdot \frac{1}{2b}}$$
$$= \left(-\frac{2\,a\,b}{\sqrt{2b}} + \frac{6\,a\,b}{\sqrt{2b}}\right) \cdot e^{-\frac{1}{2}} = 2\,a\sqrt{2b} \cdot e^{-\frac{1}{2}} > 0$$

Also liegt an der Stelle $x_T = -\frac{1}{\sqrt{2b}}$ ein lokaler Tiefpunkt vor.

$$f'_{a,b}\left(\frac{1}{\sqrt{2b}}\right) = 0 \wedge f''_{a,b}\left(\frac{1}{\sqrt{2b}}\right) = \left(4\,a\,b^2 \cdot \frac{1}{2b\sqrt{2b}} - 6\,a\,b \cdot \frac{1}{\sqrt{2b}}\right) \cdot e^{-b \cdot \frac{1}{2b}}$$
$$= \left(\frac{2\,a\,b}{\sqrt{2b}} - \frac{6\,a\,b}{\sqrt{2b}}\right) \cdot e^{-\frac{1}{2}} = -2\,a\sqrt{2b} \cdot e^{-\frac{1}{2}} < 0$$

Also liegt an der Stelle $x_H = \frac{1}{\sqrt{2b}}$ ein lokaler Hochpunkt vor.

Weitere Extrempunkte können nicht auftreten.

Die y-Koordinaten der Extrempunkte können durch Einsetzen der Extremstellen in die Funktionsgleichung berechnet werden:

$$f_{a,b}\left(\frac{1}{\sqrt{2b}}\right) = a \cdot \frac{1}{\sqrt{2b}} \cdot e^{-b \cdot \frac{1}{2b}} = a \cdot \frac{1}{\sqrt{2b}} \cdot e^{-\frac{1}{2}} = \frac{a}{\sqrt{2be}} \quad \Rightarrow H\left(\frac{1}{\sqrt{2b}} \middle| \frac{a}{\sqrt{2be}}\right)$$

Aufgrund der bereits nachgewiesenen Punktsymmetrie folgt damit sofort auch

$$f_{a,b}\left(-\frac{1}{\sqrt{2b}}\right) = -\frac{a}{\sqrt{2be}} \qquad \Rightarrow T\left(-\frac{1}{\sqrt{2b}} \middle| -\frac{a}{\sqrt{2be}}\right)$$

Der maximale Definitionsbereich der Funktionenschar $f_{a,b}$ ist $ID_{f_{a,b}} = \mathbb{R}$.
Für das Verhalten an den Rändern ergeben sich folgende Grenzwerte:
$\lim\limits_{x \to +\infty} f_{a,b}(x) = \lim\limits_{x \to +\infty} (a \cdot x \cdot e^{-b \cdot x^2}) = 0$

$\lim\limits_{x \to -\infty} f_{a,b}(x) = \lim\limits_{x \to -\infty} (a \cdot x \cdot e^{-b \cdot x^2}) = 0$

Die Graphen schmiegen sich also an die x-Achse an. Die lokalen Extrempunkte sind daher ebenfalls absolute Extrempunkte. Damit sind die geforderten Bedingungen auch für die Funktionenschar erfüllt.

c) Die x-Koordinaten der Extrempunkte $x_T = -\frac{1}{\sqrt{2b}}$ und $x_H = \frac{1}{\sqrt{2b}}$ wurden in Teilaufgabe b) bereits berechnet. Sie sind unabhängig vom Parameter a. Je größer der Parameter b gewählt wird, umso näher liegen die Extremstellen am Ursprung. Umgekehrt wandert bei kleiner werdendem b der Hochpunkt nach rechts und der Tiefpunkt nach links.
Die y-Koordinaten der Extrempunkte $y_T = -\frac{a}{\sqrt{2be}}$ und $y_H = \frac{a}{\sqrt{2be}}$ sind umgekehrt proportional zu $\sqrt{b}$. Mit wachsendem b liegen die Extrempunkte näher an der x-Achse. Zusätzlich sind die y-Koordinaten der Extrempunkte noch proportional zu a. Je größer a gewählt wird, umso weiter entfernt liegen die Extrempunkte von der x-Achse.

d) (1) Damit die Intervallteilung gemäß dem Verhältnis des Goldenen Schnittes erfolgt, muss für die x-Koordinate des Hochpunktes x_H gelten:

$$\frac{x_H}{8 - x_H} = \frac{8 - x_H}{8} \Leftrightarrow 8x_H = (8 - x_H)^2 \Leftrightarrow 8x_H = 64 - 16x_H + x_H^2 \Leftrightarrow x_H^2 - 24x_H + 64 = 0$$
$$\Leftrightarrow x_H = 12 - \sqrt{80} \approx 3{,}056.$$

Die zweite Lösung liegt nicht mehr im betrachteten Intervall [0; 8] und muss daher nicht betrachtet werden.

(2) Nun kann der Parameter b so bestimmt werden, dass die x-Koordinate des Hochpunktes die Bedingung aus Aufgabenteil (1) erfüllt:

$$x_H = \frac{1}{\sqrt{2b}} = 3{,}056 \Leftrightarrow b = \frac{1}{2 \cdot 3{,}056^2} \approx 0{,}054.$$

(3) Damit der Graph im Hochpunkt zusätzlich den oberen Rand des Rechtecks berührt, muss für die y-Koordinate gelten: $y_H = \frac{a}{\sqrt{2 \cdot 0{,}054 \cdot e}} = 4{,}5$.
Also: $a = 4{,}5 \cdot \sqrt{2 \cdot 0{,}054 \cdot e} \approx 2{,}438$.

e) Zunächst sind die Koordinaten der Wendepunkte des Graphen von $g(x) = 2{,}438 \cdot x \cdot e^{-0{,}054 \cdot x^2}$ zu bestimmen.

Die erste und zweite Ableitung erhält man einfach durch Einsetzen der Werte von a und b in die bereits berechneten allgemeinen Terme:
$g'(x) = (2{,}438 - 0{,}2633\,x^2) \cdot e^{-0{,}054 \cdot x^2}$
$g''(x) = (0{,}0284\,x^3 - 0{,}7899\,x) \cdot e^{-0{,}054 \cdot x^2}$

Notwendige Bedingung für Wendepunkte:
$g''(x) = 0 \Leftrightarrow 0{,}0284\,x^3 - 0{,}7899\,x = 0$
$\Leftrightarrow x = 0 \vee 0{,}0284\,x^2 - 0{,}7899 = 0$
$\Leftrightarrow x = 0 \vee x \approx -5{,}274 \vee x \approx 5{,}274.$

Zum Nachweis der hinreichenden Bedingung für Wendepunkte kann das Vorzeichenwechselkriterium genutzt werden:
Da $g''(-6) < 0$, $g''(-1) > 0$, $g''(1) < 0$ und $g''(6) > 0$, liegen an den berechneten Stellen Vorzeichenwechsel der 2. Ableitung und damit Wendepunkte vor.

Für die y-Koordinaten der Wendepunkte erhält man
$g(5{,}274) = 2{,}438 \cdot 5{,}274 \cdot e^{-0{,}054 \cdot 5{,}274^2} \approx 2{,}863$ und analog
$g(-5{,}274) \approx -2{,}863$.

Insgesamt erhält man die Wendepunkte $W_1(-5{,}274 \mid -2{,}863)$, $W_2(0 \mid 0)$ und $W_3(5{,}274 \mid 2{,}863)$.

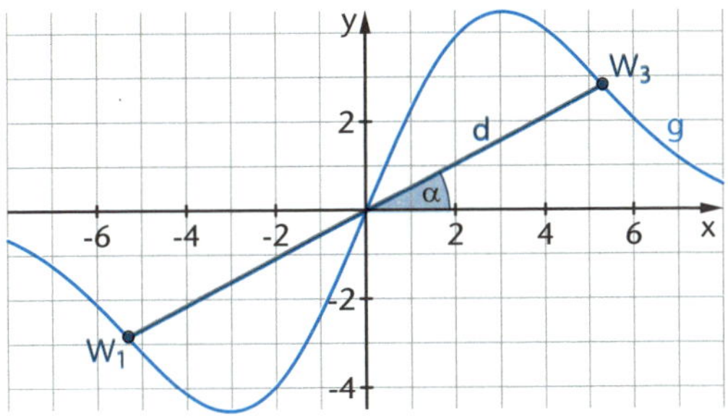

Der Abstand d der beiden äußeren Wendepunkte beträgt (gemäß dem Satz des Pythagoras):

$$d = \sqrt{(2 \cdot 5{,}274)^2 + (2 \cdot 2{,}863)^2} \approx 12{,}002 \text{ LE.}$$

Für den gesuchten Winkel α erhält man:

$$\tan\alpha = \frac{2{,}863}{5{,}274} \Rightarrow \alpha = \tan^{-1}\left(\frac{2{,}863}{5{,}274}\right) \approx 28{,}5°.$$

f) (1) Zum geforderten Nachweis ist es ausreichend, die angegebene Stammfunktion abzuleiten:

$$F'_{a,b}(x) = -\frac{a}{2b} \cdot (-2bx) \cdot e^{-b \cdot x^2} = a \cdot x \cdot e^{-b \cdot x^2} = f_{a,b}(x);$$

also ist $F_{a,b}$ eine Stammfunktion für die Funktion $f_{a,b}$.

(2) Die gesuchte Stammfunktion kann mit der Substitutionsmethode bestimmt werden. Man setzt dazu $z(x) = -b \cdot x^2$ und $z'(x) = -2bx$ und erhält als eine mögliche Stammfunktion:

$$F_{a,b}(x) = \int f_{a,b}(x)\,dx = \int a \cdot x \cdot e^{-b \cdot x^2}\,dx = -\frac{a}{2b}\int(-2bx) \cdot e^{-b \cdot x^2}\,dx = -\frac{a}{2b}\int e^z\,dz$$
$$= -\frac{a}{2b} \cdot e^z = -\frac{a}{2b} \cdot e^{-b \cdot x^2}$$

(3) Das im 3. Quadranten liegende Flächenstück kann am Ursprung gespiegelt werden.

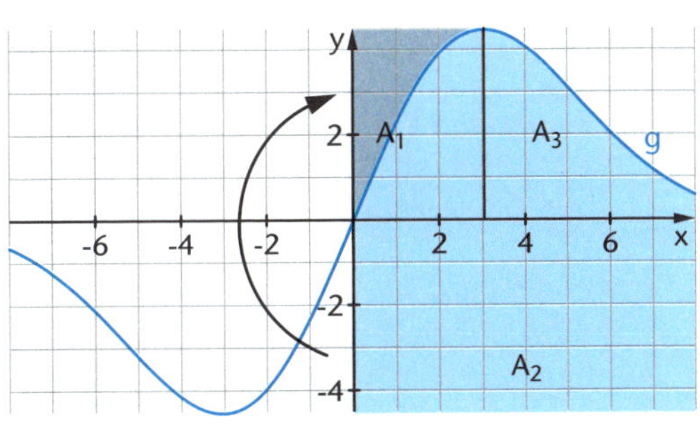

Dann erhält man den gesuchten Flächeninhalt A mit:

$$A = A_1 + A_2 + A_3$$
$$= x_H \cdot 4{,}5 + 8 \cdot 4{,}5 + \int_{x_H}^{8} g(x)\,dx$$
$$= (3{,}056 + 8) \cdot 4{,}5 + \left[-\frac{2{,}438}{2 \cdot 0{,}054} \cdot e^{-0{,}054 \cdot x^2}\right]_{3{,}056}^{8}$$
$$\approx 49{,}752 + (-0{,}712 + 13{,}633)$$
$$= 62{,}673$$

Er beträgt also ungefähr 62,673 FE.

Aufgabe 7 *Wachstum der Wasserlinse*

Auf der Oberfläche eines 5 m^2 großen Tümpels wächst die als Wasserlinse (Lemna minor) oder *„Entengrütze"* bezeichnete Wasserpflanze. Die zur Zeit t (in Wochen) mit Wasserlinse bedeckte Wasseroberfläche (in m^2) wird mit f(t) bezeichnet. Zum Zeitpunkt des Beobachtungsbeginns (t = 0) ist 1 m^2 der Wasseroberfläche mit Wasserlinse bedeckt.

a) In einem ersten Modell nehmen wir an, dass die Größe der zum Zeitpunkt t mit Wasserlinse bedeckte Wasseroberfläche mit $f(t) = 5 - 4 \cdot e^{-0,2t}$ beschrieben wird.

(1) Berechnen Sie, wie viel Prozent des Tümpels nach 8 Wochen bedeckt sind.
(2) Bestimmen Sie den Zeitpunkt, zu dem der Tümpel zur Hälfte bedeckt ist. C4
(3) Zeigen Sie, dass zu Beginn der Beobachtung die bedeckte Fläche mit einer Geschwindigkeit von 0,8 m^2/Woche zunimmt.

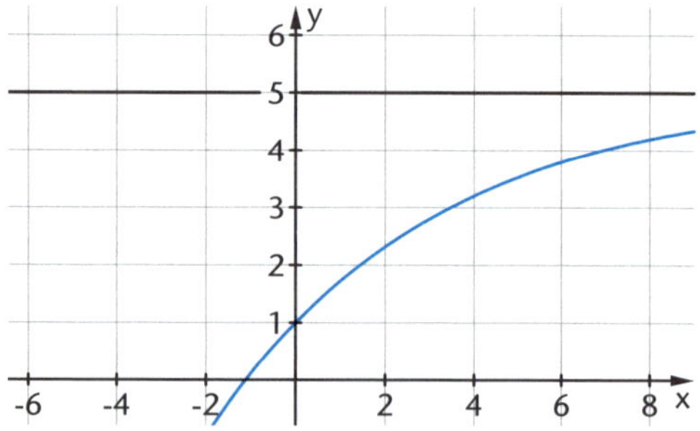

(4) Untersuchen Sie, ob dieses Modell auch zur Beschreibung der Situation vor dem Beginn der Beobachtung geeignet ist. C4
(5) Bestimmen Sie eine geeignete Funktion vom Typ $f_E(t) = a \cdot e^{-bt}$, die mit f zum Zeitpunkt des Beobachtungsbeginns hinsichtlich der Größe der bedeckten Wasseroberfläche und der in (3) berechneten Wachstumsgeschwindigkeit zu diesem Zeitpunkt übereinstimmt. Was wird durch diese Funktion besser modelliert, was ist nicht angemessen? C3

Für jedes a > 0 ist die Funktion g_a gegeben durch $g_a(t) = \frac{5e^t}{a + e^t}$ mit $t \in \mathbb{R}$.

Sie beschreibt das Wachstum der Wasserlinse zutreffender als die Funktion f.

b) Im Diagramm ist der Graph von $g_4(t)$ dargestellt.

(1) Begründen Sie, warum $g_4(t)$ gut geeignet ist, um das Wachstum der Wasserlinse auf dem Tümpel zu beschreiben. C4
(2) Berechnen Sie für a = 4, wie lange es dauert, bis 80 % des Tümpels mit Wasserlinse bedeckt ist. C4
(3) Berechnen Sie, mit welcher Geschwindigkeit die mit Wasserlinse bedeckte Fläche bei Beginn der Beobachtung zunimmt. B3 A2

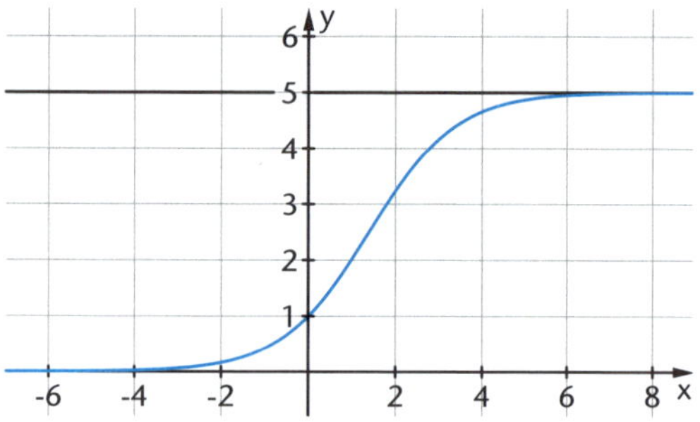

c) (GK) Beschreiben Sie Eigenschaften des Graphen von $g_4(t)$. Interpretieren Sie insbesondere die Bedeutung der Wendestelle im Zusammenhang mit dem Wachstum der Wasserlinse. Wie groß ist die maximale Wachstumsgeschwindigkeit? B4

d) (LK) Beschreiben Sie allgemein die Graphen der Schar $g_a(t)$ für $a > 0$. Interpretieren Sie insbesondere die Bedeutung der Wendestelle im Zusammenhang mit dem Wachstum der Wasserlinse. Wie groß ist die maximale Wachstumsgeschwindigkeit? B6

e) (GTR) In der Abbildung sind die Graphen für a = 1, 2, … , 5 dargestellt. Ordnen Sie die Graphen den Parameterwerten zu. Untersuchen Sie allgemein den Einfluss des Parameters a auf den Verlauf des Graphen (Größe des Anfangsbestandes, maximale Wachstumsgeschwindigkeit, Grenzverhalten). B6

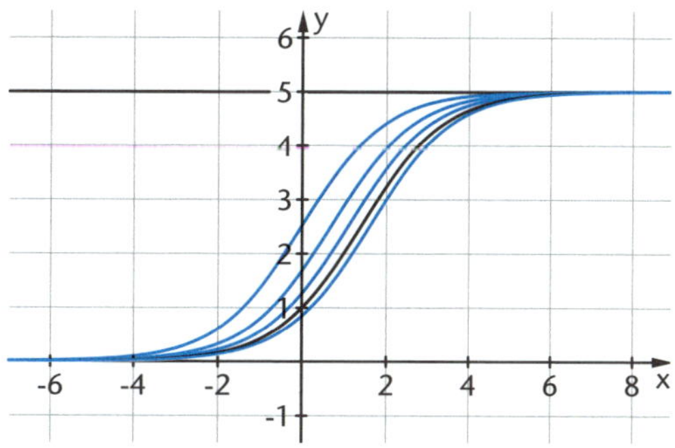

f) (LK) Weisen Sie nach, dass g_a die Gleichung $g_a'(t) = 0{,}2 \cdot g_a(t) \cdot (5 - g_a(t))$ erfüllt. A2

Lösung:

a) (1) $f(8) = 5 - 4 \cdot e^{-1{,}6} \approx 4{,}19$
Also sind nach 8 Wochen etwa $\frac{4{,}19}{5} \cdot 100\,\% = 83{,}8\,\%$ des Tümpels bedeckt.

(2) $f(t) = 2{,}5 \Leftrightarrow 5 - 4 \cdot e^{-0{,}2t} = 2{,}5 \Leftrightarrow e^{-0{,}2t} = 0{,}625 \Leftrightarrow t = -5 \cdot \ln(0{,}625) \approx 2{,}35$
Demnach ist nach etwa 2,35 Wochen (also ca. 2 Wochen und 2 Tage) die Hälfte des Tümpels bedeckt.

(3) Mit $f'(t) = 0{,}8 \cdot e^{-0{,}2t}$ folgt $f'(0) = 0{,}8$.
Zu Beginn der Beobachtung nimmt die bedeckte Fläche also mit $0{,}8 \frac{m^2}{\text{Woche}}$ zu.

(4) Anhand des Graphen oder durch Berechnung einzelner Funktionswerte für $t < 0$ lässt sich erkennen, dass die Funktionswerte für $t < -1{,}116$ negativ werden. Da anzunehmen ist, dass in der Realität die bedeckte Fläche zunächst langsam zugenommen hat, ist das Modell für $t < 0$ nicht geeignet.

(5) $f_E(t) = a \cdot e^{-bt}$; $f_E'(t) = -ab \cdot e^{-bt}$.
Die Bedingungen $f_E(0) = 1 \wedge f_E'(0) = 0{,}8$ ergeben die Gleichungen $a \cdot 1 = 1 \wedge -ab \cdot 1 = 0{,}8$ zur Bestimmung der Parameter a und b.
Man erhält also mit $a = 1$ und $b = -0{,}8$ die gesuchte Funktionsgleichung: $f_E(t) = e^{0{,}8t}$.
Nach diesem Modell wächst die Wasserlinse exponentiell. Dies ist nicht geeignet zur Beschreibung der Situation, da die Funktionswerte für $t \to \infty$ über alle Grenzen wachsen.

b) (1) $g_4(t)$ ist gut geeignet, um das Wachstum der Wasserlinse auf dem Tümpel zu beschreiben, da hier keine negativen Funktionswerte für $t < 0$ auftreten und die Wachstumsgeschwindigkeit zunächst langsam zunimmt, um nach Erreichen eines Maximalwertes an der Wendestelle des Graphen wieder abzunehmen. Weiterhin ist aus dem Schnittpunkt $(0|1)$ mit der y-Achse abzulesen, dass für $t = 0$ eine Fläche von 1 m^2 des Tümpels bedeckt ist.

(2) 4 m^2 entsprechen 80 % der gesamten Oberfläche des Tümpels.
Da $g_4(t) = 4 \Leftrightarrow \frac{5\,e^t}{4 + e^t} = 4 \Leftrightarrow e^t = 16 \Leftrightarrow t = 4\ln(2) \approx 2{,}77$,
dauert es etwa 2,77 Wochen (also ca. 2 Wochen und 4 Tage), bis 4 m^2 des Tümpels mit Wasserlinse bedeckt ist.

(3) Mit $g_4'(t) = \frac{5e^t(4+e^t) - 5e^te^t}{(4+e^t)^2} = \frac{20e^t}{(4+e^t)^2}$ folgt $g_4'(0) = \frac{20}{25} = 0{,}8$.

Zu Beginn der Beobachtung nimmt die bedeckte Fläche also auch hier mit $0{,}8\,\frac{m^2}{\text{Woche}}$ zu.

c) Da $g_4(t) \neq 0$ für alle t, gibt es keinen Schnittpunkt mit der 1. Achse.
Da $g_4(0) = 1$, ist $S(0|1)$ der Schnittpunkt mit der 2. Achse.

Ableitungen: $g_4'(t) = \frac{20e^t}{(e^t+4)^2}$; $g_4''(t) = \frac{20e^t(4-e^t)}{(e^t+4)^3}$; $g_4'''(t) = \frac{20e^t(e^{2t} - 16e^t + 16)}{(e^t+4)^4}$

Da $g_4'(t) \neq 0$ für alle t, gibt es keine Extrempunkte.

Da $g_4''(t) = 0 \Leftrightarrow 4 - e^t = 0 \Leftrightarrow t = 2\ln(2)$ und $g_4'''(2\ln(2)) = -0{,}625$ ist $W(2\ln(2)|2{,}5)$ ein L/R-Wendepunkt.
Für $t = 2\ln(2) \approx 1{,}39$ (≈ 1 Woche 3 Tage) ist die Wachstumsgeschwindigkeit maximal.

Da $g_4'(2\ln(2)) = 1{,}25$, beträgt die maximale Wachstumsgeschwindigkeit $1{,}25\,\frac{m^2}{\text{Woche}}$.

d) Da $g_a(t) \neq 0$ für alle t, gibt es keinen Schnittpunkt mit der 1. Achse.

Da $g_a(0) = \frac{5}{a+1}$, ist $S\left(0\middle|\frac{5}{a+1}\right)$ der Schnittpunkt mit der 2. Achse.

Ableitungen: $g_a'(t) = \frac{5ae^t}{(a+e^t)^2}$; $g_a''(t) = \frac{5ae^t(a-e^t)}{(a+e^t)^3}$; $g_a'''(t) = \frac{5ae^t(e^{2t} - 4ae^t + a^2)}{(a+e^t)^4}$

Da $g_a'(t) \neq 0$ für alle t, gibt es keine Extrempunkte.

Da $g_a''(t) = 0 \Leftrightarrow a - e^t = 0 \Leftrightarrow t = \ln(a)$ und $g_a'''(\ln(a)) = -\frac{5}{8}$

ist $W\left(\ln(a)\middle|\frac{5}{2}\right)$ ein L/R-Wendepunkt.

Für $t = \ln(a)$ ist die Wachstumsgeschwindigkeit maximal.

Da $g_a'(2\ln(2)) = 1{,}25$, beträgt die maximale Wachstumsgeschwindigkeit

stets $1{,}25\,\frac{m^2}{\text{Woche}}$.

e) Die Graphen werden von oben nach unten den Parametern $a = 1$, $a = 2$, …, $a = 5$ zugeordnet.

Je kleiner der Parameter a ist, desto höher ist der Anfangsbestand für $t = 0$.

Die Steigungen im Wendepunkt stimmen überein: $g_a'(\ln(a)) = \frac{5}{4}$

Alle Graphen haben die x-Achse und die dazu parallele Gerade $y = 5$ als waagerechte Asymptoten.

f) Durch Ableiten erhält man: $g_a'(t) = \frac{5ae^t}{(a+e^t)^2}$ und durch Einsetzen und Vereinfachen:

$0{,}2 \cdot g_a(t) \cdot (5 - g_a(t)) = \frac{5ae^t}{(a+e^t)^2}$

Da beide Terme übereinstimmen, erfüllt $g_a(t)$ die gegebene Gleichung.

Aufgabe 8 *Götterbaum*

Im Botanischen Garten einer Großstadt wurde zu Beginn des vorigen Jahrhunderts ein junger Götterbaum (Ailanthus) gepflanzt. Jährlich wird seit seiner Anpflanzung (t = 0) der Umfang seines Stammes gemessen. Damit wird der durchschnittliche Durchmesser d (t) des Baumstammes ermittelt, wobei t die Anzahl der Jahre nach der Pflanzung angibt.
In der nebenstehenden Abbildung ist das kontinuierliche Wachstum des Stammdurchmessers graphisch dargestellt.

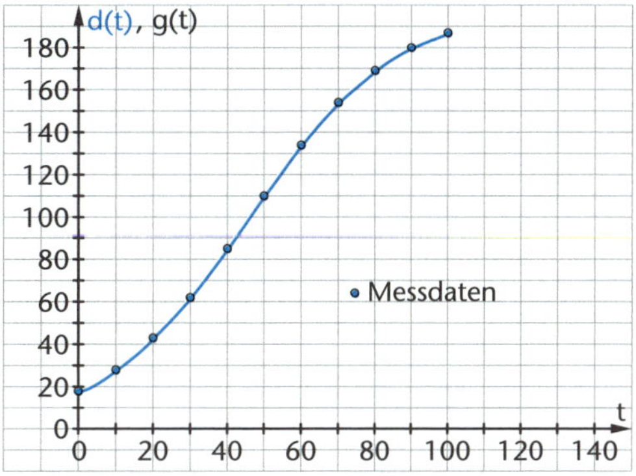

Die folgende Tabelle gibt die Messergebnisse wieder:

t in Jahren	0	10	20	30	40	50	60	70	80	90	100
Durchmesser d(t) in cm	18	28	43	62	85	110	134	154	169	180	187

a) Beschreiben Sie den Wachstumsprozess des Stammdurchmessers anhand der Eigenschaften des abgebildeten Graphen (Schnittpunkt mit der y-Achse, Monotonieverhalten, Wendepunkt, Verhalten für $t \to \infty$). **C4**

b) Ein mögliches Modell für das Wachstum des Stammdurchmessers ist die Funktion d_1 mit $d_1(t) = \frac{c}{1 + a \cdot e^{-b \cdot t}}$
Ermitteln Sie die Parameter a, b und c anhand der für t = 0 und t = 90 in der obigen Tabelle angegebenen Messwerte sowie unter der Annahme eines maximalen Stammdurchmessers von 200 cm. **C2**

Im Folgenden soll zur Modellierung die Funktion $d(t) = \frac{200}{1 + 10 \cdot e^{-0{,}05 \cdot t}}$ verwendet werden.

c) Zeigen Sie, dass die erste Ableitung von d gegeben ist durch
$d'(t) = \frac{100 \cdot e^{-0{,}05 \cdot t}}{(1 + 10 \cdot e^{-0{,}05 \cdot t})^2}$. **A2**

d) Untersuchen Sie das Monotonieverhalten der Funktion d sowie deren Verhalten für $t \to \infty$. **B5**
Bestimmen Sie den Schnittpunkt des Graphen von d mit der y-Achse sowie den Wendepunkt.
Vergleichen Sie die gefundenen Eigenschaften mit denen aus a).
Ohne Nachweis verwendet werden kann: $d''(t) = \frac{(-5) \cdot e^{-0{,}05 \cdot t} \cdot (1 - 10 \cdot e^{-0{,}05 \cdot t})}{(1 + 10 \cdot e^{-0{,}05 \cdot t})^3}$.

e) Ermitteln Sie für die Funktion d den Zeitpunkt, zu dem der Baum eine Dicke von 50 cm hatte sowie die Wachstumsgeschwindigkeit des Durchmessers zum Zeitpunkt der Anpflanzung. **B2** **B4**

f) Betrachten Sie den gesamten Zeitraum der ersten 100 Jahre und bestimmen Sie den Zeitpunkt, an dem der Durchmesser des Baumstammes am schnellsten zunahm. Berechnen Sie auch die maximale Wachstumsgeschwindigkeit. **B3** **B4**

g) (1) Überprüfen Sie, ob der Wachstumsprozess auch näherungsweise durch eine ganzrationale Funktion g dritten Grades mit
$g(t) = a t^3 + b t^2 + c t + d$
modelliert werden kann.
Bestimmen Sie die Bedingungsgleichungen für die Koeffizienten so, dass die Funktionswerte von g mit den Messwerten für den Stammdurchmesser zu den Zeitpunkten $t = 0$, $t = 50$ und $t = 90$ übereinstimmen und die maximale Wachstumsgeschwindigkeit bei $t = 46$ vorliegt. C2

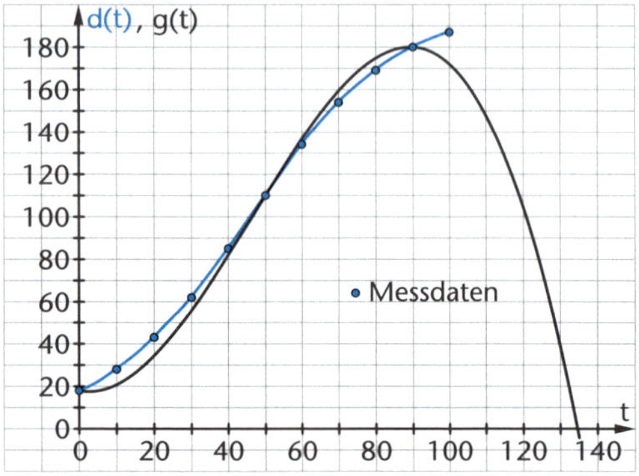

(2) Mithilfe eines Rechners kann man dieses Gleichungssystem lösen und erhält näherungsweise den Funktionsterm
$g(t) = -0{,}0005\,t^3 + 0{,}069\,t^2 - 0{,}36\,t + 18$.

Beurteilen Sie die Modellierung mithilfe von g anhand des rechts abgebildeten Graphen hinsichtlich seiner Tragfähigkeit im Vergleich zum Modell d. C4

Lösung:

a) Zum Zeitpunkt der Anpflanzung hat der Stamm des Götterbaumes einen Durchmesser von 18 cm, es ist $d(0) = 18$. Zwischen $t = 0$ und $t \approx 50$ besitzt der Graph eine immer stärker zunehmende positive Steigung, d. h. in den ersten 50 Jahren wächst der Baum zunächst langsam, dann immer schneller.

t in Jahren	0	10	20	30	40	50	60	70	80	90	100
Durchmesser d(t) in cm	18	28	43	62	85	110	134	154	169	180	187

Zunahme: +10, +15, +19, +23, +25, +24, +20, +15, +11, +7

Die Wachstumsgeschwindigkeit des Stammdurchmessers ist ungefähr im fünfzigsten Jahr nach der Pflanzung am größten, danach verlangsamt sich das Wachstum. Dies erkennt man in der Abbildung daran, dass an der Stelle $t \approx 50$ eine Links-Rechts-Wendestelle vorliegt, hier nimmt die positive Steigung des Graphen ein Maximum an, für größere t verringert sich die Steigung des Graphen wieder.
Für sehr große t nimmt die Steigung des Graphen kaum noch zu, der Graph besitzt für $t \to \infty$ eine waagerechte Asymptote. Viele Jahre nach der Pflanzung wächst der Durchmesser des Baumstammes kaum noch, der Stammdurchmesser nähert sich mit zunehmendem Alter einem maximalen Wert.

b) Zur Ermittlung der Funktionsparameter lassen sich nach den Angaben der Aufgabenstellung die folgenden Bedingungen formulieren:

(1) $d_1(0) = 18$ bedeutet: $\frac{c}{1 + a} = 18$, d. h. $c = 18 + 18a$

(2) $d_1(90) = 180$ bedeutet: $\frac{c}{1 + a \cdot e^{-90 \cdot b}} = 180$

(3) Da der maximale Stammdurchmesser mit 200 cm angegeben ist, bedeutet dies, dass $c = 200$ ist, da $\lim\limits_{t \to \infty} d_1(t) = \frac{c}{1 + a \cdot 0} = c$

Setzt man diesen Wert für c in Gleichung (1) ein, so ergibt sich $18a = 182$, also $a \approx 10{,}1$.
Einsetzen der beiden Werte für a und c in Gleichung (2) ergibt:

$$\frac{200}{1 + \frac{182}{18} \cdot e^{-90 \cdot b}} = 180 \Leftrightarrow 200 = 180 + 1820 \cdot e^{-90 \cdot b} \Leftrightarrow e^{-90 \cdot b} = \frac{20}{1820}$$

$$\Leftrightarrow -90\,b \approx -4{,}510 \Leftrightarrow b \approx 0{,}050$$

c) Den Funktionsterm kann man wie folgt notieren:

$$d(t) = \frac{200}{1 + 10 \cdot e^{-0{,}05 \cdot t}} = 200 \cdot (1 + 10 \cdot e^{-0{,}05 \cdot t})^{-1}.$$

Dann gilt nach Kettenregel:

$$d'(t) = 200 \cdot (-1) \cdot (1 + 10 \cdot e^{-0{,}05 \cdot t})^{-2} \cdot 10 \cdot e^{-0{,}05 \cdot t} \cdot (-0{,}05) = 100 \cdot e^{-0{,}05 \cdot t} \cdot (1 + 10 \cdot e^{-0{,}05 \cdot t})^{-2},$$

also $d'(t) = \frac{100 \cdot e^{-0{,}05 \cdot t}}{(1 + 10 \cdot e^{-0{,}05 \cdot t})^2}$

d) Da Zähler und Nenner der 1. Ableitung für beliebige $t \geq 0$ positiv sind, ist der Graph von d auf $\mathbb{R}_0^+$ streng monoton steigend. Für $t \to \infty$ gilt:

$$\lim_{t \to \infty} d(t) \frac{200}{1 + 10 \cdot 0} = 200.$$

Der Graph schneidet die y-Achse im Punkt $(0|d(0)) = (0|18)$, da

$$d(0) = \frac{200}{1 + 10 \cdot e^0} = \frac{200}{11} \approx 18{,}2.$$

Notwendige Bedingung für das Vorliegen eines Wendepunkts ist $d''(t) = 0$: Der Zähler der gegebenen 2. Ableitung wird null, wenn der Klammerterm gleich null wird:
$10 \cdot e^{-0{,}05 \cdot t} = 1 \Leftrightarrow e^{-0{,}05 \cdot t} = 0{,}1 \Leftrightarrow -0{,}05 \cdot t = \ln(0{,}1) \Leftrightarrow t \approx 46$

Dort liegt ein Vorzeichenwechsel der 2. Ableitung vor (beispielsweise gilt: $d''(40) \approx 0{,}018$ und $d''(50) \approx -0{,}0122$), also hat der Graph von d bei $t \approx 46$ einen Krümmungswechsel von einer Links- in eine Rechtskurve. Der Wendepunkt hat näherungsweise die Koordinaten $(46|d(46)) = (46|100)$.

Die gefundenen Eigenschaften stimmen mit dem in Teilaufgabe a) beschriebenen grafischen Verlauf überein.

Zusatz: Bestimmung der 2. Ableitung

Aus $d'(t) = 100 \cdot e^{-0{,}05 \cdot t} \cdot (1 + 10 \cdot e^{-0{,}05 \cdot t})^{-2}$ ergibt sich nach Anwendung von Produkt- und Kettenregel:

$$\begin{aligned} d''(t) &= 100 \cdot e^{-0{,}05 \cdot t} \cdot (-0{,}05) \cdot (1 + 10 \cdot e^{-0{,}05 \cdot t})^{-2} \\ &\quad + 100 \cdot e^{-0{,}05 \cdot t} \cdot (-2) \cdot (1 + 10 \cdot e^{-0{,}05 \cdot t})^{-3} \cdot 10 \cdot e^{-0{,}05 \cdot t} \cdot (-0{,}05) \\ &= 100 \cdot e^{-0{,}05 \cdot t} \cdot (-0{,}05) \cdot (1 + 10 \cdot e^{-0{,}05 \cdot t})^{-3} \cdot ((1 + 10 \cdot e^{-0{,}05 \cdot t}) + (-2) \cdot 10 \cdot e^{-0{,}05 \cdot t}) \\ &= (-5) \cdot e^{-0{,}05 \cdot t} \cdot (1 + 10 \cdot e^{-0{,}05 \cdot t})^{-3} \cdot (1 + 10 \cdot e^{-0{,}05 \cdot t} - 20 \cdot e^{-0{,}05 \cdot t}) \\ &= (-5) \cdot e^{-0{,}05 \cdot t} \cdot (1 - 10 \cdot e^{-0{,}05 \cdot t}) \cdot (1 + 10 \cdot e^{-0{,}05 \cdot t})^{-3} \end{aligned}$$

e) Gesucht ist zunächst der Zeitpunkt t, für den gilt: $d(t) = \frac{200}{1 + 10 \cdot e^{-0{,}05 \cdot t}} = 50.$

Umformungen ergeben: $200 = 50 + 500 \cdot e^{-0{,}05 \cdot t} \Leftrightarrow e^{-0{,}05 \cdot t} = 0{,}3 \Leftrightarrow t \approx 24{,}1.$
Im 25. Jahr nach der Anpflanzung erreichte der Baum eine Dicke von 50 cm.
Die Wachstumsgeschwindigkeit zum Zeitpunkt der Anpflanzung war

$$d'(0) = \frac{100}{(1 + 10)^2} = \frac{100}{121} \approx 0{,}83$$

d. h. sie betrug 0,8 cm pro Jahr.

f) Der Zeitpunkt mit der größten Wachstumsgeschwindigkeit entspricht derjenigen Stelle t, an der die erste Ableitungsfunktion d' im betrachteten Zeitintervall ein Maximum annimmt. Dies ist die Stelle, an welcher der Graph die größte positive Steigung besitzt. Ein Maximum der Steigung liegt an der Wendestelle $t \approx 46$ mit $d'(46) \approx 2{,}5$ vor. Geprüft werden muss nun, ob der Graph an den Rändern des Intervalls größere Steigungswerte besitzt. Dies ist nicht der Fall, denn es ist $d'(0) \approx 0{,}8$ (siehe e)) und für große t nähern sich die Steigungswerte wegen $\lim\limits_{t \to \infty} d'(t) = 0$ dem Wert null, so auch $d'(100) \approx 0{,}6$. Der Stamm des Götterbaumes wuchs nach ca. 46 Jahren am schnellsten, dabei nahm sein Durchmesser um ungefähr 2,5 cm pro Jahr zu.

g) (1) Mit dem Ansatz $g(t) = a\,t^3 + b\,t^2 + c\,t + d$ und $g'(t) = 3\,a\,t^2 + 2\,b\,t + c$ sowie $g''(t) = 6\,a\,t + 2\,b$ erhält man die Bedingungen
$g(0) = 18 \Leftrightarrow d = 18$,
$g(50) = 110 \Leftrightarrow 125\,000\,a + 2\,500\,b + 50\,c + d = 110$,
$g(90) = 180 \Leftrightarrow 729\,000\,a + 8\,100\,b + 90\,c + d = 180$,
$g''(46) = 0 \Leftrightarrow 276\,a + 2\,b = 0$.

(2) Offensichtlich weicht der Graph von g zwischen $t = 0$ bis $t = 40$ sowie zwischen $t = 60$ bis $t = 80$ stärker von den Messpunkten ab als der Graph von d. Das Wachstum in diesen Jahren wird also nur näherungsweise modelliert. Das Modell g ist dagegen nicht geeignet, den Wachstumsprozess mit zunehmendem Alter des Baumes zu modellieren, da der Graph ab $t \approx 90$ eine negative Steigung besitzt. Dies würde bedeuten, dass der Durchmesser des Stammes ungefähr 90 Jahre nach der Anpflanzung mit zunehmendem Alter abnimmt.

Aufgabe 9 *Eine Weinkaraffe*

Die Abbildungen zeigen eine Glaskaraffe, in die Rotwein gefüllt werden kann. Die benötigten Maße können der Abbildung in der Einheit cm entnommen werden.

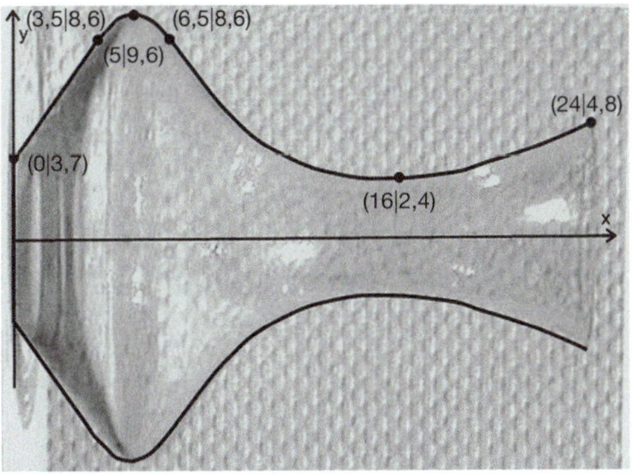

a) Die Formlinie soll zunächst für drei Intervalle getrennt betrachtet werden und auf diesen durch abschnittsweise definierte Funktionen beschrieben werden, und zwar:

(1) über dem Intervall [0; 3,5] durch eine lineare Funktion f_1,
(2) über dem Intervall [3,5; 6,5] durch eine quadratische Funktion f_2 und
(3) über dem Intervall [6,5; 24] durch eine kubische Funktion f_3.

Die schmalste Stelle der Karaffe befindet sich in einer Höhe von 16 cm (d. h. im Koordinatensystem: an der Stelle $x = 16$).
Bestimmen Sie die entsprechenden Funktionsterme von f_1 sowie f_2 und stellen Sie ein Gleichungssystem für die Koeffizienten von f_3 auf. C2
(GTR) Lösen Sie das Gleichungssystem, um den Funktionsterm von f_3 zu bestimmen.

b) Begründen Sie, warum die drei Funktionen f_1, f_2, f_3 mit
$f_1(x) = 1{,}4\,x + 3{,}7$ und $f_2(x) = -0{,}444\,x^2 + 4{,}444\,x - 1{,}511$
sowie $f_3(x) = -0{,}001\,783\,x^3 + 0{,}137\,33\,x^2 - 3{,}0255\,x + 22{,}9532$
zwar die abgebildete Formlinie gut modellieren, aber insgesamt den Bedingungen einer glatten Formlinie nicht gerecht werden.

Eine ähnliche Karaffe kann durch die Berandungsfunktion g mit

$g(x) = \frac{3}{400}x^3 - \frac{1}{4}x^2 + 2x + 5$ für $x \in [0; 24]$

modelliert werden. Dabei soll sich der Boden wieder bei $x = 0$ und die Öffnung bei $x = 24$ befinden.

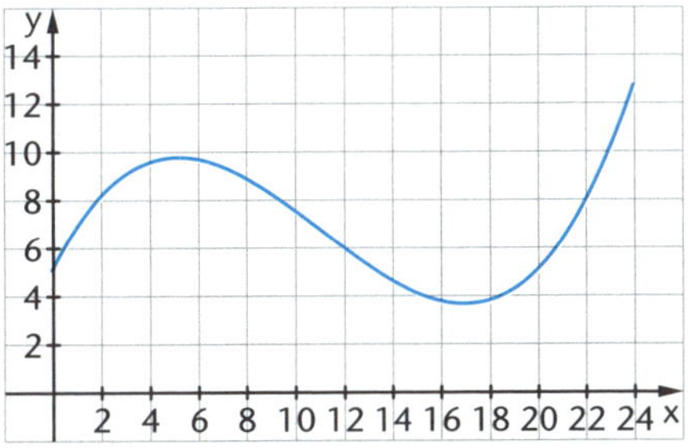

c) Untersuchen Sie, in welcher Höhe die so entstehende Karaffe ihre breiteste und wo sie ihre engste Stelle aufweist. Vergleichen Sie Ihre Ergebnisse mit der oben dargestellten Glaskaraffe. B3

d) Stellt man die Karaffe aufrecht und betrachtet ihre Formlinie von der Standfläche aus aufwärts bis zum oberen Rand, so stellt man fest, dass die Formlinie nach der Stelle, die den „Bauch" der Vase bestimmt, zunächst immer flacher, dann bis zur Engstelle wieder steiler und zum oberen Rand hin wieder flacher wird.
Untersuchen Sie am Graphen der Modellierungsfunktion g, in welcher Höhe die Formlinie der aufrechtstehenden Karaffe am flachsten verläuft.

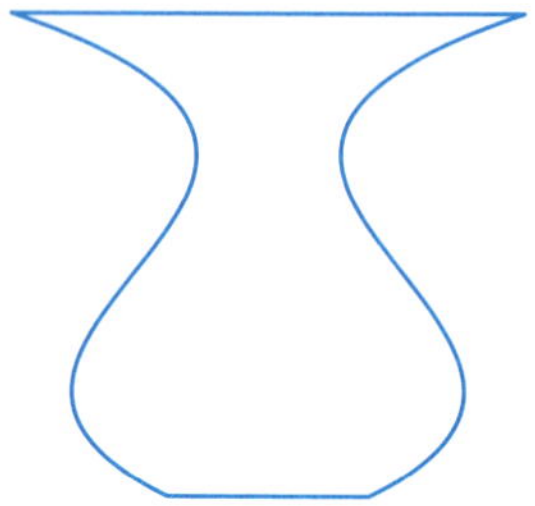

B4 D7

e) Berechnen Sie das Volumen der neuen Karaffe.

f) **(LK)** Die Funktion g ist Teil einer Funktionenschar g_k mit

$g_k = \frac{3}{(5k)^2}x^3 - \frac{1}{k}x^2 + 2x + 5$ für

$x \in [0; 24]$ und $k > 0$.
Die Abbildung zeigt Graphen der Schar für $k = 2; 2{,}5; 3; \ldots; 7{,}5$. B6

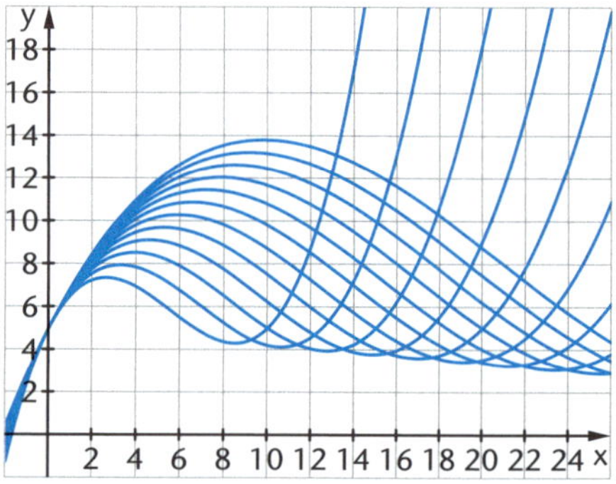

(1) Bestimmen Sie k so, dass die breiteste Stelle der Karaffe in einer Höhe von 6 cm auftrifft.
(2) Weisen Sie nach, dass die Steigung der Wendetangente an die Graphen von g_k unabhängig von k ist. Interpretieren Sie die Bedeutung dieser Aussage im Kontext. A3

Lösung:

a) (1) Gesucht sind die Koeffizienten a, b einer linearen Funktion f_1 mit $f_1(x) = ax + b$, für die gilt: $f_1(0) = 3{,}7 \wedge f_1(3{,}5) = 8{,}6 \Leftrightarrow b = 3{,}7 \wedge 3{,}5a + 3{,}7 = 8{,}6$
$\Leftrightarrow a = 1{,}4 \wedge b = 3{,}7$, also $f_1(x) = 1{,}4x + 3{,}7$

(2) Gesucht sind die Koeffizienten a, b, c einer quadratischen Funktion f_2 mit $f_2(x) = ax^2 + bx + c$, für die gilt:
$f_2(3{,}5) = 8{,}6 \wedge f_2(5) = 9{,}6 \wedge f_2(6{,}5) = 8{,}6$
$\Leftrightarrow 12{,}25a + 3{,}5b + c = 8{,}6 \wedge 25a + 5b + c = 9{,}6 \wedge 42{,}25a + 6{,}5b + c = 8{,}6$

Die Lösung des Gleichungssystems ist:
$a = -\frac{4}{9}$, $b = \frac{40}{9}$, $c = -\frac{68}{45}$, also $f_2(x) = -\frac{4}{9}x^2 + \frac{40}{9}x - \frac{68}{45}$

Alternativer Ansatz: Gesucht ist der Koeffizient k einer quadratischen Funktion f_2 mit $f_2(x) = k \cdot (x-5)^2 + 9{,}6$, wobei $f_2(3{,}5) = 8{,}6$

also: $8{,}6 = k \cdot (3{,}5 - 5)^2 + 9{,}6 \Leftrightarrow 2{,}25 \cdot k = -1 \Leftrightarrow k = -\frac{4}{9}$

also: $f_2(x) = -\frac{4}{9} \cdot (x-5)^2 + 9{,}6 = -\frac{4}{9}x^2 + \frac{40}{9}x - \frac{100}{9} + \frac{48}{5} = -\frac{4}{9}x^2 + \frac{40}{9}x - \frac{68}{45}$

(3) Gesucht sind die Koeffizienten a, b, c, d einer kubischen Funktion f_3 mit:
$f_3(x) = a x^3 + b x^2 + c x + d$
Aus den drei Punkten ergeben sich drei Bedingungen:
$f_3(6{,}5) = 8{,}6 \wedge f_3(16) = 2{,}4 \wedge f_3(24) = 4{,}8$. Als vierte Bedingung nutzen wir die Information, dass an der Stelle $x = 16$ ein lokales Minimum ist: $f_3'(16) = 0$.
Wegen $f_3'(x) = 3 a x^2 + 2 b x + c$ ergibt sich dann insgesamt das Gleichungssystem:

$$\left| \begin{array}{llll} 274{,}625\,a + 42{,}25\,b + 6{,}5\,c + d = 8{,}6 \\ 4096\,a + 256\,b + 16\,c + d = 2{,}4 \\ 13824\,a + 576\,b + 24\,c + d = 4{,}8 \\ 768\,a + 32\,b + c = 0 \end{array} \right|$$

Lösung: $a \approx -0{,}001783 \wedge b \approx 0{,}13733 \wedge c \approx -3{,}0255 \wedge d \approx 22{,}9532$
Funktionsgleichung: $f_3(x) = -0{,}001783\,x^3 + 0{,}13733\,x^2 - 3{,}0255\,x + 22{,}9532$

b) Da die Formlinie keine Knicke hat, sollte man dies auch von den Übergangsstellen zwischen den drei Funktionsgraphen erwarten. Dazu überprüfen wir die Steigungen der Funktionen an diesen Stellen. Es gilt:
$f_1'(x) = 1{,}4$ und $f_2'(x) = -0{,}889\,x + 4{,}444$
sowie $f_3'(x) = -0{,}005349\,x^2 + 0{,}27466\,x - 3{,}0255$
also: $f_1'(3{,}5) = 1{,}4$ und $f_2'(3{,}5) \approx 1{,}3325$ sowie $f_2'(6{,}5) \approx -1{,}3345$ und $f_3'(6{,}5) \approx -1{,}4662$

Diese Unterschiede in der Steigung bedeuten, dass es Knicke gibt. Die „Ruckfreiheit der Übergänge" braucht erst gar nicht überprüft zu werden.

c) Zunächst müssen die Extremstellen von g bestimmt werden:

Ableitungen: $g'(x) = \frac{9}{400}x^2 - \frac{1}{2}x + 2$; $g''(x) = \frac{9}{200}x - \frac{1}{2}$

Notwendige Bedingung: $g'(x) = 0 \Leftrightarrow \frac{9}{400}x^2 - \frac{1}{2}x + 2 = 0 \Leftrightarrow x^2 - \frac{200}{9}x + \frac{800}{9} = 0$

Die Nullstellen der 1. Ableitung liegen bei

$x_1 = \frac{100}{9} - \sqrt{\left(\frac{100}{9}\right)^2 - \frac{800}{9}} \approx 5{,}23$ und $x_2 = \frac{100}{9} + \sqrt{\left(\frac{100}{9}\right)^2 - \frac{800}{9}} \approx 16{,}99$

Da $g''(x_1) \approx -0{,}26 < 0$, liegt an der Stelle x_1 ein lokales Maximum vor, und da $g''(x_2) \approx +0{,}26 > 0$, an der Stelle x_2 ein lokales Minimum.
Zusätzlich ist hier noch der Vergleich dieser beiden Extremwerte mit den Funktionswerten am Rand des Definitionsbereichs erforderlich:
Da $g(0) = 5$, $g(5{,}23) \approx 9{,}69$, $g(16{,}99) \approx 3{,}60$ und $g(24) \approx 12{,}68$, liegt die schmalste Stelle der Glaskaraffe in der Höhe von etwa 16,99 cm und die breiteste Stelle in der Höhe von 24 cm vor, also an der oben befindlichen Öffnung.
Bei der in den Abbildungen dargestellten Karaffe liegt die breiteste Stelle unterhalb der Engstelle vor – im Gegensatz zur neuen Karaffe, bei der die breiteste Stelle an der Öffnung der Vase ist.

d) Da die flachste Stelle eine Stelle mit extremaler Steigung ist, untersuchen wir $g'(x)$ auf Extremstellen. Hierbei kommt es nicht auf das Vorzeichen der Steigung an.

Notwendige Bedingung: $g''(x) = 0 \Leftrightarrow \frac{9}{200}x - \frac{1}{2} = 0 \Leftrightarrow x = \frac{100}{9} \approx 11{,}11$

Da die 2. Ableitung von g eine lineare Funktion ist, liegt hier auf jeden Fall eine Nullstelle mit Vorzeichenwechsel vor; der Graph von g hat also an der Stelle $x = \frac{100}{9}$ eine Wendestelle. Die Steigung von g an dieser Stelle ist $g'\left(\frac{100}{9}\right) = -\frac{7}{9} \approx -0{,}78$.

Die Steigung an der Wendestelle muss noch mit den Steigungen an den Rändern des Definitionsbereichs verglichen werden: Es gilt $g'(0) = 2$ und $g'(24) = 2{,}96$; daher liegt die am flachsten verlaufende Stelle der Wandung am oberen Rand vor, also bei $x = 24$.

e) **(CAS)** Zu bestimmen ist das Volumen der als Rotationskörper betrachteten Glaskaraffe:

$$V = \pi \int_a^b (g(x))^2\, dx = \pi \int_0^{24} \left(\frac{3}{400}x^3 - \frac{1}{4}x^2 + 2x + 5\right)^2 dx \approx 4001$$

Die neue Karaffe hat also ein Volumen von etwa 4 Litern.

(GTR/WTR) Die Berechnung mithilfe des *fnInt*-Befehls (numerische Integration) ergibt den gleichen Wert.

f) (1) **(LK)** Da die breiteste Stelle der Karaffe im Inneren des Definitionsbereichs auftreten soll, untersuchen wir zunächst die Graphen von gk auf lokale Maxima.

Ableitungen: $g_k'(x) = \frac{9}{(5k)^2}x^2 - \frac{2}{k}x + 2$; $g_k''(x) = \frac{18}{(5k)^2}x - \frac{2}{k}$

Notwendige Bedingung: $g_k'(x) = 0 \Leftrightarrow \frac{9}{(5k)^2}x^2 - \frac{2}{k}x + 2 = 0 \Leftrightarrow x^2 - \frac{50k}{9}x + \frac{50k^2}{9} = 0$

Die Nullstellen der 1. Ableitung liegen an den Stellen

$x_1 = \frac{25k}{9} - \sqrt{\left(\frac{25k}{9}\right)^2 - \frac{50k^2}{9}} = \frac{25k}{9} - \sqrt{\frac{175k^2}{9}} = \frac{5k}{9}\cdot(5 + \sqrt{7})$ und $x_2 = \frac{5k}{9}\cdot(5 - \sqrt{7})$

Hinreichende Bedingung: Da

$g''\left(\frac{5k}{9}(5 - \sqrt{7})\right) = \frac{18}{(5k)^2}\left(\frac{5k}{9}(5 - \sqrt{7})\right) - \frac{2}{k} = -\frac{2}{5k}\sqrt{7} < 0,$

liegt an der Stelle $x = \frac{5k}{9}(5 - \sqrt{7})$ ein lokales Maximum vor. Die andere Extremstelle muss also zu einem hier nicht interessierenden lokalen Minimum führen und wird daher nicht benötigt.

Da die breiteste Stelle in der Höhe von 6 cm auftreten soll, ergibt sich der gesuchte Wert für k zu:

$\frac{5k}{9}(5 - \sqrt{7}) = 6 \Leftrightarrow k = \frac{54}{25 - 5\sqrt{7}} \approx 4{,}59$

Nun ist noch zu überprüfen, dass die Karaffe für diesen Wert von k nicht am Boden oder an der oberen Öffnung noch breiter wird: Dazu werden die Funktionswerte $g_{4,59}(0) = 5$ und $g_{4,59}(24) \approx 6{,}25$ an den Rändern des Definitionsbereichs berechnet und mit $g_{4,59}(6) \approx 10{,}39$ verglichen.

Damit ist nachgewiesen, dass die breiteste Stelle tatsächlich für $k = \frac{54}{25 - 5\sqrt{7}} \approx 4{,}59$ in der Höhe von 6 cm auftritt.

(2) (LK) Zunächst muss hier die Bestimmung der Wendestelle erfolgen:

Notwendige Bedingung: $g_k''(x) = 0 \Leftrightarrow \frac{18}{(5k)^2}x - \frac{2}{k} = 0 \Leftrightarrow x - \frac{25}{9}k$

Mit der konstanten dritten Ableitung $g_k'''(x) = \frac{18}{(5k)^2}$ ist auch eine hinreichende Bedingung erfüllt, so dass die Stelle $x = \frac{25}{9}k$ die gesuchte Wendestelle der Kurvenschar ist.

Nun kann die Steigung der Wendetangenten berechnet werden:

$g_k'\left(\frac{25}{9}k\right) = \frac{9}{(5k)^2}\left(\frac{25}{9}k\right)^2 - \frac{2}{k}\left(\frac{25}{9}k\right) + 2 = \frac{25}{9} - \frac{50}{9} + 2 = -\frac{7}{9}$

Die Steigung der Wendetangenten der Kurvenschar ist also unabhängig von k; sie hat für beliebige k den gleichen Wert. Alle mittels der Kurvenschar modellierten Karaffen besitzen daher eine ähnliche Form, die sich nicht in der minimalen Steilheit der Wandung zwischen der bauchigsten und der engsten Stelle unterscheidet.

Aufgabe 10 *Marienkirche in Dortmund*

Die Turmspitze der Marienkirche in Dortmund hat eine quadratische Grundfläche ABCD (die Seitenlänge werde mit 8 m angenommen), auf der vier senkrecht gemauerte gleichseitige Dreiecke stehen; die vierteiligen Dachflächen der Turmspitze sind rautenförmig.

Ein lokales Koordinatensystem ist so festgelegt, dass die Straßenebene durch $z = 0$ bestimmt ist und die Ecken A, B, C, D folgende Koordinaten haben:
$A(-4|-4|z)$, $B(+4|-4|z)$, $C(+4|+4|z)$ und $D(-4|+4|z)$, mit $z > 0$.

Die Turmspitze liegt 42,50 m über dem Straßenniveau.

a) Bestimmen Sie die Koordinaten der oberen Eckpunkte P_{AB}, P_{BC}, P_{CD}, P_{DA} der gleichseitigen Dreiecke zunächst in Abhängigkeit von z, die Koordinaten der Turmspitze S (auf der das Kreuz steht). Geben Sie die Koordinaten der Eckpunkte der Grundfläche auch numerisch an. (Angaben mit 2 Dezimalstellen).
[*Kontrollergebnis:* $z = 28{,}64$] **E1**

Aus der Formelsammlung:
Für die Höhe h im gleichseitigen Dreieck mit Seitenlänge a gilt:

$h = \frac{a}{2} \cdot \sqrt{3}$.

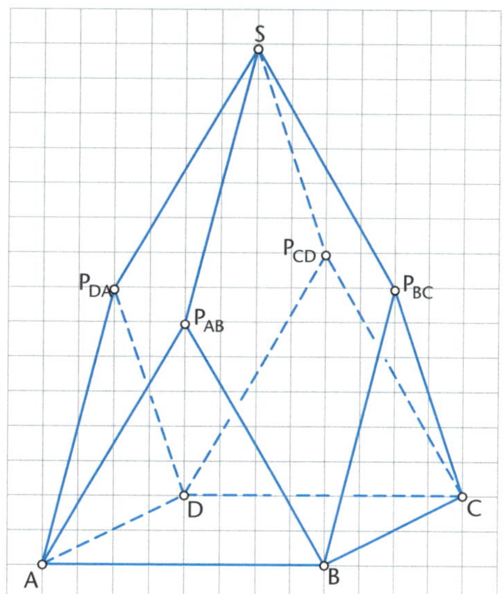

b) Bestimmen Sie die Gleichung für die Dachfläche, die den Punkt A enthält, in Parameter- und Koordinatenform. **F3** **F4**

c) Das Kreuz auf der Turmspitze soll durch vier Laserstrahler so beleuchtet werden, dass der Strahl genau über die zum Kreuz führenden Dachkanten führt und diese zusätzlich beleuchtet. Die Laserstrahler sollen ebenerdig montiert werden. Berechnen Sie, in welcher Entfernung von der Turmmitte die Strahler zu montieren sind, und bestimmen Sie den Winkel α, den die Strahlen gegenüber dem Straßenniveau haben. Führen Sie Ihre Untersuchungen für *einen* der vier Laserstrahler durch. **F1** **F5** **G1**

d) Berechnen Sie die Innenwinkel β und γ der Rauten und die Neigung δ der rautenförmigen Dachflächen gegenüber dem Grundniveau. **G1**

e) Bestimmen Sie das Volumen des Dachraums der Turmspitze oberhalb des Quadrats ABCD (die Dicke der Mauern und des Dachs werden vernachlässigt). **G2**

f) Die Statik der Dachkonstruktion soll durch Stützbalken verstärkt werden. Diese verbinden die Mitten der Rauten mit dem jeweils gegenüberliegenden Eckpunkt des Grundquadrats ABCD. Bestimmen Sie die Länge dieser Balken (die sich im Innern der Kirchturmspitze gegenseitig durchdringen) sowie deren Neigungswinkel ε mithilfe der Methoden der Vektorgeometrie. E3 G1

Lösung:

a) Koordinaten der oberen Eckpunkte der gleichseitigen Dreiecke: Für die Höhe h im gleichseitigen Dreieck gilt: $h = \frac{a}{2} \cdot \sqrt{3}$, also hier $h = \frac{8}{2} \cdot \sqrt{3} = 4 \cdot \sqrt{3} \approx 6{,}93$ m.

Die oberen Eckpunkte der Dreiecke haben daher die Koordinaten $P_{AB}(0\,|-4\,|\,z + 6{,}93)$, $P_{BC}(4\,|\,0\,|\,z + 6{,}93)$, $P_{CD}(0\,|\,4\,|\,z + 6{,}93)$, $P_{DA}(-4\,|\,0\,|\,z + 6{,}93)$.

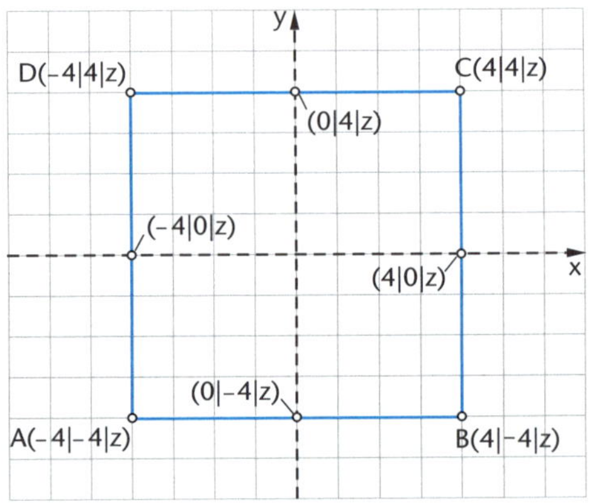

Die Turmspitze S liegt dann noch einmal 6,93 m höher, wie sich aus der Rautenform der Dachflächen ergibt.
Da die Turmspitze über der Mitte des Quadrats ABCD liegt, gilt für deren Koordinaten: $S(0\,|\,0\,|\,42{,}50)$.

Da sich für die eigentliche Turmspitze eine Höhe von $2 \cdot 6{,}93$ m $= 13{,}86$ m ergibt, muss gelten:
$z = 42{,}50 - 13{,}86 = 28{,}64$.

Es gilt also: $A(-4\,|-4\,|\,28{,}64)$, $B(+4\,|-4\,|\,28{,}64)$, $C(+4\,|+4\,|\,28{,}64)$ und $D(+4\,|-4\,|\,28{,}64)$ sowie
$P_{AB}(0\,|-4\,|\,35{,}57)$, $P_{BC}(4\,|\,0\,|\,35{,}57)$, $P_{CD}(0\,|\,4\,|\,35{,}57)$, $P_{DA}(-4\,|\,0\,|\,35{,}57)$.

b) Die Dachflächen-Ebene wird aufgespannt durch die beiden Vektoren, die vom Eckpunkt A ausgehen und zu je zwei benachbarten Punkten P_{AB} und P_{DA} führen.
Für die Ebene, die den Punkt A enthält, gilt also:

$$E_A: \vec{x} = \overrightarrow{OA} + r \cdot \overrightarrow{AP_{DA}} + s \cdot \overrightarrow{AP_{AB}} = \begin{pmatrix} -4 \\ -4 \\ 28{,}64 \end{pmatrix} + r \cdot \begin{pmatrix} -4-(-4) \\ 0-(-4) \\ 35{,}57 - 28{,}64 \end{pmatrix} + s \cdot \begin{pmatrix} 0-(-4) \\ -4-(-4) \\ 35{,}57 - 28{,}64 \end{pmatrix} =$$

$$= \begin{pmatrix} -4 \\ -4 \\ 28{,}68 \end{pmatrix} + r \cdot \begin{pmatrix} 0 \\ 4 \\ 6{,}93 \end{pmatrix} + s \cdot \begin{pmatrix} 4 \\ 0 \\ 6{,}93 \end{pmatrix}$$

Der Vektor $\vec{n_1} = \begin{pmatrix} 6{,}93 \\ 6{,}93 \\ -4 \end{pmatrix}$ ist offensichtlich ein Normalenvektor zu den beiden Richtungsvektoren der Ebene, denn es gilt: $\begin{pmatrix} 0 \\ 4 \\ 6{,}93 \end{pmatrix} * \begin{pmatrix} 6{,}93 \\ 6{,}93 \\ -4 \end{pmatrix} = 0$ und $\begin{pmatrix} 4 \\ 0 \\ 6{,}93 \end{pmatrix} * \begin{pmatrix} 6{,}93 \\ 6{,}93 \\ -4 \end{pmatrix} = 0$

Alternativ kann man einen Normalenvektor auch mithilfe des linearen Gleichungssystems

$$\left| \begin{matrix} 0 \cdot n_1 + 4 \cdot n_2 + 6{,}93 \cdot n_3 = 0 \\ 4 \cdot n_1 + 0 \cdot n_2 + 6{,}93 \cdot n_3 = 0 \end{matrix} \right| \Leftrightarrow \left| \begin{matrix} 4 \cdot n_2 = -6{,}93 \cdot n_3 \\ 4 \cdot n_1 = -6{,}93 \cdot n_3 \end{matrix} \right|$$

bestimmen und wählt dann $n_3 = -4$, oder man benutzt das Vektorprodukt (vgl. H6).

Daher ist eine Koordinatengleichung dieser Ebene gegeben durch
E_A: $6{,}93 \cdot x_1 + 6{,}93 \cdot x_2 - 4 \cdot x_3 = d$.
Durch Einsetzen der Koordinaten von A erhält man
$d = 6{,}93 \cdot (-4) + 6{,}93 \cdot (-4) + (-4) \cdot 28{,}64 = -170$,
also E_A: $6{,}93 \cdot x_1 + 6{,}93 \cdot x_2 - 4 \cdot x_3 = -170$

c) Gesucht wird die Gerade, die sich aus der Verlängerung z. B. der Strecke zwischen P_{AB} und S ergibt, also:

$$g_{AB}\colon \vec{x} = \overrightarrow{OP_{AB}} + r \cdot \overrightarrow{P_{AB}S} = \begin{pmatrix} 0 \\ -4 \\ 35{,}57 \end{pmatrix} + r \cdot \begin{pmatrix} 0-0 \\ 0-(-4) \\ 42{,}50 - 35{,}57 \end{pmatrix} = \begin{pmatrix} 0 \\ -4 \\ 35{,}57 \end{pmatrix} + r \cdot \begin{pmatrix} 0 \\ 4 \\ 6{,}93 \end{pmatrix}$$

Diese Gerade schneidet die x_1-x_2-Ebene genau dann, wenn $x_3 = 0$, also wenn
$35{,}57 + 6{,}93 \cdot r = 0$, d. h. für $r \approx -5{,}133$.
Einsetzen dieses Parameterwerts in der Geradengleichung ergibt die Koordinaten des Montagepunkts des Laserstrahlers:

$$\vec{x} = \begin{pmatrix} 0 \\ -4 \\ 35{,}57 \end{pmatrix} + (-5{,}133) \cdot \begin{pmatrix} 0 \\ 4 \\ 6{,}93 \end{pmatrix} = \begin{pmatrix} 0 \\ -24{,}532 \\ 0 \end{pmatrix}$$

Der Laserstrahler müsste ca. 24,53 m von der Turmmitte entfernt montiert werden.

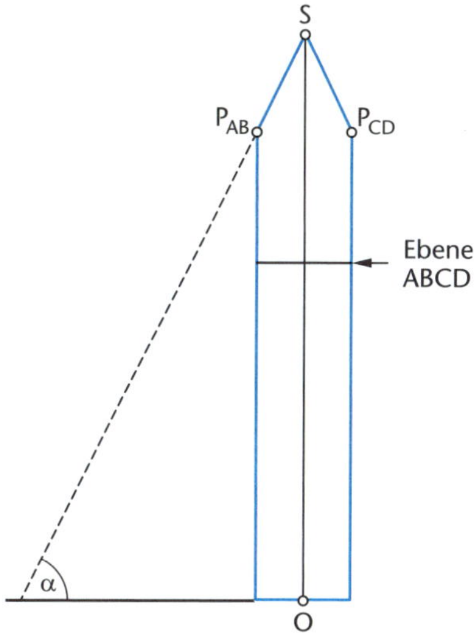

Der zu bestimmende Winkel α wird bestimmt durch den Richtungsvektor der Geraden und einen Vektor, der vom Montagepunkt des Laserstrahlers auf den Ursprung des Koordinatensystems weist:

$$\cos(\alpha) = \frac{\left|\begin{pmatrix} 0 \\ 24{,}53 \\ 0 \end{pmatrix} * \begin{pmatrix} 0 \\ 4 \\ 6{,}93 \end{pmatrix}\right|}{24{,}53 \cdot \sqrt{4^2 + 6{,}93^2}} \approx \frac{98{,}12}{196{,}28} \approx 0{,}500 \Rightarrow \alpha \approx 60{,}0^\circ$$

Alternativ ist auch eine Argumentation möglich, dass das Dreieck $P_{AB}P_{CD}S$ gleichseitig ist und daher in diesem Dreieck, also auch am Montagepunkt, ein Winkel von 60° auftritt.

d) Innenwinkel β der Rauten = Winkel zwischen den Richtungsvektoren der Ebene E_A:

$$\cos(\beta) = \frac{\left|\begin{pmatrix} 0 \\ 4 \\ 6{,}93 \end{pmatrix} * \begin{pmatrix} 0 \\ 0 \\ 6{,}93 \end{pmatrix}\right|}{\sqrt{4^2 + 6{,}93^2} \cdot \sqrt{4^2 + 6{,}93^2}} \approx \frac{48{,}0249}{64{,}0249} \approx 0{,}7501 \Rightarrow \beta \approx 41{,}4^\circ$$

Der Komplementärwinkel der Raute ist $\gamma = 48{,}6^\circ$.

Neigungswinkel δ der Dachfläche = Winkel zwischen einem Normalenvektor der Ebene, die durch ABCD geht (parallel zur x_1-x_2-Ebene) und zu einem Normalenvektor der Ebene E_A:

$$\cos(\delta) = \frac{\left|\begin{pmatrix} 0 \\ 0 \\ 1 \end{pmatrix} * \begin{pmatrix} 6{,}93 \\ 6{,}93 \\ -4 \end{pmatrix}\right|}{\sqrt{1^2} \cdot \sqrt{6{,}93^2 + 6{,}93^2 + (-4^2)}} \approx \frac{4}{10{,}5854} \approx 0{,}3779 \Rightarrow \delta \approx 67{,}8^\circ$$

e) *1. Methode:* Verlängert man die zum Turmkreuz führenden Dachkanten bis zu der Ebene, in der die Punkte A, B, C, D liegen, dann entsteht eine quadratische Pyramide mit Seitenkante $s = 8\sqrt{2} \approx 11{,}31$ m und der Höhe $h = 2 \cdot 6{,}93$ m $= 13{,}86$ m. Vom Volumen dieser Pyramide müssen die Volumina von vier kleinen Pyramiden subtrahiert werden, deren Grundfläche rechtwinklige Dreiecke sind (Kathetenlänge gemäß Satz des Pythagoras $4\sqrt{2}$) und deren Höhe 6,93 m beträgt.

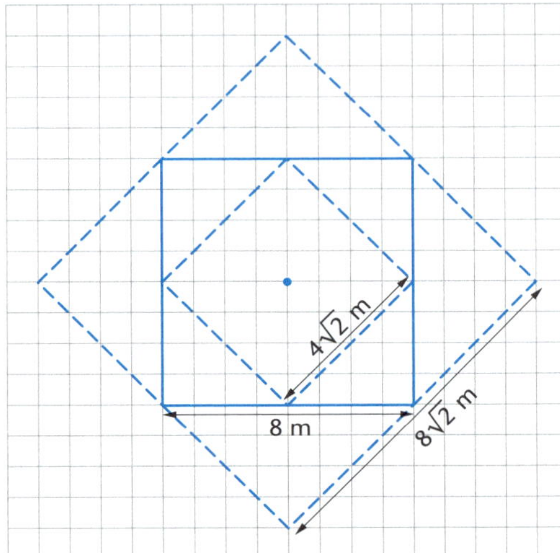

Insgesamt ergibt sich:

$$V = \frac{1}{3} \cdot (8\sqrt{2})^2 \cdot 13{,}86 - 4 \cdot \left(\frac{1}{3} \cdot \frac{1}{2} \cdot (4\sqrt{2})^2 \cdot 6{,}93\right) \approx 443{,}5\ \text{m}^3$$

2. Methode: Man betrachtet getrennt das Volumen des Körpers bis zu den Punkten P_{AB}, P_{BC}, P_{CD}, P_{DA} und der darauf sitzenden quadratischen Pyramide mit Seitenlänge $4\sqrt{2}$ und der Höhe 6,93 m. Der untere Teilkörper ergibt sich, wenn man vom Volumen eines Quader mit quadratischer Grundfläche (Seitenlänge 8 m) und Höhe 6,93 m die Volumina von vier Pyramiden subtrahiert, deren Grundfläche rechtwinklig ist (Kathetenlänge 4 m) und deren Höhe 6,93 m.

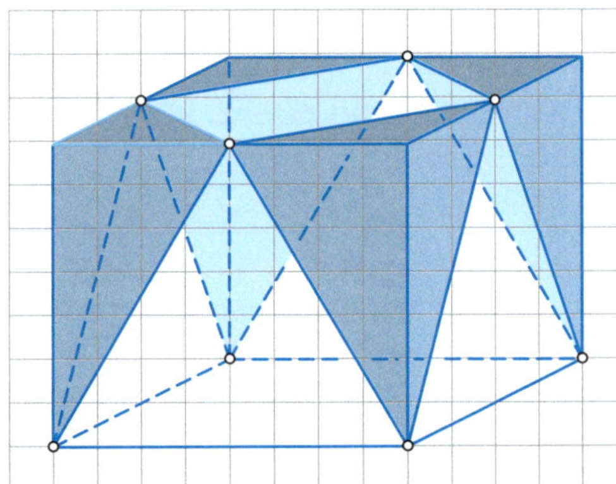

Insgesamt ergibt sich:

$$V = 8^2 \cdot 6{,}93 - 4 \cdot \left(\frac{1}{3} \cdot \frac{1}{2} \cdot 4^2 \cdot 6{,}93\right) + \frac{1}{3} \cdot (4\sqrt{2})^2 \cdot 6{,}93 \approx 443{,}5\ \text{m}^3$$

f) Einer der Balken verbindet den Mittelpunkt $M_A(-2\,|\,-2\,|\,35{,}57)$ der Strecke $P_{DA}P_{AB}$ mit dem gegenüber liegenden Punkt $C(+4\,|\,+4\,|\,28{,}64)$. Die Länge dieses Balkens, also die Länge des Vektors $\overrightarrow{CM_A} = \begin{pmatrix} -6 \\ -6 \\ 6{,}93 \end{pmatrix}$, ist $\sqrt{(-6)^2 + (-6)^2 + 6{,}93^2} \approx 10{,}96$ m.

Der Neigungswinkel ε des Balkens ergibt sich aus dem Winkel zwischen dem Vektor $\overrightarrow{CM_A} = \begin{pmatrix} -6 \\ -6 \\ 6{,}93 \end{pmatrix}$ und dem Verbindungsvektor von C nach A $\overrightarrow{CA} = \begin{pmatrix} -8 \\ -8 \\ 0 \end{pmatrix}$.

$$\cos(\varepsilon) = \frac{\begin{pmatrix} -6 \\ -6 \\ 6{,}93 \end{pmatrix} * \begin{pmatrix} -8 \\ -8 \\ 0 \end{pmatrix}}{\sqrt{(-6)^2 + (-6)^2 + 6{,}93^2} \cdot \sqrt{(-8)^2 + (-8)^2 + 0^2}} \approx \frac{96}{123{,}948} \approx 0{,}7745 \Rightarrow \varepsilon \approx 39{,}2°$$

Aufgabe 11 *Das Rhombendodekaeder*

JOHANNES KEPLER (1571 bis 1630), der die Gesetze der Planetenbewegung aufstellte, erkannte 1619, dass die Basis der Bienenwabe die Hälfte eines Rhombendodekaeders ist.

Auch Kristalle, wie z. B. der Granat, können die Form eines Rhombendodekaeders aufweisen.

Ein Rhombendodekaeder entsteht, wenn auf den 6 Seitenflächen eines Würfels (hier mit der Kantenlänge 2 LE) gerade quadratische Pyramiden aufgesetzt werden. Die Höhe der Pyramiden beträgt in diesem Fall 1 LE.
Der Ursprung des Koordinatensystems wird in die Mitte des Würfels gelegt.
Der entstandene Körper hat 12 kongruente Seitenflächen.

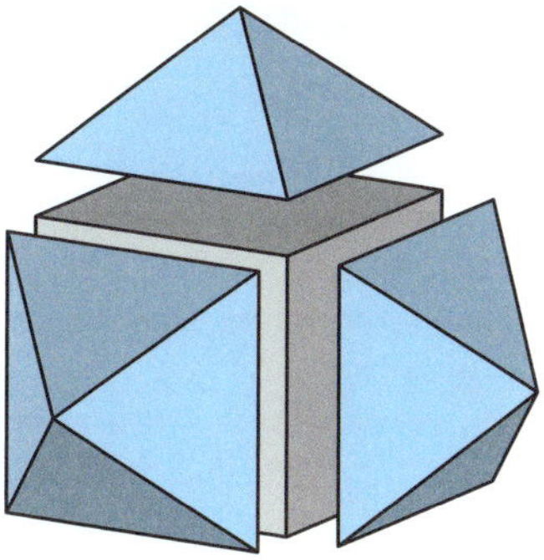

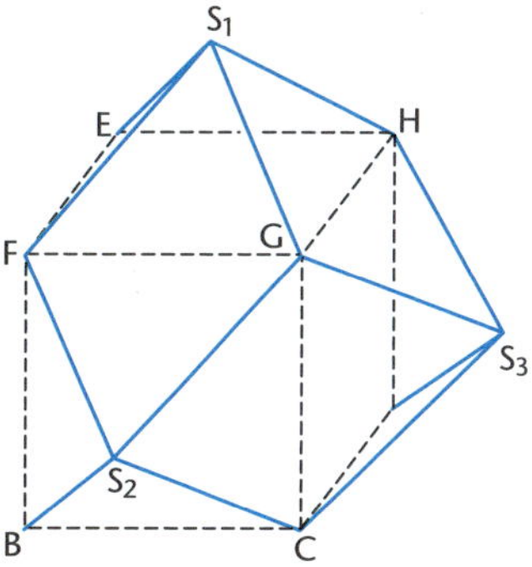

a) (1) Zeigen Sie, dass die Punkte $F(1|-1|1)$, $G(1|1|1)$, $S_1(0|0|2)$ und $S_2(2|0|0)$ in einer Ebene liegen und begründen Sie, dass die Seitenfläche FS_1GS_2 eine Raute ist. E3 F3
(2) Berechnen Sie die Maße der Innenwinkel dieser Raute.
(3) Berechnen Sie das Maß des von zwei benachbarten Seitenflächen eingeschlossenen Winkels. G1

b) Untersuchen Sie die Lagebeziehung der Geraden g_{GS_1} und h_{CS_2}. F2
(LK) Bestimmen Sie falls möglich ihren Abstand. G5

c) (1) Berechnen Sie den gesamten Oberflächeninhalt des Rhombendodekaeders.
(2) Berechnen Sie das Volumen des Rhombendodekaeders. G2

d) In dieser Teilaufgabe wird die 6-eckige Öffnung der Bienenwabe untersucht, so wie man sie von den Abbildungen der Bienenwaben kennt und wie sie auch oben links zu sehen ist.

(1) Die Eckpunkte C, F und H legen die Ebene E_1 fest. Bestimmen Sie eine Koordinatengleichung für diese Ebene. F4
[Kontrollergebnis: E_1: $x_1 + x_2 + x_3 = 1$]

(2) Die Ebene E_1 schneidet die Gerade g_{ES_1}, g_{BS_2} und g_{DS_3} in jeweils einem Punkt. Bestimmen Sie die Koordinaten dieser drei Schnittpunkte P, Q und R. F5

(3) Die Punkte C, F, H und P, Q, R liegen also in einer Ebene. Sie bilden die Eckpunkte eines regelmäßigen Sechsecks. Berechnen Sie die Seitenlänge dieses Sechsecks am Beispiel der Punkte $Q\left(\frac{5}{3}\middle|-\frac{1}{3}\middle|-\frac{1}{3}\right)$, C und F. Zeigen Sie ebenfalls mit diesen Punkten, dass der Innenwinkel des Sechsecks 120° beträgt. E3 G1
[Zwischenergebnis: $|\overrightarrow{QC}| = 2\frac{\sqrt{6}}{3}$ LE $\approx 1{,}63$ LE]

(4) Berechnen Sie den Flächeninhalt des 6-Ecks, das aus den Punkten C, F, H und P, Q, R gebildet wird, mit elementaren geometrischen Mitteln. G2

Lösung:

a) (1) Die von den Punkten F, G und S_2 festgelegte Ebene wird beispielsweise durch die Vektoren $\overrightarrow{FG} = \begin{pmatrix}0\\2\\0\end{pmatrix}$; $\overrightarrow{FS_2} = \begin{pmatrix}1\\1\\-1\end{pmatrix}$ aufgespannt; zu diesen Vektoren ist der Vektor $\vec{n}_1 = \begin{pmatrix}1\\0\\1\end{pmatrix}$ orthogonal, d. h. die Ebene hat $\vec{n}_1$ als einen Normalenvektor und wird durch die Ebenengleichung $E: \vec{x} * \begin{pmatrix}1\\0\\1\end{pmatrix} = x_1 + x_3 = \begin{pmatrix}1\\0\\1\end{pmatrix} * \begin{pmatrix}1\\-1\\1\end{pmatrix} = 2$ beschrieben.

Da auch die Koordinaten von Punkt $S_1(0|0|2)$ diese Gleichung erfüllen, liegen alle angegebenen Punkte in dieser Ebene.
Zur Begründung, dass diese Seitenfläche eine Raute ist, muss gezeigt werden, dass alle Seiten die gleiche Länge aufweisen:

$$|\overrightarrow{FS_1}| = \left|\begin{pmatrix}-1\\1\\1\end{pmatrix}\right| = \sqrt{3};\ |\overrightarrow{S_1G}| = \left|\begin{pmatrix}1\\1\\-1\end{pmatrix}\right| = \sqrt{3};\ |\overrightarrow{GS_2}| = \left|\begin{pmatrix}1\\-1\\-1\end{pmatrix}\right| = \sqrt{3};\ |\overrightarrow{S_2F}| = \left|\begin{pmatrix}-1\\-1\\1\end{pmatrix}\right| = \sqrt{3}$$

(2) Berechnung der Maße der **Innenwinkel:**

$$\angle GS_2F = \cos^{-1}\frac{\left|\begin{pmatrix}-1\\-1\\1\end{pmatrix} * \begin{pmatrix}-1\\1\\1\end{pmatrix}\right|}{\sqrt{3}\cdot\sqrt{3}} = \cos^{-1}\left(\frac{1}{3}\right) \approx 70{,}5°$$

$$\angle S_1GS_2 = \cos^{-1}\frac{\left|\begin{pmatrix}-1\\-1\\1\end{pmatrix} * \begin{pmatrix}1\\-1\\-1\end{pmatrix}\right|}{\sqrt{3}\cdot\sqrt{3}} = \cos^{-1}\left(-\frac{1}{3}\right) \approx 109{,}5°$$

Die jeweils einander gegenüber liegenden Winkel sind in der Raute gleich groß.

(3) Winkel zwischen zwei benachbarten Seitenflächen: Die durch die Punkte $G(1|1|1)$, $H(-1|1|1)$ und $S_1(0|0|2)$ festgelegte Ebene wird beispielsweise aufgespannt durch die Vektoren $\overrightarrow{GH} = \begin{pmatrix}-2\\0\\0\end{pmatrix}$; $\overrightarrow{GS_1} = \begin{pmatrix}-1\\-1\\1\end{pmatrix}$; hierzu ist der Vektor $\vec{n}_2 = \begin{pmatrix}0\\1\\1\end{pmatrix}$ ein Normalenvektor.

Daher schließen benachbarte Seiten den Winkel $\beta = \cos^{-1}\frac{\left|\begin{pmatrix}1\\0\\1\end{pmatrix} * \begin{pmatrix}0\\1\\1\end{pmatrix}\right|}{\sqrt{2}\cdot\sqrt{2}} = \cos^{-1}\left(\frac{1}{2}\right) = 60°$ ein.

b) Die beiden Geraden werden beschrieben durch die Gleichungen

$g_{CS_1}: \vec{x} = \begin{pmatrix}1\\1\\1\end{pmatrix} + s\cdot\begin{pmatrix}-1\\-1\\1\end{pmatrix}$ und $h_{CS_2}: \vec{x} = \begin{pmatrix}1\\1\\-1\end{pmatrix} + t\cdot\begin{pmatrix}1\\-1\\1\end{pmatrix}$.

Da es keine reelle Zahl k gibt mit $\begin{pmatrix}-1\\-1\\1\end{pmatrix} = k\cdot\begin{pmatrix}1\\-1\\1\end{pmatrix}$, verlaufen die Geraden nicht parallel und können daher erst recht nicht identisch sein. (Dies sieht man natürlich auch an der Abbildung in der Aufgabenstellung.)

Untersuchung, ob die beiden Geraden sich schneiden: Dazu ist das LGS, das sich aus $\begin{pmatrix}1\\1\\1\end{pmatrix} + s\cdot\begin{pmatrix}-1\\-1\\1\end{pmatrix} = \begin{pmatrix}1\\1\\-1\end{pmatrix} + t\cdot\begin{pmatrix}1\\-1\\1\end{pmatrix}$ ergibt, auf eine Lösung zu untersuchen: $\left|\begin{matrix}1-s = 1+t\\1-s = 1-t\\1+s = -1+t\end{matrix}\right|$

Aus den ersten beiden Gleichungen folgt $s = 0 \wedge t = 0$. Setzt man dies in die letzte Gleichung ein, so ergibt sich ein Widerspruch. Die beiden Geraden haben daher keinen gemeinsamen Punkt und verlaufen windschief.

(LK) Um den Abstand d der Geraden g_{CS_1} und h_{CS_2} zu bestimmen, suchen wir zwei Punkte $P \in g_{CS_1}$ und $Q \in h_{CS_2}$ derart, dass $PQ \perp g_{CS_1}$ und $PQ \perp h_{CS_2}$. Ein Punkt $P \in g_{CS_1}$ lässt sich beschreiben durch: $\overrightarrow{OP} = \begin{pmatrix}1\\1\\1\end{pmatrix} + s\cdot\begin{pmatrix}-1\\-1\\1\end{pmatrix}$ und ein Punkt $Q \in h_{CS_2}$ durch

$\overrightarrow{OQ} = \begin{pmatrix}1\\1\\-1\end{pmatrix} + t\cdot\begin{pmatrix}1\\-1\\1\end{pmatrix}$, also $\overrightarrow{PQ} = \begin{pmatrix}1\\1\\-1\end{pmatrix} + t\cdot\begin{pmatrix}1\\-1\\1\end{pmatrix} - \begin{pmatrix}1\\1\\1\end{pmatrix} - s\cdot\begin{pmatrix}-1\\-1\\1\end{pmatrix} = \begin{pmatrix}t+s\\-t+s\\-2+t-s\end{pmatrix}$

Hieraus folgt: $\overrightarrow{PQ} * \begin{pmatrix}-1\\-1\\1\end{pmatrix} = \begin{pmatrix}t+s\\-t+s\\-2+t-s\end{pmatrix} * \begin{pmatrix}-1\\-1\\1\end{pmatrix} = -t-s+t-s-2+t-s = t-3s-2 = 0$

und $\overrightarrow{PQ} * \begin{pmatrix}1\\-1\\1\end{pmatrix} = \begin{pmatrix}t+s\\-t+s\\-2+t-s\end{pmatrix} * \begin{pmatrix}1\\-1\\1\end{pmatrix} = t+s+t-s-2+t-s = 3t-s-2 = 0$

Das Gleichungssystem $-3s+t = 2 \wedge -s+3t = 2$ ist erfüllt für $s = -\frac{1}{2} \wedge t = \frac{1}{2}$, also haben wir $P(1{,}5|1{,}5|0{,}5)$ und $Q(1{,}5|0{,}5|-0{,}5)$.

Der Abstand der beiden Punkte ist: $|\overrightarrow{PQ}| = \left|\begin{pmatrix}0\\-1\\-1\end{pmatrix}\right| = \sqrt{2}$

Alternative: Für den gesuchten Abstand gilt $d = \left|\left(\begin{pmatrix}1\\1\\1\end{pmatrix} - \begin{pmatrix}1\\1\\-1\end{pmatrix}\right) * \vec{n}_0\right|$.

Dabei ist $\vec{n}_0$ ein Normaleneinheitsvektor der von den Richtungsvektoren der beiden Geraden aufgespannten Ebene. Zunächst kann ein noch nicht auf die Länge 1 normierter Normalenvektor z. B. mit dem Vektorprodukt bestimmt werden:

$\vec{n} = \begin{pmatrix}-1\\-1\\1\end{pmatrix} \times \begin{pmatrix}1\\-1\\1\end{pmatrix} = \begin{pmatrix}0\\2\\2\end{pmatrix}$

Da dieser die Länge $|\vec{n}| = \sqrt{4+4} = 2\sqrt{2}$ hat, ist $\vec{n}_0 = \frac{1}{|\vec{n}_0|}\cdot\vec{n}_0 = \frac{1}{2\sqrt{2}}\cdot\begin{pmatrix}0\\2\\2\end{pmatrix}$ der gesuchte Normaleneinheitsvektor. Nun kann der Abstand berechnet werden:

$d = \left|\left(\begin{pmatrix}1\\1\\1\end{pmatrix} - \begin{pmatrix}1\\1\\-1\end{pmatrix}\right) * \frac{1}{2\sqrt{2}}\cdot\begin{pmatrix}0\\2\\2\end{pmatrix}\right| = \left|\frac{1}{2\sqrt{2}}\cdot\begin{pmatrix}0\\0\\2\end{pmatrix} * \begin{pmatrix}0\\2\\2\end{pmatrix}\right| = \frac{1}{2\sqrt{2}}\cdot 4 = \sqrt{2}$

c) (1) **Oberflächeninhalt:**

Von den Rauten wissen wir, dass die Seiten die Länge $\sqrt{3}$ haben und die kürzere Diagonale die Länge 2. Nach dem Satz des Pythagoras kann hieraus die Länge der längeren Diagonalen berechnet werden ($2\sqrt{2}$). Daher gilt:

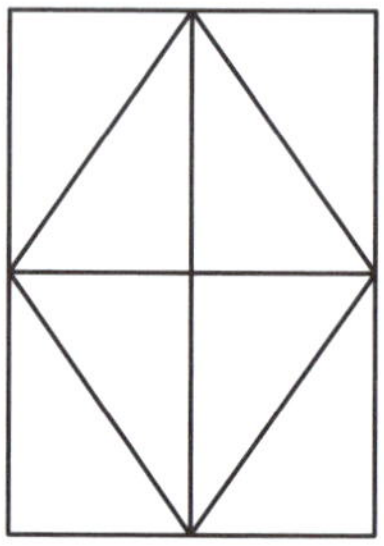

$A_{Raute} = 2 \cdot A_{Dreieck} = 2 \cdot \left(\frac{1}{2} \cdot 2 \cdot \sqrt{2}\right) = 2\sqrt{2}$

Damit beträgt der gesamte Flächeninhalt $24\sqrt{2}$.

Alternativ kann auch das Vektorprodukt verwendet werden:

$$A = 12 \cdot \left| \begin{pmatrix} -1 \\ 1 \\ 1 \end{pmatrix} \times \begin{pmatrix} -1 \\ -1 \\ 1 \end{pmatrix} \right| = 12 \cdot \left| \begin{pmatrix} 2 \\ 0 \\ 2 \end{pmatrix} \right| = 12 \cdot \sqrt{8} = 24\sqrt{2}$$

(2) **Volumenberechnung:**

Zur Berechnung des Volumens eignen sich die folgenden Möglichkeiten:

1. Auf den Würfel mit der Kantenlänge 2 sind 6 Pyramiden aufgesetzt:

$V = V_{Würfel} + 6 \cdot V_{Pyramide} = 8 + 6 \cdot \frac{1}{3} \cdot 4 \cdot 1 = 16$

2. Der Körper ist aus 12 Pyramiden mit rautenförmiger Grundfläche zusammengesetzt, deren Spitzen im Ursprung liegen. Die Rauten haben vom Ursprung einen Abstand von $\sqrt{2}$ (z. B. nachzuprüfen am Mittelpunkt der Raute FS_1GS_2). Daher ist:

$V = 12 \cdot V_{Pyramide} = 12 \cdot \frac{1}{3} \cdot 2\sqrt{2} \cdot \sqrt{2} = 16$

d) (1) Die Koordinaten der betrachteten Eckpunkte lauten $C(1\,|\,1\,|\,-1)$, $F(1\,|\,-1\,|\,1)$ und $H(-1\,|\,1\,|\,1)$. Mit dem Vektorprodukt kann man einen Normalenvektor $\vec{n}$ der Ebene E_1 am schnellsten bestimmen:

Mit $\vec{n}^* = \overrightarrow{FC} \times \overrightarrow{FH} = \begin{pmatrix} 0 \\ 2 \\ -2 \end{pmatrix} \times \begin{pmatrix} -2 \\ 2 \\ 0 \end{pmatrix} = \begin{pmatrix} 4 \\ 4 \\ 4 \end{pmatrix}$ erhält man $\vec{n} = \begin{pmatrix} 1 \\ 1 \\ 1 \end{pmatrix}$.

Alternativ muss ein lineares Gleichungssystem aufgestellt werden aus: $\vec{n} * \overrightarrow{FC} = 0 \wedge \vec{n} * \overrightarrow{FH} = 0$. Mit der Lösung erhält man ebenfalls einen Normalenvektor $\vec{n}$.

Mit $\vec{n} * \vec{x} = \vec{n} * \vec{c}$, also $\begin{pmatrix} 1 \\ 1 \\ 1 \end{pmatrix} * \begin{pmatrix} x_1 \\ x_2 \\ x_3 \end{pmatrix} = \begin{pmatrix} 1 \\ 1 \\ 1 \end{pmatrix} * \begin{pmatrix} 1 \\ 1 \\ -1 \end{pmatrix}$ ergibt sich die gesuchte Koordinatengleichung der Ebene zu: $E_1 : x_1 + x_2 + x_3 = 1$.

Hinweis: Also verläuft eine Raumdiagonale des im Rhombendodekaeder eingeschlossenen Würfels orthogonal zur Ebene E_1.

(2) Die drei zu untersuchenden Geraden verlaufen parallel zueinander, da sie alle den Vektor $\begin{pmatrix} 1 \\ 1 \\ 1 \end{pmatrix}$ als Richtungsvektor aufweisen. Die Geraden werden also beschrieben durch die folgenden Parameterdarstellungen:

$g_{ES_1} : \vec{x} = \begin{pmatrix} -1 \\ -1 \\ 1 \end{pmatrix} + r \cdot \begin{pmatrix} 1 \\ 1 \\ 1 \end{pmatrix}$, $g_{BS_2} : \vec{x} = \begin{pmatrix} 1 \\ -1 \\ -1 \end{pmatrix} + s \cdot \begin{pmatrix} 1 \\ 1 \\ 1 \end{pmatrix}$ und $g_{DS_3} : \vec{x} = \begin{pmatrix} -1 \\ 1 \\ -1 \end{pmatrix} + t \cdot \begin{pmatrix} 1 \\ 1 \\ 1 \end{pmatrix}$.

Zur Bestimmung der Koordinaten der gesuchten Schnittpunkte werden die Terme aus den Geradengleichungen nacheinander in die Koordinatengleichung der Ebene eingesetzt:

Schnittpunkt von g_{ES_1} mit E_1: Mit $(-1 + r) + (-1 + r) + (1 + r) = 1 \Leftrightarrow 3r = 2 \Leftrightarrow r = \frac{2}{3}$

erhält man $\begin{pmatrix} -1 \\ -1 \\ 1 \end{pmatrix} + \frac{2}{3} \cdot \begin{pmatrix} 1 \\ 1 \\ 1 \end{pmatrix} = \begin{pmatrix} -\frac{1}{3} \\ -\frac{1}{3} \\ \frac{5}{3} \end{pmatrix}$.

Schnittpunkt von g_{BS_2} mit E_1: Mit $(1 + s) + (-1 + s) + (-1 + s) = 1 \Leftrightarrow 3s = 2 \Leftrightarrow r = \frac{2}{3}$

erhält man $\begin{pmatrix} 1 \\ -1 \\ -1 \end{pmatrix} + \frac{2}{3} \cdot \begin{pmatrix} 1 \\ 1 \\ 1 \end{pmatrix} = \begin{pmatrix} \frac{5}{3} \\ -\frac{1}{3} \\ -\frac{1}{3} \end{pmatrix}$.

Schnittpunkt von g_{DS_3} mit E_1: Mit $(-1 + t) + (1 + t) + (-1 + t) = 1 \Leftrightarrow 3t = 2 \Leftrightarrow t = \frac{2}{3}$

erhält man $\begin{pmatrix} -1 \\ 1 \\ -1 \end{pmatrix} + \frac{2}{3} \cdot \begin{pmatrix} 1 \\ 1 \\ 1 \end{pmatrix} = \begin{pmatrix} -\frac{1}{3} \\ \frac{5}{3} \\ -\frac{1}{3} \end{pmatrix}$.

Die Koordinaten der gesuchten Punkte lauten also: $P\left(-\frac{1}{3} \middle| -\frac{1}{3} \middle| \frac{5}{3}\right)$, $Q\left(\frac{5}{3} \middle| -\frac{1}{3} \middle| -\frac{1}{3}\right)$ und $R\left(-\frac{1}{3} \middle| \frac{5}{3} \middle| -\frac{1}{3}\right)$.

(3) Zunächst wird der Abstand der Punkte $Q\left(\frac{5}{3} \middle| -\frac{1}{3} \middle| -\frac{1}{3}\right)$ und $C(1 \mid 1 \mid -1)$ sowie von Q und $F(1 \mid -1 \mid 1)$ berechnet:

$$|\overrightarrow{QC}| = \left| \begin{pmatrix} -\frac{2}{3} \\ \frac{4}{3} \\ -\frac{2}{3} \end{pmatrix} \right| = \frac{1}{3}\sqrt{4 + 16 + 4} = \frac{2\sqrt{6}}{3} \approx 1{,}63;$$

$$|\overrightarrow{QF}| = \left| \begin{pmatrix} -\frac{2}{3} \\ -\frac{2}{3} \\ \frac{4}{3} \end{pmatrix} \right| = \frac{1}{3}\sqrt{4 + 4 + 16} = \frac{2\sqrt{6}}{3} \approx 1{,}63.$$

Die Seitenlänge des 6-Ecks beträgt also $\frac{2\sqrt{6}}{3}$ LE $\approx 1{,}63$ LE.

Nachweis für die Größe des gesuchten Winkels:

Aus dem Ansatz $\cos(\angle CQF) = \frac{\overrightarrow{QC} * \overrightarrow{QF}}{|\overrightarrow{QC}| \cdot |\overrightarrow{QF}|} = \frac{\frac{4}{9} - \frac{8}{9} - \frac{8}{9}}{\left(\frac{2\sqrt{6}}{3}\right)^2} = \frac{-\frac{12}{9}}{\frac{24}{9}} = -0{,}5$ folgt

$\angle CQF = \cos^{-1}(-0{,}5) = 120°$.

(4) Das regelmäßige 6-Eck setzt sich aus 6 gleichseitigen Dreiecken mit der Seitenlänge $\frac{2\sqrt{6}}{3}$ LE $\approx 1{,}63$ LE zusammen. Für den Flächeninhalt A_Δ eines dieser Dreiecke gilt $A_\Delta = |\overrightarrow{QC}|^2 \cdot \frac{\sqrt{3}}{4} = \frac{24}{9} \cdot \frac{\sqrt{3}}{4} = \frac{2\sqrt{3}}{3} \approx 1{,}15$ FE. Der gesamte Flächeninhalt des 6-Ecks beträgt also $A = 6 \cdot A_\Delta = 6 \cdot \frac{2\sqrt{3}}{3} = 4\sqrt{3} \approx 6{,}93$ FE.

Aufgabe 12 *Kirchturmdach*

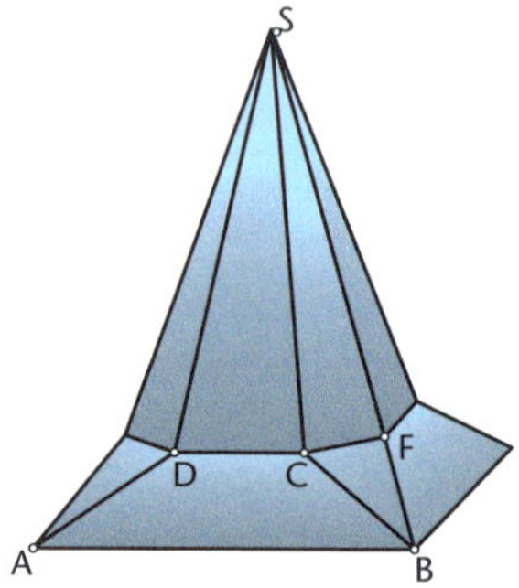

Das skizzierte Kirchturmdach hat eine quadratische Grundfläche.

Die Vorderseite ist festgelegt durch die Punkte A(3|−3|0), B(3|3|0), C(2|1|2), D(2|−1|2), S(0|0|12).

Ein weiterer Punkt des Daches ist: F(1|2|2) (1 LE ≙ 1 m)

Die Punkte A, B, C, D liegen in der Ebene E_1;
die Punkte C, D, S in der Ebene E_2.

Eine Längeneinheit entspricht einem Meter in der Realität.

a) Geben Sie die Koordinatendarstellungen der Ebenen E_1 und E_2 an. **F4**
Berechnen Sie das Maß des Winkels unter dem sich die Ebenen E_1 und E_2 schneiden.
Bestimmen Sie die Größe der Innenwinkel des Dreiecks ΔDCS. **G1**

b) Das Kirchturmdach soll neu gedeckt werden. Der Materialpreis für die Neueindeckung beträgt 53 € pro m² zuzüglich Mehrwertsteuer (19 %).
Berechnen Sie den Materialpreis (incl. MwSt.) für die Eindeckung des gesamten Dachs. **G2**

c) **(LK)** Die Dachkante CS soll durch einen im Punkt R(0|0|2) gelagerten Balken abgestützt werden. Dabei soll der Balken senkrecht auf der Dachkante CS stehen.
Bestimmen Sie den Punkt, in dem der Balken die Dachkante CS berührt.
Berechnen Sie die Länge des Balkens. **G4**

d) **(LK)** Im Punkt R(0|0|2) ist weiterhin eine 4 m lange Fahnenstange verankert, die senkrecht auf der Ebene $E_2: 5x_1 + x_3 = 12$ steht.
Ist diese Stange als Fahnenstange zu verwenden, wenn sie zur Aufhängung der Fahne mindestens 2 m ins Freie ragen muss? **G3**

e) Das Kirchturmdach ruht auf einem quaderförmig gemauerten Turm mit der Höhe 18 m. Die Kirchturmspitze befindet sich also 30 m über dem als eben angenommenen Erdboden.
Paralleles Sonnenlicht fällt auf den Kirchturm in Richtung des Vektors $\vec{v} = \begin{pmatrix} 1 \\ -2 \\ -4 \end{pmatrix}$.
Berechnen Sie den Abstand zwischen dem Schattenpunktes von S auf dem Erdboden und dem lotrecht unter dem Punkt A auf dem Erdboden liegenden Eckpunkt des Turms. **F5** **E3**

Lösung:

a) Die Ebene E_1 wird aufgespannt durch $\overrightarrow{AD} = \begin{pmatrix} -1 \\ 2 \\ 2 \end{pmatrix}$ und $\overrightarrow{AB} = \begin{pmatrix} 0 \\ 6 \\ 0 \end{pmatrix}$. Zu diesen Vektoren steht der Vektor $\vec{n} = \begin{pmatrix} 2 \\ 0 \\ 1 \end{pmatrix}$ orthogonal. Hieraus ergibt sich

$$E_1: \begin{pmatrix} 2 \\ 0 \\ 1 \end{pmatrix} * \vec{x} = 2x_1 + x_3 = \begin{pmatrix} 2 \\ 0 \\ 1 \end{pmatrix} * \begin{pmatrix} 3 \\ -3 \\ 0 \end{pmatrix} = 6$$

Die Ebene E_2 wird aufgespannt durch $\overrightarrow{CD} = \begin{pmatrix} 0 \\ -2 \\ 0 \end{pmatrix}$ und $\overrightarrow{CS} = \begin{pmatrix} -2 \\ -1 \\ 10 \end{pmatrix}$. Zu diesen Vektoren steht der Vektor $\vec{m} = \begin{pmatrix} 5 \\ 0 \\ 1 \end{pmatrix}$ orthogonal. Hieraus ergibt sich

$$E_2: \begin{pmatrix} 5 \\ 0 \\ 1 \end{pmatrix} * \vec{x} = 5x_1 + x_3 = \begin{pmatrix} 5 \\ 0 \\ 1 \end{pmatrix} * \begin{pmatrix} 2 \\ 1 \\ 2 \end{pmatrix} = 12$$

Alternative: Normalenvektoren kann man auch mithilfe des Vektorprodukts bestimmen:

$\vec{n}^* = \begin{pmatrix}0\\6\\0\end{pmatrix} \times \begin{pmatrix}-1\\2\\2\end{pmatrix} = \begin{pmatrix}12\\0\\6\end{pmatrix}$, $\vec{m}^* = \begin{pmatrix}0\\-2\\0\end{pmatrix} \times \begin{pmatrix}-2\\-1\\10\end{pmatrix} = \begin{pmatrix}-20\\0\\-4\end{pmatrix}$

Der Winkel zwischen den Ebenen E_1 und E_2 beträgt:

$$\cos^{-1}\frac{\left|\begin{pmatrix}2\\0\\1\end{pmatrix} * \begin{pmatrix}5\\0\\1\end{pmatrix}\right|}{\left|\begin{pmatrix}2\\0\\1\end{pmatrix}\right| \cdot \left|\begin{pmatrix}5\\0\\1\end{pmatrix}\right|} = \cos^{-1}\frac{11}{\sqrt{5}\cdot\sqrt{26}} \approx 15{,}26^\circ$$

Das Dreieck DCS ist gleichschenklig. Berechnung der Innenwinkel:

$$\angle CDS = \angle SCD = \cos^{-1}\frac{\left|\begin{pmatrix}0\\-2\\0\end{pmatrix} * \begin{pmatrix}-2\\-1\\10\end{pmatrix}\right|}{2\cdot\sqrt{105}} = \cos^{-1}\frac{2}{\sqrt{105}} \approx 84{,}40^\circ$$

$\angle DSC = 180^\circ - 2\cdot 84{,}40^\circ = 11{,}20^\circ$

b) Dreieck DCS: $A_1 = \frac{1}{2}\sqrt{|\overrightarrow{CD}|^2\cdot|\overrightarrow{CS}|^2 - (\overrightarrow{CD} * \overrightarrow{CS})^2} = \frac{1}{2}\sqrt{4\cdot 105 - 4} = \sqrt{104}$

alternativ: $A_1 = \frac{1}{2}\left|\begin{pmatrix}0\\-2\\0\end{pmatrix} \times \begin{pmatrix}-2\\-1\\10\end{pmatrix}\right| = \frac{1}{2}\left|\begin{pmatrix}-20\\0\\-4\end{pmatrix}\right| = \sqrt{104}$

Dreieck CFS: $A_2 = \frac{1}{2}\sqrt{|\overrightarrow{SC}|^2\cdot|\overrightarrow{SF}|^2 - (\overrightarrow{SC} * \overrightarrow{SF})^2} = \frac{1}{2}\sqrt{105\cdot 105 - 104^2} = \frac{1}{2}\sqrt{209}$

Dreieck CBF: $A_3 = \frac{1}{2}\sqrt{17}$, Trapez ABCD: $A_4 = \frac{6+2}{2}\cdot\sqrt{5} = 4\sqrt{5}$

Gesamtfläche: $A = 4\cdot(A_1 + A_2 + A_3 + A_4) = 4\sqrt{104} + 2\sqrt{209} + 2\sqrt{17} + 16\sqrt{5} \approx 113{,}73$

Materialpreis (incl. MwSt.): $113{,}73\ m^2 \cdot 53\ \frac{€}{m^2}\cdot 1{,}19 = 7172{,}95$ €

c) **(LK)** Zu berechnen ist der Abstand des Punktes R von der Geraden

$g: \vec{x} = \vec{p} + t\cdot\vec{u}$ mit $\vec{p} = \begin{pmatrix}0\\0\\12\end{pmatrix}$ und $\vec{u} = \begin{pmatrix}-2\\-1\\10\end{pmatrix}$.

Das Lot von Punkt R auf die Gerade g steht senkrecht auf der Geraden selbst. Zu bestimmen ist damit der Lotfußpunkt F mit $(\vec{r} - \vec{f}) * \vec{u} = 0$. Da Punkt F auf der Geraden liegt, gibt es eine reelle Zahl t mit $\vec{f} = \vec{p} + t\cdot\vec{u}$. Setzt man den Term für $\vec{f}$ in die vorangegangene Gleichung ein, so kann der Parameter t berechnet werden:

$$(\vec{r} - \vec{p} - t\cdot\vec{u}) * \vec{u} = 0 \Leftrightarrow \left(\begin{pmatrix}0\\0\\2\end{pmatrix} - \begin{pmatrix}0\\0\\12\end{pmatrix} - t\cdot\begin{pmatrix}-2\\-1\\10\end{pmatrix}\right) * \begin{pmatrix}-2\\-1\\10\end{pmatrix} = 0 \Leftrightarrow$$

$-4t - t - 100 - 100t = 0 \Leftrightarrow t = -\frac{20}{21}$

Damit ergibt sich der Lotfußpunkt F aus $\vec{f} = \vec{p} + t\cdot\vec{u} = \begin{pmatrix}0\\0\\12\end{pmatrix} - \frac{20}{21}\cdot\begin{pmatrix}-2\\-1\\10\end{pmatrix} = \begin{pmatrix}\frac{40}{21}\\\frac{20}{21}\\\frac{52}{21}\end{pmatrix}$

sowie dessen Abstand von Punkt R zu $|\vec{r} - \vec{f}| = 10\cdot\frac{\sqrt{21}}{21} \approx 2{,}18$.

Der Balken berührt die Dachkante CS im Punkt $F\left(\frac{40}{21}\middle|\frac{20}{21}\middle|\frac{52}{21}\right)$. Er ist etwa 2,18 m lang.

d) **(LK)** Für den Schnittpunkt L der Lotgerade l: $\vec{x} = \begin{pmatrix} 0 \\ 0 \\ 2 \end{pmatrix} + r \cdot \begin{pmatrix} 5 \\ 0 \\ 1 \end{pmatrix} = \begin{pmatrix} 5r \\ 0 \\ 2+r \end{pmatrix}$ vom Punkt R auf die Ebene mit der Ebene E_2 gilt: $5 \cdot (5r) + (2 + r) = 12$, also $r = \frac{5}{13}$

d. h. $L\left(\frac{25}{13}\middle|0\middle|\frac{31}{13}\right)$. Dieser hat von R den Abstand: $d = \sqrt{\left(\frac{25}{13}\right)^2 + \left(\frac{5}{13}\right)^2} = \sqrt{\frac{650}{169}} \approx 1{,}96$

Alternative: Die HNF von E_2 lautet $\frac{5x_1 + x_3 - 12}{\sqrt{26}} = 0$. Gemäß der Abstandsformel gilt: $d = \left|\frac{2-12}{\sqrt{26}}\right| \approx 1{,}96$

Da die Stange also um etwa 4 m – 1,96 m = 2,04 m ins Freie ragt, ist sie als Fahnenstange zu verwenden.

e) Ein über die Kirchturmspitze einfallender Lichtstrahl verläuft entlang der Gerade g mit $g: \vec{x} = \begin{pmatrix} 0 \\ 0 \\ 12 \end{pmatrix} + r \cdot \begin{pmatrix} 1 \\ -2 \\ -4 \end{pmatrix}$. Der Erdboden wird durch die Ebene mit $x_3 = -18$ beschrieben.

Für den Schnittpunkt der Gerade g mit dieser Ebene des Erdbodens gilt also $12 - 4 \cdot r = -18 \Leftrightarrow 4r = 30 \Leftrightarrow r = 7{,}5$. Setzt man diesen Wert in die Geradengleichung ein, so erhält man den Ortsvektor des Schattenpunktes $\vec{s'} = \begin{pmatrix} 0 \\ 0 \\ 12 \end{pmatrix} + 7{,}5 \cdot \begin{pmatrix} 1 \\ -2 \\ -4 \end{pmatrix} = \begin{pmatrix} 7{,}5 \\ -15 \\ -18 \end{pmatrix}$.

Der lotrecht unter dem Punkt A auf dem Erdboden liegende Eckpunkt des Turms wird beschrieben durch den Ortsvektor $\vec{a'} = \begin{pmatrix} 3 \\ -3 \\ -18 \end{pmatrix}$. Für den gesuchten Abstand erhält man

$$\overline{A'S'} = \left|\begin{pmatrix} 7{,}5 \\ -15 \\ -18 \end{pmatrix} - \begin{pmatrix} 3 \\ -3 \\ -18 \end{pmatrix}\right| = \left|\begin{pmatrix} 4{,}5 \\ -12 \\ 0 \end{pmatrix}\right| = \sqrt{4{,}5^2 + 12^2} \approx 12{,}82.$$

Er beträgt also ungefähr 12,82 m.

Aufgabe 13 *Die Scheune*

Die Abbildung zeigt eine Scheune mit einem Pultdach. Die Eckpunkte haben die Koordinaten A(6|0|0), B(6|10|0), C(0|10|0), F(6|0|3), G(6|10|3), H(0|10|4), K(0|0|4).

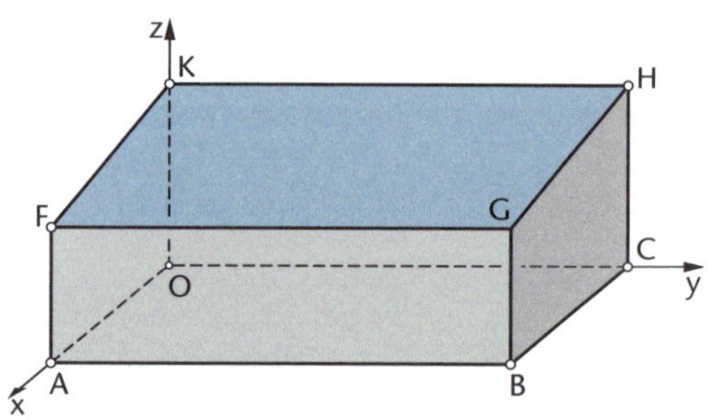

Auf dem Boden des Hauses wird ein 5 m langes, senkrecht stehendes Schornsteinrohr aufgestellt. Zur Vereinfachung betrachten wir bei der geometrischen Beschreibung dieses Schornsteinrohres nur den im Schornsteininneren verlaufenden Teil seiner Symmetrieachse. Der Fuß des Schornsteinrohres befindet sich dann im Punkt I(4|7|0).
Eine Längeneinheit entspricht einem Meter.

a) Berechnen Sie den Rauminhalt der Scheune und die Größe ihrer Dachfläche. G2

b) Die schräg verlaufende Dachfläche liege in der Ebene E.

(1) Geben Sie für die Ebene E eine Parameter- und eine Koordinatendarstellung an. (Kontrollergebnis: $E: x_1 + 6x_3 = 24$) F3 F4
(2) Untersuchen Sie, ob der Punkt $P(1{,}5|7{,}5|3{,}75)$ auf E liegt. F3
(3) Bestimmen Sie den Neigungswinkel des Daches. G1
(4) **(LK)** Berechnen Sie den Abstand der Spitze des Schornsteinrohres vom Dach. G3

c) Eine Sicherheitsvorschrift besagt, dass das Schornsteinrohr mindestens 2 m aus dem Dach herausragen muss.
Bestimmen Sie den Punkt, in dem das Schornsteinrohr die Dachfläche durchstößt und begründen Sie Ihre Entscheidung, ob die Sicherheitsvorschrift eingehalten wird.
Berechnen Sie, wie viel Prozent des Schornsteinrohres sich außerhalb des Daches befinden. F5

d) **(LK)** Berechnen Sie den Abstand des oberen Schornsteinendes von der hinteren Dachkante. G4

e) Paralleles Sonnenlicht fällt in Richtung des Vektors $\vec{v} = \begin{pmatrix} -1 \\ 2 \\ -3 \end{pmatrix}$ ein.

Berechnen Sie den Schattenpunkt der Spitze des Schornsteinrohres auf der Dachfläche. F5

Lösung:

a) Wir fassen das Gebäude als Prisma auf mit Grundfläche BCHG und Höhe AB. Die Grundfläche ist ein Trapez mit den parallelen Seiten BG und CH sowie der Flächenhöhe BC.
Das Volumen des Prismas beträgt
$V = \frac{1}{2} \cdot (|\overrightarrow{BG}| + |\overrightarrow{CH}|) \cdot |\overrightarrow{BC}| \cdot |\overrightarrow{AB}| = \frac{1}{2} \cdot (3\text{ m} + 4\text{ m}) \cdot 6\text{ m} \cdot 10\text{ m} = 210\text{ m}^3$
Die fehlende Kantenlänge der Dachfläche erhält man als Länge des Vektors $\overrightarrow{GH} = \begin{pmatrix} 6 \\ 0 \\ 1 \end{pmatrix}$ zu $\sqrt{37}$ m. Damit beträgt der Flächeninhalt der Dachfläche $A = 10 \cdot \sqrt{37} \approx 60{,}83\text{ m}^2$.

b) (1) Die Ebene E wird beispielsweise aufgespannt durch die Vektoren $\overrightarrow{FG}$ und $\overrightarrow{FK}$, also
$E: \vec{x} = \begin{pmatrix} 6 \\ 0 \\ 3 \end{pmatrix} + r \begin{pmatrix} 0 \\ 1 \\ 0 \end{pmatrix} + s \begin{pmatrix} -6 \\ 0 \\ 1 \end{pmatrix}$. Der Vektor $\vec{n} = \begin{pmatrix} 1 \\ 0 \\ 6 \end{pmatrix}$ ist orthogonal zu $\overrightarrow{FG}$ und $\overrightarrow{FK}$, daher ist
$E: x_1 + 6x_3 = 24$ eine Koordinatengleichung für die Ebene.
(2) Da $1{,}5 + 6 \cdot 3{,}75 = 24$, ergibt die Punktprobe, dass der Punkt P in der Ebene E liegt.

(3) Der Neigungswinkel α kann z. B. als Winkel zwischen $\vec{n} = \begin{pmatrix}1\\0\\6\end{pmatrix}$ und einem zur

3. Koordinatenachse parallelen Vektor berechnet werden: $\cos\alpha = \frac{\begin{pmatrix}1\\0\\6\end{pmatrix} * \begin{pmatrix}0\\0\\1\end{pmatrix}}{\left|\begin{pmatrix}1\\0\\6\end{pmatrix}\right| \cdot \left|\begin{pmatrix}0\\0\\1\end{pmatrix}\right|} = \frac{6}{\sqrt{37}}$

oder elementar im rechtwinkligen Dreieck mit $\tan\alpha = \frac{1}{6}$ zu $\alpha \approx 9{,}5°$.

(4) **(LK)** Die Spitze des Schornsteins liegt im Punkt $S(4|7|5)$.

Die HNF der Ebene E: $\frac{x_1 + 6x_3 - 24}{\sqrt{37}} = 0$ liefert $d = \left|\frac{4 + 6 \cdot 5 - 24}{\sqrt{37}}\right| = \frac{10}{\sqrt{37}} \approx 1{,}64$

Der Abstand beträgt etwa 1,64 m.

c) Den Schnittpunkt Q der Ebene E mit der Geraden $g: \vec{x} = \begin{pmatrix}4\\7\\0\end{pmatrix} + t \cdot \begin{pmatrix}0\\0\\1\end{pmatrix}$, welche die Symmetrieachse des Schornsteinrohrs beschreibt, erhält man durch Einsetzen in die Ebenengleichung: $4 + 6t = 24 \Leftrightarrow t = \frac{10}{3}$, also: $\vec{q} = \begin{pmatrix}4\\7\\0\end{pmatrix} + \frac{10}{3} \cdot \begin{pmatrix}0\\0\\1\end{pmatrix} = \begin{pmatrix}4\\7\\\frac{10}{3}\end{pmatrix}$ und $Q\left(4|7|\frac{10}{3}\right)$.

Da das Schornsteinrohr also nur 1,67 m aus dem Dach herausragt, ist die Sicherheitsvorschrift nicht erfüllt.

Es liegen $1 - \frac{\frac{10}{3}}{5} \approx 33\,\%$ des Schornsteins außerhalb des Dachs.

d) **(LK)** Der Lotvektor von der Schornsteinspitze $S(4|7|5)$ auf die Gerade $h: \vec{x} = \begin{pmatrix}0\\0\\4\end{pmatrix} + t \cdot \begin{pmatrix}0\\1\\0\end{pmatrix}$ muss zu dieser orthogonal sein: $\left[\begin{pmatrix}4\\7\\5\end{pmatrix} - \begin{pmatrix}0\\0\\4\end{pmatrix} - t \cdot \begin{pmatrix}0\\1\\0\end{pmatrix}\right] * \begin{pmatrix}0\\1\\0\end{pmatrix} = 0$

Hieraus ergibt sich $t = 7$ und $L(0|7|4)$ als Fußpunkt des Lotes, also gilt für den Abstand:

$d = \left|\begin{pmatrix}0\\7\\4\end{pmatrix} - \begin{pmatrix}4\\7\\5\end{pmatrix}\right| = \sqrt{17}$

Hinweis: Man kann dies auch elementargeometrisch mithilfe des Satzes von PYTHAGORAS berechnen: $d^2 = 4^2 + 1^2$

e) Den Schattenpunkt R der Schornsteinspitze auf der Dachfläche erhält man als Schnittpunkt der Gerade $k: \vec{x} = \begin{pmatrix}4\\7\\5\end{pmatrix} + t \cdot \begin{pmatrix}-1\\2\\-3\end{pmatrix}$ mit der Ebene E durch Einsetzen in die Ebenengleichung: $4 - t + 6(5 - 3t) = 24 \Leftrightarrow t = \frac{10}{19}$

$\vec{r} = \begin{pmatrix}4\\7\\5\end{pmatrix} + \frac{10}{19} \cdot \begin{pmatrix}-1\\2\\-3\end{pmatrix} = \begin{pmatrix}\frac{66}{19}\\\frac{153}{19}\\\frac{65}{19}\end{pmatrix}$ und $R\left(\frac{66}{19}\middle|\frac{153}{19}\middle|\frac{65}{19}\right)$

Aufgabe 14 *Zweistufiger Produktionsprozess*

Eine Firma stellt die drei Endprodukte E_1, E_2 und E_3 her. Dazu werden die Rohstoffe R_1 bis R_4 benötigt und diese über die Zwischenprodukte Z_1 und Z_2 zu den Endprodukten verarbeitet. Der Graph veranschaulicht den zweistufigen Produktionsprozess. Dabei geben die Zahlen an den Pfeilen an, wie viele Einheiten von den Zwischenprodukten für die Endprodukte und wie viele Einheiten der verschiedenen Rohstoffe für die Zwischenprodukte benötigt werden.

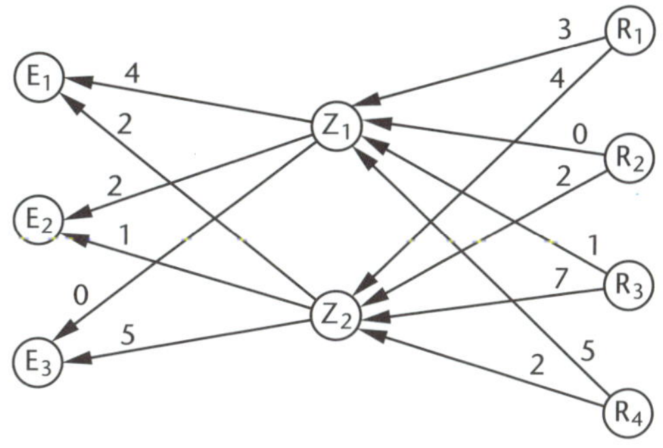

a) Bestimmen Sie die Bedarfsmatrizen für die beiden Produktionsstufen und daraus die Bedarfsmatrix für den Gesamtprozess. **H1**

b) In einer bestimmten Woche sollen 10 500 Einheiten des Endproduktes E_1, 15 000 Einheiten des Endproduktes E_2 und 20 000 Einheiten des Endproduktes E_3 hergestellt werden.
Berechnen Sie die Mengeneinheiten an Rohstoffen, die für diese Produktion benötigt werden. **H2**

c) Bei den Produkten E_1, E_2 und E_3 handelt es sich um gleichartige Verbrauchsartikel, die nach einer Woche aufgebraucht sind.
Dann müssen die Kunden ein neues Produkt aus der Produktpalette E_1, E_2 und E_3 kaufen. Dabei wechseln die Kunden teilweise von einem Produkt aus dieser Palette zu einem anderen. Die Firma beauftragt ein Institut mit der Untersuchung des Kaufverhaltens der Kunden, um die Produktion langfristig planen zu können.

Das Ergebnis der Untersuchung zeigt der nebenstehende Graph.
Hieraus ist unter anderem zu ersehen, dass von einer Woche zur nächsten 90 % der Käufer von E_1 bei diesem Produkt bleiben und 10 % zum Produkt E_3 wechseln.
Geben Sie die Übergangsmatrix U für diesen Prozess an. **H1**

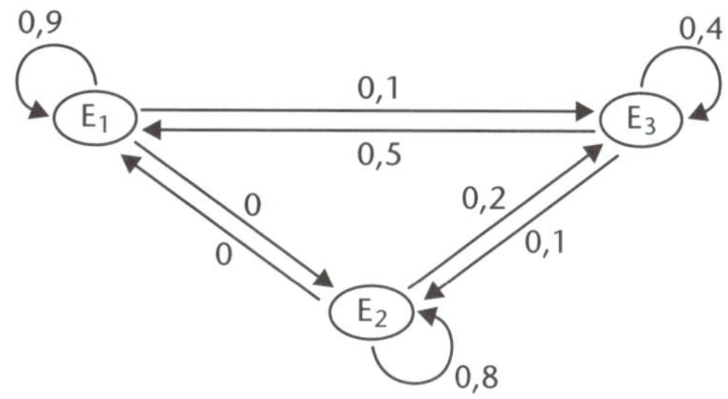

d) Untersuchen Sie das langfristige Verhalten der Kunden für die aus Teilaufgabe b) folgende Gesamtzahl der Käufer. Prüfen Sie dazu, ob es eine Käuferverteilung gibt, die in der nächsten Woche wieder zu derselben Verteilung führt. **H3**

(GTR / CAS) Ermitteln Sie die Grenzmatrix, die das Käuferwechselverhalten langfristig beschreibt. **H2**
Die Produktion eines Artikels ist für die Firma nur dann rentabel, wenn von diesem pro Woche mehr als 5 000 Stück verkauft werden.
Versetzen Sie sich in die Rolle eines Unternehmensberaters. Beraten Sie die Firma begründet auf der Basis ihrer gewonnenen Ergebnisse. **H2**

e) Gegeben ist die Matrix $M = \begin{pmatrix} 0 & 0 & 4 \\ 0{,}25 & 0 & 0 \\ 0 & 1 & 0 \end{pmatrix}$.

Untersuchen Sie, ob es sich bei der Matrix M um eine Übergangsmatrix handeln kann, die ebenfalls ein mögliches Käuferwechselverhalten bezüglich der Produkte E_1, E_2 und E_3 darstellt.
Ermitteln Sie die Besonderheiten, die sich bei der Verwendung von M zur Modellierung des Produktwechselverhaltens ergeben würden, indem Sie die Entwicklung der Käuferzahlen innerhalb von 3 Wochen untersuchen. H2

Lösung:

a) Wenn man berechnen will, welche Mengeneinheiten an Rohstoffen benötigt werden, muss man zunächst überlegen, wie viele Zwischenprodukte vorhanden sein müssen, um die Aufträge zu erfüllen. Aus der Grafik entnehmen wir:
$Z_1 = 4 \cdot E_1 + 2 \cdot E_2 + 0 \cdot E_3$ und $Z_2 = 2 \cdot E_1 + 1 \cdot E_2 + 5 \cdot E_3$

Dann können wir angeben, wie viel Rohstoffeinheiten aufgrund der berechneten Mengenangaben bei den Zwischenprodukten benötigt werden:
$R_1 = 3 \cdot Z_1 + 4 \cdot Z_2$ und $R_2 = 0 \cdot Z_1 + 2 \cdot Z_2$ und $R_3 = 1 \cdot Z_1 + 7 \cdot Z_2$ und $R_4 = 5 \cdot Z_1 + 2 \cdot Z_2$

Wie viele Einheiten der verschiedenen Rohstoffe (bzw. Zwischenprodukte) jeweils für eine Zwischenprodukteinheit (Endprodukteinheit) benötigt werden, lässt sich übersichtlich in tabellarischer Form darstellen.

1. Produktionsstufe

	Z_1	Z_2
R_1	3	4
R_2	0	2
R_3	1	7
R_4	5	2

2. Produktionsstufe

	E_1	E_2	E_3
Z_1	4	2	0
Z_2	2	1	5

Daraus ergeben sich für die einzelnen Produktionsstufen die Bedarfsmatrizen:

$$A = \begin{pmatrix} 3 & 4 \\ 0 & 2 \\ 1 & 7 \\ 5 & 2 \end{pmatrix} \text{ und } B = \begin{pmatrix} 4 & 2 & 0 \\ 2 & 1 & 5 \end{pmatrix}$$

Die Bedarfsmatrix für den Gesamtprozess erhält man durch Matrizenmultiplikation:

$$C = A \cdot B = \begin{pmatrix} 3 & 4 \\ 0 & 2 \\ 1 & 7 \\ 5 & 2 \end{pmatrix} \cdot \begin{pmatrix} 4 & 2 & 0 \\ 2 & 1 & 5 \end{pmatrix} = \begin{pmatrix} 20 & 10 & 20 \\ 4 & 2 & 10 \\ 18 & 9 & 35 \\ 24 & 12 & 10 \end{pmatrix}$$

b) Der Auftragsvektor für die Produktion lautet: $\vec{v} = \begin{pmatrix} 10\,500 \\ 15\,000 \\ 20\,000 \end{pmatrix}$

Der Gesamtbedarf an den verschiedenen Rohstoffmengen errechnet sich zu

$$C \cdot \vec{v} = (A \cdot B) \cdot \vec{v} = \begin{pmatrix} 20 & 10 & 20 \\ 4 & 2 & 10 \\ 18 & 9 & 35 \\ 24 & 12 & 10 \end{pmatrix} \cdot \begin{pmatrix} 10\,500 \\ 15\,000 \\ 20\,000 \end{pmatrix} = \begin{pmatrix} 760\,000 \\ 272\,000 \\ 1\,024\,000 \\ 632\,000 \end{pmatrix}$$

Für die Produktion werden 760 000 Einheiten des Rohstoffes R_1, 272 000 Einheiten des Rohstoffes R_2, 1 024 000 Einheiten von R_3 und 632 000 Einheiten von R_4 benötigt.

Alternativ ist auch eine schrittweise Berechnung möglich, die – gemäß dem Assoziativgesetz – zu demselben Ergebnis führt:

$$C \cdot \vec{v} = (A \cdot B) \cdot \vec{v} = A \cdot (B \cdot \vec{v}) = \begin{pmatrix} 3 & 4 \\ 0 & 2 \\ 1 & 7 \\ 5 & 2 \end{pmatrix} \cdot \left[\begin{pmatrix} 4 & 2 & 0 \\ 2 & 1 & 5 \end{pmatrix} \cdot \begin{pmatrix} 10\,500 \\ 15\,000 \\ 20\,000 \end{pmatrix} \right] = \begin{pmatrix} 3 & 4 \\ 0 & 2 \\ 1 & 7 \\ 5 & 2 \end{pmatrix} \cdot \begin{pmatrix} 72\,000 \\ 136\,000 \end{pmatrix} = \begin{pmatrix} 760\,000 \\ 272\,000 \\ 1\,024\,000 \\ 632\,000 \end{pmatrix}$$

c) Die Übergangsmatrix, welche das Kundenwechselverhalten beschreibt, lautet:

$$U = \begin{pmatrix} 0{,}9 & 0 & 0{,}5 \\ 0 & 0{,}8 & 0{,}1 \\ 0{,}1 & 0{,}2 & 0{,}4 \end{pmatrix}$$

d) Es soll überprüft werden, ob eine stationäre Verteilung existiert.
Gesucht ist der Fixvektor der Übergangsmatrix. Er ergibt sich als Lösung der Gleichung $U \cdot \vec{v_F} = \vec{v_F}$, dies entspricht einem Gleichungssystem, welches wir schrittweise lösen:

$$\left| \begin{array}{l} 0{,}9x + 0y + 0{,}5z = x \\ 0x + 0{,}8y + 0{,}1z = y \\ 0{,}1x + 0{,}2y + 0{,}4z = z \end{array} \right| \Leftrightarrow \left| \begin{array}{r} -0{,}1x + 0y + 0{,}5z = 0 \\ 0x - 0{,}2y + 0{,}1z = 0 \\ -0{,}1x + 0{,}2y - 0{,}6z = 0 \end{array} \right|$$

$$\Leftrightarrow \left| \begin{array}{r} -0{,}1x + 0{,}5z = 0 \\ -0{,}2y + 0{,}1z = 0 \\ +0{,}2y - 0{,}1z = 0 \end{array} \right| \Leftrightarrow \left| \begin{array}{r} -0{,}1x + 0{,}5z = 0 \\ -0{,}2y + 0{,}1z = 0 \\ 0 = 0 \end{array} \right|$$

Da die Gleichungen linear voneinander abhängen, ist das LGS unterbestimmt.
Zwischen den Variablen gilt jedoch: $x = 5z$ und $y = 0{,}5z$

Die Übergangsmatrix ist eine stochastische Matrix, da die Spaltensummen jeweils gleich eins sind. Da die Variablen x, y und z für Wahrscheinlichkeiten stehen, muss auch die Bedingung $x + y + z = 1$ erfüllt sein.
Daher gilt: $x + y + z = 5z + 0{,}5z + z = 6{,}5z = 1$,

es folgt also $z = \frac{1}{6{,}5} = \frac{10}{65} \approx 0{,}154$ und damit $x = \frac{50}{65} \approx 0{,}769$ sowie $y = \frac{5}{65} \approx 0{,}077$.

Bezogen auf die gegebene Gesamtzahl von $10\,500 + 15\,000 + 20\,000 = 45\,500$ Kunden bedeutet dies:

Wenn $\frac{50}{65} \cdot 45\,500 = 35\,000$ Kunden den Artikel E_1 kaufen, $\frac{5}{65} \cdot 45\,500 = 3\,500$ den Artikel E_2 sowie $\frac{10}{65} \cdot 45\,500 = 7\,000$ den Artikel E_3, dann ändert sich die Verteilung nicht mehr.

Interpretiert man die Variablen x, y und z direkt als Kunden-Anzahlen, muss bei der Lösung des o. a. Gleichungssystems zusätzlich die Gleichung $x + y + z = 45\,500$ beachtet werden, die zu derselben stationären Verteilung führt.

(GTR / CAS) Die Grenzmatrix G kann durch Potenzieren von U ermittelt werden.

$$U^{75} = \begin{pmatrix} 0{,}769231 & 0{,}769231 & 0{,}769231 \\ 0{,}076923 & 0{,}076923 & 0{,}076923 \\ 0{,}153846 & 0{,}153846 & 0{,}153846 \end{pmatrix} = \begin{pmatrix} \frac{50}{65} & \frac{50}{65} & \frac{50}{65} \\ \frac{5}{65} & \frac{5}{65} & \frac{5}{65} \\ \frac{10}{65} & \frac{10}{65} & \frac{10}{65} \end{pmatrix}$$

U^{75} beispielsweise beschreibt den Übergang nach ca. 75 Wochen, also etwa nach anderthalb Jahren.

Man kann aber auch die Einsicht aus dem Grenzwertsatz verwenden, dass die Grenzmatrix aus lauter gleichen Spaltenvektoren besteht, die gleich dem Fixvektor sind. Bei gleichbleibendem Produktwechsel-Verhalten wird die Käuferzahl des Produktes E_2 auf 3 500 sinken, also unter 5 000. Auf lange Sicht muss über die Einstellung der Produktion von E_2 nachgedacht werden.

e) Da ein Koeffizient größer als 1 ist und die Spaltensummen ungleich 1 sind, kann die Matrix M keine Übergangsmatrix sein.
Geht man zur Untersuchung der Käuferzahlentwicklung von den in Teilaufgabe b) genannten Kundenzahlen aus, so erhält man

nach einer Woche $\vec{v_1} = M \cdot \vec{v_0} = \begin{pmatrix} 0 & 0 & 4 \\ 0{,}25 & 0 & 0 \\ 0 & 1 & 0 \end{pmatrix} \cdot \begin{pmatrix} 10\,500 \\ 15\,000 \\ 20\,000 \end{pmatrix} = \begin{pmatrix} 80\,000 \\ 2\,625 \\ 15\,000 \end{pmatrix}$,

nach zwei Wochen $\vec{v_2} = M \cdot \vec{v_1} = \begin{pmatrix} 60\,000 \\ 20\,000 \\ 2\,625 \end{pmatrix}$ sowie $\vec{v_3} = \begin{pmatrix} 10\,500 \\ 15\,000 \\ 20\,000 \end{pmatrix}$,

d. h. nach drei Wochen stellt sich die Startverteilung wieder ein.
Dies lässt sich auch durch Potenzieren von M nachweisen.

Es gilt: $M^3 = M \cdot M^2 = \begin{pmatrix} 0 & 0 & 4 \\ 0{,}25 & 0 & 0 \\ 0 & 1 & 0 \end{pmatrix} \cdot \begin{pmatrix} 0 & 4 & 0 \\ 0 & 0 & 1 \\ 0{,}25 & 0 & 0 \end{pmatrix} = \begin{pmatrix} 1 & 0 & 0 \\ 0 & 1 & 0 \\ 0 & 0 & 1 \end{pmatrix} = E$

Da $M^3 = E$ (Einheitsmatrix), wäre dann wieder $M^4 = M$ usw.; die Matrix M beschreibt einen zyklischen Prozess der Länge 3.
Die Verteilung der Käuferzahlen würde sich bei Berechnung mittels M periodisch in einem dreiwöchigen Rhythmus wiederholen.

Aufgabe 15 *Käferpopulation*

Die Ausbreitung von Schädlingen führt zu hohen Ertragseinbußen in der Landwirtschaft. Experten der Schädlingsbekämpfung in Forschungsabteilungen untersuchen das Verhalten der Schädlinge, um Schädlingsbekämpfungsmittel zu entwickeln und anzupassen. Beobachtungen zur Entwicklung einer bestimmten Käferart führen zu dem folgenden Modell:
Unter bestimmten Bedingungen legen die Weibchen (W) der Käferart monatlich im Mittel 500 Eier (E), von denen sich innerhalb eines Monats ein Viertel zu Larven (L) entwickelt. 10 % der Larven verpuppen sich (P) wiederum innerhalb eines Monats. Die übrigen Eier und Larven werden gefressen oder sterben ab. Aus etwa 40 % der Puppen entwickeln sich nach einem Monat Weibchen, die übrigen Puppen werden zu Männchen.

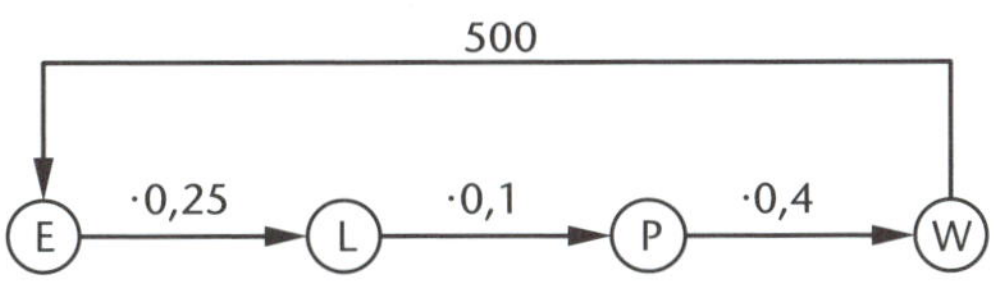

a) Der obenstehende Graph veranschaulicht die modellhafte Entwicklung der Käferpopulation.
Geben Sie die zugehörige Übergangsmatrix A an. **H1**

b) Auf einer Pflanze werden 4 Weibchen, 120 Eier, 200 Larven und 28 Puppen entdeckt.
Untersuchen Sie, wie sich diese Population nach dem obigen Modell in den nächsten vier Monaten entwickelt.
Hinweis: Da es sich bei den Angaben zur Populationsentwicklung um Mittelwerte handelt, sollen die jeweils berechneten Werte der nächsten Generation nicht gerundet werden. **H2**

c) Untersuchen Sie, ob es eine Verteilung gibt, die im nachfolgenden Monat wieder zu derselben Verteilung führt. **H3**

d) Die langfristige Entwicklung der Populationen lässt sich am besten beurteilen, wenn man einen 4-Monats-Zyklus betrachtet.
Begründen Sie, warum man dies am besten an der Matrixpotenz A^4 ablesen kann.
Beschreiben Sie dann die langfristige Entwicklung einer beliebigen Anfangspopulation im 4-Monats-Rhythmus nach dem gegebenen Modell. Begründen Sie, warum man von einer exponentiellen Entwicklung sprechen könnte. **H2**

Zur Bekämpfung der Schädlinge werden Pestizide mit unterschiedlicher Wirkung entwickelt.

e) Durch ein Insektizid werden einmalig die eigentlichen Schädlinge, das sind die Weibchen sowie die Larven, vernichtet.
Untersuchen Sie die langfristige Wirksamkeit dieses Bekämpfungsmittels.
Beurteilen Sie, ob der Einsatz dieses Insektizides bei dieser Käferart sinnvoll ist. **H2**

f) Ein anderes Pestizid beeinträchtigt die Fortpflanzung der Käfer in einer Weise, dass die Weibchen nur noch eine kleinere Anzahl von Eiern ablegen können.
Ermitteln Sie die Bedingung, unter welcher die Population langfristig aussterben wird.
Geben Sie dazu an, welche Anzahl von Eiern ein Käferweibchen höchstens ablegen darf.

Lösung:

a) Aus dem Übergangsgraphen sowie aus dem Aufgabentext entnimmt man:

Anzahl der Schädlinge im Entwicklungsstadium E / L / P / W, die nach einem Monat aus einem Schädling im Entwicklungsstadium E / L / P / W hervorgehen.

	E (m)	L (m)	P (m)	W (m)
E (m + 1)	0	0	0	500
L (m + 1)	0,25	0	0	0
P (m + 1)	0	0,1	0	0
W (m + 1)	0	0	0,4	0

Daraus ergibt sich die Übergangsmatrix:

$$A = \begin{pmatrix} 0 & 0 & 0 & 500 \\ 0{,}25 & 0 & 0 & 0 \\ 0 & 0{,}1 & 0 & 0 \\ 0 & 0 & 0{,}4 & 0 \end{pmatrix}$$

b) Der Startvektor der Anfangspopulation lautet $\vec{v}_0 = \begin{pmatrix} 120 \\ 200 \\ 28 \\ 4 \end{pmatrix}$.

Durch Multiplikation des Startvektors $\vec{v}_0$ mit der Übergangsmatrix A erhält man die Verteilung der Käferpopulation auf die einzelnen Entwicklungsstadien nach einem Monat.

$$\vec{v}_1 = A \cdot \vec{v}_0 = \begin{pmatrix} 0 & 0 & 0 & 500 \\ 0{,}25 & 0 & 0 & 0 \\ 0 & 0{,}1 & 0 & 0 \\ 0 & 0 & 0{,}4 & 0 \end{pmatrix} \cdot \begin{pmatrix} 120 \\ 200 \\ 28 \\ 4 \end{pmatrix} = \begin{pmatrix} 2000 \\ 30 \\ 20 \\ 11{,}2 \end{pmatrix}$$

Analog ergeben sich die Verteilungen nach zwei, drei und vier Monaten.

$$\vec{v}_2 = A \cdot \vec{v}_1 = \begin{pmatrix} 5600 \\ 500 \\ 3 \\ 8 \end{pmatrix}; \ \vec{v}_3 = A \cdot \vec{v}_2 = \begin{pmatrix} 4000 \\ 1400 \\ 50 \\ 1{,}2 \end{pmatrix}; \ \vec{v}_4 = A \cdot \vec{v}_3 = \begin{pmatrix} 600 \\ 1000 \\ 140 \\ 20 \end{pmatrix}.$$

c) Es soll überprüft werden, ob eine stationäre Verteilung existiert.
Gesucht ist also der Fixvektor der Übergangsmatrix.
Er ergibt sich als Lösung der Gleichung
$A \cdot \vec{v}_F = \vec{v}_F \Leftrightarrow 500\,x_4 = x_1 \ \wedge \ 0{,}25\,x_1 = x_2 \ \wedge \ 0{,}1\,x_2 = x_3 \ \wedge \ 0{,}4\,x_3 = x_4$

Setzt man nun nacheinander die Bedingungen ein, führt dies zu einem Widerspruch:
$x_2 = 0{,}25\,x_1 = 0{,}25 \cdot 500\,x_4 = 125\,x_4$
$x_3 = 0{,}1\,x_2 = 0{,}1 \cdot 125\,x_4 = 12{,}5\,x_4$
$x_4 = 0{,}4\,x_3 = 0{,}4 \cdot 12{,}5\,x_4 = 5\,x_4$

Es existiert also keine stationäre Verteilung.

d) Es ist

$$A^2 = A \cdot A = \begin{pmatrix} 0 & 0 & 200 & 0 \\ 0 & 0 & 0 & 125 \\ 0{,}025 & 0 & 0 & 0 \\ 0 & 0{,}04 & 0 & 0 \end{pmatrix} \text{ und } A^4 = A^2 \cdot A^2 = \begin{pmatrix} 5 & 0 & 0 & 0 \\ 0 & 5 & 0 & 0 \\ 0 & 0 & 5 & 0 \\ 0 & 0 & 0 & 5 \end{pmatrix} = 5 \cdot \begin{pmatrix} 1 & 0 & 0 & 0 \\ 0 & 1 & 0 & 0 \\ 0 & 0 & 1 & 0 \\ 0 & 0 & 0 & 1 \end{pmatrix} = 5 \cdot E$$

Die vierte Potenz von A ergibt also ein Vielfaches, das Fünffache, der Einheitsmatrix.

Dies bedeutet, dass sich die Ausgangsverteilung der Population sowie jeder zwischenzeitlich vorliegende Zustand jeweils nach vier Monaten verfünffachen, d. h. $A^{k+4} = 5 \cdot A^k$, $k = 0, 1, 2, \ldots$

Bezogen auf einen beliebigen Ausgangsvektor $\vec{v}_0$ bedeutet dies:
$\vec{v}_4 = 5 \cdot \vec{v}_0$, $\vec{v}_8 = 5^2 \cdot \vec{v}_0$, $\vec{v}_{12} = 5^3 \cdot \vec{v}_0$, also allgemein: $\vec{v}_{4k} = 5^k \cdot \vec{v}_0$

Dies ist die Gleichung eines exponentiellen Wachstums. Die Größe der Population wächst demnach langfristig exponentiell an.

e) Durch den Einsatz des Insektizides ergibt sich eine geschwächte Anfangspopulation

mit dem Startvektor $\vec{v}_0^* = \begin{pmatrix} 120 \\ 0 \\ 28 \\ 0 \end{pmatrix}$.

Zur Untersuchung der weiteren Entwicklung dieser Population werden der Startvektor sowie die Folgevektoren wieder mit der Übergangsmatrix multipliziert.

Man erhält $\vec{v}_1^* = A \cdot \vec{v}_0^* = \begin{pmatrix} 0 & 0 & 0 & 500 \\ 0{,}25 & 0 & 0 & 0 \\ 0 & 0{,}1 & 0 & 0 \\ 0 & 0 & 0{,}4 & 0 \end{pmatrix} \cdot \begin{pmatrix} 120 \\ 0 \\ 28 \\ 0 \end{pmatrix} = \begin{pmatrix} 0 \\ 30 \\ 0 \\ 11{,}2 \end{pmatrix}$ sowie

$\vec{v}_2^* = A \cdot \vec{v}_1^* = \begin{pmatrix} 5600 \\ 0 \\ 3 \\ 0 \end{pmatrix}$; $\vec{v}_3^* = A \cdot \vec{v}_2^* = \begin{pmatrix} 0 \\ 1400 \\ 0 \\ 1{,}2 \end{pmatrix}$; $\vec{v}_4^* = A \cdot \vec{v}_3^* = \begin{pmatrix} 600 \\ 0 \\ 140 \\ 0 \end{pmatrix}$; $\vec{v}_5^* = A \cdot \vec{v}_4^* = \begin{pmatrix} 0 \\ 150 \\ 0 \\ 56 \end{pmatrix}$

Dadurch, dass nur Larven und Weibchen einmalig vernichtet werden, ändert sich an dem Befall der Pflanzen nur wenig; nach 1 Monat ist die Pflanze von 30 Larven und 11,2 Weibchen befallen, nach 3 Monaten von 1400 Larven und 1,2 Weibchen, nach 5 Monaten von 150 Larven und 56 Weibchen usw.

Langfristig wächst auch diese Population exponentiell an, da sich die Anzahl der Weibchen und Larven der Anfangspopulation nach vier Monaten verfünffacht. Die Anwendung des Pestizids wirkt nur kurzzeitig, der Einsatz ist daher nicht sinnvoll.

f) Für die Anzahl der Eier, welche ein Käferweibchen ablegt, wird im Folgenden die Variable a eingeführt. Die veränderte Übergangsmatrix lautet dann

$$A^* = \begin{pmatrix} 0 & 0 & 0 & a \\ 0{,}25 & 0 & 0 & 0 \\ 0 & 0{,}1 & 0 & 0 \\ 0 & 0 & 0{,}4 & 0 \end{pmatrix} \text{ und damit } (A^*)^2 = \begin{pmatrix} 0 & 0 & 0{,}4\,a & 0 \\ 0 & 0 & 0 & 0{,}25\,a \\ 0{,}025 & 0 & 0 & 0 \\ 0 & 0{,}04 & 0 & 0 \end{pmatrix} \text{ sowie}$$

$$(A^*)^4 = \begin{pmatrix} 0{,}01\,a & 0 & 0 & 0 \\ 0 & 0{,}01\,a & 0 & 0 \\ 0 & 0 & 0{,}01\,a & 0 \\ 0 & 0 & 0 & 0{,}01\,a \end{pmatrix} = 0{,}01\,a \cdot \begin{pmatrix} 1 & 0 & 0 & 0 \\ 0 & 1 & 0 & 0 \\ 0 & 0 & 1 & 0 \\ 0 & 0 & 0 & 1 \end{pmatrix} = 0{,}01\,a \cdot E$$

Die Population stirbt langfristig aus, wenn die Bedingung $0{,}01\,a < 1 \Leftrightarrow a < 100$ erfüllt ist. Wenn durch das Pestizid die Anzahl der Eier eines Weibchens auf einen Wert kleiner 100 reduziert werden kann, so wird die Käferpopulation langfristig vernichtet.

Aufgabe 16 *Gartencenter*

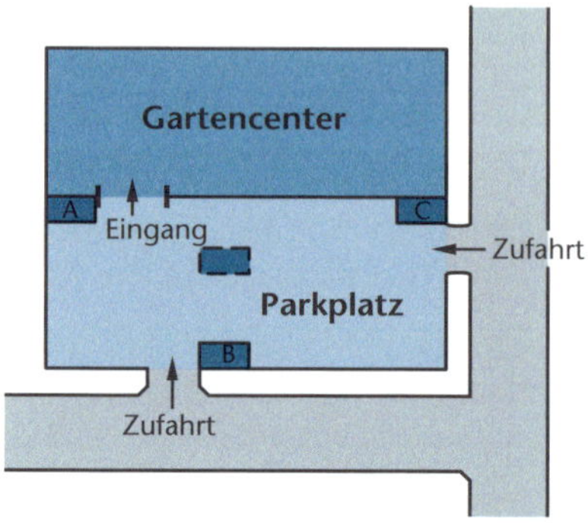

Auf dem Parkplatz eines Gartencenters kann man an drei Stellen einen Einkaufswagen abholen bzw. wieder abstellen: am Eingang A sowie an den beiden Zufahrten B und C. Die Mehrzahl der Kunden holt sich ihren Einkaufswagen am Eingang des Gartencenters ab, bringt ihn jedoch nach dem Einkauf an die Stelle zurück, die möglichst nah an der Parktasche liegt, an der man geparkt hat.

Das „Wandern" der Einkaufswagen im Laufe eines Halbtags lässt sich mithilfe der Übergangsmatrix M beschreiben: $M = \begin{pmatrix} 0{,}3 & 0{,}1 & 0{,}1 \\ 0{,}4 & 0{,}7 & 0{,}3 \\ 0{,}3 & 0{,}2 & 0{,}6 \end{pmatrix}$.

Dabei geht man vereinfachend von der Annahme aus, dass das Gartencenter zu jeder Tageszeit von gleich vielen Kunden besucht wird.

a) Erläutern Sie, wieso man das Verhalten der Kunden an der Übergangsmatrix M ablesen kann.
Stellen Sie die durch M beschriebenen Veränderungen mithilfe eines Übergangsdiagramms dar. H1

b) Zu Beginn eines Halbtags stehen 100 Einkaufswagen in A und je 50 in B und C. Bestimmen Sie die Anzahlen, die sich (im Mittel) am Ende des Halbtags in A, B, C befinden. Ermitteln Sie die Anzahl der Einkaufswagen, die verschoben werden müssen, damit man den Zustand zu Beginn des Halbtags wieder erreicht. H2

c) Wegen der Erkrankung des zuständigen Mitarbeiters wird an einem Mittag vergessen, die im Laufe des Vormittags anders verteilten Einkaufswagen wieder in den Anfangszustand zu bringen. Bestimmen Sie die Anzahl der Einkaufswagen, die nach zwei Halbtagen verschoben werden müssen, damit der Zustand (100 | 50 | 50) erreicht wird. H2

d) Überprüfen Sie, ob der Zustand (100 | 50 | 50) als Endzustand möglich ist, d. h. klären Sie die Frage, ob es möglich ist, dass am Ende eines Halbtags 100 Einkaufswagen in A und je 50 in B und C stehen, ohne dass dieser Zustand durch Mitarbeiter des Gartencenters durch Verschieben von Einkaufswagen hergestellt wurde. H4

e) Bestimmen Sie eine „stabile" Anfangsverteilung der Einkaufswagen, d. h. eine Aufteilung der insgesamt 200 Einkaufswagen auf die drei Stellplätze, bei der es nicht notwendig wäre, dass Mitarbeiter des Gartencenters Wagen umstellen müssen. Begründen Sie, warum eine so berechnete Verteilung für die reale Situation nicht günstig ist. H3

Bei einer Umgestaltung der Parkfläche wird die Sammelstelle C stärker zur Mitte des Parkplatzes hin verlegt (in der Planskizze gestrichelt). Hierdurch ergibt sich eine veränderte Situation, die sich durch die Übergangsmatrix N beschreiben lässt:

$$N = \begin{pmatrix} 0{,}4 & 0{,}1 & 0{,}1 \\ 0{,}1 & 0{,}6 & 0{,}1 \\ 0{,}5 & 0{,}3 & 0{,}8 \end{pmatrix}$$

Außerdem wird zu Beginn des Tages der Zustand (50 | 50 | 100) hergestellt.

f) Begründen Sie, warum die Situation jetzt nach einem Halbtag bzw. einem ganzen Tag günstiger ist als vorher. H1 H2

g) **(LK)** Die Geschäftsleitung ist der Ansicht, dass es jetzt nach der Umgestaltung der Parkfläche nicht mehr erforderlich ist, nach jedem Halbtag Einkaufswagen abzuzählen und wieder auf den Anfangszustand (50 | 50 | 100) zu bringen. Nehmen Sie begründet hierzu Stellung. H3

Lösung:

a) Der Matrix ist zu entnehmen, dass die Kunden, die hren Wagen an den Stellen B und C abgeholt haben, diesen auch überwiegend (zu 70 % bzw. 60 %) dort auch wieder abgeben, wohingegen die Kunden, die ihren Wagen in A abholen, diesen überwiegend (zu 40 % + 30 % = 70 %) nicht wieder in A abgeben.

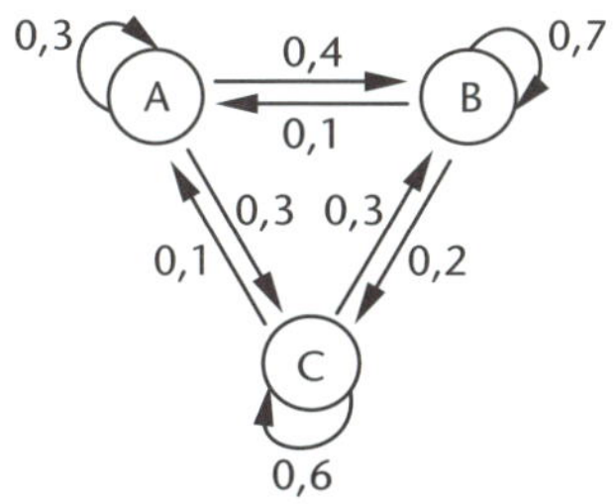

b) Die Anfangsverteilung der Einkaufswagen ist durch den Startvektor $\vec{v_0} = \begin{pmatrix} 100 \\ 50 \\ 50 \end{pmatrix}$ gegeben.

Die Anzahl der Einkaufswagen am Ende des Halbtags ergibt sich aus dem Matrixprodukt

$$\begin{pmatrix} 0{,}3 & 0{,}1 & 0{,}1 \\ 0{,}4 & 0{,}7 & 0{,}3 \\ 0{,}3 & 0{,}2 & 0{,}6 \end{pmatrix} \cdot \begin{pmatrix} 100 \\ 50 \\ 50 \end{pmatrix} = \begin{pmatrix} 40 \\ 90 \\ 70 \end{pmatrix}.$$

Am Ende des Halbtags sind also 40 Einkaufswagen in A, 90 in B und die restlichen 70 in C. Von B aus müssen 40 Einkaufswagen nach A verschoben werden und von C aus 20, damit der Zustand (100 | 50 | 50) wieder erreicht ist, insgesamt also 60 Einkaufswagen.

c) Um den Zustand des Systems nach zwei Halbtagen zu bestimmen, muss entweder der Ergebnisvektor aus Teilaufgabe c) noch einmal mit der Matrix M multipliziert werden, also

$$\begin{pmatrix} 0{,}3 & 0{,}1 & 0{,}1 \\ 0{,}4 & 0{,}7 & 0{,}3 \\ 0{,}3 & 0{,}2 & 0{,}6 \end{pmatrix} \cdot \begin{pmatrix} 40 \\ 90 \\ 70 \end{pmatrix} = \begin{pmatrix} 28 \\ 100 \\ 72 \end{pmatrix},$$

oder man rechnet zunächst die Matrixpotenz M^2 aus und multipliziert diese mit dem Startvektor:

$$\begin{pmatrix} 0{,}3 & 0{,}1 & 0{,}1 \\ 0{,}4 & 0{,}7 & 0{,}3 \\ 0{,}3 & 0{,}2 & 0{,}6 \end{pmatrix}^2 \cdot \begin{pmatrix} 100 \\ 50 \\ 50 \end{pmatrix} = \begin{pmatrix} 28 \\ 100 \\ 72 \end{pmatrix}.$$

Von B aus müssen nach einem Tag 50 Einkaufswagen nach A verschoben werden und von C aus 22, damit der Zustand (100 | 50 | 50) wieder erreicht ist, insgesamt also 72 Einkaufswagen.

d) Zu untersuchen ist das lineare Gleichungssystem

$\begin{pmatrix} 0{,}3 & 0{,}1 & 0{,}1 \\ 0{,}4 & 0{,}7 & 0{,}3 \\ 0{,}3 & 0{,}2 & 0{,}6 \end{pmatrix} \cdot \begin{pmatrix} a \\ b \\ c \end{pmatrix} = \begin{pmatrix} 100 \\ 50 \\ 50 \end{pmatrix}$, bei dem der Vektor $\begin{pmatrix} a \\ b \\ c \end{pmatrix}$ beschreibt,

wie die Verteilung der Einkaufswagen zu Beginn eines Halbtages ist.

$$\left|\begin{array}{ccc|c} 0{,}3 & 0{,}1 & 0{,}1 & 100 \\ 0{,}4 & 0{,}7 & 0{,}3 & 50 \\ 0{,}3 & 0{,}2 & 0{,}6 & 50 \end{array}\right| \Leftrightarrow \left|\begin{array}{ccc|c} 3 & 1 & 1 & 1000 \\ 4 & 7 & 3 & 500 \\ 3 & 2 & 6 & 500 \end{array}\right| \Leftrightarrow \left|\begin{array}{ccc|c} 1 & \frac{1}{3} & \frac{1}{3} & \frac{1000}{3} \\ 0 & \frac{17}{3} & \frac{5}{3} & -\frac{2500}{3} \\ 0 & 1 & 5 & -500 \end{array}\right| \Leftrightarrow \left|\begin{array}{ccc|c} 1 & \frac{1}{3} & \frac{1}{3} & \frac{1000}{3} \\ 0 & 1 & \frac{5}{17} & -\frac{2500}{17} \\ 0 & 0 & \frac{80}{17} & -\frac{6000}{17} \end{array}\right|$$

Aus dem umgeformten Gleichungssystem in Dreiecksform kann man von unten nach oben die Lösung ablesen bzw. berechnen: $c = -75$; $b = -125$ und $a = 400$.

Da es keine negative Anzahl von Einkaufswagen gibt, ist es nicht möglich, dass am Ende eines Halbtages 100 Einkaufswagen in A stehen, 50 in B und 50 in C.

Alternativ kann man auch die zu M inverse Matrix M^{-1} bestimmen (z. B. mit einem Rechner) und diese dann mit dem Startvektor $\vec{v_0}$ multiplizieren:

$$\begin{pmatrix} a \\ b \\ c \end{pmatrix} = \begin{pmatrix} 0{,}3 & 0{,}1 & 0{,}1 \\ 0{,}4 & 0{,}7 & 0{,}3 \\ 0{,}3 & 0{,}2 & 0{,}6 \end{pmatrix}^{-1} \cdot \begin{pmatrix} 0{,}3 & 0{,}1 & 0{,}1 \\ 0{,}4 & 0{,}7 & 0{,}3 \\ 0{,}3 & 0{,}2 & 0{,}6 \end{pmatrix} \cdot \begin{pmatrix} a \\ b \\ c \end{pmatrix} = \begin{pmatrix} 0{,}3 & 0{,}1 & 0{,}1 \\ 0{,}4 & 0{,}7 & 0{,}3 \\ 0{,}3 & 0{,}2 & 0{,}6 \end{pmatrix}^{-1} \cdot \begin{pmatrix} 100 \\ 50 \\ 50 \end{pmatrix}$$

Es gilt: $\begin{pmatrix} 0{,}3 & 0{,}1 & 0{,}1 \\ 0{,}4 & 0{,}7 & 0{,}3 \\ 0{,}3 & 0{,}2 & 0{,}6 \end{pmatrix}^{-1} = \frac{1}{8} \cdot \begin{pmatrix} 36 & -4 & -4 \\ -15 & 15 & -5 \\ -13 & -3 & 17 \end{pmatrix}$,

dann folgt wie oben: $\begin{pmatrix} 0{,}3 & 0{,}1 & 0{,}1 \\ 0{,}4 & 0{,}7 & 0{,}3 \\ 0{,}3 & 0{,}2 & 0{,}6 \end{pmatrix}^{-1} \cdot \begin{pmatrix} 100 \\ 50 \\ 50 \end{pmatrix} = \begin{pmatrix} 400 \\ -125 \\ -75 \end{pmatrix}$.

e) Gesucht ist ein Zustandsvektor $\begin{pmatrix} a \\ b \\ c \end{pmatrix}$, für den gilt: $\begin{pmatrix} 0{,}3 & 0{,}1 & 0{,}1 \\ 0{,}4 & 0{,}7 & 0{,}3 \\ 0{,}3 & 0{,}2 & 0{,}6 \end{pmatrix} \cdot \begin{pmatrix} a \\ b \\ c \end{pmatrix} = \begin{pmatrix} a \\ b \\ c \end{pmatrix}$.

Zu lösen ist also das lineare Gleichungssystem $\begin{pmatrix} -0{,}7 & 0{,}1 & 0{,}1 \\ 0{,}4 & -0{,}3 & 0{,}3 \\ 0{,}3 & 0{,}2 & -0{,}4 \end{pmatrix} \cdot \begin{pmatrix} a \\ b \\ c \end{pmatrix} = \begin{pmatrix} 0 \\ 0 \\ 0 \end{pmatrix}$.

Dieses hat unendlich viele Lösungen, die man mithilfe einer Parameterdarstellung beschreiben kann: $a = \frac{6}{17} \cdot c$, $b = \frac{25}{17} \cdot c$.

Da aber insgesamt 200 Einkaufswagen zur Verfügung stehen, also $a + b + c = 200$ gilt, folgt: $a = 25$; $b \approx 104$ und $c \approx 71$.
Diese Lösung erhält man direkt, wenn man die Gleichung $a + b + c = 200$ von vornherein berücksichtigt:

$\begin{pmatrix} -0{,}7 & 0{,}1 & 0{,}1 \\ 0{,}4 & -0{,}3 & 0{,}3 \\ 0{,}3 & 0{,}2 & -0{,}4 \\ 1 & 1 & 1 \end{pmatrix} \cdot \begin{pmatrix} a \\ b \\ c \end{pmatrix} = \begin{pmatrix} 0 \\ 0 \\ 0 \\ 200 \end{pmatrix}$ hat die o. a. Lösung.

Die Lösung ist für den realen Betrieb nicht günstig, da, wenn nur 25 Einkaufswagen am Eingang zum Gartencenter stehen, diese sehr schnell in Gebrauch sind und ankommende Kunden sich möglicherweise darüber ärgern, wenn sie noch einmal zurück zu einem der Stellplätze B oder C gehen müssen, vor allem, wenn dies regelmäßig vorkommt.

f) Berechnung des Zustands nach einem Halbtag bzw. nach einem Tag ohne Veränderung in der Mittagszeit:

$$\begin{pmatrix} 0{,}4 & 0{,}1 & 0{,}1 \\ 0{,}1 & 0{,}6 & 0{,}1 \\ 0{,}5 & 0{,}3 & 0{,}8 \end{pmatrix} \cdot \begin{pmatrix} 50 \\ 50 \\ 100 \end{pmatrix} = \begin{pmatrix} 35 \\ 45 \\ 120 \end{pmatrix} \qquad \begin{pmatrix} 0{,}4 & 0{,}1 & 0{,}1 \\ 0{,}1 & 0{,}6 & 0{,}1 \\ 0{,}5 & 0{,}3 & 0{,}8 \end{pmatrix}^2 \cdot \begin{pmatrix} 50 \\ 50 \\ 100 \end{pmatrix} = \begin{pmatrix} 30{,}5 \\ 42{,}5 \\ 127 \end{pmatrix}$$

Um den Anfangszustand wieder herzustellen, müssen nach einem Halbtag insgesamt nur noch 20 Einkaufswagen verschoben werden, nach einem Tag nur 27 Wagen.

g) Nach dem Hauptsatz über Markoff-Ketten ergibt sich Folgendes: Wenn über viele Tage hinweg keine Einkaufswagen zur Wiederherstellung des Anfangszustands verschoben werden, dann konvergiert die Folge der Zustandsvektoren gegen den Fixvektor der Matrix N. Für diesen gilt:

$$\begin{pmatrix} 0{,}4 & 0{,}1 & 0{,}1 \\ 0{,}1 & 0{,}6 & 0{,}1 \\ 0{,}5 & 0{,}3 & 0{,}8 \end{pmatrix} \cdot \begin{pmatrix} a \\ b \\ c \end{pmatrix} = \begin{pmatrix} a \\ b \\ c \end{pmatrix} \text{ und } a + b + c = 200$$

$$\Leftrightarrow \begin{pmatrix} -0{,}6 & 0{,}1 & 0{,}1 \\ 0{,}1 & -0{,}4 & 0{,}1 \\ 0{,}5 & 0{,}3 & -0{,}2 \\ 1 & 1 & 1 \end{pmatrix} \cdot \begin{pmatrix} a \\ b \\ c \end{pmatrix} = \begin{pmatrix} 0 \\ 0 \\ 0 \\ 200 \end{pmatrix} \Leftrightarrow \begin{pmatrix} a \\ b \\ c \end{pmatrix} \approx \begin{pmatrix} 29 \\ 40 \\ 131 \end{pmatrix}$$

Wenn also der Zustand (29 | 40 | 131) hergestellt wird, dann verändert sich die Verteilung der Einkaufswagen auf lange Sicht nicht mehr. Wegen der Nähe des Stellplatzes C zum Eingang des Gartencenters werden sich auch nur wenige Kunden ärgern, wenn sie unmittelbar am Eingang zum Gartencenter keinen Einkaufswagen mehr vorfinden.

Aufgabe 17 *Impfung gegen Influenza*

Das Robert-Koch-Institut hat in einer Stichprobe 1261 Menschen über 12 Jahre telefonisch befragt. Demnach waren in West-Deutschland 15 % und in Ost-Deutschland (einschl. Berlin) 32 % der Bevölkerung gegen Grippe geimpft.
In den „westlichen" Bundesländern leben 79,3 % der 73 327 000 Bundesbürger über 12 Jahre.

a) Berechnen Sie den Anteil der geimpften Personen in der Gesamtbevölkerung. Bestimmen Sie die Wahrscheinlichkeit, dass eine zufällig angetroffene geimpfte Person in den „östlichen" Bundesländern wohnt. I3 I4

b) Berechnen Sie die Wahrscheinlichkeit, dass von 12 zufällig ausgesuchten Personen aus den östlichen Bundesländern

(1) keine Person geimpft ist;
(2) mindestens 10 Personen nicht geimpft sind;
(3) mehr als 8 und höchstens 10 Personen geimpft sind. J3

c) Das Leonhard-Euler-Gymnasium liegt im West-Deutschland und hat zur Zeit 1030 Schülerinnen und Schüler über 12 Jahre.

Bestimmen Sie einen Schätzwert für die Anzahl der geimpften Schüler dieses Gymnasiums.
Ermitteln Sie ein zum Erwartungswert symmetrisches Intervall, in dem die Anzahl der geimpften Schüler mit einer Wahrscheinlichkeit von etwa 95 % liegt. J6

d) Personen über 12 Jahre aus den westlichen Bundesländern werden für ein Interview zufällig ausgewählt. Bestimmen Sie, wie viele Personen man mindestens auswählen muss, um mit einer Wahrscheinlichkeit von mindestens 98 % mindestens eine geimpfte Person zu erfassen. J5

e) Von dem verwendeten Impfserum wird behauptet, dass höchstens 10 % der Geimpften trotz einer Impfung an Grippe erkranken. 300 zufällig ausgewählte Personen werden mit diesem Serum geimpft. Es erkranken 38 Personen.

Untersuchen Sie die Behauptung in der Art eines Hypothesentests mit dem Signifikanzniveau von 5 % und geben Sie eine begründete Entscheidung an. K6 K4
Beschreiben Sie die Bedeutung der Fehler 1. Art und 2. Art im Zusammenhang dieses Tests.
Berechnen Sie die Wahrscheinlichkeit für einen Fehler 1. Art im Fall $p = 0{,}1$ und die Wahrscheinlichkeit für einen Fehler 2. Art im Fall $p = 0{,}15$. K4

f) Die oben angegebene Information über den Anteil der geimpften Personen in Westdeutschland beruht auf einer Befragung von 1000 Personen über 12 Jahre in den westlichen Bundesländern. Von ihnen waren 150 geimpft.

(1) Begründen Sie, warum dies eine repräsentative Stichprobe ist.
Untersuchen Sie, ob das Umfrageergebnis auch mit einem Anteil von $p = 0{,}14$ verträglich ist. K1
(2) Bestimmen Sie ein Konfidenzintervall (Vertrauensintervall) zur Vertrauenszahl $\gamma = 0{,}95$ für den Anteil geimpfter Personen über 12 Jahre in Westdeutschland.

Lösung:

a) G: Person ist geimpft — A: Person wohnt in den „westlichen" Bundesländern;
$\overline{G}$: Person ist nicht geimpft — $\overline{A}$: Person wohnt in den „östlichen" Bundesländern

Mit diesen Bezeichnungen und einem Baumdiagramm kann eine Vierfeldertafel erstellt werden:

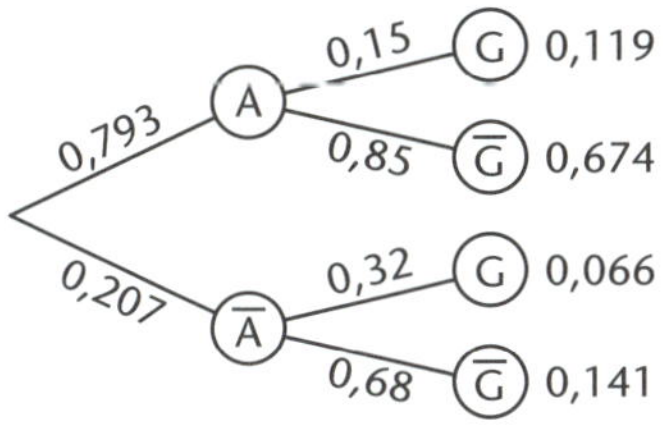

	G	$\overline{G}$	
A	0,119	0,674	0,793
$\overline{A}$	0,066	0,141	0,207
	0,185	0,815	1

Daraus ist abzulesen: $P(G) = 0{,}793 \cdot 0{,}15 + 0{,}207 \cdot 0{,}32 \approx 0{,}185$
Der Anteil der geimpften Personen in der Gesamtbevölkerung beträgt also etwa 18,5 %.
Mit der Vier-Felder-Tafel erhält man das umgekehrte Baumdiagramm:

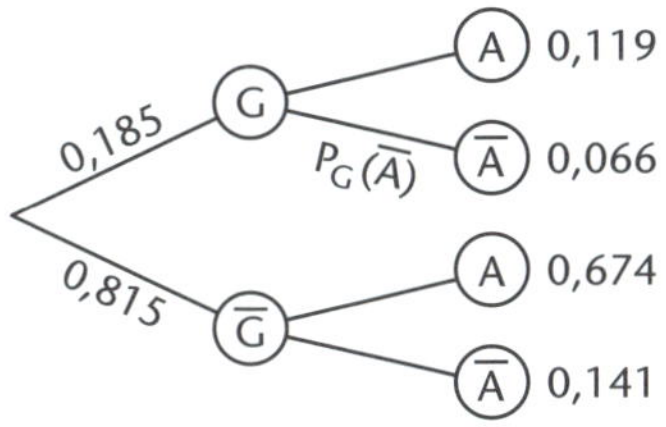

Daraus ist abzulesen: $P_G(\overline{A}) = \frac{P(G \cap \overline{A})}{P(G)} = \frac{0{,}066}{0{,}185} \approx 0{,}357$

Die Person wohnt demnach mit einer Wahrscheinlichkeit von etwa 35,7 % in den „östlichen" Bundesländern.

b) X: Anzahl der geimpften Personen
Die Zufallsgröße X ist binomialverteilt mit n = 12 und p = 0,32.

(1) $P(X = 0) = \binom{12}{0} \cdot 0{,}32^0 \cdot 0{,}68^{12} \approx 0{,}68^{12} \approx 0{,}0098 \approx 1\,\%$

(2) $P(X \leq 2) = P(X = 0) + P(X = 1) + P(X = 2)$
$= 0{,}68^{12} + \binom{12}{1} \cdot 0{,}32 \cdot 0{,}68^{11} + \binom{12}{2} \cdot 0{,}32^2 \cdot 0{,}68^{10} \approx 0{,}2078 \approx 20{,}8\,\%$

(3) $P(9 \leq X \leq 10) = P(X = 9) + P(X = 10)$
$= \binom{12}{9} \cdot 0{,}32^9 \cdot 0{,}68^3 + \binom{12}{10} \cdot 0{,}32^{10} \cdot 0{,}68^2 \approx 0{,}0028 \approx 0{,}3\,\%$

c) Die Zufallsgröße X beschreibt die Anzahl der geimpften Schüler.
Sie ist binomialverteilt mit n = 1030 und p = 0,15.
Als Schätzwert wird der Erwartungswert berechnet zu: $\mu = n \cdot p = 1030 \cdot 0{,}15 = 154{,}5$
Mit der Standardabweichung $\sigma = \sqrt{n \cdot p \cdot (1-p)} \approx 11{,}46$ ist der Radius der gesuchten Umgebung nach den Sigma-Regeln etwa: $1{,}96 \cdot \sigma \approx 22{,}5$
Damit ist das gesuchte Intervall: $[154{,}5 - 22{,}5;\ 154{,}5 + 22{,}5] = [132;\ 177]$

d) Gesucht ist die unbekannte Personenzahl n, die man mindestens auswählen muss.

$P(\text{mind. eine Person ist geimpft}) \geq 0{,}98$

$\Leftrightarrow\ 1 - P(\text{keine Person ist geimpft}) \geq 0{,}98$

$\Leftrightarrow\ 1 - 0{,}85^n \geq 0{,}98$

$\Leftrightarrow\ n \geq \frac{\ln(0{,}02)}{\ln(0{,}85)} \approx 24{,}07$

Also muss man mindestens 25 Personen auswählen.

e) **Hypothesentest:**

$H_0: p \leq 0{,}1$	(Nullhypothese)	$H_1: p > 0{,}1$	(Gegenhypothese)
$\alpha \leq 0{,}05$	(Signifikanzniveau)	$n = 300$	(Stichprobenumfang)

X: Anzahl der erkrankten Personen

Bei wahrer Nullhypothese ist die Zufallsgröße X binomialverteilt mit $n = 300$ und $p = 0{,}1$. Da eine große Anzahl erkrankter Personen gegen die Annahme der Nullhypothese spricht, handelt es sich um einen rechtsseitigen Test.

Alternative 1: Bestimmung des Ablehnungsbereichs mit den Sigma-Regeln:

Für $n = 300$ und $p = 0{,}1$ ist $\mu = n \cdot p = 30$ und $\sigma = \sqrt{n \cdot p \cdot (1 - p)} \approx 5{,}196$.

Da $\mu + 1{,}64 \cdot \sigma \approx 30 + 8{,}5 = 38{,}5$ folgt $P(X \leq 39) > 0{,}95$ („Rundung zur sicheren Seite").

Damit ist der Annahmebereich für die Nullhypothese zu $A = \{0, \ldots, 39\}$ bestimmt.

Die Nullhypothese wird demzufolge abgelehnt, wenn das Stichprobenergebnis im Ablehnungsbereich $K = \{40, \ldots, 300\}$ liegt.

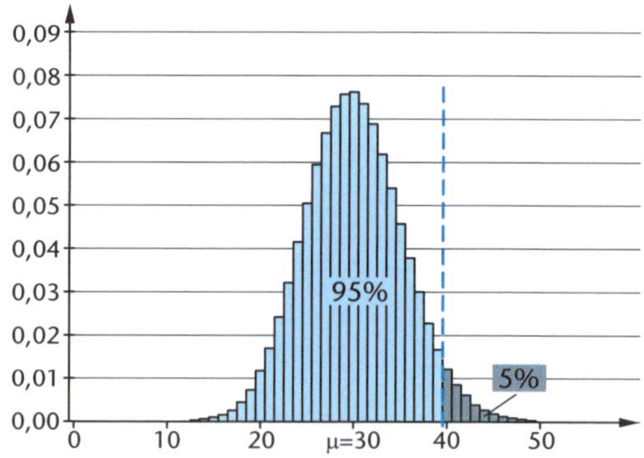

Alternative 2: Bestimmung des Ablehnungsbereichs mit der GAUSS'schen Φ-Funktion:

Da $n \cdot p \cdot (1 - p) = 27 > 9$ kann die Φ-Funktion zur Näherung verwendet werden.

$P(X \geq g) \leq \alpha$ führt mit $\Phi\left(\frac{g - 0{,}5 - 30}{\sqrt{27}}\right) > 0{,}95$ zu $g = 40$ mit $\Phi\left(\frac{40 - 0{,}5 - 30}{\sqrt{27}}\right) \approx 0{,}966$

Ablehnungsbereich: $K = \{40, \ldots, 300\}$ Annahmebereich: $A = \{0, \ldots, 39\}$

Alle weiteren Schlussfolgerungen sind nun wie bei Alternative 1 möglich.

Der Fehler 1. Art (eine wahre Nullhypothese wird irrtümlich verworfen) bedeutet hier, dass man aufgrund einer zufällig ungewöhnlich hohen Zahl erkrankter Personen in der Stichprobe irrtümlicherweise schließt, dass mehr als 10 % der Patienten trotz Impfung an der Grippe erkranken, obwohl dies in Wahrheit nicht stimmt.

Der Fehler 2. Art (eine falsche Nullhypothese wird irrtümlich angenommen) bedeutet hier, dass aufgrund einer mit der Nullhypothese verträglichen Anzahl erkrankter Personen in der Stichprobe irrtümlicherweise schließt, dass höchstens 10 % der Patienten trotz Impfung an der Grippe erkranken, obwohl dies in Wahrheit nicht stimmt.

Wahrscheinlichkeit für den Fehler 1. Art für p = 0,1:
$\alpha = P(40 \leq X \leq 300) = 1 - P(X \leq 39) = 3{,}8\,\%$; nach Näherungsmethode:
$\alpha = 1 - \Phi\left(\frac{39{,}5 - 30}{\sqrt{27}}\right) \approx 3{,}4\,\%$
Wahrscheinlichkeit für den Fehler 2. Art für p = 0,15:
$\beta = P(X \leq 39) = 18{,}8\,\%$; nach der Näherungsmethode:
$\beta = \Phi\left(\frac{39{,}5 - 300 \cdot 0{,}15}{\sqrt{300 \cdot 0{,}15 \cdot 0{,}85}}\right) = \Phi(-0{,}889) \approx 18{,}7\,\%$

f) (1) Da die Umfrage repräsentativ sein sollte, wurden entsprechend dem Anteil an der Gesamtbevölkerung 79,3 % der befragten Personen aus den alten Bundesländern gewählt.
Also $0{,}793 \cdot 1261 = 999{,}973 \approx 1000$.

Für n = 1000 und p = 0,14 ist $\mu = n \cdot p = 140$ und $\sigma = \sqrt{n \cdot p \cdot (1-p)} = 10{,}97$.
Da $\mu - 1{,}96 \cdot \sigma \approx 140 - 21{,}5 = 118{,}5$ und $\mu + 1{,}96 \cdot \sigma \approx 140 + 21{,}5 = 161{,}5$ liegt das Umfrageergebnis von 150 geimpften Personen in der 95 %-Umgebung um den Erwartungswert. Es ist daher auch mit einem Anteil von 14 % verträglich.

(2) **Bestimmung des Konfidenzintervalls:**
Der Ansatz $|X - \mu| \leq c \cdot \sigma$ mit c = 1,96 und X = 150 führt durch Quadrieren zu der quadratischen Ungleichung: $(150 - 1000 \cdot p)^2 \leq 1{,}96^2 \cdot 1000 \cdot p \cdot (1 - p)$
Als Lösungen der entsprechenden Gleichung werden $p_1 \approx 0{,}1292$ und $p_2 \approx 0{,}1735$ berechnet.
Also lautet das gesuchte Konfidenzintervall nach Runden zur sicheren Seite:
[0,130; 0,173]

Aufgabe 18 *Gefährdete Schnarcher*

> **Wer schnarcht, lebt gefährlich**
>
> Über Menschen, die schnarchen, werden oft Witze gemacht. Dabei ist Schnarchen alles andere als eine scherzhafte Angelegenheit. Schnarchen deutet auf eine Verengung der Atemwege hin, die den Betroffenen das Atemholen im Schlaf erschwert. Die typischen Schnarchgeräusche entstehen bei der Anstrengung, durch die verengten Atemwege Luft zu holen. Viele Erwachsene schnarchen im Schlaf. In den meisten Fällen ist keine Behandlung erforderlich, da Schnarchen an sich keine Gefahr für die Gesundheit darstellt. Lautes und unregelmäßiges Schnarchen allerdings könnte ein Hinweis auf das Vorliegen der obstruktiven Schlafapnoe (OSA) sein, eine potentiell lebensbedrohliche Erkrankung, die bei ca. 5 % der erwachsenen Bevölkerung auftritt. Das laute und unregelmäßige Schnarchen tritt jedoch nicht bei allen sondern „nur" bei 80 % der OSA-Kranken auf; andererseits stellt man auch bei 40 % der nicht an OSA erkrankten Personen fest, dass sie im Schlaf laut und unregelmäßig schnarchen.

a) Stellen Sie die Informationen aus dem o.a. Zeitungstext hinsichtlich der Merkmale „OSA-Erkrankung" und „lautes und unregelmäßiges Schnarchen" mithilfe eines Baumdiagramms dar. I2

b) In der medizinischen Fachliteratur werden häufig die Begriffe „Sensitivität" und „Spezifität" verwendet. Unter der Sensitivität eines Testverfahrens versteht man dabei die Wahrscheinlichkeit, dass bei vorliegender Infektion eine Reaktion erfolgt (oder wie man in der Medizin sagt: ein positives Testergebnis vorliegt), unter der Spezifität eines Testverfahren die Wahrscheinlichkeit, dass bei nicht vorliegender Infektion keine Reaktion erfolgt (negatives Testergebnis).
Wie lassen sich die Informationen des o. a. Textes unter Verwendung der Begriffe „Sensitivität" und „Spezifität" beschreiben?

c) Geben Sie an, wie groß der Anteil der Erwachsenen ist, die dazu neigen, im Schlaf laut und unregelmäßig zu schnarchen? Wie groß ist der Anteil der OSA-Kranken unter diesen? Gibt es unter den Personen, die im Schlaf nicht laut und unregelmäßig schnarchen auch OSA-Kranke? I3
Fassen Sie die Antworten auf diese drei Fragen in einem kurzen Zeitungsartikel zusammen und nehmen Sie dann zur Überschrift des o. a. Zeitungsartikels Stellung. I4

d) Zwanzig Erwachsene werden zufällig ausgewählt. Mit welcher Wahrscheinlichkeit sind in der Stichprobe kein, ein, mehr als ein OSA-Erkrankter? J3

e) Die Information, dass 5 % der erwachsenen Bevölkerung an OSA erkrankt ist, stammt aus früheren Erhebungen. Wenn man den Anteil erneut mit einer Genauigkeit von einem Prozentpunkt bestimmen will, wie groß sollte dann der Stichprobenumfang gewählt werden? (Sicherheitswahrscheinlichkeit 95 %) K2

f) Außer allgemeinen Maßnahmen wie Gewichtsreduktion und Verzicht auf Alkohol vor dem Schlafengehen wird als Therapie eine Behandlung mit einer speziellen Kieferschiene vorgeschlagen: Eine Plastikschiene mit Metall wird vom Kieferorthopäden angepasst und in der Nacht auf den Unterkiefer gesetzt, der damit vorverlagert wird; die Atemwege werden hierdurch besser offen gehalten. Diese Methode ist bei etwa 50 % der Patienten erfolgreich. Die Weiterentwicklung einer solchen Kieferschiene hat nach Meinung seiner Erfinder eine noch höhere

Erfolgsquote; dies soll in einem Doppelblindtest* bei jeweils 140 OSA-Patienten erprobt werden.

(1) Bei welchen Versuchsergebnissen würde man die Behauptung der Erfinder als bestätigt ansehen? Formulieren Sie eine geeignete Hypothese und die zugehörige Entscheidungsregel (Irrtumswahrscheinlichkeit 5 %). K6

(2) Beschreiben Sie die Auswirkungen von Fehlern 1. und 2. Art. K4

(3) Mit welcher Wahrscheinlichkeit würde die neue Schiene höchstens für genauso gut gehalten wie der bisherige Typ, obwohl die neue Schiene bei 55 % der Patienten erfolgreich wäre? K4

Lösung:

a) O: OSA-erkrankte Person, $\overline{O}$: nicht an OSA erkrankte Person
S: „Schnarcher" (laut und unregelmäßig), $\overline{S}$: kein „Schnarcher"
Mit diesen Bezeichnungen ergeben sich aus dem Zeitungstext folgende Informationen, die sich auch in eine Vierfeldertafel (rechts) eintragen lassen (die Pfad-Wahrscheinlichkeiten ergeben die inneren Felder der Tafel):

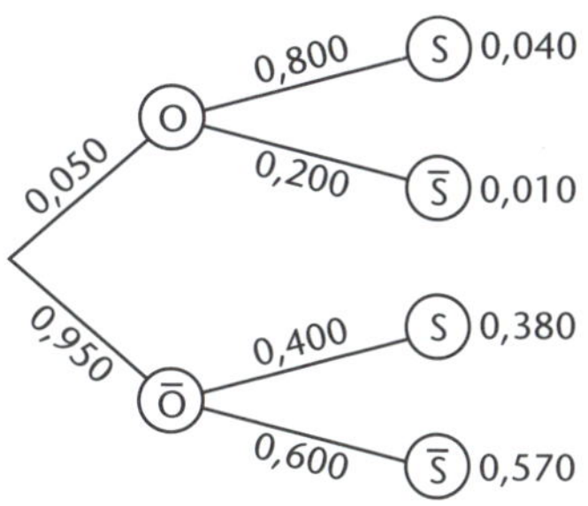

	O	$\overline{O}$	gesamt
S	0,040	0,380	0,420
$\overline{S}$	0,010	0,570	0,580
gesamt	0,050	0,950	1

b) Das Merkmal des lauten und unregelmäßigen Schnarchens hat eine Sensitivität von 80 % (80 % der tatsächlich Erkrankten schnarchen „laut und unregelmäßig") und eine Spezifität von 60 % (60 % der nicht Erkrankten schnarchen nicht „laut und regelmäßig")

c) Aus der Vierfeldertafel oder unmittelbar aus dem Baumdiagramm oben lesen wir ab:

Anteil der Erwachsenen, die dazu neigen, im Schlaf laut und unregelmäßig zu schnarchen $= P(S) = P(O) \cdot P_O(S) + P(\overline{O}) \cdot P_{\overline{O}}(S) = 0{,}050 \cdot 0{,}800 + 0{,}950 \cdot 0{,}400$
$= 0{,}040 + 0{,}380 = 0{,}420$

Anteil der OSA-Kranken unter den „Schnarchern" $= P_S(O) = \frac{P(O \cap S)}{P(S)} = \frac{0{,}040}{0{,}420} \approx 0{,}095$

Anteil der OSA-Kranken unter den „Nicht-Schnarchern"
$= P_{\overline{S}}(O) = \frac{P(O \cap \overline{S})}{P(\overline{S})} = \frac{0{,}010}{0{,}580} \approx 0{,}017$

Diese Wahrscheinlichkeiten (Anteile) können auch aus dem umgekehrten Baumdiagramm abgelesen werden.

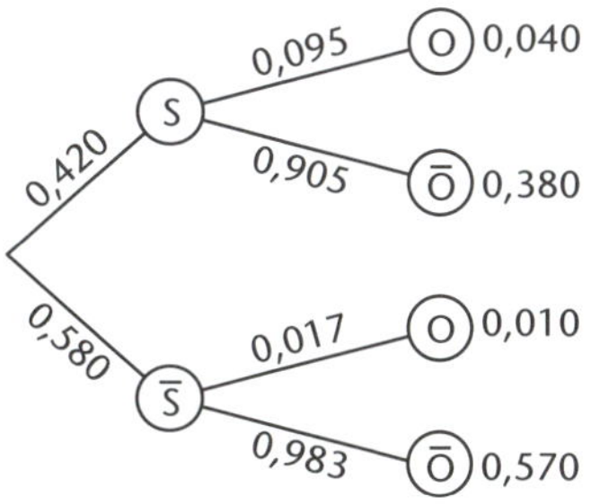

* Doppelblindtest: Weder die Patienten noch die behandelnden Ärzte wissen, welcher Typ Kieferschiene welchem Patienten gegeben wird.

Etwa 42 % der Erwachsenen neigen dazu, im Schlaf laut und unregelmäßig zu schnarchen; von diesen muss etwa jeder Zehnte (9,5 %) davon ausgehen, dass er/sie an OSA erkrankt ist. Aber auch unter den Personen, die nicht laut und unregelmäßig schnarchen, gibt es Personen, die an OSA erkrankt sind; der Anteil beträgt allerdings nur etwa 1,7 %. Diese Informationen relativieren also die Überschrift des Presseartikels. Die Aussage „Wer schnarcht, lebt gefährlich" klingt allgemeingültig, trifft aber nur auf 10 % der Betroffenen zu.

d) Binomialansatz möglich, da Stichprobe klein im Vergleich zur Gesamtheit.
X: Anzahl der OSA-Kranken; $p = 0{,}05$; $n = 20$
$P(X = 0) = \text{binompdf}(20,\ 0.05,\ 0) = 0{,}358$; $P(X = 1) = \text{binompdf}(20,\ 0.05,\ 1) = 0{,}377$;
$P(X > 1) = 1 - \text{binomcdf}(20,\ 0.05,\ 1) = 0{,}264$

e) Mit einer Wahrscheinlichkeit von etwa 95 % unterscheidet sich das Ergebnis einer Stichprobe (relative Häufigkeit einer Merkmalsausprägung) von der dem Zufallsversuch zugrunde liegenden Wahrscheinlichkeit um höchstens $1{,}96\frac{\sigma}{n}$. Wenn diese Abweichung höchstens 1 Prozentpunkt betragen soll, muss die Ungleichung
$1{,}96 \cdot \sqrt{\frac{p(1-p)}{n}} \le 0{,}01$ erfüllt werden.
Für $p \approx 0{,}05$ ergibt sich:
$$1{,}96 \cdot \sqrt{\frac{0{,}05 \cdot 0{,}95}{n}} \le 0{,}01 \Leftrightarrow 1{,}96^2 \cdot \frac{0{,}05 \cdot 0{,}95}{n} \le 0{,}01^2 \Leftrightarrow 1{,}96^2 \cdot \frac{0{,}05 \cdot 0{,}95}{0{,}01^2} \le n \Leftrightarrow n \ge 1824{,}8$$
Ein Stichprobenumfang von mindestens 1825 sollte gewählt werden.

f) (1) Einseitiger Hypothesentest: Wenn $p > 0{,}5$ statistisch „nachgewiesen" werden soll, müssen in der Stichprobe signifikante Abweichungen dazu führen, dass die Hypothese $p \le 0{,}5$ verworfen werden kann.
Ansatz: Die neue Kiefernschiene hat eine Erfolgsquote von höchstens 50 %. Von dieser kritischen Einschätzung sind wir nur bereit abzugehen, wenn in der Stichprobe vom Umfang $n = 140$ eine signifikant große Anzahl von geheilten OSA-Patienten gefunden wird.
Für $p = 0{,}5$ und $n = 140$ ergibt sich $\mu + 1{,}64\sigma = 79{,}7$ [für $p < 0{,}5$ gilt sogar $\mu + 1{,}64\sigma < 79{,}7$]
Entscheidungsregel: Verwirf $p \le 0{,}5$, falls $X > 79$.
Annahmebereich der Hypothese: $X \le 79$
Die neuartige Methode würde als bestätigt angesehen, wenn in der Stichprobe 80 oder mehr Patienten geheilt würden.

(2) Fehler 1. Art: Das Stichprobenergebnis liegt im Verwerfungsbereich der Hypothese $p \le 0{,}5$ (also $X > 80$), obwohl die tatsächliche Erfolgswahrscheinlichkeit kleiner ist als 50 %, d. h. Die neue Methode ist nicht besser, zufällig tritt aber ein signifikant großes Ergebnis in der Stichprobe auf, was dazu führt, dass die neue Kiefernschiene eingeführt wird.
Fehler 2. Art: Das Stichprobenergebnis liegt im Annahmebereich der Hypothese $p \le 0{,}5$ (also $X \le 79$), d. h. Die neue Methode ist besser; dies wird aber nicht erkannt, weil das Stichprobenergebnis zufällig im Annahmebereich der Hypothese liegt. Ein medizinischer Fortschritt findet deshalb nicht statt.

(3) Gesucht ist die Wahrscheinlichkeit, dass das Stichprobenergebnis im Annahmebereich $X \le 79$ liegt, obwohl $p = 0{,}55$:
$P_{p=0{,}55}(X \le 79) = \text{binomcdf}(140,\ 0.55,\ 79) \approx 0{,}664$
Die Wahrscheinlichkeit für diesen Fehler 2. Art beträgt etwa 66 %.

Aufgabe 19 *Haushaltsgrößen in Deutschland*

Die nebenstehende Grafik veranschaulicht die Entwicklung der Haushaltsgrößen in Deutschland.

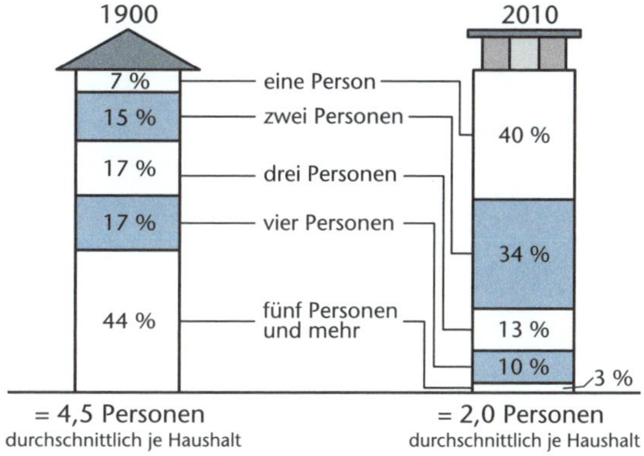

a) Unter den beiden Bildern der Grafik sind jeweils die durchschnittlichen Haushaltsgrößen angegeben. Erläutern Sie, *wie* man diese Durchschnittswerte berechnet. Führen Sie selbst diese Rechnung aus und begründen Sie, warum bei der Mittelwertbildung für 1900 Ihr Ergebnis vom angegebenen Durchschnittswert abweicht. J1

b) Laut Veröffentlichung des Statistischen Bundesamts befinden sich 64 % aller Haushalte in Deutschland in Gemeinden mit weniger als 100 000 Einwohnern; in diesen kleinen und mittelgroßen Gemeinden beträgt der Anteil der 1-Personen-Haushalte nur 35 %. I3 I4

(1) Stellen Sie diese Information auf dem Hintergrund der oben stehenden Grafik in einer Vierfeldertafel mit relativen Häufigkeiten zusammen.
(2) Entwickeln Sie hieraus die beiden zugehörigen Baumdiagramme und geben Sie die in den Baumdiagrammen enthaltenen Informationen in Worten wieder.

Angenommen, aus der Gesamtheit aller Haushalte in Deutschland wäre im Jahr 2010 zufällig ein Haushalt ausgewählt worden.

(3) Bestimmen Sie die Wahrscheinlichkeit, dass es sich um einen Mehrpersonen-Haushalt handelt, wenn bekannt ist, dass der Haushalt in einer Großstadt (mindestens 100 000 Einwohner) liegt.
(4) Bestimmen Sie die Wahrscheinlichkeit, dass es sich um einen Haushalt in einer Großstadt handelt, wenn bekannt ist, dass darin nur eine Person lebt.

Für die folgende Rechnungen sei angenommen, dass die Angaben für das Jahr 2010 auch heute noch gültig sind. Für eine Stichprobe werden n Haushalte zufällig ausgewählt.

c) Bestimmen Sie die Wahrscheinlichkeit, dass bei einer Auswahl von n = 3 Haushalten I2

(1) in allen drei ausgewählten Haushalten höchstens zwei Personen leben,
(2) unter den drei Haushalten mindestens ein 3-Personen-Haushalt ist,
(3) je ein Haushalt mit einer Person, mit zwei Personen und drei Personen erfasst wird.

d) Bestimmen Sie die Wahrscheinlichkeit, dass bei einer Auswahl von n = 100 Haushalten J3

(1) genau 40
(2) mehr als 35
(3) mindestens 38, höchstens 45

1-Personen-Haushalte erfasst sind.

e) Bei einer Stichprobe mit n = 50 Haushalten sind zufällig lauter Haushalte mit weniger als fünf Personen erfasst. Bestimmen Sie die Wahrscheinlichkeit für ein solches Ereignis. J3

f) Bestimmen Sie, welchen Mindestumfang eine Stichprobe haben muss, damit mit einer Wahrscheinlichkeit von mindestens 90 % unter den ausgewählten Haushalten mindestens ein Haushalt mit mindestens fünf Personen ist? J5

g) Für eine Verbraucher-Befragung wird eine Stichprobe vom Umfang n = 600 genommen. Ermitteln Sie ein symmetrisches Intervall, in dem mit einer Wahrscheinlichkeit von ca. 95 % die Anzahl der 2-Personen-Haushalte liegen wird. J6

h) Aufgrund von detaillierteren Untersuchungen weiß man, dass die Verteilung der Haushaltsgrößen regional sehr unterschiedlich ist. Der Bürgermeister einer Kleinstadt vermutet, dass in seiner Gemeinde der Anteil der 1-Personen-Haushalte (der bundesweit bei den kleinen und mittleren Gemeinden 35 % beträgt, vgl. Teilaufgabe b)) signifikant größer ist als in den übrigen Gemeinden mit einer Einwohnerzahl unter 100 000. Wenn der Bürgermeister Recht hat mit seiner Vermutung, dann hat dies Auswirkungen auf die zukünftige Wohnungsbaupolitik der Gemeinde. K6
Da man sich hinsichtlich der tatsächlichen Situation in den Haushalten nicht allein auf die Informationen verlassen kann, die den Einwohnermeldeämtern zur Verfügung stehen, möchte er dies mithilfe eines *statistischen Beweises* belegen. Aufgrund der Haushaltssituation ist nur eine Stichprobe in n = 250 Haushalten möglich.

(1) Erläutern Sie die prinzipielle Vorgehensweise für ein solches Testverfahren.
(2) Bestimmen Sie eine Entscheidungsregel auf dem 90 %-Niveau.
(3) Beschreiben Sie die Auswirkungen eines Fehlers 1. bzw. 2. Art in dieser Sachsituation. K4
(4) Berechnen Sie die Wahrscheinlichkeit für einen Fehler 2. Art, wenn der tatsächliche Anteil an 1-Personen-Haushalten in der Gemeinde 45 % beträgt.

Lösung:

a) Die Berechnung des Mittelwerts einer Häufigkeitsverteilung erfolgt analog zur Berechnung des Erwartungswerts einer Wahrscheinlichkeitsverteilung. Am einfachsten ist es, wenn man eine Tabelle anlegt und so das gewichtete Mittel der Merkmalswerte *Anzahl der Personen* berechnet:

1990		
Anzahl der Personen	**Anteil**	**Produkt**
1	0,07	0,07
2	0,15	0,30
3	0,17	0,51
4	0,17	0,68
≥ 5	0,44	≥ 2,20
Summe		≥ 3,76

2010		
Anzahl der Personen	**Anteil**	**Produkt**
1	0,40	0,40
2	0,34	0,68
3	0,13	0,39
4	0,10	0,40
≥ 5	0,03	≥ 0,15
Summe		2,02

Da die Angabe für den Anteil der Haushalte mit mindestens 5 Personen für das Jahr 1900 wenig differenziert ist („≥ 5" bedeutet 5, 6, 7, ...), muss die Rechnung mit dem kleinsten der Werte durchgeführt werden; daher wird man nicht den Mittelwert selbst, sondern eine Abschätzung des Mittelwerts nach unten erhalten. Teilt man die Anteile für *mindestens 5 Personen* weiter auf, dann kommt man zu einem weniger stark abweichenden Mittelwert, siehe z. B. nebenstehende Tabelle.

Anzahl der Personen	Anteil	Produkt
1	0,07	0,07
2	0,15	0,30
3	0,17	0,51
4	0,17	0,68
5	0,16	0,80
6	0,12	0,72
7	0,08	0,56
≥8	0,08	≥0,64
Summe		≥4,28

Alternativ kann man so rechnen:
$1 \cdot 0{,}07 + 2 \cdot 0{,}15 + 3 \cdot 0{,}17 + 4 \cdot 0{,}17 + x \cdot 0{,}44 = 4{,}5 \Leftrightarrow 0{,}44\,x = 2{,}94 \Leftrightarrow x = 6{,}7$;
dann könnte man so argumentieren: Die 44 % beziehen sich auf ein Intervall, das die Werte 5, 6, 7, 8, ... enthält. Die relativen Häufigkeiten, mit denen diese Werte auftreten, müssen so verteilt sein, dass sich der Mittelwert 6,7 ergibt.

b) (1) Aus der Grafik entnimmt man die Angabe 40 % und komplementär 60 % als Zeilensummen, aus dem Text von Teilaufgabe b) die Spaltensumme 64 % und komplementär 36 %. Die restlichen Daten (blau) ergeben sich durch Ergänzungen innerhalb der Tabelle:

		Gemeindetyp		
		Großstädte (G)	**andere Gemeinden (K)**	**gesamt**
Haushaltstyp	**1-Personen-haushalte (E)**	0,176	35 % von 64 % = 0,224	0,40
Haushaltstyp	**Mehr-Personen-haushalte (M)**	0,184	0,416	0,60
gesamt		0,36	0,64	1

(2) Durch Quotientenbildung innerhalb der Zeilen bzw. Spalten ergeben sich die beiden zugehörigen Baumdiagramme:

40 % der Haushalte in Deutschland sind 1-Personen-Haushalte, davon liegen ca. 44 % in Großstädten; dagegen liegen nur ca. 31 % aller Mehr-Personen-Haushalte in diesen Gemeinden mit mindestens 100 000 Einwohnern.

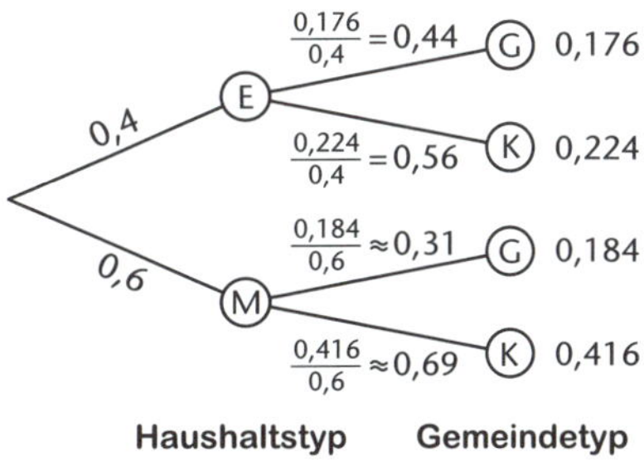

Ca. 36 % der Haushalte in Deutschland liegen in Großstädten, davon sind ca. 49 % 1-Personen-Haushalte; dagegen beträgt in den Gemeinden unter 100 000 Einwohnern der Anteil der 1-Personen-Haushalte nur ca. 35 %.

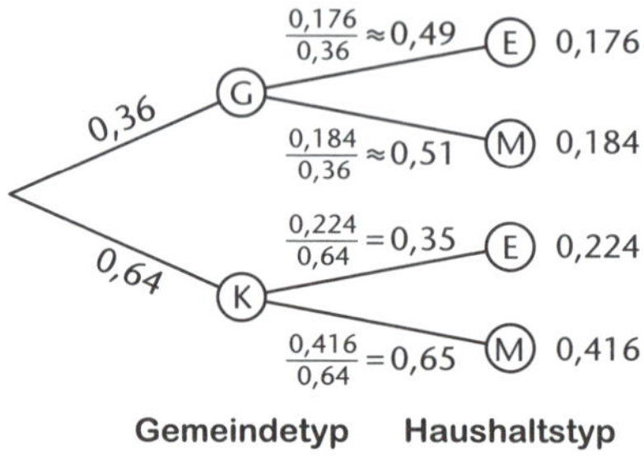

(3) Die Wahrscheinlichkeit, dass es sich um einen Mehrpersonen-Haushalt handelt, wenn bekannt ist, dass der Haushalt in einer Großstadt (mindestens 100 000 Einwohner) liegt, beträgt ca. 51 %: $P_G(M) \approx 0{,}51$ (vgl. 2. Baumdiagramm).

(4) Die Wahrscheinlichkeit, dass es sich um einen Haushalt in einer Großstadt handelt, wenn bekannt ist, dass darin nur eine Person lebt, beträgt ca. 44 %: $P_E(G) = 0{,}44$ (vgl. 1. Baumdiagramm).

c) (1) Die Wahrscheinlichkeit, dass in *einem* zufällig ausgewählten Haushalt höchstens zwei Personen leben, beträgt laut Grafik ca. 74 %. Daher ist die Wahrscheinlichkeit, dass in allen drei zufällig ausgewählten Haushalten eine oder zwei Personen leben, nach Pfadmultiplikationsregel gleich $0{,}74^3 \approx 0{,}405 = 40{,}5\,\%$.

(2) Das Ereignis *Unter den drei Haushalten ist mindestens ein 3-Personen-Haushalt* ist das Gegenereignis zu *Unter den drei Haushalten ist kein 3-Personen-Haushalt*. Die Wahrscheinlichkeit, dass in einem zufällig ausgewählten Haushalt drei Personen leben, beträgt laut Grafik 13 %. Die gesuchte Wahrscheinlichkeit berechnet sich also nach Komplementärregel und Pfadmultiplikationsregel zu
$1 - 0{,}87^3 \approx 1 - 0{,}659 = 0{,}341 = 34{,}1\,\%$.

(3) Nach Pfadmultiplikationsregel ergibt sich für ein Ergebnis EZD (*Haushalt mit einer Person, mit zwei Personen und drei Personen,* in dieser Reihenfolge) die Wahrscheinlichkeit $0{,}4 \cdot 0{,}34 \cdot 0{,}13$. Da aber keine Reihenfolge vorgegeben ist, handelt es sich um ein Ereignis mit sechs gleichwahrscheinlichen Ergebnissen (EZD, EDZ, ZED, ZDE, DEZ, DZE), also $6 \cdot 0{,}4 \cdot 0{,}34 \cdot 0{,}13 \approx 0{,}106 = 10{,}6\,\%$.

d) Da man sich auf die Betrachtung nur eines Ergebnisses beschränkt, liegt hier eine binomialverteilte Zufallsgröße X: *Anzahl der 1-Personen-Haushalte in einem 100-stufigen Bernoulli-Versuch mit Erfolgswahrscheinlichkeit p = 0,4* vor:
(1) $P(X = 40) = 0{,}0812$ (2) $P(X > 35) = 1 - P(X \le 35) = 1 - 0{,}179 = 0{,}821$
(3) $P(38 \le X \le 45) = P(X \le 45) - P(X \le 37) = 0{,}869 - 0{,}307 = 0{,}562$

e) Hier wird die Zufallsgröße X: *Anzahl der Haushalte mit weniger als fünf Personen in einem 50-stufigen Bernoulli-Versuch mit p = 0,97* betrachtet: $P(X = 50) = 0{,}97^{50} = 0{,}218$.

f) Hier wird die Zufallsgröße X: *Anzahl der Haushalte mit mindestens fünf Personen in einem n-stufigen Bernoulli-Versuch mit p = 0,03* betrachtet: Das Ereignis *Mindestens ein Haushalt mit mindestens fünf Personen* hat die Wahrscheinlichkeit
$P(X \ge 1) = 1 - P(X = 0) = 1 - 0{,}97^n$.
Für diese Wahrscheinlichkeit so gelten: $P(X \ge 1) \ge 0{,}90$, also
$1 - 0{,}97^n \ge 0{,}9 \Leftrightarrow 0{,}97^n \le 0{,}1 \Leftrightarrow n \cdot \log(0{,}97) \le \log(0{,}1) \Leftrightarrow n \ge 75{,}6 \Leftrightarrow n \ge 76$.
Es ist also eine Stichprobe mit mindestens einem Stichprobenumfang von n = 76 notwendig, damit man in dieser mindestens einen Haushalt findet, in dem fünf oder mehr Personen leben.

g) X: *Anzahl der 2-Personen-Haushalte in einer Stichprobe vom Umfang n = 600*
$p = 0{,}34$; $\mu = 0{,}34 \cdot 600 = 204$; $\sigma = \sqrt{600 \cdot 0{,}34 \cdot 0{,}66} = \sqrt{134{,}64} \approx 11{,}60$,
95 %-Umgebung von μ: $\mu - 1{,}96\sigma \approx 181{,}3$; $\mu + 1{,}96\sigma \approx 226{,}7$.
Also gilt: $P(181 \le X \le 227) \approx 0{,}95$ (nach der sicheren Seite gerundet).
Exakte Rechnung: $P(181 \le X \le 227) = 0{,}957$; $P(182 \le X \le 226) = 0{,}948$.

h) (1) Bei einem statistischen Beweis wählt man das logische Gegenteil dessen, was man „beweisen" möchte, als zu testende Hypothese aus. Wenn man dann in der Stichprobe eine signifikante Abweichung findet, sieht man sich veranlasst, daran zu zweifeln, ob die getestete Erfolgswahrscheinlichkeit tatsächlich der Stichprobe zugrunde liegt, sodass man zukünftig das Gegenteil der getesteten Hypothese als richtig ansehen darf.

(2) Hier vermutet der Bürgermeister, dass der Anteil der 1-Personen-Haushalte in seiner Gemeinde größer ist als 35 %. Um dies statistisch zu beweisen, muss er die Hypothese H_0: $p \le 0{,}35$ testen. Für $n = 250$ und $p = 0{,}35$ ist $\mu = 250 \cdot 0{,}35 = 87{,}5$ und $\sigma = \sqrt{250 \cdot 0{,}35 \cdot 0{,}65} = \sqrt{56{,}875} \approx 7{,}54$.
Falls $p = 0{,}35$ ist, treten Stichprobenergebnisse oberhalb von $\mu + 1{,}28\sigma$ nur mit einer Wahrscheinlichkeit von ca. 90 % auf; hier ist $\mu + 1{,}28\sigma \approx 97{,}2$.
Für $p = 0{,}35$ gilt also:
$P(X > 97) \approx 0{,}10$ [exakte Berechnung liefert: $P(X > 97) = 0{,}093$].
Für $p < 0{,}35$ liegt der Wert von $\mu + 1{,}28\sigma$ unterhalb von 97,2 und es gilt erst recht $P(X > 97) < 0{,}10$.
Entscheidungsregel: *Verwirf die Hypothese $p \le 0{,}35$, falls in der Stichprobe von $n = 250$ zufällig ausgewählten Haushalten mehr als 97 1-Personen-Haushalte sind.*
Annahmebereich der Hypothese: $A = \{0, 1, \ldots, 97\}$;
Verwerfungsbereich der Hypothese: $V = \{98, 99, \ldots, 250\}$.

(3) Bei einem Fehler 1. Art würde die Hypothese $p \le 0{,}35$ verworfen, obwohl sie zutrifft, d. h., der Bürgermeister fühlt sich in seiner Vermutung bestätigt, dass seine Gemeinde einen deutlich höheren Anteil an 1-Personen-Haushalten hat als es dem Bundesdurchschnitt entspricht, dies ist aber nicht zutreffend.
Bei einem Fehler 2. Art würde die Hypothese $p \le 0{,}35$ nicht verworfen, obwohl sie falsch ist, d. h., der Bürgermeister hätte mit seiner Vermutung recht, aber dies wird durch die Stichprobe nicht bestätigt.

(4) Zu berechnen ist die Wahrscheinlichkeit für einen Fehler 2. Art, wenn das wahre p, das der Stichprobe zugrunde liegt, 45 % beträgt:
$P_{p = 0,45}(A) = P_{p = 0,45}(X \le 97) = 0{,}028 = 2{,}8\,\%$.
Die Wahrscheinlichkeit für einen Fehler 2. Art ist also nur gering, falls der tatsächliche Anteil der 1-Personen-Haushalte in der Gemeinde gleich 45 % ist.

Aufgabe 20 *Würfeln mit dem Ikosaeder*

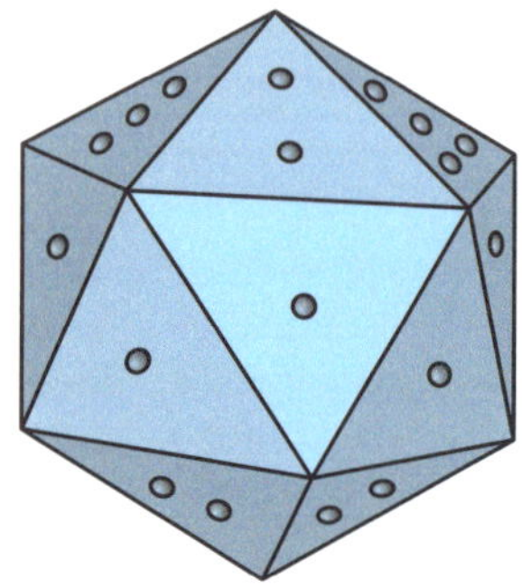

Ein Ikosaeder ist ein regelmäßiger Körper mit 20 kongruenten, gleichseitigen Dreiecken als Außenflächen.

In der Form eines solchen Ikosaeders wurde ein Würfel hergestellt.
Dabei wurden auf 8 der Außenflächen *ein Auge* aufgemalt, auf 6 Flächen *zwei Augen*, auf 4 Flächen *drei Augen* und auf 2 Flächen *vier Augen*.

Im Folgenden werden Würfelexperimente mit diesem Würfel betrachtet.

a) Berechnen Sie die Wahrscheinlichkeit, dass bei 100 Würfen
   (1) mindestens 15- und höchstens 24-mal die „Augenzahl drei" fällt;
   (2) mehr als 45-mal die „Augenzahl eins" fällt;
   (3) mindestens 90-mal eine „Augenzahl kleiner als vier" fällt. J3

b) Bestimmen Sie, wie oft man den Würfel mindestens werfen muss, damit mit einer Wahrscheinlichkeit von mindestens 95% mindestens einmal die „Augenzahl vier" fällt. J5

c) Ein Freund bietet Ihnen folgendes Spiel an: Sie zahlen vor jedem Wurf mit dem Würfel 0,50 € an den Freund. Fällt die „Augenzahl eins", so geht ihr Einsatz verloren. Fällt die „Augenzahl zwei", so erhalten Sie Ihren Einsatz zurück. Fällt die „Augenzahl drei", so erhalten Sie 1 €. Fällt die „Augenzahl vier", so erhalten Sie 2 €. J2

   (1) Untersuchen Sie, ob das Spiel fair ist.
   (2) Die Auszahlung für den Fall, dass die „Augenzahl vier" fällt, soll nun so verändert werden, dass das Spiel fair ist. Die restlichen Auszahlungen bleiben unverändert. Berechnen Sie die neue Auszahlung.

d) Jemand hat die Vermutung, dass in eines der Felder mit zwei Augen ein weiteres Auge eingezeichnet wurde, möchte aber sein Misstrauen nicht zeigen und den Ikosaeder-Würfel vor aller Augen kontrollieren. Bei 400 Würfen sind 96-mal drei Augen gefallen. Ist der Ikosaeder-Würfel tatsächlich manipuliert worden (so wie oben beschrieben)?

   (1) Untersuchen Sie die Behauptung in der Art eines Hypothesentests mit dem Signifikanzniveau von 10 % und geben Sie eine begründete Entscheidung an. K3 K6
   (2) Ermitteln Sie aufgrund des beschriebenen Experimentes ein Vertrauensintervall zur Vertrauenszahl $\gamma = 0{,}9$ für die Wahrscheinlichkeit, mit der bei dem vorliegenden Ikosaeder drei Augen fallen. N2

e) Ein weiterer Würfel in der Form eines Ikosaders ist mit den Zahlen 1 bis 20 beschriftet.

   (1) Berechnen Sie die Wahrscheinlichkeit, dass bei drei Würfen mit diesem Würfel lauter verschiedene Zahlen fallen.
   (2) Berechnen Sie die Wahrscheinlichkeit, dass beim 4-maligen Würfeln mindestens zweimal dieselbe Zahl fällt.
   (3) Untersuchen Sie, ab welcher Anzahl an Würfen es sich lohnt darauf zu wetten, dass mindestens zweimal dieselbe Zahl fällt. I2

Lösung:

a) (1) X: Anzahl der Würfe mit „Augenzahl drei"
Die Zufallsgröße X ist binomialverteilt mit $n = 100$ und $p = \frac{4}{20} = 0{,}2$.
$P(15 \leq X \leq 24) = P(X \leq 24) - P(X \leq 14) = 0{,}788 = 78{,}8\,\%$

(2) X: Anzahl der Würfe mit „Augenzahl eins"
Die Zufallsgröße X ist binomialverteilt mit $n = 100$ und $p = \frac{8}{20} = 0{,}4$.
$P(X > 45) = 1 - P(X \leq 45) \approx 0{,}131 = 13{,}1\,\%$

(3) X: Anzahl der Würfe mit „Augenzahl eins oder zwei oder drei"
Die Zufallsgröße X ist binomialverteilt mit $n = 100$ und $p = \frac{18}{20} = 0{,}9$.
$P(X \geq 90) = 1 - P(X \leq 89) \approx 0{,}583 = 58{,}3\,\%$

b) Gesucht ist die Anzahl der Würfe n.

$$P(\text{mind. einmal „Augenzahl vier"}) \geq 0{,}95$$
$$\Leftrightarrow 1 - P(\text{keinmal „Augenzahl vier"}) \geq 0{,}95$$
$$\Leftrightarrow 1 - 0{,}9^n \geq 0{,}95$$
$$\Leftrightarrow 0{,}9^n \geq 0{,}05$$
$$\Leftrightarrow n \geq \frac{\ln(0{,}05)}{\ln(0{,}9)} \approx 28{,}4$$

Also muss man den Würfel mindestens 29-mal werfen.

c) (1) Das Spiel ist fair, falls der Erwartungswert der Zufallsgröße „Gewinn" 0 € beträgt. Dann wird auf lange Sicht der an den Freund gezahlte Einsatz gleich dem ausgezahlten Betrag sein. Zu beachten ist dabei, dass der Gewinn stets um 0,50 € unter dem ausgezahlten Betrag liegt:

Augenzahl	1	2	3	4
Gewinn	−0,50 €	0 €	0,50 €	1,50 €
Wahrscheinlichkeit	0,4	0,3	0,2	0,1

Mit den aus der Tabelle entnommenen Werten beträgt der Erwartungswert μ der Zufallsgröße „Gewinn":
$\mu = -0{,}50\,€ \cdot 0{,}4 + 0\,€ \cdot 0{,}3 + 0{,}50\,€ \cdot 0{,}2 + 1{,}50\,€ \cdot 0{,}1 = 0{,}05\,€$
Das Spiel ist also nicht fair. Sie erhalten auf lange Sicht einen Gewinn von 0,05 € pro Spiel.

(2) Bezeichnet man die neue Auszahlung für den Fall „Augenzahl vier" mit x, so beträgt der Gewinn in diesem Fall $x - 0{,}50\,€$.

Augenzahl	1	2	3	4
Gewinn	−0,50 €	0 €	0,50 €	x − 0,50 €
Wahrscheinlichkeit	0,4	0,3	0,2	0,1

Da nun der Erwartungswert gleich Null sein muss, ergibt sich die folgende Gleichung:
$-0{,}50\,€ \cdot 0{,}4 + 0\,€ \cdot 0{,}3 + 0{,}50\,€ \cdot 0{,}2 + (x - 0{,}50\,€) \cdot 0{,}1 = 0$
Durch Auflösen der Gleichung nach x erhält man: $x = 1{,}50\,€$
Also muss die Auszahlung für den Fall „Augenzahl vier" auf 1,50 € gesenkt werden (d. h. der Gewinn ist dann 1,00 €), damit das Spiel fair ist.
Hinweis: Statt der Zufallsgröße „Gewinn" kann auch die Zufallsgröße „Auszahlung" betrachtet werden. Der Erwartungswert der Auszahlung muss bei einer fairen Spielregel gleich dem Einsatz sein. Im Falle von (2) wird die Rechnung etwas leichter.

d) (1) Ansatz zum Hypothesentest: Man geht von der Information aus, dass auf vier der 20 Dreiecke der Oberfläche drei Punkte eingezeichnet sind, d. h. $p = 0{,}2$. Diesen Ansatz wird man als falsch ansehen, wenn ein signifikantes Stichprobenergebnis vorliegt.

X: Anzahl der Würfe mit „Augenzahl drei"; $\alpha \leq 0{,}1$; $n = 400$

Alternative 1: Bestimmung des Ablehnungsbereichs mit den Sigma-Regeln:
Für $n = 400$ und $p = 0{,}2$ ist $\mu = n \cdot p = 80$ und $\sigma = \sqrt{n \cdot p \cdot (1 - p)} = 8$.
Da $\mu - 1{,}64 \cdot \sigma \approx 80 - 13{,}12 = 66{,}88$ und $\mu + 1{,}64 \cdot \sigma \approx 80 + 13{,}12 = 93{,}12$ folgt:
Mit einer Wahrscheinlichkeit von ca. 90 % wird die Anzahl der Würfe mit Augenzahl „drei" im Intervall $A = \{67, \ldots, 93\}$ liegen. Die Hypothese wird demzufolge abgelehnt, wenn das Stichprobenergebnis im Verwerfungsbereich liegt, d. h. wenn die Anzahl kleiner ist als 67 oder größer ist als 93. Das Stichprobenergebnis von $X = 96$ liegt im Verwerfungsbereich und die Hypothese wird abgelehnt. Man wird daher den Verdacht als bestätigt ansehen.

Alternative 2: Da der Mitspieler einen konkreten Verdacht hat, könnte man die Problemstellung auch als einseitigen Hypothesentest auffassen. Die zu testende Hypothese wäre dann $H_0: p \leq 0{,}2$ gegen $H_1: p > 0{,}2$
Signifikant nach oben abweichende Stichprobenergebnisse (d. h. oberhalb von $\mu + 1{,}28\,\sigma$) führen zum Verwerfen der Hypothese H_0.
Für $p = 0{,}2$ ist $\mu + 1{,}28\,\sigma = 90{,}24$. Die Entscheidungsregel würde lauten:
Verwirf die Hypothese H_0, falls mehr als 90-mal Augenzahl drei fällt.

(2) **Bestimmung des Konfidenzintervalls:**
Der Ansatz $|X - \mu| \leq c \cdot \sigma$ mit $c = 1{,}64$ und $X = 96$ führt durch Quadrieren zu der quadratischen Ungleichung: $(96 - 400 \cdot p)^2 \leq 1{,}64^2 \cdot 400 \cdot p \cdot (1 - p)$
Als Lösungen der entsprechenden Gleichung werden $p_1 \approx 0{,}2068$ und $p_2 \approx 0{,}2767$ berechnet. Also lautet das gesuchte Konfidenzintervall nach Runden zur sicheren Seite: [0,207; 0,276].

e) Die Wahrscheinlichkeiten der verschiedenen Ereignisse können mit den Standardmethoden der Kombinatorik und mithilfe der Pfadregeln berechnet werden:

(1) $P(\text{bei 3 Würfen nur verschiedene Augenzahlen}) = \frac{20 \cdot 19 \cdot 18}{20^3} = 0{,}855$
Die Wahrscheinlichkeit beträgt 85,5 %.

(2) Man geht analog zum sogenannten „Geburtstagsproblem" vor:
$P(\text{bei 4 Würfen mindestens zweimal dieselbe Zahl})$
$= 1 - P(\text{bei 4 Würfen nur verschiedene Augenzahlen}) = 1 - \frac{20 \cdot 19 \cdot 18 \cdot 17}{20^4} \approx 0{,}273$
Die Wahrscheinlichkeit beträgt etwa 27,3 %.

(3) Es lohnt sich auf mindestens eine Wiederholung zu setzen, wenn die Wahrscheinlichkeit dafür mindestens 50 % beträgt. Also untersucht man eine größere Anzahl von Würfen:
$P(\text{bei 5 Würfen mindestens zweimal dieselbe Zahl}) = 1 - \frac{20 \cdot 19 \cdot 18 \cdot 17 \cdot 16}{20^5} \approx 0{,}419$
$P(\text{bei 6 Würfen mindestens zweimal dieselbe Zahl}) = 1 - \frac{20 \cdot 19 \cdot 18 \cdot 17 \cdot 16 \cdot 15}{20^6} \approx 0{,}564$
Bereits bei sechs Würfen liegt die Wahrscheinlichkeit deutlich über 50%. Daher lohnt es sich in diesem Fall, auf mindestens eine Wiederholung zu wetten.

Aufgabe 21 *Billigflieger*

Der nachfolgende Zeitungsartikel (Auszug) geht auf das Problem der Auslastung von Flugzeugen ein:

> **Lufthansa wird Billig-Flieger**
>
> ***Innerdeutsche Flüge ab 88 Euro – Autofahrer und Bahnkunden im Visier***
>
> **Frankfurt/Main:** Mit Beginn des Winterflugplanes kostet das günstigste reguläre Ticket für innerdeutsche Hin- und Rückflüge bei der Lufthansa nur noch 88 Euro inklusive aller Gebühren und Mehrwertsteuer. Diese Preise gelten nur bei Buchung über das Internet. Die Billig-Tickets sind weder an eine feste Vorausbuchungsfrist noch an einen Mindestaufenthalt gebunden.
> Nach und nach soll das neue Tarifgefüge auch auf ganz Europa ausgedehnt werden. Mit den neuen Preisen will die Lufthansa die Auslastung ihrer Maschinen im innerdeutschen Verkehr erhöhen. Vor allem an Wochentagen zwischen 10 und 16 Uhr und an Samstagen sind viele Plätze in den Flugzeugen leer …

a) Erfahrungsgemäß wurden an Samstagen nur 80 % der zur Verfügung stehenden Plätze für Linienflüge Hamburg – München auch tatsächlich belegt. J3
Berechnen Sie die Wahrscheinlichkeit, dass von 50 zufällig ausgewählten Plätzen
(1) genau 42 Plätze
(2) höchstens 42 Plätze
(3) mindestens 39 Plätze
belegt werden?

b) Durch die neuen Billigtarife wird auch in Stoßzeiten ein größeres Fluggastaufkommen erwartet. Daher ist die Fluggesellschaft dazu übergegangen, die Flüge überbuchen zu lassen. J3
(1) Wie groß ist die Wahrscheinlichkeit, dass bei 50 verkauften Flugtickets für eine Maschine mit 48 Plätzen nicht alle erscheinenden Fluggäste befördert werden können?
(2) Eine ähnliche Situation ergibt sich aber auch bei Flügen nach Fernost. Hier werden die Fluggäste mit einem Großraumflugzeug befördert, das 330 Plätze besitzt. Erfahrungsgemäß treten 85 % der Fluggäste ihren gebuchten Flug an. J7
Wie viele Buchungen dürfen angenommen werden, damit das Platzangebot mit einer Wahrscheinlichkeit von 99 % reicht?

c) Die Fluggesellschaft weiß aus Erfahrung, dass jeder zweite Fluggast beim Betreten eines Flugzeugs mit 330 Plätzen ein Exemplar der angebotenen Zeitung Z nimmt. J6
Wie viele Zeitungen müssen mindestens an Bord eines vollbesetzten Flugzeugs vorgehalten werden, damit es mit einer Wahrscheinlichkeit von mehr als 95 % keinen Ärger mit den Lesewünschen der Fluggäste gibt?

d) Von den Fluggästen ab dem Flughafen Köln / Bonn wählen in der Regel 15 % als Airline die Lufthansa. Durch ihre Maßnahme „Lufthansa wird Billig-Flieger" erhoffte sich die Fluglinie eine Zunahme der Passagiere. Von 650 befragten Fluggästen im Flughafen Köln / Bonn gaben bei einer jüngsten Befragung 114 an, mit Lufthansa zu fliegen. K6
War die Werbemaßnahme erfolgreich? Fassen Sie die Problemsituation als Hypothesentest auf und beurteilen Sie das Ergebnis der Befragung (Irrtumswahrscheinlichkeit 5 %).

e) Am Abflugschalter eines Flughafens stehen 6 Mitarbeiter für das Einchecken zur Verfügung. Für den Buchungsvorgang benötigen sie durchschnittlich 3 Minuten. In der Zeit von 7 Uhr bis 8 Uhr kommen im Mittel 100 Fahrgäste; diese werden jeweils zum nächsten frei werdenden Schalter gerufen – sofern sie warten müssen. Geben Sie ein einfaches stochastisches Modell an, mit dessen Hilfe sich der Vorgang beschreiben lässt. Kommt es oft vor, dass Kunden warten müssen? J4

Lösung:

a) Die Zufallsgröße X: Anzahl der belegten Plätze ist binomialverteilt mit $n = 50$, $p = 0{,}8$

(1) $P(X = 42) = B_{50;0;8}(42) = \binom{50}{42} \cdot 0{,}8^{42} \cdot 0{,}2^{8} \approx 0{,}1169$

(2) $P(X \le 42) = 0{,}8096$

(3) $P(X \ge 39) = 1 - P(X \le 38) = 0{,}7107$

b) (1) Die Zufallsgröße X: Anzahl der Fluggäste, die zum gebuchten Flug erscheinen, ist binomialverteilt mit $n = 50$ und $p = 0{,}8$.
Zu bestimmen ist die Wahrscheinlichkeit, dass bei 50 Buchungen mehr als 48 Fluggäste den Flug antreten wollen
$P(X > 48) = 1 - P(X \le 48) = 0{,}0002$
Man kann also davon ausgehen, dass alle erscheinenden Fluggäste befördert werden können.

(2) Die Zufallsgröße X: Anzahl der Fluggäste, die zum gebuchten Flug erscheinen, ist binomialverteilt mit $p = 0{,}85$; n ist gesucht. Es ist $\mu = n \cdot 0{,}85$ und $\sigma = \sqrt{n \cdot 0{,}85 \cdot 0{,}15}$ Ergebnisse oberhalb von $\mu + 2{,}33\sigma$ treten mit einer Wahrscheinlichkeit von (ungefähr) 1 % auf. Deshalb muss gelten: $\mu + 2{,}33\sigma \le 330$.

Gesucht ist der Stichprobenumfang n so, dass

$n \cdot 0{,}85 + 2{,}33 \cdot \sqrt{n \cdot 0{,}85 \cdot 0{,}15} \le 330$

$\Leftrightarrow n \cdot 0{,}85 + 0{,}832\sqrt{n} - 330 \le 0$

$\Leftrightarrow n + 0{,}9788\sqrt{n} - 388{,}2 \le 0$

Hieraus erhält man $n \le 369{,}4$.
Es dürfen höchstens 369 Buchungen angenommen werden.

c) Die Zufallsgröße X_1: Anzahl der Leser von Z ist binomialverteilt mit $n = 330$, $p = 0{,}5$, $\mu = 165$, $\sigma = 9{,}08$
Da $n \cdot p \cdot q = 41{,}25 > 9$, ist die Laplace-Bedingung erfüllt.
Ergebnisse oberhalb von $\mu + 1{,}64\sigma$ treten mit einer Wahrscheinlichkeit von (ungefähr) 5 % auf.
Hier ist $\mu + 1{,}64\sigma = 179{,}9$
Es sollten also mindestens 180 Zeitungen an Bord sein.

d) Wir betrachten die Zufallsgröße X: Anzahl der Fluggäste, die Lufthansa als Airline wählen.
Wenn man die Vermutung $p > 0{,}15$ (die Werbemaßnahme war erfolgreich) überprüfen will, muss man die Hypothese $p \leq 0{,}15$ (die Situation ist nicht besser geworden) testen.

Wenn diese Hypothese aufgrund eines signifikant großen Stichprobenergebnisses verworfen wird, kann man den Werbefeldzug als erfolgreich bezeichnen.

Für $n = 650$ und $p = 0{,}15$ ist $\mu = 97{,}5$ und $\sigma = 9{,}10$, also $\mu + 1{,}64\sigma = 112{,}4$ (Stichprobenergebnisse oberhalb von 112 treten zufällig mit einer Wahrscheinlichkeit von höchstens 5 % auf).
Da unter den 650 Befragten mehr als 112 bei der Lufthansa gebucht hatten, kann man die Werbemaßnahme als erfolgreich bezeichnen.

e) X: Anzahl der Mitarbeiter, die zu einem beliebig ausgewählten Zeitpunkt am Schalter benötigt werden. Die Erfolgswahrscheinlichkeit beträgt $p = \frac{3}{60} = 0{,}05$,

da für die Abfertigung pro Fluggast ungefähr 3 Minuten benötigt werden.
Unter der Annahme, dass die 100 Passagiere unabhängig voneinander und zufällig über den Zeitraum einer Stunde verteilt am Abfertigungsschalter eintreffen, kann ein Binomialmodell zur näherungsweisen Beschreibung der Situation gewählt werden.
Die Wahrscheinlichkeit, dass zu einem beliebig gewählten Zeitpunkt k Personen eintreffen, ist demnach:

$P(X = k) = \binom{100}{k} \cdot 0{,}05^k \cdot 0{,}95^{100-k}$

Die Wahrscheinlichkeit, dass zu einem beliebig gewählten Zeitpunkt mehr als 6 Personen eintreffen, ist:
$P(X > 6) = 1 - P(X \leq 6) = 0{,}234$
Mit einer Wahrscheinlichkeit von ca. 23 % kommt es vor, dass Kunden warten müssen.

Aufgabe 22 *Raucher*

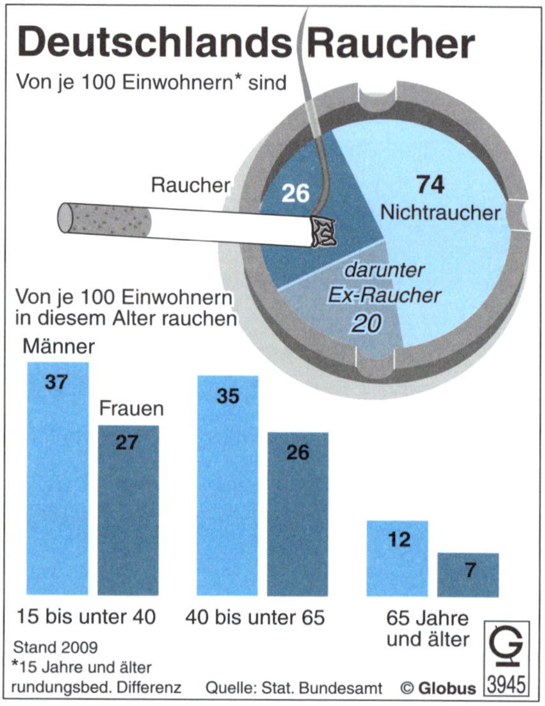

a) Aus der Grafik kann man entnehmen, wie groß der Anteil der Raucher in der Gesamtbevölkerung und in Teilgruppen der Bevölkerung ist. Betrachten Sie im Folgenden nur die Altersgruppe der Personen, die 15 bis unter 40 Jahre alt sind. Von diesen sind 49 % weiblich, 51 % männlich. Stellen Sie die so vorliegenden Informationen über Frauen und Männer der Altersgruppe und deren Zugehörigkeit zu den Rauchern bzw. Nichtrauchern in einem geeigneten Baumdiagramm und einer Vierfeldertafel zusammen. I2 I3

b) Welche Informationen ergeben sich aus dem umgekehrten Baumdiagramm? Schreiben Sie einen kurzen Zeitungstext. I3

c) Aus der Grafik kann man entnehmen, dass ungefähr 26 % der über 14-Jährigen in Deutschland rauchen.
   (1) Wie viele Personen, die rauchen, würde man demnach in einer Zufallstichprobe von 200 Personen über 14 Jahren erwarten können? Geben Sie auch eine Intervallschätzung an. J6 K1
   (2) Mit welcher Wahrscheinlichkeit wird man in einer Stichprobe vom Umfang 50 mehr als 15 Personen vorfinden, die rauchen? J3

d) In einer umfangreichen Stichprobe wurden u. a. 320 Personen erfasst, die als Familienstand „geschieden" angaben. Von diesen gaben 137 an, dass sie rauchen. Ist der Anteil der Raucher unter den Geschiedenen signifikant höher als in der Gesamtbevölkerung? K1 K3

e) Nach den Daten einer Befragung von 2010 rauchen 24 % der Frauen. Für das nächste Jahr ist eine neue Stichprobe geplant, durch die u. a. auch der Anteil der Raucher neu bestimmt werden soll. Angenommen, in dieser Stichprobe werden auch 500 Frauen befragt.
Bei welchen Stichprobenergebnissen wird man davon ausgehen können, dass der Anteil der Frauen weiter abgenommen hat? Erläutern Sie, wieso diese Frage etwas mit einem einseitigen Hypothesentest zu tun hat, und bestimmen Sie eine Entscheidungsregel auf dem 5 %-Niveau. Welche Auswirkungen hätten Fehler 1. und 2. Art? K4 K6

f) Unter den 20 % ehemaligen Rauchern soll eine Befragung stattfinden, in der geklärt werden soll, nach welchen Methoden sie von ihrer Gewohnheit abgekommen sind. Wie viele Personen über 14 Jahren müssen für eine Zufallsstichprobe mindestens ausgewählt werden, damit man mit einer Wahrscheinlichkeit von mindestens 90 % mindestens 300 ehemalige Raucher befragen kann? J7

Lösung:

a) Aus dem Aufgabentext entnehmen wir zunächst die Informationen über das Merkmal Geschlecht (1. Stufe), dann über das Rauchverhalten (2. Stufe). Die Pfad-Wahrscheinlichkeiten ergeben die inneren Felder der Vierfeldertafel.

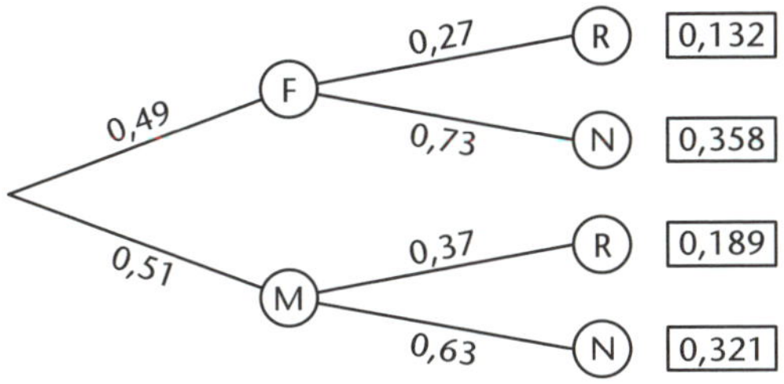

	Raucher	Nicht-raucher	gesamt
Frauen	13,23 %	35,77 %	49,0 %
Männer	18,87 %	32,13 %	51,0 %
gesamt	32,1 %	67,9 %	100,0 %

b) Aus den Spaltensummen und durch Quotientenbildung in den Spalten erhält man das umgekehrte Baumdiagramm:

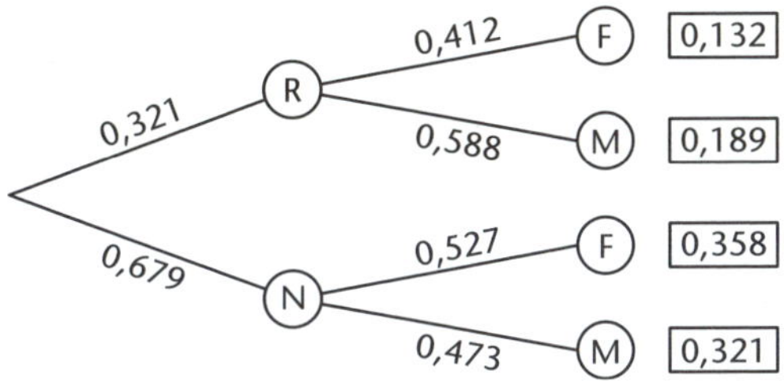

Zeitungstext: 32,1 % der Personen zwischen 15 und 40 Jahren sind Raucher; dies sind überwiegend Männer (58,8 %). Unter den Nichtrauchern dieser Altersgruppe haben die Frauen mit 52,7 % die Mehrheit.

c) Wir modellieren den Vorgang mithilfe einer Binomialverteilung, da der Umfang der Stichprobe klein ist im Vergleich zur Gesamtheit aller Einwohner Deutschlands über 14 Jahren.

(1) $n = 200$; $p = 0{,}26$; X: Anzahl der Raucher in der Stichprobe
$\mu = 200 \cdot 0{,}26 = 52$; $\sigma = \sqrt{200 \cdot 0{,}26 \cdot 0{,}74} \approx 6{,}20$
Punktschätzung: Wir erwarten ca. 52 Raucher in der Stichprobe.
Intervallschätzung: Mit einer Wahrscheinlichkeit von ca. 90 % wird die Anzahl der Raucher in der Stichprobe im Intervall zwischen $\mu - 1{,}64\sigma \approx 41{,}8$ und $\mu + 1{,}64\sigma \approx 62{,}2$ liegen, d. h. in 90 % solcher Stichproben vom Umfang $n = 200$ wird ein Ergebnis aus dem Intervall $\{42, 43, \ldots, 62\}$ auftreten.
[Kontrollrechnung: $P(42 \le X \le 62) \approx 0{,}910$]

(2) $n = 50$; $p = 0{,}26$; X: Anzahl der Raucher in der Stichprobe
$P(X > 15) = 1 - P(X \le 15) \approx 20{,}8\,\%$

d) Wir modellieren den Vorgang mithilfe einer Binomialverteilung, da der Umfang der Stichprobe klein ist im Vergleich zur Gesamtheit aller Einwohner Deutschlands.
Wenn der Familienstand „geschieden" keinen Einfluss auf das Raucher/Nichtraucher-Verhalten hat, dann müsste die Anzahl der Raucher unter den als „geschieden" bezeichneten Personen verträglich sein mit $p = 0{,}26$.
$n = 320$; $p = 0{,}26$; $\mu = 320 \cdot 0{,}26 = 83{,}2$; $\sigma = \sqrt{320 \cdot 0{,}26 \cdot 0{,}74} \approx 7{,}85$
Eine signifikante Abweichung nach oben ist beispielsweise durch $\mu + 1{,}64\sigma$ gegeben, denn $P(X > \mu + 1{,}64\sigma) \approx 0{,}05$. Es gilt $\mu + 1{,}64\sigma \approx 96{,}1$. Wenn der Familienstand keinen Einfluss auf das Verhalten hat, dann treten Werte oberhalb von 99 zufällig nur mit einer Wahrscheinlichkeit von ca. 5 % auf. Das Stichprobenergebnis $X = 137$ liegt deutlich oberhalb von 96,1 – weicht also signifikant ab.

e) Mögliche Standpunkte:
H_0: $p \geq 0{,}24$ – der Anteil der Frauen, die rauchen, hat nicht abgenommen.
H_1: $p < 0{,}24$ – der Anteil der Frauen, die rauchen, hat weiter abgenommen.
Von diesen Standpunkten wird man nur abgehen, wenn in der Stichprobe extrem kleine bzw. extrem große Ergebnisse auftreten, d. h. das Stichprobenergebnis signifikant nach unten bzw. nach oben abweicht.

Da man statistisch nachweisen will, dass der Anteil *abgenommen* hat, wird man die entgegengesetzte Hypothese testen, damit man sie – sofern signifikant abweichende Werte auftreten – verwerfen kann (indirekte Methode des Hypothesentests).
Wir modellieren den Vorgang mithilfe einer Binomialverteilung, da der Umfang der Stichprobe klein ist im Vergleich zur Gesamtheit aller Einwohner Deutschlands.
$n = 500$; $p \geq 0{,}24$; für $p = 0{,}24$ ist $\mu = 500 \cdot 0{,}24 = 120$ und $\sigma \approx 9{,}55$.
Wegen $P(X < \mu - 1{,}64\sigma) \approx 0{,}05$ ist $\mu - 1{,}64\sigma \approx 104{,}3$ der kritische Wert.
Entscheidungsregel: Verwirf die Hypothese $p \geq 0{,}24$, falls in der Stichprobe weniger als 105 Frauen auftreten, die rauchen.

Ein Fehler 1. Art tritt auf, wenn die Hypothese richtig ist, das Ergebnis aber zufällig im Verwerfungsbereich liegt. Hier bedeutet dies: Aufgrund des Stichprobenergebnisses vermutet man, dass der Anteil der Frauen, die rauchen, abgenommen hat; dies ist aber nicht der Fall. Möglicherweise unterlässt man deshalb eine Kampagne, auf die Folgen des Rauchens hinzuweisen.
Ein Fehler 2. Art tritt auf, wenn die Hypothese falsch ist, das Ergebnis aber zufällig im Annahmebereich liegt, die Hypothese also irrtümlich nicht verworfen wird. Hier bedeutet dies: Der Anteil der Frauen, die rauchen, hat tatsächlich abgenommen, aber dies wird aufgrund des Stichprobenergebnisses nicht erkannt. Möglicherweise werden Gelder für eine Anti-Rauchen-Kampagne ausgegeben, die nicht notwendig wäre.

f) Mit einer Wahrscheinlichkeit von ca. 80 % gilt: $|X - \mu| \leq 1{,}28\sigma$; daher gilt wegen der Symmetrie von Binomialverteilungen mit großem n mit einer Wahrscheinlichkeit von ca. 90 %: $X \geq \mu - 1{,}28\sigma$.
Gesucht ist das kleinste n, für das gilt: $\mu - 1{,}28\sigma \geq 300$, wobei $p = 0{,}2$, also
$0{,}2n - 1{,}28\sqrt{0{,}2 \cdot 0{,}8 \cdot n} \geq 300$.
Setzt man $z = \sqrt{n}$, dann liegt hier eine quadratische Ungleichung vor:
$0{,}2z^2 - 1{,}28 \cdot 0{,}4 \cdot z \geq 300$.
Umgeformt führt dies zu:
$z^2 - 2{,}56z \geq 1500$ oder $(z - 1{,}28)^2 \geq 1501{,}6384$ oder $\sqrt{n} = z \geq 1{,}28 + 38{,}75 = 40{,}03$,
also $n \geq 1603$
(Probe: Für $n = 1603$ und $p = 0{,}2$ ergibt sich: $\mu = 320{,}6$ und
$1{,}28\sqrt{1603 \cdot 0{,}2 \cdot 0{,}8} \approx 20{,}05$)

Den Mindestumfang der Auswahl kann man auch durch systematisches Suchen finden. Dazu betrachtet man den Funktionsterm $f(n) = 0{,}2 \cdot n - 1{,}28 \cdot \sqrt{0{,}2 \cdot 0{,}8 \cdot n}$ und sucht den kleinsten Wert von n, bei dem der Funktionswert 300 überschritten wird.

Zur Kontrolle kann man auch mithilfe eines Rechners untersuchen, für welche n die Funktion f mit $f(n) = P(X \geq 300) = 1 - P(X \leq 299) = 1 - \text{binomcdf}(n, 0.2, 299) \geq 0{,}90$. Man stellt dann fest, dass die Bedingung bereits für $n = 1600$ erfüllt ist. (Die Lösung $n \geq 1603$ ist nicht falsch; es ist eher erstaunlich, dass man mithilfe der Faustregeln über σ-Umgebungen eine solch gute Abschätzung vornehmen kann.)

Original-Prüfungsaufgaben

Aufgabe 1 *Analysis Grundkurs*

Bei einem medizinischen Test leert eine Versuchsperson ein Glas Wein in einem Zug. Anschließend wird die zeitliche **Änderungsrate** der Blutalkoholkonzentration (in Promille pro Minute) aufgezeichnet. Diese wird im hier verwendeten Modell durch eine Funktion f′ mit der Gleichung

$$f'(t) = \frac{1}{60} e^{-\frac{1}{20}t} - \frac{1}{600}$$

beschrieben. Dabei ist t die Zeit in Minuten, die seit der Alkoholaufnahme vergangen ist. (Die Funktion f′ ist für alle $t \in \mathbb{R}$ definiert, aber nur für $0 \le t \le 140$ zur Modellierung geeignet. Beispielsweise bedeutet $f'(t) = 0{,}01$ eine zeitliche Änderungsrate der Blutalkoholkonzentration von 0,01 Promille pro Minute.)

In der nebenstehenden Abbildung ist der Graph der Funktion f′ dargestellt.

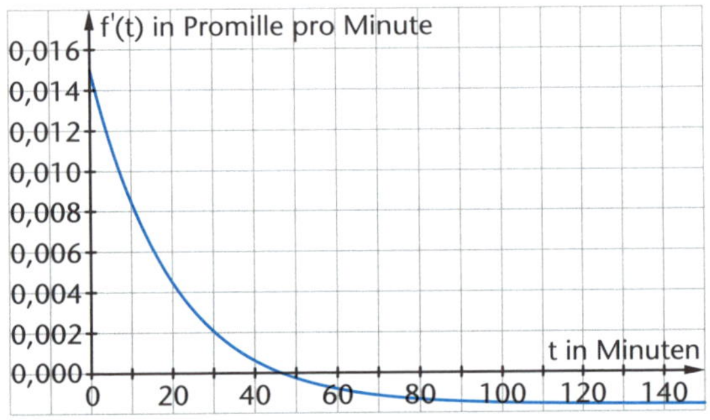

a) (1) Berechnen Sie f′(0) und f′(140), ermitteln Sie das Monotonieverhalten der Funktion f′ und zeigen Sie, dass $t_0 = 20\ln(10)$ die einzige Nullstelle von f ist. A1

(2) Beschreiben Sie anhand des Graphen von f den zeitlichen Verlauf der Blutalkoholkonzentration der Versuchsperson.

b) Wenn die Versuchsperson vor dem Leeren des Glases noch keinen Alkohol im Blut hatte, wird die Blutalkoholkonzentration (in Promille) im verwendeten Modell während der ersten 140 Minuten nach der Alkoholaufnahme durch die Funktion f mit der Gleichung

$$f(t) = -\frac{1}{3} e^{-\frac{1}{20}t} - \frac{1}{600}t + \frac{1}{3}$$

beschrieben.

(1) Weisen Sie die Richtigkeit dieser Aussage nach. D2

(2) Ermitteln Sie die höchste Blutalkoholkonzentration der Versuchsperson nach dem Leeren des Glases. D4

(3) Berechnen Sie die Blutalkoholkonzentration der Versuchsperson 140 Minuten nach dem Leeren des Glases.

c) Aus biologischen Gründen wird nach 140 Minuten die Blutalkoholkonzentration der Versuchsperson durch die Funktion f nicht mehr richtig beschrieben. Für die Modellierung besser geeignet ist die an der Stelle t = 140 zusammengesetzte Funktion h mit der Gleichung

$$h(t) = \begin{cases} f(t), & 0 \le t \le 140 \\ g(t), & t > 140 \end{cases},$$

wobei $g(t) = u \cdot e^{-v \cdot t}$ mit $u \approx 1{,}01357$, $v \approx 0{,}01657$ gilt (siehe Abbildung).

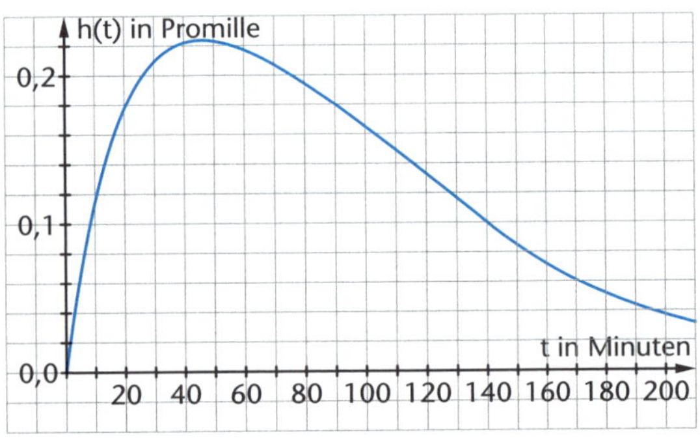

(1) Berechnen Sie, nach wie viel Minuten in diesem Modell die Blutalkoholkonzentration erstmals unter 0,01 Promille gesunken ist.

(2) Begründen Sie, warum die Beschreibung der Blutalkoholkonzentration durch die Funktion f nicht für beliebige Zeiten t > 140 möglich ist. Begründen Sie, warum im Gegensatz dazu die Modellierung durch die Funktion h für t > 140 sinnvoller ist.

B3

(3) Beurteilen Sie, ob die in der Abbildung dargestellte Funktion k zu einer alternativen Modellierung der *Änderungsrate* der Blutalkoholkonzentration prinzipiell geeignet ist.

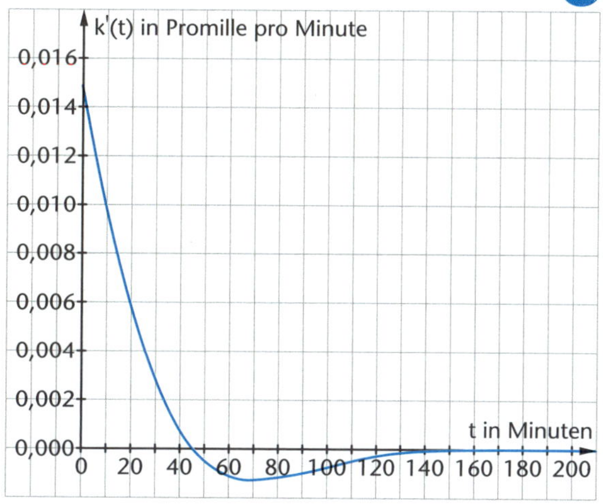

Lösung

a) (1) Da der Term von f′(t) gegeben ist, müssen nur die beiden t-Werte eingesetzt werden:

$$f'(0) = \frac{1}{60} \cdot e^0 - \frac{1}{600} = \frac{1}{60} - \frac{1}{600} = \frac{9}{600} = \frac{3}{200} = 0{,}015,$$

$$f'(140) = \frac{1}{60} \cdot e^{-\frac{140}{20}} - \frac{1}{600} \approx 0{,}000\,015\,2 - 0{,}001\,666\,7 \approx -0{,}001\,65.$$

Um das Monotonieverhalten von f′ zu untersuchen, muss die Ableitung von f′ betrachtet werden:

$$f''(t) = \frac{1}{60} \cdot e^{-\frac{1}{20}t} \cdot \left(-\frac{1}{20}\right) = -\frac{1}{1200} \cdot e^{-\frac{1}{20}t}.$$

Da jede Potenz von e positiv ist, gilt $f''(t) < 0$ für alle $t \in \mathbb{R}$; daher ist f′ auf $\mathbb{R}$ streng monoton fallend. Da der Graph von f′ keinen Monotoniewechsel hat, kann er nur eine Nullstelle besitzen; für diese gilt:

$$\frac{1}{60} \cdot e^{-\frac{1}{20}t} - \frac{1}{600} = 0 \Leftrightarrow \frac{1}{60} \cdot e^{-\frac{1}{20}t} = \frac{1}{600} \Leftrightarrow e^{-\frac{1}{20}t} = \frac{1}{10} \Leftrightarrow -\frac{1}{20} \cdot t = \ln\left(\frac{1}{10}\right) \Leftrightarrow$$

$$-\frac{1}{20} \cdot t = -\ln(10) \Leftrightarrow t = 20 \cdot \ln(10) \approx 46{,}05.$$

(2) Die Blutalkoholkonzentration der Versuchsperson nimmt bis zum Zeitpunkt $t_0 \approx 46$ [Minuten] bei kontinuierlich abnehmender Änderungsrate zu. Anschließend nimmt sie wieder ab, bei zum Ende des betrachteten Zeitintervalls gegen ca. −0,001 65 Promille pro Minute strebender Änderungsrate.

b) (1) Wenn $f'(t)$ die Änderungsrate der Alkoholkonzentration beschreibt, dann gibt die Integralfunktion mit variabler oberer Grenze t, also $f_1(t) = \int_0^t f'(x)\,dx$, die Blutalkoholkonzentration im angegebenen Zeitintervall an. Gemäß Hauptsatz der Differenzial- und Integralrechnung ist f_1 *eine* Stammfunktion von f'.

Zu zeigen ist also, dass auch der in der Aufgabenstellung von Teilaufgabe b) angegebene Term von f eine Stammfunktion für den Term von $f'(t)$ aus Teilaufgabe a) ist. Nach Kettenregel ergibt sich:

$$\left(-\frac{1}{3} \cdot e^{-\frac{1}{20}t} - \frac{1}{600}t + \frac{1}{3}\right)' = -\frac{1}{3}e^{-\frac{1}{20}t} \cdot \left(-\frac{1}{20}\right) - \frac{1}{600} = \frac{1}{60} \cdot e^{-\frac{1}{20}t} - \frac{1}{600}$$

und dies ist genau der Term aus Teilaufgabe a).

Es bleibt noch zu zeigen, dass beide Funktionen, also

$$f(t) = -\frac{1}{3} \cdot e^{-\frac{1}{20}t} - \frac{1}{600}t + \frac{1}{3} \text{ und } f_1(t) = \int_0^t f'(x)\,dx,$$

tatsächlich übereinstimmen (sie könnten sich ja noch um eine additive Konstante unterscheiden). Da nach Definition des Integrals $f_1(0) = 0$ gilt und für den gegebenen Funktionsterm von f ebenfalls gilt:

$$\left(-\frac{1}{3} \cdot e^{-\frac{1}{20}t} - \frac{1}{600}t + \frac{1}{3}\right)(0) = \left(-\frac{1}{3} \cdot e^{0} - 0\,t + \frac{1}{3}\right) = 0,$$

stimmen beide Funktionen überein.

(2) Da die Funktion f' [im betrachteten Zeitintervall] streng monoton fällt, hat ihre Stammfunktion f an der Nullstelle $t_0 = 20\ln(10) \approx 46{,}05$ von f' (vgl. Teilaufgabe a) (1)) das lokale und zugleich globale Maximum

$$f(20\ln(10)) = \frac{3}{10} - \frac{\ln(10)}{30} \approx 0{,}223.$$

Die höchste Blutalkoholkonzentration der Versuchsperson [wird nach ca. 46 Minuten gemessen und] beträgt ca. 0,22 Promille.

(3) $f(140) = \frac{1}{10} - \frac{1}{3}e^{-7} \approx 0{,}100.$

Die Blutalkoholkonzentration der Versuchsperson beträgt 140 Minuten nach dem Leeren des Glases ca. 0,100 Promille.

c) (1) Aus dem Graphen ist zu entnehmen, dass die Blutalkoholkonzentration zum gesuchten Zeitpunkt durch den Funktionsterm von $g(t)$ beschrieben wird.

Zu lösen ist die Gleichung

$u \cdot e^{-v \cdot t} = 0{,}01$, also $1{,}01357 \cdot e^{-0{,}01657 \cdot t} = 0{,}01$

$\Leftrightarrow e^{-0{,}01657 \cdot t} = 0{,}009866 \Leftrightarrow -0{,}01657 \cdot t \approx \ln(0{,}009866) \approx -4{,}61866$

$\Leftrightarrow t \approx 278{,}7.$

Der Zeitpunkt kann auch durch allgemein durchgeführte Umformung

$$u \cdot e^{-v \cdot t} = 0{,}01 \Leftrightarrow -v \cdot t = \ln\left(\frac{0{,}01}{u}\right) \Leftrightarrow t = \frac{1}{v}\ln(100\,u)$$

und anschließendes Einsetzen der Werte von u und v ermittelt werden. Auch ist eine Betrachtung der Wertetabelle der Funktion g mit $g(t) = 1{,}01357 \cdot e^{-0{,}01657 \cdot t}$ denkbar.

Nach 279 Minuten ist die Blutalkoholkonzentration erstmals unter 0,01 Promille gesunken.

(2) Es gilt z. B. $f(200) = -\frac{1}{3}e^{-10} < 0$. Negative Werte der Blutalkoholkonzentration können jedoch nicht existieren.
Für $t > 140$ gilt: $h(t) = g(t)$. Im Gegensatz zu $f(t)$ ist $g(t) = u \cdot e^{-v \cdot t}$ für alle $t > 140$ positiv und nähert sich für größer werdendes t dem Wert 0, im Einklang mit der Tatsache, dass die Blutalkoholkonzentration nach endlicher Zeit unter die Nachweisbarkeitsgrenze sinkt.

(3) Zunächst fällt auf, dass die Änderungsrate gleich null ist für $t > 140$. Dies würde bedeuten, dass kein weiterer Alkohol abgebaut würde, obwohl die Blutalkoholkonzentration immer noch größer ist als null.
Außerdem müsste die gesamte oberhalb der t-Achse liegende Fläche genauso groß sein wie die unterhalb liegende Fläche, denn es müsste für die Modellierungsfunktion k gelten:
$k(46{,}05) = \int_0^{46{,}05} k'(x)\,dx = 0{,}223$ (maximale Blutalkoholkonzentration) und
$\int_{46{,}05}^{140} k'(x)\,dx = 0{,}223$, wenn der Blutalkohol nach 140 Minuten völlig abgebaut wäre.
Dies ist aber ebenfalls offensichtlich nicht der Fall.

Aufgabe 2 *Analysis Leistungskurs*

Bei einem medizinischen Test leert eine Versuchsperson ein Glas Wein in einem Zug.
Anschließend wird der zeitliche Verlauf der Blutalkoholkonzentration (in Promille) aufgezeichnet. Diese wird im hier verwendeten Modell zunächst durch eine Funktion f_a mit der Gleichung

$$f_a(t) = \frac{a}{60}\left(1 - e^{-\frac{1}{20}t}\right) - \frac{1}{600}t$$

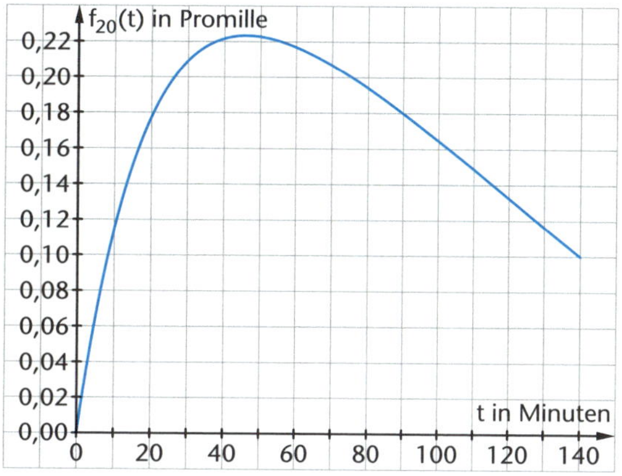

beschrieben. Dabei ist a die Alkoholmenge im Wein in Gramm und t die Zeit in Minuten, die seit der Alkoholaufnahme vergangen ist. Die Funktion f_a ist für alle $a \in \mathbb{R}$ und alle $t \in \mathbb{R}$ definiert. Zur Modellierung ist die Funktion für $a > 2$ und eine gewisse Zeitspanne geeignet. (Der Einfachheit halber enthält ihr Funktionsterm $f_a(t)$ nur die Maßzahlen der Größen a und t bezogen auf die genannten Einheiten. Beispielsweise bedeutet $f_a(t) = 0{,}2$ eine Blutalkoholkonzentration von 0,2 Promille.) In der Abbildung ist der Graph der Funktion f_{20} dargestellt.

a) Bestimmen Sie die globale Maximalstelle t_m der Funktion f_a in Abhängigkeit von a.
Begründen Sie den Einfluss des Parameters a auf die Lage der Maximalstelle und interpretieren Sie Ihre Ergebnisse im Sachzusammenhang. A1 B3

b) Das Glas Wein, das die Versuchsperson in einem Zug leert, enthält 20 g reinen Alkohol. Die Blutalkoholkonzentration der Versuchsperson zur Zeit t nach dem Leeren des Glases wird nun für $0 \le t \le 140$ durch die Funktion f mit der Gleichung

$$f(t) = f_{20}(t) = \frac{1}{3} \cdot \left(1 - e^{-\frac{1}{20}t}\right) - \frac{1}{600}t$$

beschrieben.

(1) Berechnen Sie die höchste Blutalkoholkonzentration der Versuchsperson nach dem Leeren des Glases. B4 D1

(2) Ermitteln Sie durch Integration eine Gleichung einer Stammfunktion F von f. D3

(3) Berechnen Sie $\frac{F(140) - F(0)}{140}$ und interpretieren Sie diesen Ausdruck im Sachzusammenhang.

(4) Berechnen Sie die Blutalkoholkonzentration der Versuchsperson 140 Minuten nach dem Leeren des Glases.

c) Aus biologischen Gründen wird nach 140 Minuten die Blutalkoholkonzentration der Versuchsperson durch die Funktion f nicht mehr richtig beschrieben. Für die Modellierung besser geeignet ist die an der Stelle t = 140 zusammengesetzte Funktion h mit der Gleichung

$$h(t) = \begin{cases} f(t), & 0 \le t \le 140 \\ g(t), & t > 140 \end{cases}'$$

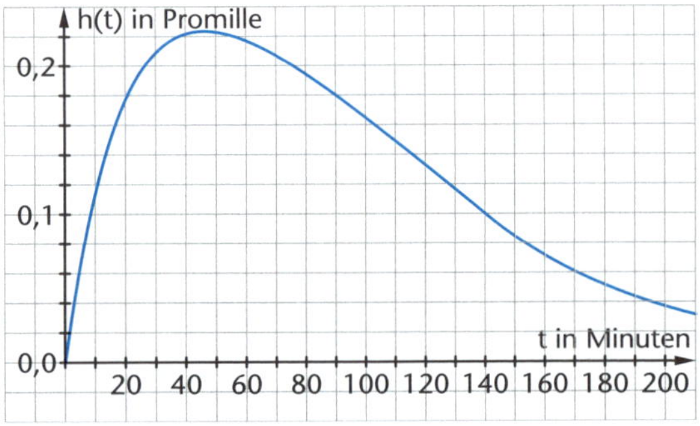

mit $g(t) = u \cdot e^{-v \cdot t}$, wobei $u > 0$ und $v > 0$ geeignet zu wählen sind (siehe Abbildung).

(1) Bestimmen Sie die Parameter u und v so, dass die Funktion h an der Stelle t = 140 differenzierbar ist. A6

(2) Untersuchen Sie, ob die Funktion h an der Stelle t = 140 zweimal differenzierbar ist. A6

(3) Begründen Sie, zu welchen Zeitpunkten die Blutalkoholkonzentration der Versuchsperson bei Modellierung durch die Funktion h am schnellsten zu- bzw. abnimmt, und berechnen Sie die zugehörigen Änderungsraten. B4

Lösung

a) Um die globale Maximalstelle zu bestimmen, muss die 1. Ableitung untersucht werden (notwendige Bedingung):

$$f_a'(t) = \frac{a}{60} \cdot \left(-e^{-\frac{1}{20}t}\right) \cdot \left(-\frac{1}{20}\right) - \frac{1}{600} = \frac{a}{1200} \cdot e^{-\frac{1}{20}t} - \frac{1}{600} = \frac{1}{600} \cdot \left(\frac{a}{2} \cdot e^{-\frac{1}{20}t} - 1\right)$$

Die Nullstelle der 1. Ableitung ergibt sich wie folgt:

$$\frac{a}{2} \cdot e^{-\frac{1}{20}t} = 1 \Leftrightarrow e^{-\frac{1}{20}t} = \frac{2}{a} \Leftrightarrow -\frac{1}{20} \cdot t = \ln\left(\frac{2}{a}\right) \Leftrightarrow t = 20 \cdot \ln\left(\frac{a}{2}\right).$$

Nach Voraussetzung ist $a > 2$, also $t > 0$.

Für die 2. Ableitung gilt:

$f_a''(t) = \frac{1}{600} \cdot \frac{a}{2} \cdot e^{-\frac{1}{20}t} \cdot \left(-\frac{1}{20}\right) = -\frac{1}{24\,000} \cdot a \cdot e^{-\frac{1}{20}t}$

Da jede Potenz von e positiv ist, ist die 2. Ableitung überall negativ, d. h. an der Stelle $t = 20 \cdot \ln\left(\frac{a}{2}\right)$ liegt ein lokales Maximum vor. Dieses ist auch ein globales Maximum, weil der Graph von f bis zur Nullstelle der 1. Ableitung streng monoton steigend ist und danach streng monoton fallend.

Da die Logarithmusfunktion streng monoton steigt, ist t_m umso größer, je größer a ist. Je größer die Menge des getrunkenen Alkohols ist, desto später wird das Maximum der Blutalkoholkonzentration erreicht.

b) (1) Für a = 20 liegt die Nullstelle der 1. Ableitung bei

$t = 20 \cdot \ln\left(\frac{20}{2}\right) = 20 \cdot \ln(10) \approx 46{,}05$

und die Blutalkoholkonzentration beträgt dann

$$f_{20}(20 \cdot \ln(10)) = \frac{1}{3} \cdot \left(1 - e^{-\frac{1}{20} \cdot 20 \cdot \ln(10)}\right) - \frac{1}{600} \cdot 20 \cdot \ln(10)$$

$$= \frac{1}{3} \cdot (1 - e^{-\ln(10)}) - \frac{1}{30} \cdot \ln(10) = \frac{1}{3} \cdot \left(1 - \frac{1}{e^{\ln(10)}}\right) - \frac{\ln(10)}{30}$$

$$= \frac{1}{3} \cdot \left(1 - \frac{1}{10}\right) - \frac{\ln(10)}{30} = \frac{3}{10} - \frac{\ln(10)}{30} \approx 0{,}223$$

Die höchste Blutalkoholkonzentration der Versuchsperson nach dem Leeren des Glases beträgt ca. 0,22 Promille.

(2) $F(t) = \int\left(\frac{1}{3} \cdot \left(1 - e^{-\frac{1}{20}t}\right) - \frac{1}{600}t\right)$

$= \frac{1}{3} \cdot \left(t + 20\,e^{-\frac{1}{20}t}\right) - \frac{1}{1200}t^2 + c$

$= \frac{1}{3} \cdot \left(t - \frac{1}{400}t^2 + 20\,e^{-\frac{1}{20}t}\right) + c$

(3) Der Term F(140) – F(0) gibt die Fläche zwischen Graph und t-Achse an. Diese Fläche ist genauso groß wie der Flächeninhalt des Rechtecks mit Breite 140 und Höhe 0,169. Der Quotient $\frac{F(140) - F(0)}{140} \approx 0{,}169$ gibt daher die mittlere Blutalkoholkonzentration innerhalb des betrachteten Zeitraums von 140 Minuten an.

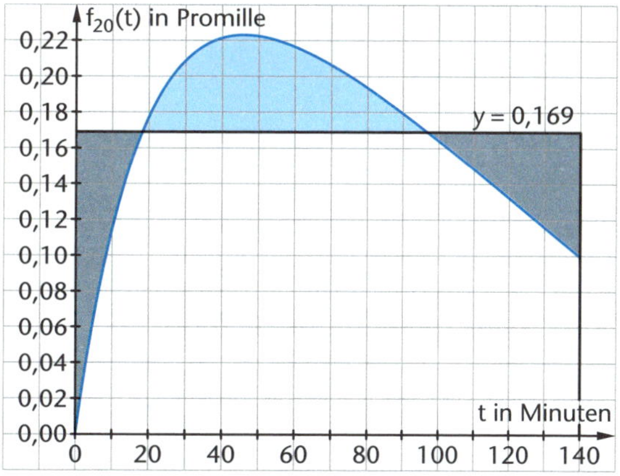

(4) $f(140) = \frac{1}{3} \cdot (1 - e^{-7}) - \frac{140}{600} \approx 0{,}0997.$

Nach 140 Minuten beträgt die Blutalkoholkonzentration ca. 0,1 Promille.

c) (1) Die Funktion h ist an der Stelle $t = 140$ genau dann differenzierbar, wenn gilt: $g(140) = f(140)$ und $g'(140) = f'(140)$.
Aus der Bedingung $g(140) = f(140)$ ergibt sich: (*) $u \cdot e^{-140 \cdot v} \approx 0{,}0997$

Für die Ableitungen von g und f gilt nach Kettenregel:
$g'(t) = -v \cdot u \cdot e^{-vt}$ und $f'(t) = \frac{1}{60} e^{-\frac{1}{20}t} - \frac{1}{600}$ (s. Teilaufgabe a).
Also folgt $g'(140) = f'(140) \Leftrightarrow$ (**) $-v \cdot u \cdot e^{-140v} = \frac{1}{60} e^{-7} - \frac{1}{600} \approx -0{,}001\,651$.
Einsetzen von (*) in (**) ergibt: $-v \cdot 0{,}0997 \approx -0{,}001\,651$, also $v \approx 0{,}0166$.
Einsetzen in (*) ergibt dann: $u \approx 1{,}019$.

(2) Die Funktion h ist genau dann an der Stelle $t = 140$ zweimal differenzierbar, wenn gilt: $f''(140) = g''(140)$. Diese Bedingung ist nicht erfüllt, da für alle $t \in \mathbb{R}$ gilt:
$f''(t) = -\frac{1}{1200} e^{-\frac{1}{20}t} < 0$ und $g''(t) = v^2 \cdot u \cdot e^{-v \cdot t} > 0$. Daher ist die Funktion h an der Stelle $t = 140$ nicht zweimal differenzierbar.

(3) Die durch die Funktion h beschriebene Blutalkoholkonzentration kann nur im durch die Teilfunktion f abgedeckten Zeitintervall $[0; 140]$ steigen, da die für $t > 140$ verwendete Teilfunktion g wegen $g'(t) = -v \cdot u \cdot e^{-v \cdot t} < 0$ für alle $t \in \mathbb{R}$ streng monoton fällt.
Da der Graph von f wegen $f''(t) = -\frac{1}{1200} e^{-\frac{1}{20}t} < 0$ für alle $t \in \mathbb{R}$ rechtsgekrümmt ist, ist seine Steigung an der linken Randstelle $t = 0$ des betrachteten Zeitintervalls am größten: $f'(0) = \frac{1}{60} - \frac{1}{600} \approx 0{,}015$ [Promille pro Minute].
Da der Graph von f für $t = 140$ rechtsgekrümmt und der Graph von g für $t > 140$ linksgekrümmt ist ($g''(t) = v^2 \cdot u \cdot e^{-v \cdot t} > 0$ für alle $t \in \mathbb{R}$), nimmt die durch die Funktion h beschriebene Blutalkoholkonzentration zum Zeitpunkt $t = 140$ am schnellsten ab, und zwar mit $f'(140) = \frac{1}{60} e^{-7} - \frac{1}{600} \approx -0{,}001\,65$ Promille pro Minute (vgl. (1)).

Aufgabe 3 *Analysis – Grundkurs und Leistungskurs*

Erhöhte Ozonkonzentrationen können beim Menschen Reizung der Atemwege, Husten, Kopfschmerzen und Atembeschwerden bis hin zu Einschränkungen der Lungenfunktion und Lungenkrankheiten hervorrufen. Ihr Ausmaß wird hauptsächlich durch die Aufenthaltsdauer in der ozonbelasteten Luft bestimmt. Befindlichkeitsstörungen wie Reizerscheinungen an Augen und Schleimhäuten werden vor allem durch Begleitstoffe des Ozons (im Sommersmog) hervorgerufen.

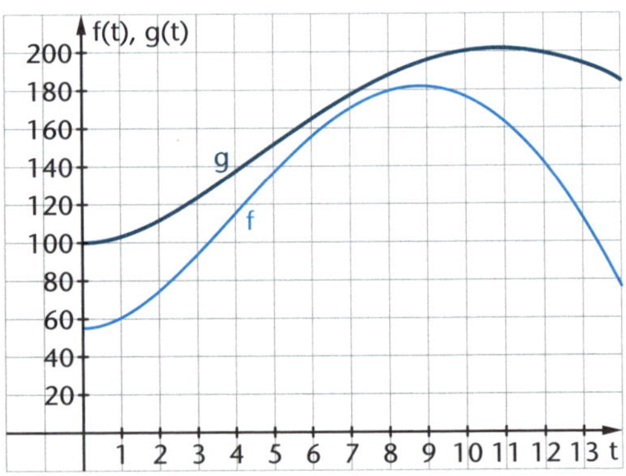

In einer Prognose für den kommenden Tag wird die Ozonkonzentration in einer deutschen Stadt zwischen 7 Uhr ($t = 0$) und 21 Uhr ($t = 14$) durch die Funktion f mit der Funktionsgleichung
$f(t) = 0{,}06 \cdot (0{,}25\,t^4 - 10{,}6\,t^3 + 101{,}2\,t^2) + 55,\ \ 0 \leq t \leq 14,$ [1]
und in einer ländlichen Region für denselben Zeitraum durch die Funktion g modelliert
(t in Stunden; $f(t)$, $g(t)$ in µg/m³)
Die Graphen von f und g sind in der Abbildung dargestellt.
(t-Achse: 1 LE entspricht 1 Stunde; $f(t)$-, $g(t)$-Achse: 1 LE entspricht 1 µg/m³)

[1] Die Funktion f ist für alle $t \in \mathbb{R}$ definiert, wird aber nur für $0 \leq t \leq 14$ zur Modellierung verwendet.

a) (1) [GK und LK] Vergleichen Sie die Graphen von f und g im gegebenen Sachzusammenhang.
(2) [GK und LK] Geben Sie die Ozonkonzentrationen in der Stadt zu den Zeitpunkten 7 Uhr und 21 Uhr nach dem Prognosemodell an.
(3) [GK und LK] Bestimmen Sie den Zeitpunkt, an dem die höchste Ozonkonzentration in der Stadt prognostiziert wird, und berechnen Sie die höchste Ozonkonzentration. B3
(4) [LK, Aufgabenstellung wäre aber auch für GK geeignet] Bei einer Ozonkonzentration von mindestens 180 µg/m³ muss die Bevölkerung über die Medien über die Ozonbelastung informiert werden.
Am kommenden Tag wird in der Stadt eine Ozonkonzentration von mindestens 180 µg/m³ während eines Zeitraumes von mehr als einer Stunde prognostiziert.
Begründen Sie dies unter Verwendung geeigneter Funktionswerte.

b) (1) [GK und LK] Ermitteln Sie die Zeitpunkte, an denen die Ozonkonzentration in der Stadt am stärksten zu- und am stärksten abnimmt. B4
(2) [GK] Erklären Sie die Bedeutung des Ausdrucks $\frac{1}{8} \cdot \int_a^{a+8} f(t)\,dt$ wobei $0 \leq a \leq 6$ ist, im Sachzusammenhang. D3
(3) [GK] Ermitteln Sie eine Funktionsgleichung einer Stammfunktion von f und berechnen Sie $\frac{1}{8} \cdot \int_0^8 f(t)\,dt$ D1 D4
(4) [LK, Aufgabenstellung wäre aber auch für GK geeignet]
Bestimmen Sie die durchschnittliche Ozonkonzentration zwischen 7 und 21 Uhr. D3
(5) [GK und LK] Begründen Sie, dass die Fortsetzung der Funktion f auf das Intervall [0; 24] zur Prognose der Ozonkonzentration nicht geeignet ist.

c) Ein Prognosemodell aus der Schweiz zur Berechnung der **maximalen** Ozonkonzentration des folgenden Tages lautet:
$O_m = 0{,}25 \cdot O_h + 5{,}5 \cdot T_m - 40.$
O_m: Maßzahl der maximalen Ozonkonzentration (in µg/m³), die für den morgigen Tag prognostiziert wird
O_h: Maßzahl der maximalen Ozonkonzentration (in µg/m³) am heutigen Tag
T_m: Maßzahl der maximalen Temperatur (in °C), die für den morgigen Tag prognostiziert wird

(1) [GK] Für den morgigen Tag wird eine Höchsttemperatur von 28 °C vorhergesagt.
Bestimmen Sie, für welche heutige Ozonkonzentration nach dem Schweizer Modell am nächsten Tag eine Ozonkonzentration von 180 $\mu g/m^3$ vorausgesagt wird.

(2) [GK] Die „Ozon-Alarmschwelle" wird bei einer Konzentration von 240 $\mu g/m^3$ erreicht.
Heute wurde eine maximale Ozonkonzentration von 60 $\mu g/m^3$ gemessen.
Untersuchen Sie, welche Tageshöchsttemperatur für den nächsten Tag prognostiziert werden müsste, damit nach dem Schweizer Prognosemodell morgen ein Erreichen der „Alarmschwelle" möglich wäre.

(3) [LK, Aufgabenstellung wäre aber auch für GK geeignet]
Heute betrug die maximale Ozonkonzentration 120 $\mu g/m^3$.
Bestimmen Sie, welche Tageshöchsttemperatur für den nächsten Tag prognostiziert werden müsste, damit nach dem Schweizer Prognosemodell ein Ozonhöchstwert von 180 $\mu g/m^3$ prognostiziert wird.

d) [LK] Das erste Prognosemodell soll zwischen 7 Uhr ($t = 0$) und 21 Uhr ($t = 14$) auf die Funktion $f_{a;b}$:
$f_{a;b}(t) = 0{,}06 \cdot (0{,}25\,t^4 - 10{,}6\,t^3 + a \cdot t^2) + b,\ \ 0 \le t \le 14$ und $a, b > 0$,
erweitert werden.
Im Verlauf eines Tages treten die höchsten Ozonwerte in Städten normalerweise in den Nachmittagsstunden zwischen 14 und 17 Uhr auf.
Es sei $a \le 125$. In diesem Fall besitzt der Graph von $f_{a;b}$ genau ein relatives Maximum für $0 < t < 14$.
Bestimmen Sie, für welche Werte von $a \le 125$ das Ozonmaximum zwischen 14 und 17 Uhr liegt. B3 B6

Lösung

a) (1) Gemeinsamkeiten:
Die Ozonkonzentration steigt in beiden Fällen vom Morgen an und erreicht am Nachmittag ihren höchsten Stand. Danach flacht sie zum Abend hin ab.
Unterschiede:
Die Ozonkonzentration auf dem Land liegt ständig über dem städtischen Niveau, der höchste Wert wird mehr als eine Stunde später erreicht und die Zunahme bzw. die Abnahme ist geringer als in der „Stadtkurve".

(2) Einsetzen der vorgegebenen Zeiten in den Funktionsterm ergibt:
Ozonkonzentration um 7 Uhr: $f(0) = 55\ \mu g/m^3$
Ozonkonzentration um 21 Uhr: $f(14) = 76{,}16...\ \mu g/m^3$

(3) Bestimmen des lokalen Maximums der Funktion:
Ableitungen:
$f'(t) = 0{,}06 \cdot (t^3 - 31{,}8\,t^2 + 202{,}4\,t)$
$f''(t) = 0{,}06 \cdot (3\,t^2 - 63{,}6\,t + 202{,}4)$
Notwendige Bedingung:
$f'(t) = 0 \Leftrightarrow t \cdot (t^2 - 31{,}8\,t + 202{,}4) = 0 \Leftrightarrow t = 0 \lor (t - 15{,}9)^2 = 50{,}41$
$\Leftrightarrow t = 0 \lor t = 15{,}9 + 7{,}1 = 23 \lor t = 15{,}9 - 7{,}1 = 8{,}8$
Hieraus ergibt sich die Linearfaktorzerlegung: $f'(t) = 0{,}06 \cdot t \cdot (t - 8{,}8) \cdot (t - 23)$.

Aus dem Sachverhalt, der Definitionsmenge ($0 \le t \le 14$) und dem abgebildeten Graphen wird klar, dass nur die Nullstelle von f′ bei t = 8,8 für das lokale Maximum in Frage kommt. Einsetzen in die 2. Ableitung (hinreichendes Kriterium) bestätigt dies:
$f''(8{,}8) = 0{,}06 \cdot (-124{,}96) < 0$.

Wegen des Monotonieverhaltens der Funktion liegt an der Stelle t = 8,8 sogar ein absolutes Maximum.

	0,06 · t	**(t – 8,8)**	**(t – 23)**	**f**	**Monotonie**
0 < t < 8,8	+	–	–	+	streng mon. steigend
8,8 < t < 14	+	+	–	–	streng mon. fallend

Der Zeitpunkt t = 8,8 entspricht einer Uhrzeit von 15.48 Uhr. Die höchste Ozonkonzentration beträgt $f(8{,}8) \approx 181{,}75\ \mu g/m^3$.

(4) Betrachtet man ein symmetrisches Zeitintervall um das in (3) bestimmte Maximum, dann stellt man fest:
$f(8{,}8 - 0{,}5) = f(8{,}3) \approx 180{,}83\ \mu g/m^3$ und $f(8{,}8 + 0{,}5) = f(9{,}3) \approx 180{,}80\ \mu g/m^3$, d. h., in der Zeit zwischen 15.18 Uhr und 16.18 Uhr liegen die Ozonkonzentrationen auf jeden Fall oberhalb des kritischen Werts von $180\ \mu g/m^3$.

Alternativ könnte man auch die Schnittpunkte des Graphen von f mit der Geraden mit y = 180 ermitteln:
Diese liegen bei $t \approx 8{,}11$ (15.07 Uhr) und bei $t \approx 9{,}48$ (16.28 Uhr).

b) (1) Um die Zeitpunkte zu bestimmen, in denen die Ozonkonzentrationen am stärksten zu- oder abnehmen, muss man die Extremwerte der 1. Ableitung untersuchen sowie die Randwerte betrachten:

Notwendige Bedingung: $f''(t) = 0 \Leftrightarrow t^2 - 21{,}2t + 202{,}4/3 = 0 \Leftrightarrow$
$(t - 10{,}6)^2 = 44{,}8933\ldots \Leftrightarrow t = 17{,}300\ldots \vee t = 3{,}899\ldots$
An der Stelle t = 3,899... liegt ein Vorzeichenwechsel der 2. Ableitung von + nach – vor, d. h. dort ist die Veränderungsrate maximal; dies entspricht einer Uhrzeit von 10.54 Uhr.
Die Stelle t = 17,300... liegt nicht im Definitionsbereich der Funktion.
Die Änderungsraten an den Rändern der Definitionsmenge sind:
$f'(0) = 0$ und $f'(14) = -39{,}312$.
Daher ist die Stelle mit der größten Abnahme der Ozonkonzentration zum Zeitpunkt t = 14 gegeben (21.00 Uhr).

(2) $\frac{1}{8} \cdot \int_a^{a+8} f(t)\,dt$ gibt die durchschnittliche Ozonkonzentration für einen 8-Stunden-Zeitraum zwischen 7 und 21 Uhr in der Stadt an.

(3) Es gilt:

$$m = \frac{1}{8} \cdot \int_0^8 f(t)\,dt = \frac{1}{8} \cdot \left[0{,}06 \cdot \left(0{,}05t^5 - 2{,}65t^4 + \frac{101{,}2}{3}t^3\right) + 55t\right]_0^8$$
$$= 115{,}416 \approx 115\ [\mu g/m^3]$$

(4) Für die durchschnittliche Ozonkonzentration zwischen 7 und 21 Uhr gilt:

$$m = \frac{1}{14}\int_0^{14} f(t)\,dt \Rightarrow$$

$$m = \frac{1}{14}\cdot\left[0{,}06\cdot\left(0{,}05\,t^2 - 2{,}65\,t^4 + \frac{101{,}2}{3}t^3\right) + 55\,t\right]_0^{14}$$

$$= 130{,}656 \approx 131\ [\mu g/m^3]$$

(5) Betrachtet man den weiteren Verlauf des Graphen der Funktion, so stellt man fest, dass eine Nullstelle zwischen $t = 15$ und $t = 16$ liegt und danach negative Funktionswerte auftreten, was im Sachzusammenhang nicht möglich ist.

c) (1) Mit den angegebenen Werten folgt:
$180 = 0{,}25\cdot O_h + 5{,}5\cdot 28 - 40 \Leftrightarrow O_h = 264.$
Nach dem Modell müsste heute eine höchste Ozonkonzentration von 264 µg/m³ vorliegen.

(2) Analog folgt:
$240 = 0{,}25\cdot 60 + 5{,}5\cdot T_m - 40 \Leftrightarrow T_m = \frac{265}{5{,}5} = 48{,}18\ldots$

Damit am nächsten Tag nach dem Schweizer Prognosemodell die „Alarmschwelle" der Ozonkonzentration von 240 µg/m³ erreicht wird, müsste die prognostizierte Tageshöchsttemperatur über 48 °C [im Schatten] liegen.

(3) $180 = 0{,}25\cdot 120 + 5{,}5\cdot T_m - 40 \Leftrightarrow T_m = \frac{190}{5{,}5} = 34{,}54\ldots$

Nach dem Schweizer Prognosemodell könnte dieselbe Konzentration bei einer prognostizierten Temperatur von etwa 35 °C erreicht werden.

d) Für die 1. Ableitung gilt:
$f'_{a,b}(t) = 0{,}06\cdot(t^3 - 31{,}8\,t^2 + 2\,a\cdot t).$
Bestimmung der Nullstellen (notwendige Bedingung für lokale Extrema):
$t^3 - 31{,}8\,t^2 + 2\,a\cdot t = 0 \Leftrightarrow t\cdot(t^2 - 31{,}8\,t + 2\,a) = 0 \Leftrightarrow t = 0 \vee (t - 15{,}9)^2 = 15{,}9^2 - 2\,a \Leftrightarrow$
$t = 0 \vee t = 15{,}9 \pm \sqrt{15{,}9^2 - 2\,a}.$
Da $t = 0$ bzw. $t = 15{,}9 + \sqrt{15{,}9^2 - 2\,a} > 14$ nicht im Intervall $]0;14[$ liegen und in der Aufgabenstellung vorgegeben ist, dass $f_{a;b}$ in diesem Intervall eine relative Maximalstelle besitzt, liegt an der Stelle $t = 15{,}9 + \sqrt{15{,}9^2 - 2\,a}$ eine relative – und als einzige Extremalstelle einer differenzierbaren Funktion – auch absolute Maximalstelle.
Damit das Maximum zwischen 14 und 17 Uhr liegt, muss gelten: $7 < t < 10$, also
$7 < 15{,}9 - \sqrt{15{,}9^2 - 2\,a} < 10.$
Diese Bedingung ist erfüllt, wenn $7 < 15{,}9 - \sqrt{15{,}9^2 - 2\,a} \wedge 15{,}9 - \sqrt{15{,}9^2 - 2\,a} < 10$
also:
$5{,}9 < \sqrt{15{,}9^2 - 2\,a} \wedge \sqrt{15{,}9^2 - 2\,a} < 8{,}9 \Leftrightarrow 5{,}9^2 < 15{,}9^2 - 2\,a \wedge 15{,}9^2 - 2\,a < 8{,}9^2 \Leftrightarrow$
$2\,a < 15{,}9^2 - 5{,}9^2 \wedge 2\,a > 15{,}9^2 - 8{,}9^2 \Leftrightarrow a < 109 \wedge a > 86{,}8 \Leftrightarrow 86{,}8 < a < 109.$

Aufgabe 4 *Analytische Geometrie*

Bei der Kunstausstellung „Licht und Schatten" ist in der Mitte der Ausstellungshalle eine gerade, 1 m hohe Pyramide mit quadratischer Grundfläche von 1 m Seitenlänge ausgestellt. Die Grundfläche der Pyramide befindet sich (gehalten von vier Stützen) einen Meter über dem Boden der Halle. Die quaderförmige Halle selbst ist 5 m hoch und hat eine quadratische Grundfläche von 9 m Seitenlänge.

In einem kartesischen Koordinatensystem mit Ursprung in einer Hallenecke und entlang der Hallenkanten verlaufenden Koordinatenachsen hat die Grundfläche der Pyramide die Eckpunkte A(5 | 4 | 1), B(5 | 5 | 1), C(4 | 5 | 1) und D(4 | 4 | 1).

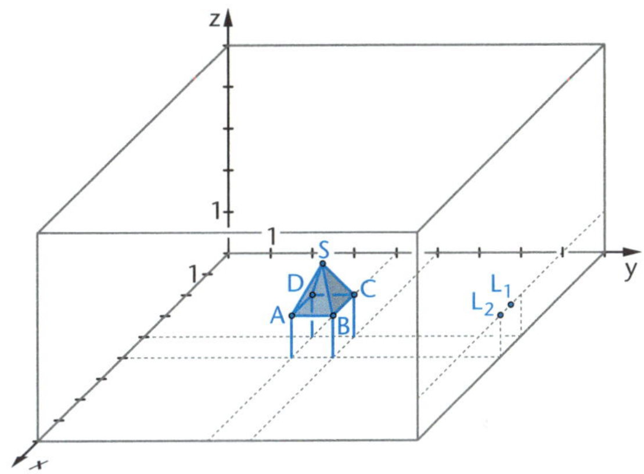

a) (1) [GK und LK] Zeigen Sie, dass die Pyramidenspitze die Koordinaten S(4,5 | 4,5 | 2) hat. E1
   (2) Berechnen Sie die Seitenlängen des Dreiecks ABS. E3
   (3) Bestimmen Sie das Volumen und den Oberflächeninhalt der Pyramide. G2

b) (1) [GK und LK] Die Pyramide wird von einer an der rechten Hallenwand in der Position L_1 (4,5 | 9 | 1) befestigten punktförmigen Lichtquelle angestrahlt (siehe Abbildung bei a)). Der Pyramidenschatten auf der gegenüberliegenden Hallenwand (y = 0) hat die Form eines Dreiecks. E3 F1 F5 G2
   Ermitteln Sie die Koordinaten der Eckpunkte dieses Schattendreiecks. Zeigen Sie, dass es sich um ein gleichschenkliges Dreieck handelt, und berechnen Sie seinen Flächeninhalt.
   (2) [LK, aber auch als Aufgabe für GK geeignet]
   Die Lichtquelle wird nun in die Position L_2(5 | 9 | 1) gebracht (siehe Abbildung bei a)).
   Beschreiben Sie ohne weitere Rechnung die Form des neuen Pyramidenschattens im Vergleich zum Schatten aus b)(1).

c) [LK] Ermitteln Sie, unter welchem Winkel die Seitenfläche ABS der Pyramide gegen ihre Grundfläche ABCD geneigt ist. E2 F4 G1

d) [GK] Nachts werden die Kunstwerke in der Halle durch Laser-Lichtschranken gesichert. Einer der Laserstrahlen ist auf den Punkt M(4,75 | 4,5 | 1,5) des Dreiecks ABS gerichtet.
   (1) Zeigen Sie, dass M der Mittelpunkt der Seitenhalbierenden der Dreiecksseite $\overline{AB}$ ist. F1

(2) Der Laserstrahl trifft im Punkt M orthogonal auf die Seitenfläche ABS der Pyramide. F5

Zeigen Sie, dass der Laserstrahl in Richtung des Vektors $\vec{\ell} = \begin{pmatrix} 2 \\ 0 \\ 1 \end{pmatrix}$ verläuft, und

ermitteln Sie die Koordinaten der Position der Laser-Lichtquelle an der Wand der Halle.

e) Nachts werden die Kunstwerke in der Halle durch Laser-Lichtschranken gesichert. Einer der Laserstrahlen ist auf den Schnittpunkt M der Mittelsenkrechten des Dreiecks ABS gerichtet. E2 F2 F5

(1) Bestimmen Sie rechnerisch die Koordinaten von M.
[Zur Kontrolle: M(4,8 | 4,5 | 1,4)]

(2) Der Laserstrahl trifft im Punkt M orthogonal auf die Seitenfläche ABS der Pyramide.
Ermitteln Sie die Koordinaten der Position P der zugehörigen Laser-Lichtquelle an einer der Hallenwände.

f) [GK] Eine weitere Laser-Lichtquelle ist so installiert, dass der von ihr ausgehende rotierende Laserstrahl den innerhalb der Halle liegenden Bereich der Ebene

$$E^*:\ \vec{x} = \begin{pmatrix} 3 \\ 0 \\ 5 \end{pmatrix} + r \cdot \begin{pmatrix} 0 \\ 1 \\ 0 \end{pmatrix} + s \cdot \begin{pmatrix} 1 \\ 0 \\ -2 \end{pmatrix}\ \ r, s \in \mathbb{R},$$

überstreicht. Der Laserstrahl trifft unter anderem die Punkte F(3 | 0 | 5) und G(3 | 9 | 5).

(1) Zeichnen Sie in die Abbildung die Spur des rotierenden Laserstrahls auf Wänden, Boden und Decke der Halle ein, d. h., alle Punkte der Wände, des Bodens und der Decke der Halle, die zur Ebene E* gehören.

(2) Die Ebene E* und die Ebene E_{BCS}: $2y + z = 11$, in der die Seitenfläche BCS der Pyramide liegt, schneiden sich in einer Schnittgeraden g. F3
Entscheiden Sie, ob die Pyramidenkante BS auf dieser Schnittgeraden g liegt.

g) [LK] Eine andere Laser-Lichtquelle befindet sich in der Position Q(9 | 7 | 3). Ihr Laserstrahl ist auf den Punkt R(1 | 3 | 0) gerichtet. F1 F3 F5
Zeigen Sie, dass dieser Laserstrahl die Seitenfläche BCS der Pyramide trifft.

Lösung

a) (1) Da es sich um eine gerade Pyramide mit einer zur x-y-Ebene parallelen Grundfläche handelt, stimmen die x- und y-Koordinaten der Pyramidenspitze S mit denen des Mittelpunkts M(4,5 | 4,5 | 1) ihrer quadratischen Grundfläche ABCD überein.
Die Koordinaten des Mittelpunkts M des Quadrats ergeben sich als Mittelwerte der Koordinaten der Punkte A und C oder der Punkte B und D.
Da nach Aufgabenstellung die Pyramide 1 m hoch sein soll, ergibt sich die 3. Koordinate des Punktes S als 1 + 1 = 2.

(2) Das Dreieck ist gleichschenklig mit Grundseite |AB| = 1. Die Länge der Schenkel ergibt sich aus den Koordinaten der Streckeneckpunkte, z. B.
$|AS| = \sqrt{(4{,}5 - 5)^2 + (4{,}5 - 4)^2 + (2 - 1)^2}\ m = \sqrt{1{,}5}\ m \approx 1{,}22\ m.$

(3) Das Volumen der Pyramide beträgt $V = \frac{1}{3} \cdot G \cdot h = \frac{1}{3} \cdot 1 \cdot 1\ m^3 = \frac{1}{3}\ m^3$.

Ihre Oberfläche besteht aus der 1 m^2 großen Grundfläche und der Mantelfläche. Die Mantelfläche besteht aus vier [kongruenten] Dreiecken mit der Grundseitenlänge 1 m. Die Höhe im gleichschenkligen Dreieck kann nach dem Satz des

PYTHAGORAS berechnet werden: $h^2 = |AS|^2 - \left(\frac{1}{2}|AB|\right)^2 = 1{,}5 - 0{,}25 = 1{,}25$,

also $h = \sqrt{1{,}25}$ m. Der Inhalt jeder Dreiecksfläche beträgt somit $A = \frac{1}{2} \cdot 1 \cdot \sqrt{1{,}25}\ m^2$.

Der Oberflächeninhalt der Pyramide ist $O = 1\ m^2 + 4 \cdot \frac{1}{2} \cdot 1 \cdot \sqrt{1{,}25}\ m^2 \approx 3{,}24\ m^2$.

b) (1) Die von der Lichtquelle in L_1 ausgehenden Lichtstrahlen treffen auf das der Lichtquelle zugewandte Dreieck BCS und bilden dieses auf die gegenüberliegende Hallenwand ab.
Daher müssen die Geraden durch L_1 und B bzw. C und S und deren Schnittpunkte mit der x-z-Ebene mit y = 0 bestimmt werden:

$$L_1, B: \vec{x} = \begin{pmatrix} 4{,}5 \\ 9 \\ 1 \end{pmatrix} + t \cdot \begin{pmatrix} 5 - 4{,}5 \\ 5 - 9 \\ 1 - 1 \end{pmatrix} = \begin{pmatrix} 4{,}5 \\ 9 \\ 1 \end{pmatrix} + t \cdot \begin{pmatrix} 0{,}5 \\ -4 \\ 0 \end{pmatrix}$$

Diese Gerade schneidet für $t = \frac{9}{4}$ die x-z-Ebene in $B'(5{,}625\,|\,0\,|\,1)$, denn das Gleichungs-

system $\begin{pmatrix} b_1 \\ 0 \\ b_3 \end{pmatrix} = \begin{pmatrix} 4{,}5 + 0{,}5\,t \\ 9 - 4\,t \\ 1 \end{pmatrix}$ hat die Lösungen $t = \frac{9}{4} = 2{,}25$ und $b_3 = 1$, also

$b_1 = 4{,}5 + 0{,}5 \cdot 2{,}25 = 5{,}625$.

Analog ermittelt man:

L_1C: $\vec{x} = \begin{pmatrix} 4{,}5 \\ 9 \\ 1 \end{pmatrix} + u \cdot \begin{pmatrix} -0{,}5 \\ -4 \\ 0 \end{pmatrix}$ schneidet für $u = \frac{9}{4}$ die x-z-Ebene in $C'(3{,}375\,|\,0\,|\,1)$.

L_1S: $\vec{x} = \begin{pmatrix} 4{,}5 \\ 9 \\ 1 \end{pmatrix} + v \cdot \begin{pmatrix} 0 \\ -4{,}5 \\ 1 \end{pmatrix}$ schneidet für v = 2 die x-z-Ebene in $S'(4{,}5\,|\,0\,|\,3)$.

Wegen $\overrightarrow{B'S'} = \begin{pmatrix} 4{,}5 - 5{,}625 \\ 0 - 0 \\ 3 - 1 \end{pmatrix} = \begin{pmatrix} -1{,}125 \\ 0 \\ 2 \end{pmatrix}$ und $\overrightarrow{C'S'} = \begin{pmatrix} 4{,}5 - 3{,}375 \\ 0 - 0 \\ 3 - 1 \end{pmatrix} = \begin{pmatrix} 1{,}125 \\ 0 \\ 2 \end{pmatrix}$, also

$|B'S'| = |C'S'| = \sqrt{1{,}125^2 + 2^2} \approx 2{,}29$ m ist das Bilddreieck ebenfalls gleichschenklig.

Für die Grundseite des Bilddreiecks gilt: $\overrightarrow{B'C'} = \begin{pmatrix} 3{,}375 - 5{,}625 \\ 0 - 0 \\ 2 - 2 \end{pmatrix} = \begin{pmatrix} -2{,}25 \\ 0 \\ 0 \end{pmatrix}$;

sie hat also die Länge 2,25 m.
Die Höhe des Bilddreiecks hat die Länge 2 m, wie man an der Differenz der z-Koordinaten des Punktes S′ und der Punkte B′ und C′ ablesen kann.

Daher ist der Flächeninhalt des Bilddreiecks: $A = \frac{1}{2} \cdot 2{,}25\ m \cdot 2\ m = 2{,}25\ m^2$.

(2) Die Lichtquelle befindet sich nun im Punkt $L_2(5\,|\,9\,|\,1)$.
Auch bei dieser Position der Lichtquelle wird offenbar nur die Pyramidenfläche BCS von den Lichtstrahlen getroffen. Der Schatten der Pyramide ist ebenfalls ein Dreieck.
Dieses ist jedoch nicht gleichschenklig wie das Schattendreieck B′C′S′ aus (1), da die Lichtquelle keine symmetrische Lage mehr im Bezug das Dreieck BCS hat.

c) Um den Neigungswinkel der Ebene durch A(5 | 4 | 1), B(5 | 5 | 1), S(4,5 | 4,5 | 2) zu ermitteln, bestimmt man zunächst eine Parameterdarstellung der Ebene und dann einen Normalenvektor der Ebene:
Die Ebene kann beschrieben werden durch

$$\vec{x} = \begin{pmatrix}5\\4\\1\end{pmatrix} + s \cdot \begin{pmatrix}5-5\\5-4\\1-1\end{pmatrix} + t \cdot \begin{pmatrix}4{,}5-5\\4{,}5-4\\2-1\end{pmatrix} = \begin{pmatrix}5\\4\\1\end{pmatrix} + s \cdot \begin{pmatrix}0\\1\\0\end{pmatrix} + t \cdot \begin{pmatrix}-0{,}5\\0{,}5\\1\end{pmatrix}.$$

Offensichtlich erfüllt der Vektor $\vec{n_1} = \begin{pmatrix}2\\0\\1\end{pmatrix}$ die Bedingung, dass das Skalarprodukt mit beiden Richtungsvektoren gleich null ist: $\begin{pmatrix}2\\0\\1\end{pmatrix} * \begin{pmatrix}0\\1\\0\end{pmatrix} = 0$ und $\begin{pmatrix}2\\0\\1\end{pmatrix} * \begin{pmatrix}-0{,}5\\0{,}5\\1\end{pmatrix} = 0$.

Alternativ kann aus den Koordinaten der drei Punkte eine Koordinatengleichung der Ebene E_{ABS}: $ax + by + cz = d$ bestimmt werden, also mit Normalenvektor $\vec{n_1} = \begin{pmatrix}a\\b\\c\end{pmatrix}$:

Das lineare Gleichungssystem $\left|\begin{matrix}5a + 4b + 1c = d\\ 5a + 5b + 1c = d\\ 4{,}5a + 4{,}5b + 2c = d\end{matrix}\right|$ muss dazu umgeformt werden:

$$\left|\begin{matrix}5a + 4b + 1c = d\\ 5a + 5b + 1c = d\\ 4{,}5a + 4{,}5b + 2c = d\end{matrix}\right| \begin{matrix}\cdot(-1)\ \ \cdot(-0{,}9)\\ \hookleftarrow \\ \hookleftarrow\end{matrix} \Leftrightarrow \left|\begin{matrix}5a + 4b + 1c = d\\ b = 0\\ 0{,}9b + 1{,}1c = 0{,}1d\end{matrix}\right|$$

Wegen b = 0 reduziert sich das Gleichungssystem auf

$$\left|\begin{matrix}5a + 1c = d\\ 1{,}1c = 0{,}1d\end{matrix}\right|, \text{ also } \left|\begin{matrix}5a + 1c = d\\ c = \frac{1}{11}d\end{matrix}\right| \Leftrightarrow \left|\begin{matrix}5a = \frac{10}{11}d\\ c = \frac{1}{11}d\end{matrix}\right| \Leftrightarrow \left|\begin{matrix}a = \frac{2}{11}d\\ c = \frac{1}{11}d\end{matrix}\right|.$$

Alle Normalenvektoren lassen sich demnach darstellen als $\vec{n_1} = \frac{d}{11} \cdot \begin{pmatrix}2\\0\\1\end{pmatrix}$.

Die Grundfläche des Dreiecks liegt parallel zur x-y-Ebene; d. h. $\vec{n_2} = \begin{pmatrix}0\\0\\1\end{pmatrix}$ ist ein Normalenvektor hierzu.
Der Winkel zwischen den beiden Ebenen ist gleich dem Winkel zwischen den beiden Normalenvektoren. Daher gilt:

$$\cos^{-1}\left(\frac{\vec{n_1} * \vec{n_2}}{|\vec{n_1}| \cdot |\vec{n_2}|}\right) = \cos^{-1}\left(\frac{1}{\sqrt{5} \cdot 1}\right) \approx 63{,}4°.$$

Die Seitenfläche ABS ist um ca. 63,4° gegen die Grundfläche geneigt.

d) (1) Die Seitenhalbierende der Dreiecksseite $\overline{AB}$ ist die Strecke $\overline{SM_{AB}}$, wobei $M_{AB}(5 | 4{,}5 | 1)$ der Mittelpunkt von $\overline{AB}$ ist. Der Mittelpunkt der Strecke $\overline{SM_{AB}}$ ist $M\left(\frac{4{,}5+5}{2} \middle| \frac{4{,}5+4{,}5}{2} \middle| \frac{2+1}{2}\right) = M(4{,}75 | 4{,}5 | 1{,}5)$.
Damit ist gezeigt, dass M Mittelpunkt der Seitenhalbierenden der Dreiecksseite $\overline{AB}$ ist.

(2) Der Nachweis, dass der Vektor $\vec{\ell} = \begin{pmatrix}2\\0\\1\end{pmatrix}$ orthogonal ist zu den Richtungsvektoren $\overrightarrow{AB} = \begin{pmatrix}5-5\\5-4\\1-1\end{pmatrix} = \begin{pmatrix}0\\1\\0\end{pmatrix}$ und $\overrightarrow{AS} = \begin{pmatrix}4{,}5-5\\4{,}5-4\\2-1\end{pmatrix} = \begin{pmatrix}-0{,}5\\0{,}5\\1\end{pmatrix}$ der Ebene, welche die Punkte A, B

und S enthält, wurde in der Lösung der Teilaufgabe c) mithilfe des Skalarprodukts erbracht.

Der Laserstrahl kann also beschrieben werden durch $\vec{x} = \begin{pmatrix} 4,75 \\ 4,5 \\ 1,5 \end{pmatrix} + r \cdot \begin{pmatrix} 2 \\ 0 \\ 1 \end{pmatrix}$.

Um die Position der Laserquelle zu bestimmen, muss berücksichtigt werden, dass die x-Koordinate des zugehörigen Punktes gleich 9 ist, da sie sich auf der vorderen Hallenwand befindet.

Aus der 1. Zeile des linearen Gleichungssystems $\begin{pmatrix} 9 \\ y_P \\ z_P \end{pmatrix} = \begin{pmatrix} 4,75 \\ 4,5 \\ 1,5 \end{pmatrix} + r \cdot \begin{pmatrix} 2 \\ 0 \\ 1 \end{pmatrix}$ ergibt sich

$r = 2,125$ und hiermit $y_P = 4,5$ sowie $z_P = 3,625$.

P(9 | 4,5 | 3,625) ist die gesuchte Position der Laser-Lichtquelle an der Wand der Halle.

e) (1) Da das Dreieck ABS gleichschenklig ist, kann die Mittelsenkrechte m_{AB} dadurch bestimmt werden, dass man den Mittelpunkt M_{AB} der Strecke $\overline{AB}$ mit S(4,5 | 4,5 | 2) verbindet:

Die Koordinaten von M_{AB} ergeben sich als arithmetisches Mittel aus den Koordinaten von A und B: $M_{AB}(5 | 4,5 | 1)$. Eine Parameterdarstellung ist dann gegeben durch:

$$m_{AB}\colon\ x = \begin{pmatrix} 5 \\ 4,5 \\ 1 \end{pmatrix} + r \cdot \begin{pmatrix} 4,5 - 5 \\ 4,5 - 4,5 \\ 2 \quad - 1 \end{pmatrix} = \begin{pmatrix} 5 \\ 4,5 \\ 1 \end{pmatrix} + r \cdot \begin{pmatrix} -0,5 \\ 0 \\ 1 \end{pmatrix}$$

Die Mittelsenkrechte m_{AS} muss die Bedingung erfüllen, dass sie durch den Mittelpunkt $M_{AS}(4,75 | 4,25 | 1,5)$ der Strecke $\overline{AS}$ verläuft und orthogonal ist sowohl zu

$\overrightarrow{AS} = \begin{pmatrix} 4,5 - 5 \\ 4,5 - 4 \\ 2 \quad - 1 \end{pmatrix} = \begin{pmatrix} -0,5 \\ 0,5 \\ 1 \end{pmatrix}$ als auch zum Normalenvektor der Ebene, die A, B und S enthält.

Ein Normalenvektor der Ebene ist $\vec{n_1} = \begin{pmatrix} 2 \\ 0 \\ 1 \end{pmatrix}$ (s. o.).

Der Richtungsvektor $\vec{w}$ von m_{AS} muss also die Bedingungen erfüllen:

$$\begin{pmatrix} w_1 \\ w_2 \\ w_3 \end{pmatrix} * \begin{pmatrix} -0,5 \\ 0,5 \\ 1 \end{pmatrix} = 0 \text{ und } \begin{pmatrix} w_1 \\ w_2 \\ w_3 \end{pmatrix} * \begin{pmatrix} 2 \\ 0 \\ 1 \end{pmatrix} = 0.$$

Aus der 2. Bedingung erhält man beispielsweise, dass $w_1 = 1$ und $w_3 = -2$ sein könnte. Dann gilt für w_2: $-0,5 \cdot 1 + 0,5 \cdot w_2 + 1 \cdot (-2) = 0$, also $w_2 = 5$.

Daher gilt m_{AS}: $\vec{x} = \begin{pmatrix} 4,75 \\ 4,25 \\ 1,5 \end{pmatrix} + t \cdot \begin{pmatrix} 1 \\ 5 \\ -2 \end{pmatrix}$.

Der Schnittpunkt der Mittelsenkrechten muss beide Parameterdarstellungen erfüllen:

$$\vec{x} = \begin{pmatrix} 5 \\ 4,5 \\ 1 \end{pmatrix} + r \cdot \begin{pmatrix} -0,5 \\ 0 \\ 1 \end{pmatrix} \text{ und } \vec{x} = \begin{pmatrix} 4,75 \\ 4,25 \\ 1,5 \end{pmatrix} + t \cdot \begin{pmatrix} 1 \\ 5 \\ -2 \end{pmatrix},$$

d. h., es gilt das lineare Gleichungssystem:

$$\begin{pmatrix} 5 \\ 4,5 \\ 1 \end{pmatrix} + r \cdot \begin{pmatrix} -0,5 \\ 0 \\ 1 \end{pmatrix} = \begin{pmatrix} 4,75 \\ 4,25 \\ 1,5 \end{pmatrix} + t \cdot \begin{pmatrix} 1 \\ 5 \\ -2 \end{pmatrix} \Leftrightarrow r \cdot \begin{pmatrix} -0,5 \\ 0 \\ 1 \end{pmatrix} - t \cdot \begin{pmatrix} 1 \\ 5 \\ -2 \end{pmatrix} = \begin{pmatrix} -0,25 \\ -0,25 \\ 0,5 \end{pmatrix} \Leftrightarrow$$

$$\left| \begin{array}{r} -0,5\,r - t = -0,25 \\ -5\,t = -0,25 \\ r + 2\,t = 0,5 \end{array} \right|$$

Aus der 2. Gleichung ergibt sich t = 0,05 und sowohl aus der 1. wie der 3. Gleichung r = 0,4. Eingesetzt in die beiden Parameterdarstellungen ergibt sich

$\vec{x} = \begin{pmatrix} 5 \\ 4{,}5 \\ 1 \end{pmatrix} + 0{,}4 \cdot \begin{pmatrix} -0{,}5 \\ 0 \\ 1 \end{pmatrix} = \begin{pmatrix} 4{,}8 \\ 4{,}5 \\ 1{,}4 \end{pmatrix}$ und als Probe $\vec{x} = \begin{pmatrix} 4{,}75 \\ 4{,}25 \\ 1{,}5 \end{pmatrix} + 0{,}05 \cdot \begin{pmatrix} 1 \\ 5 \\ -2 \end{pmatrix} = \begin{pmatrix} 4{,}8 \\ 4{,}5 \\ 1{,}4 \end{pmatrix}$.

Der gesuchte Schnittpunkt der Mittelsenkrechten ist M(4,8 | 4,5 | 1,4).

(2) Der Laserstrahl verläuft entlang der Geraden ℓ: $\vec{x} = \begin{pmatrix} 4{,}8 \\ 4{,}5 \\ 1{,}4 \end{pmatrix} + r \cdot \begin{pmatrix} 2 \\ 0 \\ 1 \end{pmatrix}$ parallel zur x-z-Ebene. Offenbar befindet sich die gesuchte Position P der Laser-Lichtquelle an der vorderen Hallenwand (vgl. Abbildung). Daher gilt für die x-Koordinate von P: $x_P = 9$.

Aus $\overrightarrow{x_P} = \begin{pmatrix} 9 \\ y_P \\ z_P \end{pmatrix} = \begin{pmatrix} 4{,}8 \\ 4{,}5 \\ 1{,}4 \end{pmatrix} + r \cdot \begin{pmatrix} 2 \\ 0 \\ 1 \end{pmatrix}$ ergibt sich r = 2,1 und $z_P = 3{,}5$.

f) (1) Die Ebene ist durch die Angabe des Punktes F sowie die Richtungsvektoren bestimmt. Geht man von F aus in Richtung $\vec{u} = \begin{pmatrix} 0 \\ 1 \\ 0 \end{pmatrix}$ (parallel zur y-Achse) vor, dann trifft man auf den angegebenen Punkt G. Geht man von F(3 | 0 | 5) aus in Richtung $\vec{v} = \begin{pmatrix} 1 \\ 0 \\ -2 \end{pmatrix}$ vor,

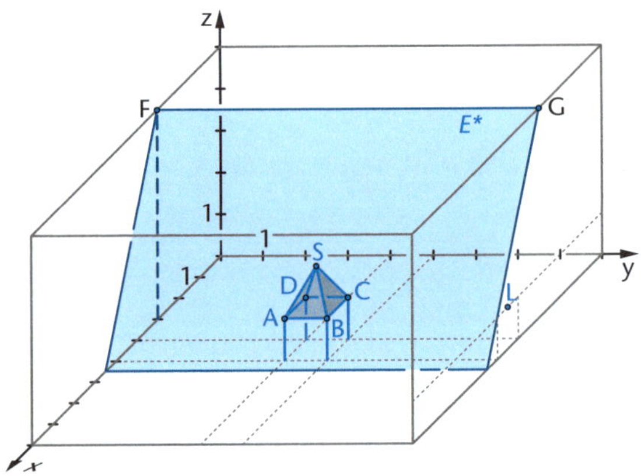

dann trifft man beim 2,5-fachen des Vektors auf einen Punkt der x-Achse, nämlich den Punkt (5,5 | 0 | 0), der dann eingezeichnet werden kann.

(2) Zu prüfen ist, ob die beiden Punkte B(5 | 5 | 1) und S(4,5 | 4,5 | 2) auch zur Ebene E* gehören.
Zu lösen sind also die linearen Gleichungssysteme

$\begin{pmatrix} 5 \\ 5 \\ 1 \end{pmatrix} = \begin{pmatrix} 3 \\ 0 \\ 5 \end{pmatrix} + r \cdot \begin{pmatrix} 0 \\ 1 \\ 0 \end{pmatrix} + s \cdot \begin{pmatrix} 1 \\ 0 \\ -2 \end{pmatrix}$ und $\begin{pmatrix} 4{,}5 \\ 4{,}5 \\ 2 \end{pmatrix} = \begin{pmatrix} 3 \\ 0 \\ 5 \end{pmatrix} + r \cdot \begin{pmatrix} 0 \\ 1 \\ 0 \end{pmatrix} = \begin{pmatrix} 1 \\ 0 \\ -2 \end{pmatrix}$

Im ersten Fall ergibt sich $\left| \begin{array}{c} 3 + s = 5 \\ r = 5 \\ 5 - 2s = 1 \end{array} \right| \Leftrightarrow \left| \begin{array}{l} s = 2 \\ r = 5 \\ s = 2 \end{array} \right|$

im zweiten $\left| \begin{array}{c} 3 + s = 4{,}5 \\ r = 4{,}5 \\ 5 - 2s = 2 \end{array} \right| \Leftrightarrow \left| \begin{array}{l} s = 1{,}5 \\ r = 4{,}5 \\ s = 1{,}5 \end{array} \right|$.

Daher liegen die Punkte B und S und mit ihnen auch die Strecke $\overrightarrow{BS}$ sowohl in der Ebene E_{BCS} als auch in der Ebene E* und somit auf der Schnittgeraden g von E* und E_{BCS}.

g) Zu bestimmen sind zunächst Parameterdarstellungen der Geraden durch Q und R sowie der Ebene durch B(5 | 5 | 1), C(4 | 5 | 1), S(4,5 | 4,5 | 2),

$$\vec{x} = \begin{pmatrix} 9 \\ 7 \\ 3 \end{pmatrix} + r \cdot \begin{pmatrix} 1-9 \\ 3-7 \\ 0-3 \end{pmatrix} = \begin{pmatrix} 9 \\ 7 \\ 3 \end{pmatrix} + r \cdot \begin{pmatrix} -8 \\ -4 \\ -3 \end{pmatrix},$$

wobei $0 \le r \le 1$ gelten muss, weil der Laserstrahl nur innerhalb des Gebäudes sichtbar ist, und

$$\vec{x} = \begin{pmatrix} 5 \\ 5 \\ 1 \end{pmatrix} + s \cdot \begin{pmatrix} 4-5 \\ 5-5 \\ 1-1 \end{pmatrix} + t \cdot \begin{pmatrix} 4,5-5 \\ 4,5-5 \\ 2-1 \end{pmatrix} = \begin{pmatrix} 5 \\ 5 \\ 1 \end{pmatrix} + s \cdot \begin{pmatrix} -1 \\ 0 \\ 0 \end{pmatrix} + t \cdot \begin{pmatrix} -0,5 \\ -0,5 \\ 1 \end{pmatrix},$$

wobei $0 \le s, t \le 1$ und $0 \le s + t \le 1$ gelten muss, wenn es sich um einen Punkt des Dreiecks BCS handelt.

Um den Schnittpunkt von Gerade und Ebene zu bestimmen, ist das lineare Gleichungssystem zu lösen:

$$\begin{pmatrix} 9 \\ 7 \\ 3 \end{pmatrix} + r \cdot \begin{pmatrix} -8 \\ -4 \\ -3 \end{pmatrix} = \begin{pmatrix} 5 \\ 5 \\ 1 \end{pmatrix} + s \cdot \begin{pmatrix} -1 \\ 0 \\ 0 \end{pmatrix} + t \cdot \begin{pmatrix} -0,5 \\ -0,5 \\ 1 \end{pmatrix} \Leftrightarrow \left| \begin{array}{r} -8r + 1s + 0,5t = -4 \\ -4r + 0,5\,t = -2 \\ -3r - 1t = -2 \end{array} \right|$$

Betrachtet man zunächst nur die unteren beiden Gleichungen (da sie beide nur zwei Variablen enthalten), so ergibt sich

$$\left| \begin{array}{l} -4r + 0,5t = -2 \\ -3r - 1t = -2 \end{array} \right| \begin{array}{l} \cdot 2 \\ \hookleftarrow \end{array} \Leftrightarrow \left| \begin{array}{r} -4r + 0,5t = -2 \\ -11r = -6 \end{array} \right| \Leftrightarrow \left| \begin{array}{r} -4r + 0,5t = -2 \\ r = \frac{6}{11} \end{array} \right| \Leftrightarrow \left| \begin{array}{l} t = \frac{4}{11} \\ r = \frac{6}{11} \end{array} \right|$$

und aus der 1. Gleichung $-8 \cdot \frac{6}{11} + s + 0,5 \cdot \frac{4}{11} = -4 \Leftrightarrow s = \frac{2}{11}$.

Die Bedingungen $0 \le r \le 1$ und $0 \le s + t \le 1$ sind erfüllt. Hiermit könnte der Schnittpunkt (Punkt, in dem der Laserstrahl auf das Dreieck trifft) berechnet werden (nicht verlangt):

$$\vec{x} = \begin{pmatrix} 9 \\ 7 \\ 3 \end{pmatrix} + \frac{6}{11} \cdot \begin{pmatrix} -8 \\ -4 \\ -3 \end{pmatrix} = \begin{pmatrix} \frac{51}{11} \\ \frac{53}{11} \\ \frac{15}{11} \end{pmatrix} = \begin{pmatrix} 4,64 \\ 4,82 \\ 1,36 \end{pmatrix}.$$

Aufgabe 5 *Matrizen*

Ein Reisebüro pflegt eine Datei mit Adressen von 4400 langjährigen Stammkunden, die ihren Urlaub über dieses Reisebüro buchen. Zum Ende eines jeden Jahres untersucht die Geschäftsleitung das Buchungsverhalten der Kunden im Hinblick auf die Anzahl der Urlaube, die die Kunden im abgelaufenen Jahr bei dem Reisebüro gebucht haben. Dabei wird unterschieden zwischen den Kunden, die im abgelaufenen Jahr genau einen Urlaub bei dem Reisebüro gebucht haben (Kundengruppe E), Kunden, die im abgelaufenen Jahr mehr als einen Urlaub bei dem Reisebüro gebucht haben (Kundengruppe M), und Kunden, die im abgelaufenen Jahr keinen Urlaub bei dem Reisebüro gebucht haben (Kundengruppe K).
Vereinfachend wird davon ausgegangen, dass sich die Stammkundschaft mit der Zeit nicht ändert.

a) [GK und LK] Die Geschäftsleitung hat festgestellt, dass das Buchungsverhalten der Stammkunden während eines Jahres vom Buchungsverhalten im vorangegangenen Jahr abhängt. So wurde in früheren Jahren von folgendem Buchungsverhalten der Stammkunden bei dem Reisebüro ausgegangen: H1
- Von den Kunden der Gruppe E eines Jahres buchen im folgenden Jahr 75 % ebenfalls genau einen Urlaub; 10 % der Gruppe buchen mehr als einen Urlaub und 15 % keinen Urlaub.
- Von den Kunden, die in einem Jahr mehr als einen Urlaub gebucht haben, buchen 60 % im Folgejahr ebenfalls mehr als einen Urlaub, 20 % buchen genau einen Urlaub und 20 % buchen keinen Urlaub.
- 57 % der Kunden der Gruppe K buchen bei dem Reisebüro im nächsten Jahr genau einen Urlaub, 28 % sogar mehr als einen Urlaub, während 15 % auch im Folgejahr keinen Urlaub bei dem Reisebüro buchen.

Stellen Sie dieses Buchungsverhalten durch ein Übergangsdiagramm dar und bestimmen Sie eine Übergangsmatrix, die dieses Verhalten beschreibt.

b) [GK und LK] Aufgrund einer Änderung des Urlaubsverhaltens gilt aktuell die folgende Übergangsmatrix A:

	von: E M K
nach: E M K	$A = \begin{pmatrix} 0{,}8 & 0{,}2 & 0{,}6 \\ 0{,}1 & 0{,}6 & 0{,}3 \\ 0{,}1 & 0{,}2 & 0{,}1 \end{pmatrix}$

(1) Geben Sie drei Änderungen im Buchungsverhalten an, die gegenüber den früheren Jahren erkennbar sind.

Im Jahr 2011 buchten 2624 Kunden genau einen Urlaub, 1206 Kunden buchten mehr als einen Urlaub, während 570 Kunden keine Buchung bei dem Reisebüro durchführten.

(2) Bestimmen Sie unter den Übergangsbedingungen, die durch die Matrix A gegeben sind, die zu erwartende Verteilung für das Jahr 2012. H2

(3) Bestimmen Sie unter den Übergangsbedingungen, die durch die Matrix A gegeben sind, die Verteilung für das Jahr 2010. H4

c) [GK] Die Geschäftsleitung strebt aus Gründen der Planungssicherheit an, dass die Anzahl der Kunden der einzelnen Gruppen E, M und K von Jahr zu Jahr gleich bleibt. H3
Zeigen Sie durch Berechnung, dass es bei dem durch die Matrix A beschriebenen Buchungsverhalten eine Verteilung der Kunden des Reisebüros auf die Gruppen E, M und K so gibt, dass die Anzahl der Kunden der einzelnen Gruppen E, M und K von Jahr zu Jahr gleich bleibt.

d) Durch gezielte Werbemaßnahmen wird während des Jahres 2012 das Buchungsverhalten der Kunden der Gruppe K so beeinflusst, dass von diesem Jahr an jeweils gegenüber dem vorangegangenen Jahr nur noch 5 % der Kunden der Gruppe K keinen Urlaub buchen. H5
Dabei wird das Buchungsverhalten der Kunden der beiden anderen Kundengruppen E und M nicht beeinflusst. Es wird weiterhin von einer konstanten Anzahl von Stammkunden ausgegangen.
(1) [GK und LK] Erklären Sie, dass das Buchungsverhalten dann durch eine Matrix
$B = \begin{pmatrix} 0{,}8 & 0{,}2 & q \\ 0{,}1 & 0{,}6 & 0{,}95 - q \\ 0{,}1 & 0{,}2 & 0{,}05 \end{pmatrix}$ mit $0 \le q \le 0{,}95$ beschrieben werden kann.
(2) [GK und LK] Gehen Sie von den in Teilaufgabe b) für das Jahr 2011 angegebenen Buchungen aus und ermitteln Sie den Wert von q für den Fall, dass sich am Ende des Jahres 2012 herausstellt, dass 2699 Kunden im Jahr 2012 genau einen Urlaub gebucht haben.
(3) [LK] Untersuchen Sie, wie viele Buchungen das Reisebüro bei einem Übergangsverhalten, wie es wie unter d) (1) beschrieben ist, für das Jahr 2012 mindestens erwarten kann. Gehen Sie dabei aus von den in Teilaufgabe b) für das Jahr 2011 angegebenen Buchungszahlen.

e) [LK] Ein Unternehmensberater schlägt ein neues Berechnungsmodell vor: Demnach soll das Buchungsverhalten innerhalb eines Jahres in Abhängigkeit vom Buchungsverhalten des Vorjahres durch folgende Gleichung modelliert werden:
$$\begin{pmatrix} x' \\ y' \\ z' \end{pmatrix} = \begin{pmatrix} 0{,}8 & 0{,}2 & 0{,}6 \\ 0{,}1 & 0{,}6 & 0{,}3 \\ 0{,}1 & 0{,}2 & 0 \end{pmatrix} \cdot \begin{pmatrix} x \\ y \\ z \end{pmatrix} + \begin{pmatrix} 45 \\ 12 \\ 0 \end{pmatrix}$$
Dabei bezeichnet x die Anzahl der Kunden, die im Vorjahr genau einen Urlaub gebucht haben, y die Anzahl der Kunden, die im Vorjahr mehr als einen Urlaub gebucht haben, und z die Anzahl der Kunden, die im Vorjahr keinen Urlaub gebucht haben. x′, y′ und z′ bezeichnen die entsprechenden Kundenzahlen für das laufende Jahr.
(1) Nennen und erklären Sie zwei Aspekte, in denen sich diese Modellierung gegenüber dem Modell aus Teilaufgabe b) (Matrix A) unterscheidet. H1
(2) Zeigen Sie, dass es bei dem durch die voranstehende Gleichung beschriebenen Übergangsverhalten eine Verteilung der Kunden des Reisebüros auf die Gruppen E, M und K so gibt, dass die Anzahl der Kunden der einzelnen Gruppen E, M und K von Jahr zu Jahr gleich bleibt. H5
Bestimmen Sie diese Verteilung und erklären Sie, durch welche Übergänge zwischen den Gruppen E, M und K diese Verteilung konstant bleibt.

Lösung

a)

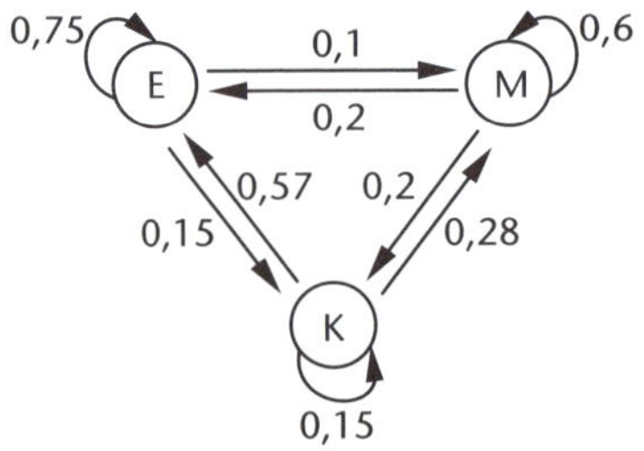

	von: E M K
nach: E M K	$T = \begin{pmatrix} 0{,}75 & 0{,}2 & 0{,}57 \\ 0{,}1 & 0{,}6 & 0{,}28 \\ 0{,}15 & 0{,}2 & 0{,}15 \end{pmatrix}$

b) (1) Als Änderungen können angegeben werden:

- Kunden, die in einem Jahr genau einen Urlaub gebucht haben, buchen im Folgejahr häufiger als früher auch nur einen Urlaub.
- Kunden, die in einem Jahr nur einen Urlaub gebucht haben, pausieren im Folgejahr seltener als früher.
- Kunden, die in einem Jahr pausiert haben, buchen im Folgejahr häufiger als früher genau einen Urlaub.
- Kunden, die in einem Jahr pausiert haben, buchen im Folgejahr häufiger als früher zwei oder mehr Urlaube.
- Kunden, die in einem Jahr pausiert haben, pausieren im Folgejahr seltener als früher.

(2) $\begin{pmatrix} 0{,}8 & 0{,}2 & 0{,}6 \\ 0{,}1 & 0{,}6 & 0{,}3 \\ 0{,}1 & 0{,}2 & 0{,}1 \end{pmatrix} \cdot \begin{pmatrix} 2624 \\ 1206 \\ 570 \end{pmatrix} = \begin{pmatrix} 2682{,}4 \\ 1157 \\ 560{,}6 \end{pmatrix}$

Für das Jahr 2012 wird erwartet, dass etwa 2682 Kunden genau einen Urlaub und etwa 1157 Kunden mehr als einen Urlaub buchen; für die restlichen etwa 561 Kunden wird erwartet, dass sie pausieren.

(3) Das lineare Gleichungssystem

$$0{,}8x + 0{,}2y + 0{,}6z = 2624$$
$$0{,}1x + 0{,}6y + 0{,}3z = 1206$$
$$0{,}1x + 0{,}2y + 0{,}1z = 570$$

bzw.

$$\begin{pmatrix} 0{,}8 & 0{,}2 & 0{,}6 \\ 0{,}1 & 0{,}6 & 0{,}3 \\ 0{,}1 & 0{,}2 & 0{,}1 \end{pmatrix} \cdot \begin{pmatrix} x \\ y \\ z \end{pmatrix} = \begin{pmatrix} 2624 \\ 1206 \\ 570 \end{pmatrix}$$

ist zu lösen. Dabei bezeichnet x die Anzahl der Kunden, die im Jahr 2010 genau einen Urlaub gebucht haben, y die Anzahl der Kunden, die im Jahr 2010 mehr als einen Urlaub buchten, und z die Anzahl der Stammkunden, die im Jahr 2010 keinen Urlaub buchten.

Lösung des linearen Gleichungssystem durch elementare Zeilenumformungen:

$$\left|\begin{array}{r} 0{,}8\,x + 0{,}2\,y + 0{,}6\,z = 2624 \\ 0{,}1\,x + 0{,}6\,y + 0{,}3\,z = 1206 \\ 0{,}1\,x + 0{,}2\,y + 0{,}1\,z = 570 \end{array}\right| \begin{array}{l} :0{,}8 \\ :0{,}1 \\ :0{,}1 \end{array} \Leftrightarrow \left|\begin{array}{r} x + 0{,}25\,y + 0{,}75\,z = 3280 \\ x + 6\,y + 3\,z = 12\,060 \\ x + 2\,y + 1\,z = 5700 \end{array}\right| \begin{array}{l} \cdot(-1) \\ \hookleftarrow \\ \hookleftarrow \end{array} \Leftrightarrow$$

$$\left|\begin{array}{r} x + 0{,}25\,y + 0{,}75\,z = 3280 \\ 5{,}75\,y + 2{,}25\,z = 8780 \\ 1{,}75\,y + 0{,}25\,z = 2420 \end{array}\right| \begin{array}{l} \\ :5{,}75 \\ :1{,}75 \end{array} \Leftrightarrow \left|\begin{array}{r} x + 0{,}25\,z + 0{,}75\,z = 3280 \\ y + \frac{9}{23}z = \frac{35\,120}{23} \\ y + \frac{1}{7}z = \frac{9680}{7} \end{array}\right| \begin{array}{l} \\ \cdot(-1) \\ \hookleftarrow \end{array}$$

$$\left|\begin{array}{r} x + 0{,}25\,z + 0{,}75\,z = 3280 \\ y + \frac{9}{23}z = \frac{35\,120}{23} \\ -\frac{40}{161}z = -\frac{23\,200}{161} \end{array}\right| \begin{array}{l} \\ \\ \cdot\left(-\frac{161}{40}\right) \end{array} \Leftrightarrow \left|\begin{array}{r} x + 0{,}25\,z + 0{,}75\,z = 3280 \\ y + \frac{9}{23}z = \frac{35\,120}{23} \\ z = 580 \end{array}\right| \Leftrightarrow \left|\begin{array}{l} x = 2520 \\ y = 1300 \\ z = 580 \end{array}\right|$$

Im Jahr 2010 buchten 2520 Kunden genau einen Urlaub, 1300 Kunden mehr als einen Urlaub, während 580 Kunden gar keinen Urlaub buchten.

Alternative für den LK: Bestimmen der inversen Matrix zu A: $A^{-1} = \begin{pmatrix} 0 & -5 & 15 \\ -1 & -1 & 9 \\ 2 & 7 & -23 \end{pmatrix}$

und Multiplikation des rechts stehenden Zustandsvektors mit A^{-1}:

$$\begin{pmatrix} 0 & -5 & 15 \\ -1 & -1 & 9 \\ 2 & 7 & -23 \end{pmatrix} \cdot \begin{pmatrix} 2624 \\ 1206 \\ 570 \end{pmatrix} = \begin{pmatrix} 2682 \\ 1300 \\ 580 \end{pmatrix}$$

c) Bezeichnet x für ein bestimmtes Jahr die Anzahl der Kunden, die in dem Jahr genau einen Urlaub buchen, y die Anzahl der Kunden, die in dem Jahr mehr als einen Urlaub buchen, und z die Anzahl der Kunden, die in dem Jahr keinen Urlaub buchen, so ist das folgende lineare Gleichungssystem zu lösen:

$$\left|\begin{array}{r} 0{,}8\,x + 0{,}2\,y + 0{,}6\,z = x \\ 0{,}1\,x + 0{,}6\,y + 0{,}3\,z = y \\ 0{,}1\,x + 0{,}2\,y + 0{,}1\,z = z \\ x + y + z = 4400 \end{array}\right| \Leftrightarrow \left|\begin{array}{r} -0{,}2\,x + 0{,}2\,y + 0{,}6\,z = 0 \\ 0{,}1\,x - 0{,}4\,y + 0{,}3\,z = 0 \\ 0{,}1\,x + 0{,}2\,y - 0{,}9\,z = 0 \\ x + y + z = 4400 \end{array}\right|$$

Man erkennt unmittelbar, dass die Summe der 2. und 3. Gleichung genau das Negative der 1. Gleichung ist, d.h., wenn man die 2. und 3. Gleichung zur 1. Gleichung addieren würde, dann ergäbe sich dort die wahre Aussage 0 = 0. Daher kann man die 1. Gleichung weglassen.
(Falls man das nicht so leicht erkennen kann wie in diesem Fall, kann man trotzdem davon ausgehen, dass die ersten drei Zeilen voneinander linear abhängig sind, d.h., mindestens eine der Gleichung lässt sich als Summe von Vielfachen der anderen beiden Gleichungen darstellen.)

$$\left|\begin{array}{r} 0{,}1\,x - 0{,}4\,y + 0{,}3\,z = 0 \\ 0{,}1\,x + 0{,}2\,y - 0{,}9\,z = 0 \\ x + y + z = 4400 \end{array}\right| \begin{array}{l} \cdot 10 \\ \cdot 10 \\ \end{array} \Leftrightarrow \left|\begin{array}{r} x - 4\,y + 3\,z = 0 \\ x + 2\,y - 9\,z = 0 \\ x + y + z = 4400 \end{array}\right| \begin{array}{l} \cdot(-1) \\ \hookleftarrow \\ \hookleftarrow \end{array}$$

$$\Leftrightarrow \left|\begin{array}{r} x - 4\,y + 3\,z = 0 \\ 6\,y - 12\,z = 0 \\ 5\,y - 2\,z = 4400 \end{array}\right| \begin{array}{l} \\ :6 \\ :5 \end{array} \Leftrightarrow \left|\begin{array}{r} x - 4\,y + 3\,z = 0 \\ y - 2\,z = 0 \\ y - 0{,}4\,z = 880 \end{array}\right| \begin{array}{l} \\ \cdot(-1) \\ \hookleftarrow \end{array}$$

$$\Leftrightarrow \left|\begin{array}{r} x - 4\,y + 3\,z = 0 \\ y - 2\,z = 0 \\ 1{,}6\,z = 880 \end{array}\right| \Leftrightarrow \left|\begin{array}{l} x = 2750 \\ y = 1100 \\ z = 550 \end{array}\right|$$

Die Anzahl der Kunden der einzelnen Gruppen E, M und K bleibt von Jahr zu Jahr gleich, wenn in einem Jahr 2750 Kunden genau einen Urlaub, 1100 Kunden mehr als einen Urlaub und 550 Kunden gar keinen Urlaub buchen.

d) (1) Die Matrix $B = (b_{ij}) = \begin{pmatrix} 0{,}8 & 0{,}2 & q \\ 0{,}1 & 0{,}6 & 0{,}95 - q \\ 0{,}1 & 0{,}2 & 0{,}05 \end{pmatrix}$ mit $0 \le q \le 0{,}95$ unterscheidet sich von

der Matrix $A = \begin{pmatrix} 0{,}8 & 0{,}2 & 0{,}6 \\ 0{,}1 & 0{,}6 & 0{,}3 \\ 0{,}1 & 0{,}2 & 0{,}1 \end{pmatrix}$ im Element b_{33} und in mindestens einem der Elemente

$b_{13} = q$ und $b_{23} = 0{,}95 - q$.
Das Element $b_{33} = 0{,}05$ gibt an, dass (nur noch) 5 % der Kunden der Gruppe K eines Jahres im Folgejahr ebenfalls keinen Urlaub buchen.
Das Element b_{13} gibt an, welcher Anteil der Kunden der Gruppe K eines Jahres im Folgejahr genau einen Urlaub bucht; das Element b_{23} gibt an, welcher Anteil der Kunden der Gruppe K eines Jahres im Folgejahr mehr als einen Urlaub bucht. Da b_{13} und b_{23} zusammen den Anteil der Kunden der Gruppe K eines Jahres angeben, der im Folgejahr nicht schon wieder pausiert, muss $b_{13} + b_{23} = 0{,}95$ gelten und aus $b_{13} \ge 0$ und $b_{23} \ge 0$ folgt $0 \le q \le 0{,}95$.

(2) Für die Anzahl der Kunden, die 2012 genau einen Urlaub buchen, gilt dann

$0{,}8 \cdot 2624 + 0{,}2 \cdot 1206 + q \cdot 570 = 2699$, also $q = \frac{1793}{2850} = 0{,}63$.

(3) Die Verteilung auf die Kundengruppen für das Jahr 2012 lässt sich in Abhängigkeit von q errechnen als

$$B \cdot \begin{pmatrix} 2624 \\ 1206 \\ 570 \end{pmatrix} = \begin{pmatrix} 0{,}8 & 0{,}2 & q \\ 0{,}1 & 0{,}6 & 0{,}95 - q \\ 0{,}1 & 0{,}2 & 0{,}05 \end{pmatrix} \cdot \begin{pmatrix} 2624 \\ 1206 \\ 570 \end{pmatrix} = \begin{pmatrix} 2340{,}4 + 570 \cdot q \\ 1527{,}5 - 570 \cdot q \\ 532{,}1 \end{pmatrix}$$

Damit ergibt sich für ein festes q als zu erwartende Mindestanzahl an Buchungen für das Jahr 2012:
$(2340{,}4 + 570 \cdot q) \cdot 1 + (1527{,}5 - 570 \cdot q) \cdot 2 + 532{,}1 \cdot 0 = 5395{,}4 - 570 \cdot q$.
Wegen $q \le 0{,}95$ beträgt dieser Wert mindestens $5395{,}4 - 570 \cdot 0{,}95 = 4853{,}9$.
Das Reisebüro kann bei dem angenommenen Buchungsverhalten mindestens 4853 Reisebuchungen erwarten.

e) (1) 1. Aspekt:
Das Matrixelement in der 3. Zeile und 3. Spalte der Matrix $\begin{pmatrix} 0{,}8 & 0{,}2 & 0{,}6 \\ 0{,}1 & 0{,}6 & 0{,}3 \\ 0{,}1 & 0{,}2 & 0 \end{pmatrix}$ ist 0.

Das bedeutet, dass die Kunden, die im Vorjahr und im laufenden Jahr keinen Urlaub gebucht haben, bei der Anzahl der Kunden ohne Reisebuchung im laufenden Jahr nicht mehr berücksichtigt werden. Das sind 10 % der Kunden, die im Vorjahr keinen Urlaub gebucht haben. Kunden, die 2 Jahre nacheinander keinen Urlaub gebucht haben, werden aus der Stammkundendatei herausgenommen.

2. Aspekt:
Durch die Addition des Vektors $\begin{pmatrix} 45 \\ 12 \\ 0 \end{pmatrix}$ zum Matrixprodukt $\begin{pmatrix} 0{,}8 & 0{,}2 & 0{,}6 \\ 0{,}1 & 0{,}6 & 0{,}3 \\ 0{,}1 & 0{,}2 & 0 \end{pmatrix} \cdot \begin{pmatrix} x \\ y \\ z \end{pmatrix}$ wird im

Modell die Anzahl der Kunden, die genau einen bzw. mehr als einen Urlaub im betrachteten Jahr buchen, zusätzlich und unabhängig vom Buchungsverhalten des Vorjahres um 45 bzw. 12 erhöht. Auf diese Weise werden Kunden neu als Stammkunden erfasst.

(2) Gesucht ist ein Zustandsvektor, der das folgende lineare Gleichungssystem erfüllt:

$$\begin{pmatrix} x \\ y \\ z \end{pmatrix} = \begin{pmatrix} 0{,}8 & 0{,}2 & 0{,}6 \\ 0{,}1 & 0{,}6 & 0{,}3 \\ 0{,}1 & 0{,}2 & 0 \end{pmatrix} \cdot \begin{pmatrix} x \\ y \\ z \end{pmatrix} + \begin{pmatrix} 45 \\ 12 \\ 0 \end{pmatrix}$$

Umgeformt ergibt sich:

$$\begin{pmatrix} -0{,}2 & 0{,}2 & 0{,}6 \\ 0{,}1 & -0{,}4 & 0{,}3 \\ 0{,}1 & 0{,}2 & -1 \end{pmatrix} \cdot \begin{pmatrix} x \\ y \\ z \end{pmatrix} = \begin{pmatrix} -45 \\ -12 \\ 0 \end{pmatrix}$$

Als Lösungsvektor ergibt sich $\begin{pmatrix} x \\ y \\ z \end{pmatrix} = \begin{pmatrix} 3190 \\ 1255 \\ 570 \end{pmatrix}$

Bei 3190 Kunden, die pro Jahr genau einen Urlaub buchen, 1255 Kunden, die mehr als einen Urlaub im Jahr buchen, und 570 Kunden, die pausieren, bleibt die Anzahl der Kunden der einzelnen Gruppen E, M und K von Jahr zu Jahr gleich.

Interpretation:

Bei dieser Verteilung werden jedes Jahr die 10 % der 570 Kunden, die im Vorjahr und im laufenden Jahr keinen Urlaub gebucht haben, aus der Kundendatei herausgenommen. Auf der anderen Seite werden jährlich 45 + 12, also 57 Kunden neu in die Datei aufgenommen.

Damit ergibt sich eine konstante Zahl der in der Datei insgesamt geführten Stammkunden.

Aufgabe 6 *Stochastik*

Sogenannte Smartphones werden immer beliebter. Ein Sechstel aller Handy-Besitzer (ca. 10 Millionen) besitzt ein Smartphone.
Im Folgenden sollen die genannten Anteile auch als Wahrscheinlichkeiten verwendet werden.

a) [GK und LK] Berechnen Sie die Wahrscheinlichkeiten für folgende Ereignisse: J3
 E_1: Unter 100 zufällig ausgewählten Handy-Besitzern haben genau 15 ein Smartphone.
 E_2: Unter 200 zufällig ausgewählten Handy-Besitzern besitzen mindestens 25 ein Smartphone.
 E_3: Unter 200 zufällig ausgewählten Handy-Besitzern besitzen mindestens 32 und höchstens 38 ein Smartphone.

b) In der Produktion eines führenden Herstellers werden 4 % aller Geräte fehlerhaft hergestellt.
Es wird einfachheitshalber angenommen, dass die Fehler zufällig und unabhängig voneinander auftreten.
 (1) [GK] Ein Kunde kauft ein Smartphone von diesem Hersteller. Ist dieses defekt, erhält er im Austausch ein neues Gerät. I2
 Berechnen Sie die Wahrscheinlichkeit dafür, zweimal nacheinander ein defektes Smartphone zu erhalten.
 (2) [GK und LK] Bestimmen Sie die Anzahl von Geräten, die der laufenden Produktion mindestens entnommen werden müssen, um mit einer Wahrscheinlichkeit von mindestens 99 % mindestens ein fehlerhaftes Gerät zu erhalten. J5

c) [GK] Durch eine Produktionsumstellung konnte der Fehleranteil auf 2 % gesenkt werden. Aus einer Charge, die vor zwei Wochen produziert wurde, wurde eine Stichprobe von 200 Smartphones ausgewählt. Unter diesen 200 Smartphones befinden sich genau sechs defekte.
Entscheiden Sie mit Hilfe der 1-σ-Umgebung um den Erwartungswert, ob die Maschinen vor zwei Wochen vermutlich noch mit 4 % oder bereits eher mit nur 2 % Fehleranteil produziert haben. J6

d) [GK und LK] Da der Anteil der defekten Smartphones mit 2 % immer noch zu hoch ist, wird nun ein Prüfgerät eingesetzt, das defekte Smartphones mit einer Wahrscheinlichkeit von 99 % erkennt, allerdings auch 0,1 % der funktionsfähigen Smartphones als defekt einstuft.
 (1) Stellen Sie die Situation mithilfe eines vollständigen Baumdiagramms graphisch dar. I2
 (2) Bestimmen Sie die Wahrscheinlichkeit dafür, dass ein zufällig ausgewähltes Smartphone von dem Prüfgerät als defekt eingestuft wird. I3
 (3) Bestimmen Sie die Wahrscheinlichkeit dafür, dass ein Smartphone in Wirklichkeit nicht defekt ist, obwohl das Prüfgerät es als defekt eingestuft hat. I4

e) [LK] Ein Prüfgerät für Smartphones kostet 10 000 €. J2
Bestimmen Sie die Anzahl der Smartphones, ab der sich die Anschaffung des Prüfgerätes lohnt, wenn die Reklamation und Ersetzung eines defekten Smartphones Kosten von 110 € und ein zu Unrecht aussortiertes Smartphone Kosten von 100 € verursacht.

f) [LK] Durch eine Produktionsumstellung konnte der Fehleranteil auf 2 % gesenkt werden.
Bei einer Charge, die vor zwei Wochen produziert wurde, fehlte die Information, ob es sich bereits um eine bessere mit nur 2 % Ausschuss handelt oder um eine mit 4 % Ausschuss.
Um dies zu entscheiden, wurde eine Stichprobe von 200 Smartphones ausgewählt und die Anzahl der defekten Smartphones in der Stichprobe gezählt.
Als Entscheidungsregel wurde festgelegt:
Befinden sich in der Stichprobe mehr als 5 defekte Smartphones, wird angenommen, dass es sich um eine Charge aus der Produktion mit 4 % Ausschuss handelt, sonst um eine aus der Produktion mit 2 % Ausschuss.
Beschreiben Sie, welche beiden Fehler bei dieser Entscheidungsregel auftreten können, und bestimmen Sie deren Wahrscheinlichkeit. K2

g) Die Herstellerfirma rechtfertigte die letzte Preiserhöhung mit der Behauptung, dass nach einer Verbesserung der Produktion nun maximal 1 % aller Smartphones defekt sind. Ein Großhändler, der von der Preiserhöhung betroffen ist, bezweifelt diese Behauptung und möchte sie daher mit Hilfe eines Hypothesentests überprüfen. Er entnimmt dazu der Lieferung zufällig eine Stichprobe von 1000 Stück und testet die Hypothese H_0: $p \leq 0{,}01$.
(1) [GK und LK] Ermitteln Sie eine Entscheidungsregel für die angegebene Hypothese auf Grundlage der Stichprobe mit einem Signifikanzniveau von $\alpha = 0{,}05$. K6
(2) [GK] Beschreiben Sie den Fehler erster und zweiter Art im Sachzusammenhang. K4
(3) [LK] Beschreiben Sie im Sachzusammenhang, welchen Fehler der Großhändler durch die Wahl der Hypothese möglichst vermeiden wollte. K6
(4) [LK] Berechnen Sie die Wahrscheinlichkeit für das Auftreten eines Fehlers 2. Art für den Fall, dass der Ausschussanteil unverändert bei 2 % liegt. K6
(5) [LK] Die Wahrscheinlichkeit aus (4) erscheint dem Großhändler unakzeptabel hoch.
Beschreiben Sie zwei unterschiedliche Möglichkeiten, diesen Test so zu verändern, dass die Wahrscheinlichkeit aus (4) bei gleichbleibender H_0-Hypothese verringert werden kann.

Lösung

a) Die Zufallsgröße X beschreibe die Anzahl der Personen, die ein Smartphone besitzen.
X sei binomialverteilt mit $n = 100$ und $p = \frac{1}{6}$. Die gesuchte Wahrscheinlichkeit beträgt:
$P(X = 15) = \binom{100}{15} \cdot \left(\frac{1}{6}\right)^{15} \cdot \left(\frac{5}{6}\right)^{85} \approx 0{,}1002$
Bei Verwendung der Tabelle mit kumulierten Wahrscheinlichkeiten:
$P(E_1) = P(X = 15) = P(X \leq 15) - P(X \leq 14) \approx 0{,}3877 - 0{,}2874 = 0{,}1003$
$$P(X \geq 25) = 1 - P(X \leq 24) = 1 - \sum_{k=0}^{24} \binom{200}{k} \cdot \left(\frac{1}{6}\right)^{k} \cdot \left(\frac{5}{6}\right)^{200-k} \approx 0{,}9574.$$
Bei Verwendung der Tabelle mit kumulierten Wahrscheinlichkeiten:
$P(E_2) = P(X \geq 25) = 1 - P(X \leq 24) \approx 1 - 0{,}0426 = 0{,}9574$
$P(E_3) = P(32 \leq X \leq 38) = P(X \leq 38) - P(X \leq 31)$
$\overset{\text{Tabelle}}{\approx} 0{,}8369 - 0{,}3711 = 0{,}4658$

b) (1) P(„Zwei defekte nacheinander") = $0{,}04^2 = 0{,}0016$.

(2) Die Zufallsgröße X beschreibe die Anzahl der fehlerhaften Smartphones.
X sei binomialverteilt mit den Parametern n und p = 0,04. Es soll gelten:
$P(X \geq 1) \geq 0{,}99 \Leftrightarrow 1 - P(X = 0) \geq 0{,}99 \Leftrightarrow 0{,}96^n \leq 0{,}01$

$$\Rightarrow n \geq \frac{\ln(0{,}01)}{\ln(0{,}96)} \approx 112{,}81.$$

Es müssen also mindestens 113 Smartphones entnommen werden.

Die Lösung kann auch mit einer Wertetabelle der Funktion f mit f(x) = 0,96 ermittelt werden. Man stellt fest, dass f(112) = 0,010336... und f(113) = 0,00992...

c) Bestimmung der 1-σ-Umgebungen von μ:
$p_1 = 0{,}02$: Die Standardabweichung beträgt $\sigma_1 = \sqrt{200 \cdot 0{,}02 \cdot 0{,}98} \approx 1{,}98$,
der Erwartungswert $\mu_1 = 200 \cdot 0{,}02 = 4$:
Die 1-σ-Umgebung umfasst das Intervall $2{,}02 \leq X \leq 5{,}98$; sie enthält also nicht das Stichprobenergebnis von 6 defekten Smartphones.
$p_2 = 0{,}04$: Die Standardabweichung beträgt $\sigma_2 = \sqrt{200 \cdot 0{,}04 \cdot 0{,}96} \approx 2{,}77$,
der Erwartungswert $\mu_2 = 200 \cdot 0{,}04 = 8$:
Die 1-σ-Umgebung umfasst das Intervall $5{,}23 \leq X \leq 10{,}77$; sie enthält also das Stichprobenergebnis von 6 defekten Smartphones.
Da das Stichprobenergebnis im Bereich der einfachen Standardabweichung um den Erwartungswert von $p_2 = 0{,}04$ liegt und nicht in der von $p_1 = 0{,}02$, ist zu vermuten, dass die Stichprobe aus der Produktion mit schlechterer Qualität stammt.

Hinweis: Das Stichprobenergebnis liegt genau in der Mitte der beiden Erwartungswerte. Durch die Berechnung der Standardabweichungen sollte gezeigt werden, dass der „Abstand" zum Erwartungswert $\mu_2 = 8$ gemessen in Standardabweichungen geringer ist als der zu $\mu_1 = 4$. Allerdings sind hier die sigma-Regeln nicht anwendbar, weil in beiden Fällen gilt: $\sigma < 3$.

Bei einem direkten Vergleich der Wahrscheinlichkeiten ergibt sich eine höhere Chance dafür, dass die Stichprobe aus der Produktion mit schlechterer Qualität stammt:
$P_{p_1 = 0{,}02}(X = 6) \approx 0{,}1047$ bzw. $P_{p_2 = 0{,}04}(X = 6) \approx 0{,}1227$
Wenn man nach dieser Strategie eine Wette abschließen würde, dann wären die Chancen aber nur geringfügig günstiger für das Wetten auf p = 0,04:

$$P(\text{der Stichprobe liegt } p = 0{,}04 \text{ zugrunde}) = \frac{0{,}1227}{0{,}1047 + 0{,}1227} \approx 54{,}0\,\%$$

d) (1) Baumdiagramm:

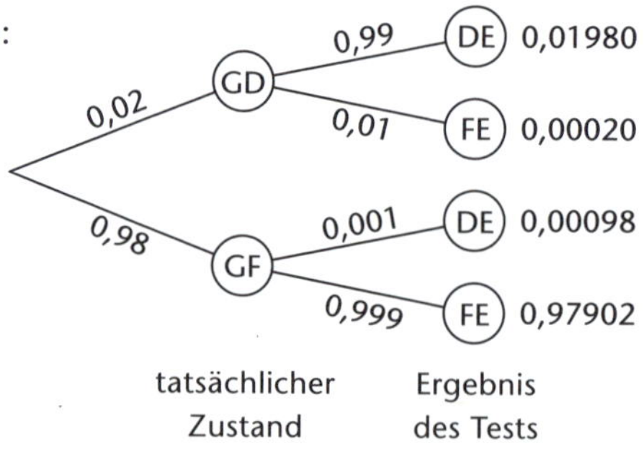

Bei 100 000 getesteten Smartphones würde dies bedeuten:

	als defekt eingestuft	**als funktionsfähig eingestuft**	**gesamt**
Gerät defekt	1 980	20	2 000
Gerät nicht defekt	98	97 902	98 000
gesamt	2 078	97 922	100 000

(2) P(als defekt eingestuft) = 0,02 · 0,99 + 0,98 · 0,001 = 0,020 78, wie man auch im Summenfeld der 1. Spalte ablesen kann.

(3) Mithilfe des Satzes von Bayes kann die gesuchte Wahrscheinlichkeit unmittelbar berechnet werden:

$$P_{\text{als defekt eingestuft}}(\text{nicht defekt}) = \frac{0{,}98 \cdot 0{,}001}{0{,}02 \cdot 0{,}99 + 0{,}98 \cdot 0{,}001} \approx 0{,}047$$

Dies lässt sich auch als Quotient innerhalb der 1. Spalte der Vierfeldertafel ablesen:

$$P_{\text{als defekt eingestuft}}(\text{nicht defekt}) = \frac{98}{2078} \approx 0{,}047$$

oder am umgekehrten Baumdiagramm (hier als Organigramm dargestellt) als Wahrscheinlichkeit auf der 2. Stufe:

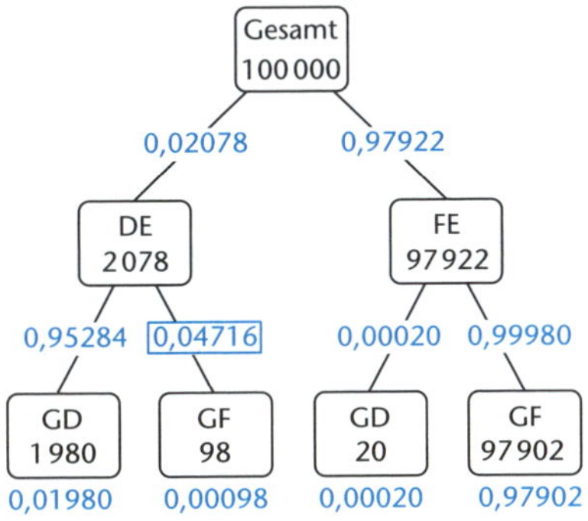

e) Ursprünglich entstanden Kosten bei n Smartphones und einem Defektanteil von 2 % in Höhe von:
$K_1 = n \cdot 0{,}02 \cdot 110$ €.
Bei Einsatz des Prüfgeräts treten Fixkosten von 10 000 € auf. Die nicht erkannten defekten Smartphones haben einen Anteil an der gesamten ausgelieferten Menge von 0,02 · 0,01 = 0,0002 = 0,02 %.
Sie verursachen Kosten in Höhe von
$K_2 = n \cdot 0{,}0002 \cdot 110$ €.
Ein zu Unrecht aussortiertes Smartphone verursacht 100 € Kosten.
Also: $K_3 = n \cdot 0{,}00098 \cdot 100$ €.
Das gesuchte n erhält man also aus dem Ansatz:
$n \cdot 0{,}02 \cdot 110 \geq 10000 + n \cdot 0{,}0002 \cdot 110 + n \cdot 0{,}00098 \cdot 100$
$\Leftrightarrow 2{,}2 \cdot n \geq 10000 + 0{,}12 \cdot n \Leftrightarrow 2{,}08 \cdot n \geq 10000 \Leftrightarrow n \geq 4807{,}69$,
d. h., ab der Herstellung von ca. 4 808 Smartphones lohnt sich die Anschaffung des Prüfgeräts.

f) In einer Stichprobe von 200 Smartphones sind $\mu_1 = 200 \cdot 0{,}02 = 4$ defekte Smartphones zu erwarten, wenn der Stichprobe $p_1 = 0{,}02$ zugrunde liegt und $\mu_2 = 200 \cdot 0{,}04 = 8$, wenn $p_2 = 0{,}04$ zugrunde liegt.

Hier liegt also eine Situation vor, wie sie bei einem Alternativtest gegeben ist: eine von zwei möglichen Erfolgswahrscheinlichkeiten liegt dem Zufallsversuch zugrunde.
Möglich sind die beiden folgenden Fehler:

1. Es handelt sich um eine Charge aus der Produktion mit einem Ausschussanteil von 2 %.
   Zufällig findet man in der Stichprobe aber mehr als 5 defekte Smartphones und stuft die Charge daher fälschlich als 4 %-Ausschuss ein.
   Die Wahrscheinlichkeit für diesen Fehler beträgt:
   $P_{p=0,02}(X \geq 6) = 1 - P(X \leq 5) \overset{\text{Tabelle}}{\approx} 0{,}2133.$

2. Es handelt sich um eine Charge aus der Produktion mit einem Ausschussanteil von 4 %.
   Zufällig findet man in der Stichprobe aber weniger als 6 defekte Smartphones und stuft die Charge daher fälschlich als 2 %-Ausschuss ein.
   Die Wahrscheinlichkeit für diesen Fehler beträgt:
   $P_{p=0,04}(X \leq 5) \overset{\text{Tabelle}}{\approx} 0{,}1856.$

g) (1) X: Anzahl der defekten Smartphones; Modellierung der Stichprobe vom Umfang $n = 1000$ mithilfe einer Binomialverteilung mit Erfolgswahrscheinlichkeit $p \leq 0{,}01$:
Die Hypothese $p \leq 0{,}01$ wird verworfen, wenn in der Stichprobe signifikant viele defekte Smartphones gefunden werden.
Für $p = 0{,}01$ gilt: $\mu = 1000 \cdot 0{,}01 = 10$ und $\sigma = \sqrt{1000 \cdot 0{,}01 \cdot 0{,}99} \approx 3{,}146 > 3$.
Da die LAPLACE-Bedingung erfüllt ist, kann die Wahrscheinlichkeit mithilfe der sigma-Regeln abgeschätzt werden:
$P(X > \mu + 1{,}64\sigma) \approx 0{,}05$, wobei $\mu + 1{,}64\sigma \approx 15{,}16$.
Die Hypothese $p = 0{,}01$ wird demnach verworfen, wenn in der Stichprobe mehr als 15 defekte Smartphones gefunden werden.
Für kleinere Werte von p (also $p < 0{,}01$) erhält man einen kleineren Wert für $\mu + 1{,}64\sigma$. In diesem Fall würden mehr als 15 defekte Smartphones mit noch kleinerer Wahrscheinlichkeit aufgefunden werden.
Die Entscheidungsregel lautet also: Verwirf die Hypothese $p \leq 0{,}01$, wenn mehr als 15 defekte Smartphones in der Stichprobe gefunden werden.
(Werden 15 oder weniger defekte Smartphones in der Stichprobe entdeckt, dann ist kein Anlass gegeben, diese Hypothese zu verwerfen; sie wird also dann beibehalten.)

(2) Fehler 1. Art: Die Hypothese des Herstellers $p \leq 0{,}01$ ist wahr, wird aber aufgrund einer zufällig hohen Anzahl defekter Smartphones fälschlicherweise verworfen.
Fehler 2. Art: Die Hypothese (das Versprechen) des Herstellers ist falsch, sie wird aber aufgrund einer zufällig geringen Anzahl defekter Smartphones in der Stichprobe nicht abgelehnt.

(3) Der Großhändler möchte den Fehler 1. Art vermeiden, nämlich dass gilt: Die Hypothese des Herstellers $p \leq 0{,}01$ ist wahr, wird aber aufgrund einer zufällig hohen Anzahl defekter Smartphones fälschlicherweise verworfen.

(4) Der Fehler 2. Art beträgt:

$$P_{p=0,02}(X \leq 15) = \sum_{k=0}^{15} \binom{1000}{k} \cdot 0{,}02^k \cdot 0{,}98^{1000-k} \overset{\text{Tabelle}}{\approx} 0{,}1539.$$

(5) Es gibt zwei Prinzipien, wie der Fehler verringert werden kann:
Entweder durch eine Vergrößerung des Stichprobenumfangs n oder durch Erhöhung des Signifikanzniveaus α (oder durch eine Kombination beider Maßnahmen).

Stichwortverzeichnis